Jochen Werner

Numerische Mathematik 1

vieweg studium
Aufbaukurs Mathematik

Herausgegeben von Gerd Fischer

Manfredo P. do Carmo
Differentialgeometrie von Kurven und Flächen

Wolfgang Fischer / Ingo Lieb
Funktionentheorie

Wolfgang Fischer / Ingo Lieb
Ausgewählte Kapitel aus der Funktionentheorie

Otto Forster
Analysis 3

Manfred Knebusch / Claus Scheiderer
Einführung in die reelle Algebra

Ulrich Krengel
Einführung in die Wahrscheinlichkeitstheorie und Statistik

Ernst Kunz
Algebra

Alexander Prestel
Einführung in die mathematische Logik und Modelltheorie

Jochen Werner
Numerische Mathematik 1 und 2

Joachim Hilgert und Karl-Hermann Neeb
Lie-Gruppen und Lie-Algebren

Advanced Lectures in Mathematics

Herausgegeben von Gerd Fischer

Johann Baumeister
Stable Solution of Inverse Problems

Manfred Denker
Asymptotic Distribution Theory in Nonparametric Statistics

Alexandru Dimca
Topics on Real and Complex Singularities
An Introduction

Francesco Guaraldo, Patrizia Macri und Alessandro Tancredi
Topics on Real Analytic Spaces

Heinrich von Weizsäcker und Gerhard Winkler
Stochastic Integrals
An Introduction

Jochen Werner
Optimization
Theory and Applications

Jochen Werner

Numerische Mathematik

Band 1: Lineare und nichtlineare Gleichungssysteme, Interpolation, numerische Integration

Mit 43 Abbildungen und 137 Aufgaben

Prof. Dr. Jochen Werner
Institut für Numerische und Angewandte Mathematik
Georg-August-Universität Göttingen
Lutzestraße 16-18
D-3400 Göttingen

Die Deutsche Bibliothek - CIP-Einheitsaufnahme

Werner, Jochen:
Numerische Mathematik / Jochen Werner. - Braunschweig;
Wiesbaden: Vieweg.

Bd. 1. Lineare und nichtlineare Gleichungssysteme,
Interpolation, numerische Integration: mit 137 Aufgaben. -
1992
(Vieweg-Studium; Bd. 32: Aufbaukurs Mathematik)

NE: GT

ISBN 978-3-528-07232-2 ISBN 978-3-663-07747-3 (eBook)
DOI 10.1007/978-3-663-07747-3

Ursprünglich erschienen bei Friedr. Vieweg & Sohn Verlagsgesellschaft mbH, Braunschweig / Wiesbaden 1992.

Satz: Vieweg, Braunschweig

Gedruckt auf säurefreiem Papier

Vorwort

Das vorliegende Buch (wie auch seine Fortsetzung) ist aus Vorlesungen entstanden, die ich seit einigen Jahren an der Universität Göttingen halte. Diese Vorlesungen wenden sich an Studentinnen und Studenten der Mathematik und Physik ab dem dritten Semester. Daher werden auch in diesem Buch Kenntnisse der Analysis bzw. der linearen Algebra vorausgesetzt, wie sie üblicherweise in den ersten beiden bzw. dem ersten Semester vermittelt werden. Andererseits bietet gerade eine Vorlesung über numerische Mathematik eine gute Möglichkeit, diese Kenntnisse aufzufrischen, da die eigentlich schon bekannten Grundbegriffe in einem neuen Zusammenhang erscheinen. Das entsprechende gilt, so hoffe ich, auch für dieses Buch.

Ziel beim Schreiben dieses Buches war es, den *beiden* Worten im Titel "Numerische Mathematik" gerecht zu werden. Hierzu soll gezeigt werden, daß der Durchschnitt zwischen „praktisch relevanter Numerik“ und „ästhetisch befriedigender Mathematik“ nicht nur nichtleer, sondern sogar „ziemlich groß“ ist. Um dies zu vermitteln, wurde eine möglichst gut lesbare Darstellung angestrebt, welche insbesondere ein Selbststudium erleichtert.

Die auftretenden Algorithmen sind so formuliert, daß ihre Umsetzung in ein Computer-Programm i. allg. wenig Schwierigkeiten bereiten sollte. Der Leser wird in den Aufgaben aufgefordert, dieses von ihm erstellte Programm an Testbeispielen auszuprobieren, um selbst numerische Erfahrungen zu sammeln. Dafür ist auf numerische Beispiele im Text weitgehend verzichtet worden. Es ist versucht worden, alle mathematischen Sätze in sich verständlich zu formulieren und vollständig zu beweisen. Als einen idealen Leser stelle ich mir daher jemanden vor, der einerseits an Mathematik so interessiert ist, daß er (oder sie) nicht mit einer Sammlung von Rezepten zufrieden ist, sondern bewiesen haben möchte, weshalb und wie gut (oder schlecht) ein Algorithmus funktioniert. Der aber andererseits neugierig genug ist, diese theoretischen Erkenntnisse anhand numerischer Beispiele zu überprüfen, was etwa dadurch geschehen könnte, daß er sich eine Art „numerischen Werkzeugkasten“ selbst zusammenstellt und die Güte dieser Werkzeuge an Beispielen testet.

Es ist Wert auf „lokale Lesbarkeit“ gelegt worden. Die hierzu erforderliche Redundanz wird in Kauf genommen. Wenn dieses Ziel näherungsweise erreicht wurde, so liegt das daran, daß die numerische Mathematik in natürlicher Weise in die numerische Behandlung gewisser „Grundaufgaben“ zerfällt. Diese bestimmen das jeweilige Kapitel und sollten weitgehend unabhängig voneinander gelesen werden können. Nach einer Einführung, die den Charakter einer Ouvertüre in dem Sinne hat, daß schon einige der später genauer ausgeführten Themen angespielt werden, folgen in diesem Buch Kapitel über

- Lineare Gleichungssysteme,
- Nichtlineare Gleichungssysteme,
- Interpolation,
- Numerische Integration.

Hierbei spielt das erste Kapitel insofern eine Sonderrolle, als sein Inhalt für alle weiteren (mit Ausnahme desjenigen über numerische Integration) von grundlegender Bedeutung ist. In dem folgenden Buch Numerische Mathematik II schließen sich Kapitel über

- Eigenwertaufgaben,
- Lineare Optimierungsaufgaben,
- Unrestringierte Optimierungsaufgaben

an. Gerne wären wir auch auf die numerische Behandlung gewöhnlicher und partieller Differentialgleichungen, Integralgleichungen, Approximationsaufgaben und nichtlinearer, restringierter Optimierungsaufgaben eingegangen, was aber den gesteckten Rahmen bei weitem überschritten hätte.

Ein Autor wird häufig vor allem für das gescholten, was er *nicht* bringt. Ich hoffe, daß Defizite dieser Art auch beim vorliegenden (und dem folgenden) Buch der *Haupt*kritikpunkt sein werden. So wird man nichts über Gleitkomma-Arithmetik (Kenntnisse hierüber können heutzutage, so glaube ich, vorausgesetzt werden), Rundungsfehleranalysen und Fehlerfortpflanzung finden. Ferner sind so aktuelle Gebiete wie "Scientific Computing" und "Algorithmen für Parallelrechner" ausgespart worden. Der eine oder andere Leser mag vielleicht auch nähere Hinweise auf die Benutzung vorhandener Programmbibliotheken (NAG, IMSL, MATLAB u. a.) vermissen. Für den letzten Punkt verweise ich lediglich auf das kürzlich erschienene Buch von N. KÖCKLER (1990). Am leichtesten und besten angreifbar ist die Entscheidung, Rundungsfehleranalysen nicht zu berücksichtigen. Eine adäquate Durchführung, z. B. in der numerischen linearen Algebra, hätte zuviel Platz anderen Gebieten weggenommen, so daß wir darauf ganz verzichtet haben und nur auf die entsprechende Spezialliteratur verweisen. Daß in dem von mir sehr geschätzten Buch von H. R. SCHWARZ (1988), in dem man übrigens sehr viele numerische Beispiele findet, ganz entsprechend vorgegangen wird, hat mich bei dieser Entscheidung bestärkt.

Es ist mir ein Bedürfnis, den Hörern meiner Vorlesungen zu danken. Durch ihre konstruktive Kritik, ihr gelegentliches Unverständnis und ihr Interesse haben sie mir das Schreiben erleichtert und den Inhalt dieses Buches beeinflußt. Insbesondere danke ich Martin Butzlaff und Martin Petry, die mich auf einige Fehler im Manuskript hingewiesen haben. Schließlich danke ich dem Vieweg Verlag für die gute Zusammenarbeit.

Göttingen, im August 1991 Jochen Werner

Inhaltsverzeichnis

Einführung

In der numerischen Mathematik werden zu bestimmten mathematischen Problemen, wobei wir uns auf gewisse „Grundaufgaben" beschränken werden, numerische Verfahren (bzw. Algorithmen, konstruktive Methoden) angegeben und motiviert, die bei konkreten Daten für das gestellte Problem unter geeigneten Voraussetzungen die näherungsweise (nur gelegentlich auch die exakte) Lösung gestatten. Ferner wird die Reichweite (Anwendbarkeit, Komplexität, Güte) dieser Verfahren analysiert.

Um einige dieser Punkte zu verdeutlichen, beginnen wir mit einem aus der Analysis (siehe z. B. O. FORSTER (1983, S. 34)) wohlbekannten Beispiel.

Beispiel: Es sei $a > 0$ gegeben. Die Aufgabe bestehe darin, die positive Nullstelle von $f(x) := x^2 - a$ bzw. die positive Quadratwurzel $\sqrt{a}$ von a zu bestimmen. Als *Verfahren* zur Berechnung von $\sqrt{a}$ wähle man ein $x_0 > 0$ beliebig und bilde die Folge $\{x_k\}$ nach der Vorschrift

$$(*) \qquad x_{k+1} := \frac{1}{2}\left(x_k + \frac{a}{x_k}\right), \qquad k = 0, 1, \ldots .$$

Eine *Motivation* für diese Iterationsvorschrift ist durch die folgende Überlegung gegeben: Angenommen, eine Näherung $x_k > 0$ für die positive Nullstelle $\sqrt{a}$ von f sei gegeben. Man linearisiere f in x_k, bilde also

$$f_k(x) := f(x_k) + f'(x_k)(x - x_k) = -(x_k^2 + a) + 2x_k x$$

und nehme als neue Näherung x_{k+1} die Nullstelle von f_k. Aus $f_k(x_{k+1}) = 0$ erhält man die in $(*)$ angegebene neue Näherung x_{k+1}.

- Die grundlegende Idee besteht also darin, in einer aktuellen Näherung das gestellte nichtlineare Problem zu linearisieren und die Lösung des so erhaltenen linearen Problems als neue Näherung zu nehmen.

Anschaulich bedeutet das vorgeschlagene Verfahren, daß man an f in $(x_k, f(x_k))$ die Tangente bildet und deren Schnitt mit der x-Achse als neue Näherung nimmt. In der folgenden Abbildung 0.1 wird das verdeutlicht. Wie z. B. bei W. WALTER (1990, S. 70) ausgeführt wird, scheint dieses Verfahren zur Berechnung der Quadratwurzel schon den Babyloniern bekannt gewesen zu sein. Es ist ein Spezialfall des *Newton-Verfahrens* zur Lösung nichtlinearer Gleichungen bzw. Gleichungssysteme, auf welches wir später ausführlich eingehen werden.

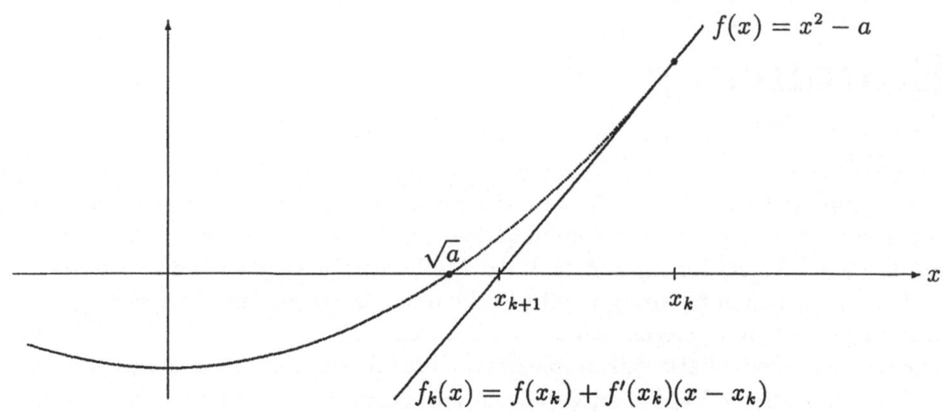

Abbildung 0.1: Veranschaulichung des „babylonischen Wurzelziehens"

Nach der Angabe und der Motivation des Iterationsverfahrens (∗) kommmen wir zur *Konvergenzanalyse*. Für $k = 0, 1, \ldots$ ist

$$x_{k+1} - \sqrt{a} = \frac{1}{2}\left(x_k + \frac{a}{x_k}\right) - \sqrt{a} = \frac{1}{2x_k}(x_k - \sqrt{a})^2$$

und daher $\sqrt{a} \le x_k$ für $k = 1, 2, \ldots$. Hieraus wiederum folgt

$$x_k - x_{k+1} = \frac{1}{2}\left(x_k - \frac{a}{x_k}\right) \ge 0, \qquad k = 1, 2, \ldots.$$

Also existiert $x := \lim_{k\to\infty} x_k$, es ist $0 < \sqrt{a} \le x$ und $x = \frac{1}{2}(x + a/x)$, woraus $x = \sqrt{a}$ folgt. Das Verfahren liefert also für *jeden* positiven Startwert x_0 eine gegen $\sqrt{a}$ konvergente Folge $\{x_k\}$. Man spricht dann von *globaler Konvergenz*. Aus

$$0 \le x_{k+1} - \sqrt{a} = \frac{1}{2x_k}(x_k - \sqrt{a})^2 \le \frac{1}{2\sqrt{a}}(x_k - \sqrt{a})^2, \qquad k = 1, 2, \ldots,$$

liest man ab, daß der absolute Fehler der $(k+1)$-ten Näherung bis auf eine Konstante durch das Quadrat des Fehlers der k-ten Näherung abgeschätzt werden kann. Dies werden wir später *quadratische Konvergenz* nennen, eine für ein Iterationsverfahren sehr wünschenswerte Eigenschaft. Denn grob gesagt bedeutet quadratische Konvergenz, daß sich bei jedem Iterationsschritt die Anzahl der gültigen Dezimalstellen verdoppelt.

Es stellt sich die Frage, wie zu gegebenem $a > 0$ ein Startwert x_0 für die Iteration $x_{k+1} := \frac{1}{2}(x_k + a/x_k)$ bestimmt werden kann derart, daß man mit möglichst wenigen arithmetischen Operationen eine vorgegebene (absolute oder relative) Genauigkeit garantieren kann. Oder anders ausgedrückt: Wie funktioniert die $\sqrt{\ }$-Taste auf einem Taschenrechner, wie wird die `sqrt`-Funktion in einer Bibliotheks-Routine realisiert? Die Idee besteht darin, zunächst in einem Reduktionsschritt die Berechnung der Quadratwurzel auf $(0, \infty)$ auf deren Berechnung auf einem Teilintervall zurückzuführen. In einem zweiten Schritt wird die Wurzelfunktion auf diesem Teilintervall in einem geeigneten Sinne durch ein Polynom vom Grad kleiner oder gleich 1 (dieses läßt sich durch eine Multiplikation und eine Addition auswerten) approximiert und hierdurch eine erste Näherung für die Quadratwurzel erhalten. Diese Näherung wird in einem dritten Schritt als Startwert für das oben beschriebene Iterationsverfahren genommen, von dem je nach gewünschter Genauigkeit eine gewisse Anzahl von Schritten, etwa zwei oder drei, durchgeführt werden. Diese Vorgehensweise soll nun etwas genauer beschrieben werden.

Es sei $a = 2^k t$ mit $k \in \mathbb{Z}$ und $t \in [\frac{1}{2}, 1)$. Nun wird eine Fallunterscheidung gemacht. Ist $k = 2p$ gerade, so ist $\sqrt{a} = 2^p \sqrt{t}$ mit $t \in [\frac{1}{2}, 1)$. Es kommt in diesem Falle also darauf an, die Quadratwurzel auf dem Intervall $[\frac{1}{2}, 1)$ zu approximieren. Ist dagegen $k = 2p + 1$ ungerade, so ist $a = 2^{2p+1} t = 2^{2(p+1)} s$ mit $s := \frac{1}{2} t$ und daher $\sqrt{a} = 2^{p+1} \sqrt{s}$ mit $s \in [\frac{1}{4}, \frac{1}{2})$. Hier muß also die Quadratwurzel auf dem Intervall $[\frac{1}{4}, \frac{1}{2})$ approximiert werden.

Bei der Beschreibung einer linearen Approximation an die Quadratwurzel beschränken wir uns im folgenden auf den Fall, daß k gerade ist, das reduzierte Intervall, auf dem die Quadratwurzel zu approximieren ist, also durch $I := [\frac{1}{2}, 1]$ gegeben ist (für den zweiten Fall verlaufen die Überlegungen analog, siehe Aufgabe 1). Auf I soll $\sqrt{t}$ durch ein Polynom $p_*(t) = \alpha t + \beta$ vom Grade kleiner oder gleich 1 „möglichst gut" approximiert bzw. angenähert werden. Was soll das aber heißen? Naheliegend ist es, unter „möglichst gut" zu verstehen, daß die auf I maximale betragsmäßige Abweichung $\max_{t \in I} |\alpha t + \beta - \sqrt{t}|$ minimal ist. (Sinnvoll wäre es aber auch, die maximale betragsmäßige *relative* Abweichung $\max_{t \in I} |\alpha t + \beta - \sqrt{t}|/\sqrt{t}$ zu minimieren.)

Wie gewinnt man nun die gesuchten Koeffizienten α und β? Anschaulich ist es ziemlich klar, daß die gesuchte Gerade parallel zu derjenigen ist, die durch $(\frac{1}{2}, \sqrt{\frac{1}{2}})$ und $(1, \sqrt{1}) = (1, 1)$ geht bzw. die durch, wie wir später sagen werden, *lineare Interpolation* der Quadratwurzel mit den Endpunkten des Intervalles I als Stützstellen bestimmt wird. Dieses interpolierende Polynom p_L vom Grade kleiner oder gleich 1 ist offenbar durch

$$p_L(t) = \sqrt{1}\,\frac{t - 1/2}{1 - 1/2} + \sqrt{1/2}\,\frac{1 - t}{1 - 1/2} = (2 - \sqrt{2})\,t + \sqrt{2} - 1$$

gegeben. Da die Quadratwurzel-Funktion auf I konkav ist, ist $p_L(t) \leq \sqrt{t}$ für alle $t \in I$. „Verschiebt" man die durch p_L definierte Gerade bis sie zu einer Tangenten an $(t, \sqrt{t})$ wird, so erhält man eine Gerade, die durch

$$p_T(t) := (2 - \sqrt{2})\,t + \frac{2 + \sqrt{2}}{8}$$

gegeben ist. ***Anschaulich*** ist dann klar, daß der „goldene Mittelweg" zwischen p_L und p_T zum gesuchten Polynom p_* führt, d. h. daß

$$p_*(t) = \frac{p_L(t) + p_T(t)}{2} = (2 - \sqrt{2})\,t + \frac{3}{8}\left(\frac{3}{2}\sqrt{2} - 1\right)$$

und die gesuchten Koeffizienten α und β durch

$$\alpha := 2 - \sqrt{2}, \qquad \beta := \frac{3}{8}\left(\frac{3}{2}\sqrt{2} - 1\right)$$

gefunden sind[1]. Das Prinzip dieser Konstruktion verdeutlichen wir uns in der Abbildung 0.2 anhand einer konkaven Parabel.

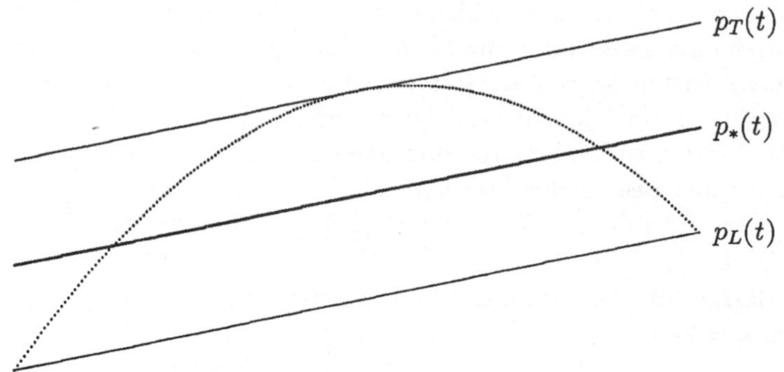

Abbildung 0.2: Lineare Approximation an eine konkave Funktion

Der Defekt $p_*(t) - \sqrt{t}$ nimmt an den Intervallenden von I (und an dem Punkt, in dem p_T den Graphen der Wurzelfunktion tangential berührt) seinen betragsmäßig größten Wert an. Daher ist

$$\max_{t \in I} |p_*(t) - \sqrt{t}| = p_*(1) - \sqrt{1} = \frac{5}{8} - \frac{7}{16}\sqrt{2} \leq 6.3 \cdot 10^{-3}.$$

Für $a = 2^{2p} t$ mit $p \in \mathbb{Z}$ und $t \in [\frac{1}{2}, 1)$ erhält man durch obige Überlegungen die Näherung $x_0(a) := 2^p p_*(t)$ für die Quadratwurzel $\sqrt{a}$. Die Berechnung dieser Näherung erfordert eine Multiplikation und eine Addition (die Multiplikation mit einer Zweier-Potenz wird durch shifts realisiert und wird vernachlässigt). Die hierdurch erzielte Fehlerabschätzung

$$|x_0(a) - \sqrt{a}| \leq 2^p \cdot 6.3 \cdot 10^{-3}$$

ist i. allg. noch nicht gut genug. Bildet man dagegen

$$x_1(a) := \frac{1}{2}\left(x_0(a) + \frac{a}{x_0(a)}\right), \qquad x_2(a) := \frac{1}{2}\left(x_1(a) + \frac{a}{x_1(a)}\right),$$

so erhält man

$$0 \leq x_1(a) - \sqrt{a} = \frac{2^p \, [p_*(t) - \sqrt{t}]^2}{2p_*(t)} \leq \frac{2^p \, [p_*(t) - \sqrt{t}]^2}{2(\sqrt{t} - |p_*(t) - \sqrt{t}|)} \leq 2^p \cdot 2.9 \cdot 10^{-5}.$$

Aus

$$0 \leq x_2(a) - \sqrt{a} \leq \frac{1}{2\sqrt{a}}[x_1(a) - \sqrt{a}]^2$$

folgt dann

$$0 \leq x_2(a) - \sqrt{a} \leq 2^p \cdot 5.7 \cdot 10^{-10}.$$

[1] Dies stimmt mit den in der VAX/VMS Run-Time Library im Oktalsystem angegebenen Werten überein.

Das dürfte für viele praktische Zwecke[2] eine ausreichende Genauigkeit sein. □

Wir sind so ausführlich auf dieses elementare Beispiel eingegangen, weil hier schon einige wichtige Begriffe und Methoden (wie z. B. Fehlerabschätzung, Linearisierung, Interpolation und Approximation) der numerischen Mathematik vorkommen.

Die Untersuchung eines für eine numerische Behandlung geeigneten Anwendungsproblems erfolgt i. allg. in mehreren Schritten.

- Aus der vorliegenden, zunächst häufig nur verbal beschriebenen, Aufgabe ist ein mathematisches Problem zu machen. Für den Mathematiker ist dies oft der schwierigste Teil, er erfordert i. allg. die Zusammenarbeit mit Vertretern anderer Disziplinen.
- Das nun formulierte mathematische Problem wird (nach einer möglichen Umformulierung) untersucht. Hier können z. B. Fragen nach der Existenz und Eindeutigkeit einer Lösung gestellt und beantwortet werden.
- Es wird ein numerisches Verfahren angegeben und motiviert, welches bei konkreten Daten die näherungsweise Lösung ermöglicht. Die Anwendbarkeit und die Eigenschaften dieses Verfahrens sollten analysiert werden.

Diese Phasen sollen anhand eines klassischen Beispiels verdeutlicht werden, wobei wir uns aber kurz fassen werden.

Beispiel: Johann Bernoulli stellte 1696 das *Problem der Brachystochrone*.

- In einer vertikalen Ebene seien Punkte $P_0 = (x_0, y_0)$, $P_1 = (x_1, y_1)$ gegeben mit $x_0 < x_1$ und $y_1 < y_0$. Unter allen Kurven, die P_0 und P_1 verbinden, finde man eine, auf der ein nur der Schwerkraft unterworfener, reibungslos gleitender Massenpunkt in minimaler Zeit von P_0 nach P_1 gelangt.

Die Gleitdauer $T(y)$ längs einer Kurve $y = y(x)$ mit $x_0 \le x \le x_1$ ist

$$T(y) = \int_{x_0}^{x_1} \sqrt{\frac{1 + y'(x)^2}{2g\,[y(x_0) - y(x)]}}\, dx.$$

Das Problem der Brachystochrone führt daher auf die Aufgabe, die Gleitdauer $T(y)$ unter allen auf $[x_0, x_1]$ definierten, hinreichend glatten Funktionen y mit $y_0 = y(x_0)$ und $y_1 = y(x_1)$ zu minimieren.

Es kann gezeigt werden, daß die gesuchte Kurve eine sogenannte *Zykloide* ist. Hieraus kann geschlossen werden, daß die gesuchte Kurve die Parameterdarstellung

$$x = x_0 + a(\phi - \sin\phi), \qquad y = y_0 - a(1 - \cos\phi), \qquad 0 \le \phi \le \phi^* < 2\pi,$$

[2] Um die „Seriosität“ des Textes nicht zu unterbrechen, soll hier als Fußnote eine Geschichte erzählt werden, die ich von meinem Lehrer L. Collatz gehört habe. Man stelle sich eine Tanzstunde vor, bei der die Herren Mathematiker sind, und zwar zur Hälfte reine, zur anderen Hälfte angewandte Mathematiker. Der Tanzlehrer bittet die Damen an die eine Seite des zehn Meter langen Saales, die Herren an die andere Seite. Er hat ein Tamburin in der Hand und fordert die Herren auf, bei jedem Schlag auf das Tamburin die Entfernung zu den Damen zu halbieren. Daraufhin verlassen die reinen Mathematiker die Tanzstunde, während die angewandten Mathematiker sich sagen: „Siebenmal auf das Tamburin geschlagen und das Ergebnis ist für (fast) alle praktischen Zwecke ausreichend.“

besitzt, wobei a und ϕ^* noch zu bestimmen sind. Hierzu hat man die Endbedingung

$$(*) \qquad x_1 = x_0 + a(\phi^* - \sin\phi^*), \qquad y_1 = y_0 - a(1 - \cos\phi^*)$$

zur Verfügung. Es stellt sich daher die Frage, ob das nichtlineare Gleichungssystem $(*)$ eine eindeutige Lösung besitzt. Indem man a über

$$a = \frac{x_1 - x_0}{\phi^* - \sin\phi^*}$$

eliminiert, ist die Lösung des nichtlinearen Gleichungssystems $(*)$ auf die Bestimmung einer Nullstelle der durch

$$f(\phi) := (y_0 - y_1)(\phi - \sin\phi) - (x_1 - x_0)(1 - \cos\phi)$$

definierten Funktion f zurückgeführt. Wir wollen uns überlegen: Ist $y_0 > y_1$ und $x_1 > x_0$, so besitzt f genau eine Nullstelle $\phi^* \in (0, 2\pi)$.

(a) *Existenz* einer Nullstelle in $(0, 2\pi)$.

Es ist $f(0) = 0$, $f'(0) = 0$ und $f''(0) = -(x_1 - x_0) < 0$. Daher ist $f(\phi) < 0$ für alle hinreichend kleinen $\phi > 0$. Andererseits ist $f(2\pi) = 2\pi(y_0 - y_1) > 0$, wegen des Zwischenwertsatzes besitzt f mindestens eine Nullstelle ϕ^* in $(0, 2\pi)$.

(b) *Eindeutigkeit* einer Nullstelle in $(0, 2\pi)$.

Die Idee des Beweises besteht darin, daß aus der Eindeutigkeit einer Nullstelle von f' in $(0, 2\pi)$ auch die Eindeutigkeit einer Nullstelle von f in $(0, 2\pi)$ folgt. Denn wegen des Satzes von Rolle (siehe z. B. O. FORSTER (1983, S. 110)) besitzt f' eine Nullstelle $\overline{\phi} \in (0, \phi^*)$. Ist dies die einzige Nullstelle von f' in $(0, 2\pi)$, so ist f wegen $f(0) = 0$ und $f''(0) < 0$ links von $\overline{\phi}$ monoton fallend und rechts von $\overline{\phi}$ monoton wachsend, so daß f nur eine Nullstelle in $(0, 2\pi)$ besitzen kann.

Aus

$$f'(\phi) = (y_0 - y_1)(1 - \cos\phi) - (x_1 - x_0)\sin\phi > 0 \qquad \text{für } \phi \in [\pi, 2\pi)$$

folgt $\overline{\phi} \in (0, \pi)$. Aus $f'(\overline{\phi}) = 0$ erhält man

$$(y_0 - y_1)^2(1 - \cos\overline{\phi})^2 = (x_1 - x_0)^2(1 - \cos^2\overline{\phi})$$

und hieraus, wegen $1 - \cos\overline{\phi} \neq 0$, folgt

$$\cos\overline{\phi} = \frac{(y_0 - y_1)^2 - (x_1 - x_0)^2}{(y_0 - y_1)^2 + (x_1 - x_0)^2}.$$

Da wir uns schon davon überzeugt hatten, daß eine Nullstelle von f' in $(0, 2\pi)$ notwendig in $(0, \pi)$ liegen muß, ist insgesamt die Eindeutigkeit einer Nullstelle von f' und damit auch von f in $(0, 2\pi)$ bewiesen.

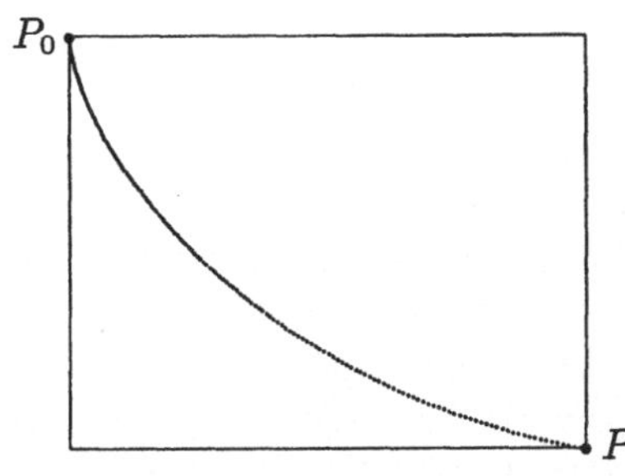

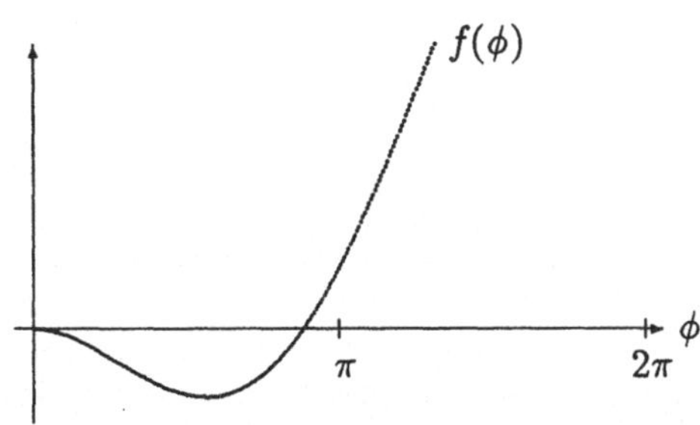

Abbildung 0.3: Die P_0 und P_1 verbindende Brachystochrone

Die Berechnung der gesuchten Brachystochrone ist auf die Lösung der nichtlinearen Gleichung

$$f(\phi) := (y_0 - y_1)(\phi - \sin\phi) - (x_1 - x_0)(1 - \cos\phi) = 0$$

zurückgeführt worden. In Abbildung 0.3 haben wir links die Brachystochrone skizziert, welche die Punkte $P_0 = (x_0, y_0)$ und $P_1 = (x_1, y_1)$ verbindet. Rechts ist die Funktion f abgebildet, deren Nullstelle in $(0, 2\pi)$ zu bestimmen ist.

Wir werden später eine ganze Reihe von Methoden zur Lösung nichtlinearer Gleichungen kennenlernen. Hier soll nur erwähnt werden, daß dieselbe Idee wie bei der Berechnung der Quadratwurzel im vorigen Beispiel, nämlich f in einer Näherung ϕ_k zu linearisieren, auf das Newton-Verfahren

$$\phi_{k+1} := \phi_k - \frac{f(\phi_k)}{f'(\phi_k)} = \phi_k - \frac{(y_0 - y_1)(\phi_k - \sin\phi_k) - (x_1 - x_0)(1 - \cos\phi_k)}{(y_0 - y_1)(1 - \cos\phi_k) - (x_1 - x_0)\sin\phi_k}$$

führt. □

Aufgaben

1. Sei $I := [\frac{1}{4}, \frac{1}{2}]$. Mit Π_1 sei die Menge der Polynome vom Grad ≤ 1 bezeichnet. Man bestimme das Polynom $p^* \in \Pi_1$, für welches

$$\max_{t\in I} |p^*(t) - \sqrt{t}| \le \max_{t\in I} |p(t) - \sqrt{t}| \qquad \text{für alle } p \in \Pi_1.$$

Anschließend vervollständige man das obige Beispiel zur Quadratwurzelberechnung, indem man auch den Fall $a = 2^{2p+1}t$ mit $p \in \mathbb{Z}$ und $t \in [\frac{1}{2}, 1)$ untersucht.

Hinweis: Es ist

$$p^*(t) = 2(\sqrt{2} - 1)t + \frac{3}{16}(3 - \sqrt{2}).$$

2. Wir betrachten die folgende Optimierungsaufgabe:

$$(\mathrm{P}) \qquad \left\{ \begin{array}{c} \text{Maximiere } F(y) := \displaystyle\int_{-a}^{a} y(x)\,dx \text{ auf} \\ M := \left\{ y \in C^1[-a, a] : y(-a) = y(a) = 0,\ \displaystyle\int_{-a}^{a} \sqrt{1 + y'(x)^2}\,dx = 2l \right\}, \end{array} \right.$$

wobei die Zahlen a, l mit $0 < a < l < \pi a/2$ gegeben sind. Anschaulich bedeutet diese Aufgabe: Unter allen die Punkte $(-a, 0)$ und $(a, 0)$ verbindenden glatten Kurven der Länge $2l$ ist diejenige zu bestimmen, die zusammen mit dem Geradensegment von $(-a, 0)$ nach $(a, 0)$ eine Fläche maximalen Inhalts einschließt.

Genau dieses Problem löste der Sage nach die Königstochter Dido aus Tyros, die Gründerin Karthagos. Nach der Ermordung ihres Mannes durch ihren Bruder floh sie nach Libyen. Dort soll sie vom Libyerkönig Hierbas soviel Land erbeten haben, wie mit einer Rinderhaut belegt werden kann. Als diesem Wunsch stattgegeben wurde, schnitt sie das Rinderfell in dünne Streifen und umgrenzte damit einen weiten Raum.

Man mache sich Gedanken darüber, wie bei vorgegebenen Konstanten a, l die Lösung von (P) berechnet werden kann.

3. Ein Öltank habe die Gestalt eines liegenden Zylinders vom Radius r und der Länge l (jeweils in cm gemessen). Wie hoch steht das Öl in dem Tank, wenn dieser zu q% (z. B. $q = 25$) seines Fassungsvermögens gefüllt ist?

4. Zu dem folgenden „praktischen Problem" formuliere man das zugehörige mathematische Problem.

   Sie wollen Ihrer Tante (vielleicht eine reiche Erbtante?) zum Geburtstag eine Freude machen. Ihre Tante trinkt gerne einen süßen Wein und da Ihnen eine Beerenauslese zu teuer ist, kommen Sie auf die Idee, ihr einen Liter Wein zukommen zu lassen, den Sie selbst zusammengestellt haben.

   Hierzu können Sie einen Landwein für 1.00 DM pro Liter, zur Anhebung der Süße Diäthylenglykol-haltiges Frostschutzmittel für 1.20 DM pro Liter und für eine Verbesserung der Lagerungsfähigkeit eine Natriumacid-Lösung für 1.80 DM pro Liter kaufen. Verständlicherweise wollen Sie eine möglichst billige Mischung herstellen, wobei aber folgende Nebenbedingungen zu beachten sind: Um eine hinreichende Süße zu garantieren, muß die Mischung mindestens 1/3 Frostschutzmittel enthalten. Andererseits muß (z. B. wegen gesetzlicher Bestimmungen) mindestens halb so viel Wein wie Frostschutzmittel enthalten sein. Der Natriumacid-Anteil muß mindestens halb so groß, darf aber andererseits höchstens so groß wie der Glykol-Anteil sein und darf die Hälfte des Weinanteils nicht unterschreiten. (Diese Geschenkidee verdanken wir E. Schmitt.)

5. Die zeitliche Entwicklung einer Population (etwa einer Insektenart), die aus maximal dreijährigen Individuen besteht, soll untersucht werden. Mit x_j (bzw. y_j, bzw. z_j) wird die Anzahl der Individuen bezeichnet, die im Jahre j im 1. (bzw. 2., bzw. 3.) Lebensjahr sind. Die Vermehrung erfolge nach folgender Gesetzmäßigkeit: Die Individuen im 1. Lebensjahr haben keine Nachkommen, die im 2. Lebensjahr je einen, die im 3. Lebensjahr je zwei. Überleben und Tod werden durch das folgende Gesetz beschrieben: Die Hälfte der Individuen im 1. Lebensjahr wird älter als 1 Jahr, ein Drittel der Individuen im 2. Lebensjahr wird älter als zwei Jahre, spätestens im 3. Lebensjahr sterben alle.

   (a) Man formuliere den Übergang $(x_j, y_j, z_j) \longrightarrow (x_{j+1}, y_{j+1}, z_{j+1})$ als Matrix-Vektor-Operation.

   (b) Wird es zu einer Bevölkerungsexplosion oder zum Aussterben der Population kommen, oder wird diese gegen einen stationären Zustand streben?

Kapitel 1

Lineare Gleichungssysteme

Viele Probleme führen direkt oder indirekt auf lineare Gleichungssysteme[1]. Daher ist es wichtig, effiziente Werkzeuge zu ihrer Lösung bereitzustellen. Hierbei kann man (und das ist nicht nur bei linearen Gleichungssystemen die Regel) nicht hoffen, durch *ein* „Super-Verfahren" *alle* auftretenden Probleme zu lösen, da eine spezielle Struktur der Koeffizientenmatrix die Auswahl eines geeigneten Verfahrens beeinflussen wird.

In diesem Kapitel werden wir einen Überblick über *direkte Verfahren* zur Lösung linearer Gleichungssysteme (und linearer Ausgleichsprobleme) geben. Hierbei handelt es sich um Verfahren, die bei exakter Rechnung mit endlich vielen arithmetischen Operationen die Lösung eines regulären linearen Gleichungssystems finden. Der Aufbau in diesem Kapitel wird der folgende sein. Zunächst werden in Abschnitt 1.1 einige Beispiele für das Auftreten linearer Gleichungssysteme angegeben. Der anschließende Abschnitt 1.2 ist nicht nur für dieses, sondern auch für alle weiteren Kapitel von grundlegender Bedeutung. In ihm wird erklärt, was unter Vektor- und Matrixnormen zu verstehen ist, es wird an Vorkenntnisse aus der linearen Algebra erinnert, der Begriff der Kondition einer Matrix erläutert und angedeutet, weshalb Elementarmatrizen, d. h. Störungen der Identität vom Rang Eins, ein nützliches Hilfsmittel sind. Die Abschnitte 1.3, 1.4 und 1.5 bilden den Schwerpunkt dieses Kapitels. In ihnen werden das Gaußsche Eliminationsverfahren, das Cholesky-Verfahren und Methoden zur Berechnung einer sogenannten QR-Zerlegung einer Matrix geschildert. Diesen Verfahren liegt die Idee zugrunde, durch die Berechnung einer gewissen Zerlegung der Koeffizientenmatrix des gestellten linearen Gleichungssystems die Lösung auf die eines „gestaffelten" Systems zurückzuführen. In dem abschließenden Abschnitt 1.6 werden einige theoretische Aussagen zu linearen Ausgleichsproblemen gemacht und u. a. der Begriff der Singulärwertzerlegung und der Pseudoinversen einer Matrix eingeführt.

An neueren, wesentlich ausführlicheren Darstellungen direkter Verfahren bei linearen Gleichungssystemen und linearen Ausgleichsproblemen seien die Lehrbücher von G. H. Golub, C. F. van Loan (1989) und A. Kielbasiński, H. Schwetlick (1988) empfohlen.

---

[1] Mein Vater stellte früher gerne anderen (Nichtmathematikern!) die Aufgabe: Flasche und Korken kosten zusammen 1.10 DM. Die Flasche kostet 1 DM mehr als der Korken. Was kostet der Korken? Er freute sich immer sehr, wenn eine falsche Antwort kam.

1.1 Beispiele

Beispiel: Die Biegung eines an seinen Enden fest gelagerten Balkens führt nach geeigneten Normierungen auf die (gewöhnliche) Randwertaufgabe

$$\text{(P)} \qquad -u''(x) - (1+x^2)u(x) = 1 \qquad \text{für } x \in (-1,1), \qquad u(-1) = u(1) = 0$$

(siehe z. B. L. COLLATZ (1966, S. 143)). Hierbei bedeutet der Funktionswert $u(x)$ der gesuchten Funktion $u\colon [-1,1] \longrightarrow \mathbb{R}$ die Auslenkung des Balkens (der nach Normierung die Länge 2 besitze) im Punkte $x \in [-1,1]$.

Bei (P) handelt es sich um ein kontinuierliches Problem, da die gesuchte Lösung eine Funktion auf $[-1,1]$ ist. Um (P) numerisch zu lösen, wird ein für die numerische Mathematik außerordentlich wichtiger Prozeß gemacht, nämlich eine *Diskretisierung*. Hierbei wird einem kontinuierlichen Problem ein diskretes bzw. endlichdimensionales Problem zugeordnet. Das kann auf verschiedene Weise geschehen. Die Diskretisierung einer Differentialgleichung kann z. B. dadurch erfolgen, daß auftretende Differentialquotienten durch entsprechende Differenzenquotienten ersetzt werden. Dies soll anhand der Randwertaufgabe (P) erläutert werden.

Bei vorgegebenem $n \in \mathbb{N}$ definiert man zunächst die *Maschenweite* $h := 2/(n+1)$ und anschließend $x_j := -1 + j\,h$, $j = 0, \ldots, n+1$. Ferner bezeichne man mit u_j eine Näherung für $u(x_j)$, d. h. den Wert der Lösung u an der Stelle x_j. Ist $u \in C^4[-1,1]$, so erhält man aus den Taylor-Entwicklungen

$$\begin{aligned} u(x_{j-1}) &= u(x_j) - hu'(x_j) + \frac{h^2}{2!}u''(x_j) - \frac{h^3}{3!}u'''(x_j) + \frac{h^4}{4!}u^{(4)}(x_j - \theta_j^- h), \\ u(x_{j+1}) &= u(x_j) + hu'(x_j) + \frac{h^2}{2!}u''(x_j) + \frac{h^3}{3!}u'''(x_j) + \frac{h^4}{4!}u^{(4)}(x_j + \theta_j^+ h) \end{aligned}$$

mit $\theta_j^-, \theta_j^+ \in (0,1)$ und einer Anwendung des Zwischenwertsatzes die Existenz eines $\theta_j \in (-1,1)$ mit

$$\frac{u(x_{j-1}) - 2u(x_j) + u(x_{j+1})}{h^2} = u''(x_j) + \frac{h^2}{12}u^{(4)}(x_j + \theta_j h), \qquad j = 1, \ldots, n.$$

Aus

$$u''(x_j) \approx \frac{u_{j-1} - 2u_j + u_{j+1}}{h^2}, \qquad j = 1, \ldots, n$$

erhält man als diskretes Analogon zu (P) das lineare Gleichungssystem

$$\frac{-u_{j-1} + 2u_j - u_{j+1}}{h^2} - (1 + x_j^2)u_j = 1 \qquad (j = 1, \ldots, n), \qquad u_0 = u_{n+1} = 0.$$

Dieses hat eine symmetrische *Tridiagonalmatrix* als Koeffizientenmatrix, bei ihr sind nur die Diagonale und die beiden Nebendiagonalen mit von Null verschiedenen Elementen besetzt:

$$\begin{pmatrix} * & * & & & & \\ * & * & * & & & \\ & \ddots & \ddots & \ddots & & \\ & & \ddots & \ddots & \ddots & \\ & & & * & * & * \\ & & & & * & * \end{pmatrix} \begin{pmatrix} u_1 \\ u_2 \\ \vdots \\ \vdots \\ u_{n-1} \\ u_n \end{pmatrix} = \begin{pmatrix} * \\ * \\ \vdots \\ \vdots \\ * \\ * \end{pmatrix}.$$

Wir werden später sehen (siehe 1.3.3), daß lineare Gleichungssysteme mit einer Tridiagonalmatrix als Koeffizientenmatrix sehr effizient gelöst werden können. □

Beispiel: Als Beispiel einer linearen, partiellen Differentialgleichung betrachten wir die Dirichletsche Randwertaufgabe auf dem (offenen) Einheitsquadrat Ω mit Rand $\partial\Omega$, also die Aufgabe

$$\text{(P)} \qquad \begin{cases} -\Delta u(x,y) = f(x,y) \ \text{ in } \Omega := \{(x,y) \in \mathbb{R}^2 : 0 < x, y < 1\}, \\ u(x,y) = 0 \ \text{ auf } \partial\Omega. \end{cases}$$

Hierbei ist der *Laplace-Operator* Δ durch

$$\Delta u := \frac{\partial^2 u}{\partial x^2} + \frac{\partial^2 u}{\partial y^2}$$

gegeben, $f: \Omega \longrightarrow \mathbb{R}$ ist vorgegeben. Zur Diskretisierung von (P) lege man über das (abgeschlossene) Einheitsquadrat ein Gitter mit der Maschenweite $h := 1/(n+1)$ und setze

$$x_i := i\,h, \qquad y_j := j\,h, \qquad i,j = 0,\ldots,n+1.$$

Das sieht also etwa folgendermaßen aus:

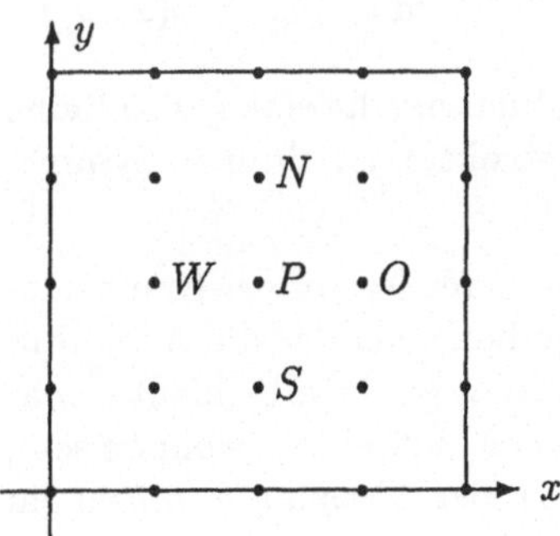

Hier treten nur *innere Gitterpunkte* (x_i, y_j) $(1 \le i,j \le n)$ und *Randgitterpunkte* (x_i, y_j) (i oder j sind gleich 0 oder $n+1$) auf. Jeder innere Gitterpunkt P besitzt Nachbarn in allen vier Himmelsrichtungen, die von P einen Abstand h haben und ebenfalls zum Gitter gehören.

Ist $P := (x_i, y_j)$ ein innerer Gitterpunkt, sind $W := (x_{i-1}, y_j)$, $O := (x_{i+1}, y_j)$ sowie $N := (x_i, y_{j+1})$ und $S := (x_i, y_{j-1})$ die Nachbarn von P im Westen, Osten, Norden und Süden, so ist

$$\begin{aligned}
\Delta u(P) &= \frac{\partial^2 u}{\partial x^2}(P) + \frac{\partial^2 u}{\partial y^2}(P) \\
&= \frac{u(W) - 2u(P) + u(O)}{h^2} + \frac{u(S) - 2u(P) + u(N)}{h^2} \\
&\quad - \frac{h^2}{12}\frac{\partial^4 u}{\partial x^4}(x_i + \theta_x h, y_j) - \frac{h^2}{12}\frac{\partial^4 u}{\partial y^4}(x_i, y_j + \theta_y h) \\
&= \frac{u(W) + u(N) + u(O) + u(S) - 4u(P)}{h^2} \\
&\quad - \frac{h^2}{12}\frac{\partial^4 u}{\partial x^4}(x_i + \theta_x h, y_j) - \frac{h^2}{12}\frac{\partial^4 u}{\partial y^4}(x_i, y_j + \theta_y h)
\end{aligned}$$

für hinreichend glattes u mit $\theta_x, \theta_y \in (-1,1)$. Bezeichnet man mit $u_{i,j}$ eine Näherung für die Lösung u an der Stelle (x_i, y_j), ordnet man ferner die Unbekannten $u_{i,j}$ zeilenweise an und faßt diese zu einem Vektor v zusammen:

$$v = (u_{1,1}, \ldots, u_{n,1}, u_{1,2}, \ldots, u_{n,2}, \ldots, u_{1,n}, \ldots, u_{n,n})^T \in \mathbb{R}^{n^2},$$

so erhält man wegen

$$\Delta u(x_i, y_j) \approx \frac{u_{i-1,j} + u_{i,j+1} + u_{i+1,j} + u_{i,j-1} - 4u_{i,j}}{h^2}$$

nach Einarbeiten der Randbedingungen das lineare Gleichungssystem $Av = g$ mit

$$A := \begin{pmatrix} A_n & -I_n & \cdots & 0 \\ -I_n & A_n & \ddots & \vdots \\ \vdots & \ddots & \ddots & -I_n \\ 0 & \cdots & -I_n & A_n \end{pmatrix}, \qquad A_n := \begin{pmatrix} 4 & -1 & \cdots & 0 \\ -1 & 4 & \ddots & \vdots \\ \vdots & \ddots & \ddots & -1 \\ 0 & \cdots & -1 & 4 \end{pmatrix}$$

und der $n \times n$-Einheitsmatrix I_n. Die rechte Seite g ist der Vektor

$$g = (g_{1,1}, \ldots, g_{n,1}, g_{1,2}, \ldots, g_{n,2}, \ldots, g_{1,n}, \ldots, g_{n,n})^T \in \mathbb{R}^{n^2} \qquad \text{mit} \quad g_{i,j} := f(x_i, y_j).$$

Als Koeffizientenmatrix erhält man eine Blocktridiagonalmatrix, die eine ganze Reihe angenehmer Eigenschaften besitzt. Neben ihrer Blockstruktur ist sie u. a. symmetrisch und positiv definit. □

Beispiel: Ein lineares Gleichungssystem $Ax = b$ mit einer reellen $m \times n$-Koeffizientenmatrix A (hierfür werden wir kürzer $A \in \mathbb{R}^{m \times n}$ schreiben), bei der die Anzahl m der Gleichungen größer ist als die Anzahl n der Unbekannten, wird i. allg. nicht lösbar sein. Z. B. kann der m-Vektor b durch m Messungen in einer Meßreihe gewonnen sein, der eigentlich bestehende lineare Zusammenhang $b = Ax$ der Messung b mit einem gesuchten Parametervektor x sei durch fehlerhafte Messungen verfälscht. Dann wird es sinnvoll sein, nach einem Punkt zu fragen, für den der Defekt $Ax - b$ „minimal" ist, welcher also dem gegebenen linearen Gleichungssystem „möglichst gut" genügt.

Bei der *Methode der kleinsten Quadrate* versteht man unter „möglichst gut", daß die Summe der quadrierten Defekt-Komponenten minimal wird. D. h. statt des i. allg. nicht lösbaren linearen Gleichungssystems $Ax = b$ betrachtet man das sogenannte *lineare Ausgleichsproblem*

$$\text{(LA)} \qquad \text{Minimiere} \quad f(x) := \frac{1}{2}(Ax - b)^T(Ax - b), \quad x \in \mathbb{R}^n.$$

(Der Faktor 1/2 hat hier nur „kosmetische Gründe".) Ist $x^* \in \mathbb{R}^n$ eine Lösung von (LA), also $f(x^*) \leq f(x)$ für alle $x \in \mathbb{R}^n$, so verschwindet bekanntlich (siehe z. B. O. Forster (1984, S. 60)) notwendig der Gradient

$$\nabla f(x^*) := \Big(\frac{\partial f}{\partial x_1}(x^*), \ldots, \frac{\partial f}{\partial x_n}(x^*)\Big)^T$$

von f in x^*. Wegen $\nabla f(x^*) = A^T A x^* - A^T b$ (Beweis?) ist eine Lösung von (LA) daher notwendig eine Lösung der sogenannten ***Normalgleichungen***, des linearen Gleichungssystems

$$\text{(NGl)} \qquad A^T A x = A^T b.$$

Ist x^* umgekehrt eine Lösung der Normalgleichungen (NGl), so ist für jedes $x \in \mathbb{R}^n$:

$$\begin{aligned} f(x) - f(x^*) &= \underbrace{(A^T A x^* - A^T b)}_{=0}{}^T (x - x^*) + \frac{1}{2}(x - x^*)^T A^T A (x - x^*) \\ &= \frac{1}{2}[A(x - x^*)]^T A(x - x^*) \\ &\geq 0, \end{aligned}$$

also x^* eine Lösung von (LA).

Die Koeffizientenmatrix $A^T A \in \mathbb{R}^{n \times n}$ im linearen Gleichungssystem (NGl) ist symmetrisch (d. h. $(A^T A)^T = A^T A$) und positiv semidefinit (d. h. $x^T A^T A x \geq 0$ für alle $x \in \mathbb{R}^n$). Ferner ist $A^T A$ genau dann positiv definit (d. h. $x^T A^T A x > 0$ für alle $x \in \mathbb{R}^n \setminus \{0\}$), wenn Rang $(A) = n$, die Spalten von $A \in \mathbb{R}^{m \times n}$ also linear unabhängig sind.

Die Normalgleichungen (NGl) und damit auch das lineare Ausgleichsproblem (LA) sind lösbar. Denn aus der linearen Algebra ist bekannt: Ein inhomogenes lineares Gleichungssystem ist genau dann lösbar, wenn jedes Element des Kernes der transponierten Koeffizientenmatrix senkrecht auf der rechten Seite steht (siehe z. B. M. KOECHER (1983, S. 92)). Genau diese Bedingung ist bei den Normalgleichungen offenbar erfüllt. Denn ist $x \in$ Kern $(A^T A)$, so ist $x \in$ Kern (A) und daher $x^T A^T b = (Ax)^T b = 0$.

Damit haben wir erhalten:

- $x^* \in \mathbb{R}^n$ *ist genau dann eine Lösung des linearen Ausgleichsproblems* (LA), *wenn* x^* *den Normalgleichungen* (NGl) *genügt.*

- *Die Normalgleichungen* (NGl) *und damit auch das lineare Ausgleichsproblemem* (LA) *sind lösbar. Die Lösung ist genau dann eindeutig, wenn* Rang $(A) = n$, *die Spalten von* $A \in \mathbb{R}^{m \times n}$ *also linear unabhängig sind.*

Betont sei hier aber schon, daß es zur Lösung des linearen Ausgleichsproblems (LA) bessere Methoden gibt, als zunächst das Gleichungssystem der Normalgleichungen aufzustellen und dann dieses mit einem geeigneten Verfahren zu lösen. □

Aufgaben

1. Seien p und u hinreichend glatte Funktionen auf dem Intervall $[a, b]$. Man präzisiere die Aussage

$$\begin{aligned} &\frac{d}{dx}\left(p(x)\frac{d}{dx}u(x)\right) \\ \approx\ &\frac{p(x - h/2)u(x - h) - [p(x - h/2) + p(x + h/2)]\, u(x) + p(x + h/2)u(x + h)}{h^2} \end{aligned}$$

und gebe eine Diskretisierung der linearen Randwertaufgabe

$$-(p(x)u')' + q(x)u = f(x), \qquad u(a) = u(b) = 0$$

an.

2. Bezogen auf einen Punkt $P = (x, y)$ und eine Maschenweite $h > 0$ sei $O = (x+h, y)$ der Nachbar im Osten, entsprechend seien die Nachbarn S, W und N im Süden, Westen und Norden definiert. Zusätzlich sei $NO = (x + h, y + h)$ der Nachbar im Nordosten, entsprechend seien SO, SW und NW definiert. Man präzisiere die Aussage, daß für hinreichend glattes u gilt

$$\Delta u(P) \approx \frac{8\Sigma_1 + 2\Sigma_2 - h^2\Sigma_3 - 40u(P)}{8h^2}$$

mit

$$\begin{aligned} \Sigma_1 &:= u(W) + u(N) + u(O) + u(S), \\ \Sigma_2 &:= u(NW) + u(NO) + u(SO) + u(SW), \\ \Sigma_3 &:= \Delta u(W) + \Delta u(N) + \Delta u(O) + \Delta u(S). \end{aligned}$$

Man überlege sich, wie man diese sogenannte *Mehrstellenformel* für den Laplace-Operator Δ zur Diskretisierung der Dirichletschen Randwertaufgabe

$$\text{(P)} \qquad \begin{cases} -\Delta u(x, y) = f(x, y) \ \text{ in } \Omega := \{(x, y) \in \mathbb{R}^2 : 0 < x, y < 1\}, \\ \qquad\qquad u(x, y) = 0 \ \text{ auf } \partial\Omega \end{cases}$$

verwenden kann.

3. Ist $Q \in \mathbb{R}^{n \times n}$ symmetrisch und positiv semidefinit, $c \in \mathbb{R}^n$, so ist $x^* \in \mathbb{R}^n$ genau dann eine Lösung von

$$\text{Minimiere } f(x) := c^T x + \frac{1}{2} x^T Q x, \qquad x \in \mathbb{R}^n,$$

wenn x^* Lösung des linearen Gleichungssystems $c + Qx = 0$ ist.

4. Zu paarweise verschiedenen Zeitpunkten $t_1, \ldots, t_m$ mit $m \geq 2$ werde eine physikalische Größe b beobachtet, von der wegen eines physikalischen Gesetzes oder einer Modellannahme vermutet wird, daß sie eine lineare Funktion in der Zeit t ist. Diese Beobachtung liefere die Werte $b_1, \ldots, b_m$. Bei der Methode der kleinsten Quadrate sind die beiden unbekannten Parameter x_0 und x_1 der sogenannten *Regressionsgeraden* $b(t) := x_0 + x_1 t$ so zu bestimmen, daß

$$\frac{1}{2} \sum_{i=1}^{m} (x_0 + x_1 t_i - b_i)^2 \longrightarrow \min.$$

Man stelle die zugehörigen Normalgleichungen auf und löse diese.

5. Für paarweise verschiedene $t_1, \ldots, t_m \in \mathbb{R}$ und $n \in \mathbb{N}$ mit $m \geq n + 1$ bilde man die Matrix

$$A := \begin{pmatrix} 1 & t_1 & t_1^2 & \cdots & t_1^n \\ 1 & t_2 & t_2^2 & \cdots & t_2^n \\ \vdots & \vdots & \vdots & \ddots & \vdots \\ 1 & t_m & t_m^2 & \cdots & t_m^n \end{pmatrix} \in \mathbb{R}^{m \times (n+1)}.$$

Man zeige, daß Rang $(A) = n + 1$.

1.2 Einige Grundlagen

1.2.1 Vektor- und Matrixnormen

Im folgenden sei $\mathbb{K}$ stets der Körper der reellen Zahlen $\mathbb{R}$ oder der komplexen Zahlen $\mathbb{C}$. Elemente des $\mathbb{K}^n$ werden stets als Spaltenvektoren aufgefaßt. Ist

$$x = \begin{pmatrix} x_1 \\ \vdots \\ x_n \end{pmatrix} \in \mathbb{K}^n,$$

so sei $x^T := (x_1, \ldots, x_n)$. Man erhält x^T also, indem man x transponiert bzw. als Zeilenvektor schreibt. Ist $A \in \mathbb{K}^{m\times n}$, also A eine $m \times n$-Matrix mit Koeffizienten $a_{ij} \in \mathbb{K}$ in der i-ten Zeile und j-ten Spalte, so bezeichne $A^T \in \mathbb{K}^{n\times m}$ die transponierte Matrix. Für $i = 1, \ldots, m$ und $j = 1, \ldots, n$ ist damit a_{ij} das Element von A^T in der j-ten Zeile und i-ten Spalte. Den Vektor bzw. die Matrix, die man aus $x \in \mathbb{K}^n$ bzw. $A \in \mathbb{K}^{m\times n}$ erhält, indem man zunächst x^T bzw. A^T bildet und anschließend in allen Komponenten bzw. Koeffizienten zum konjugiert Komplexen übergeht, werden wir mit x^H bzw. A^H bezeichnen[2].

Um den für die numerische Mathematik so wichtigen Begriffen „Näherung", „Fehlerabschätzung", „Konvergenzordnung" usw. einen Sinn geben zu können, benötigen wir in den Vektorräumen, in denen wir nach der Lösung einer Aufgabe suchen, insbesondere also im $\mathbb{K}^n$, einen Abstandsbegriff.

Definition 2.1 Eine Abbildung $\|\cdot\|: \mathbb{K}^n \longrightarrow \mathbb{R}$ heißt eine *(Vektor-)Norm* auf dem $\mathbb{K}^n$, wenn gilt

1. $\|x\| > 0$ für alle $x \in \mathbb{K}^n \setminus \{0\}$ (Definitheit),
2. $\|\alpha x\| = |\alpha|\|x\|$ für alle $\alpha \in \mathbb{K}$, $x \in \mathbb{K}^n$ (Homogenität),
3. $\|x + y\| \le \|x\| + \|y\|$ für alle $x, y \in \mathbb{K}^n$ (Dreiecksungleichung).

Unter $\|x\|$ hat man sich den Abstand des Vektors $x \in \mathbb{K}^n$ vom Nullpunkt vorzustellen. Die für die numerische Mathematik bei weitem wichtigsten Normen sind:

- *Euklidische Norm:* $\|x\|_2 := (x^H x)^{1/2} = \left(\sum_{j=1}^{n} |x_j|^2\right)^{1/2}$,
- *Maximumnorm:* $\|x\|_\infty := \max_{j=1,\ldots,n} |x_j|$,
- *Betragssummennorm:* $\|x\|_1 := \sum_{j=1}^{n} |x_j|$.

[2] In der Literatur wird auch die Schreibweise x^* statt x^H und A^* statt A^H benutzt. Wir ziehen die obige Schreibweise vor, da im folgenden x^* immer ein ausgezeichnetes Element bedeuten wird, etwa eine Lösung eines gestellten Problems.

Die Maximumnorm und die Betragssummennorm haben ganz offensichtlich alle Eigenschaften einer Norm. Bei der euklidischen Norm ist nur die Dreiecksungleichung nicht ganz offensichtlich. Diese folgt aber leicht aus der bekannten Cauchy-Schwarzschen Ungleichung

$$|x^H y| \le \|x\|_2 \, \|y\|_2 \qquad \text{für alle } x, y \in \mathbb{K}^n.$$

Denn für alle $x, y \in \mathbb{K}^n$ erhält man unter Benutzung dieser Ungleichung

$$\|x+y\|_2^2 = (x+y)^H(x+y) = (x+y)^H x + (x+y)^H y \le \|x+y\|_2 \, \|x\|_2 + \|x+y\|_2 \, \|y\|_2$$

und hieraus die Dreiecksungleichung.

Veranschaulicht man sich im $\mathbb{R}^2$ die Einheitskugel $B_p[0;1] := \{x \in \mathbb{R}^2 : \|x\|_p \le 1\}$ bezüglich der Norm $\|\cdot\|_p$ für $p = 1, 2, \infty$, so erhält man etwa das in Abbildung 1.1 angegebene Bild.

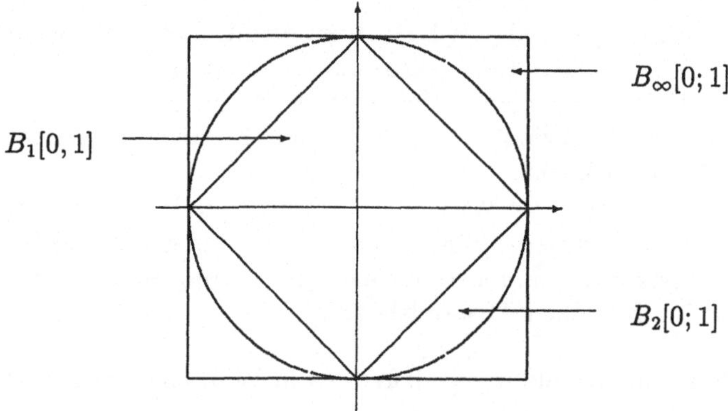

Abbildung 1.1: Die Einheitskugeln $B_p[0;1]$ für $p = 1, 2, \infty$

Die Bezeichnungen $\|\cdot\|_1$, $\|\cdot\|_2$ und $\|\cdot\|_\infty$ haben ihren Ursprung darin, daß für $p \in [1, \infty)$ auch durch

$$\|x\|_p := \left(\sum_{j=1}^n |x_j|^p\right)^{1/p}$$

eine Norm auf dem $\mathbb{K}^n$ gegeben ist (siehe z. B. O. FORSTER (1983, S. 115)), und daß

$$\lim_{p\to\infty} \|x\|_p = \|x\|_\infty \qquad \text{für alle } x \in \mathbb{K}^n.$$

Jede Norm $\|\cdot\|$ auf dem $\mathbb{K}^n$ definiert mittels

$$\{x^k\} \subset \mathbb{K}^n \text{ konvergiert gegen } x \in \mathbb{K}^n \overset{\text{def}}{\Longleftrightarrow} \lim_{k\to\infty} \|x^k - x\| = 0$$

einen Konvergenzbegriff[3]. Der übliche Konvergenzbegriff im $\mathbb{K}^n$ wird komponentenweise erklärt. D. h. man sagt, die Folge $\{x^k\} \subset \mathbb{K}^n$ konvergiere gegen $x \in \mathbb{K}$, wenn

[3]Ein oberer Index bei Vektoren kann nur von böswilligen Lesern für eine Potenz gehalten werden. Ein Iterationsindex wird vor allem dann nach oben gesetzt, wenn im gleichen Zusammenhang auch Komponenten, also untere Indices, vorkommen.

für $j = 1, \ldots, n$ die Folge der j-ten Komponenten $\{x_j^k\}$ gegen die j-te Komponente x_j von x konvergiert. Dies ist aber offenbar äquivalent damit, daß $\{x^k\}$ bezüglich $\|\cdot\|_\infty$ gegen x konvergiert.

Als wichtiges Ergebnis wird aus dem nächsten Satz folgen, daß alle durch Normen erzeugten Konvergenzbegriffe im $\mathbb{K}^n$ zusammenfallen.

Satz 2.2 *1. Sei $\|\cdot\|$ eine Norm auf dem $\mathbb{K}^n$. Dann gilt:*

(a) $\big|\|x\| - \|y\|\big| \leq \|x - y\|$ für alle $x, y \in \mathbb{K}^n$.

(b) Es existiert eine Konstante $C > 0$ mit

$$\big|\|x\| - \|y\|\big| \leq C\,\|x - y\|_\infty \quad \text{für alle } x, y \in \mathbb{K}^n.$$

(Insbesondere ist die Norm $\|\cdot\|\colon \mathbb{K}^n \longrightarrow \mathbb{R}$ stetig.)

2. Zu jedem Paar p_1, p_2 von Normen auf dem $\mathbb{K}^n$ gibt es positive Konstanten $c, C > 0$ derart, daß

$$c\,p_2(x) \leq p_1(x) \leq C\,p_2(x) \quad \text{für alle } x \in \mathbb{K}^n.$$

(p_1, p_2 heißen in diesem Falle äquivalent *und die Aussage ist die, daß alle Normen auf dem $\mathbb{K}^n$ äquivalent sind.)*

Beweis: Für beliebige $x, y \in \mathbb{K}^n$ ist wegen der Dreiecksungleichung

$$\|x\| = \|(x - y) + y\| \leq \|x - y\| + \|y\|$$

und daher $\|x\| - \|y\| \leq \|x - y\|$. Vertauscht man hier x und y, so erhält man

$$-(\|x\| - \|y\|) \leq \|y - x\| = \|x - y\|$$

und insgesamt die behauptete Ungleichung.

Mit e_j werde der j-te Einheitsvektor des $\mathbb{K}^n$ bezeichnet. Mit Hilfe der gerade eben bewiesenen Ungleichung folgt

$$\big|\|x\| - \|y\|\big| \leq \|x - y\| = \Big\|\sum_{j=1}^{n}(x_j - y_j)e_j\Big\| \leq \sum_{j=1}^{n}|x_j - y_j|\,\|e_j\| \leq \underbrace{\Big(\sum_{j=1}^{n}\|e_j\|\Big)}_{=:C}\,\|x - y\|_\infty.$$

Wir beweisen die Äquivalenz von p_1 mit der Maximumnorm, der allgemeine Fall folgt hieraus offenbar. Die Einheitssphäre $S := \{x \in \mathbb{K}^n : \|x\|_\infty = 1\}$ ist als abgeschlossene und beschränkte Teilmenge des $\mathbb{K}^n$ kompakt. Da p_1 stetig ist, nimmt p_1 auf S seine Extrema an:

$$c := \min_{x \in S} p_1(x), \qquad C := \max_{x \in S} p_1(x).$$

Wegen der Definitheit einer Norm und $0 \notin S$ ist c positiv. Für beliebiges $x \in \mathbb{K}^n \setminus \{0\}$ ist $x/\|x\|_\infty \in S$ und daher

$$c \leq p_1\Big(\frac{x}{\|x\|_\infty}\Big) = \frac{p_1(x)}{\|x\|_\infty} \leq C.$$

Hieraus folgt die Behauptung. □

Natürlich kann man auch durch „Nachrechnen“ die Äquivalenz der Normen $\|\cdot\|_1$, $\|\cdot\|_2$ und $\|\cdot\|_\infty$ nachweisen. Denn für beliebiges $x \in \mathbb{K}^n$ ist z. B.

$$\|x\|_\infty \leq \|x\|_2 = \Big(\sum_{j=1}^n |x_j|^2\Big)^{1/2} \leq \sqrt{n}\,\|x\|_\infty$$

und mit Hilfe der Cauchy-Schwarzschen Ungleichung

$$\|x\|_1 = \sum_{j=1}^n 1\cdot|x_j| \leq \Big(\sum_{j=1}^n 1^2\Big)^{1/2}\Big(\sum_{j=1}^n |x_j|^2\Big)^{1/2} = \sqrt{n}\,\|x\|_2 \leq \sqrt{n}\,\|x\|_1.$$

Wegen der Äquivalenz der Normen im endlichdimensionalen $\mathbb{K}^n$ ist der Konvergenzbegriff unabhängig von der gewählten Norm. Dasselbe gilt für weitere topologische Begriffe wie „abgeschlossen“, „beschränkt“, „kompakt“, „offen“ und „stetig“. Dies ist einer der Hauptunterschiede zwischen dem $\mathbb{K}^n$ und einem unendlichdimensionalen Funktionenraum, wie etwa dem linearen Raum $C[a,b]$ der auf dem kompakten Intervall $[a,b]$ stetigen, reellwertigen Funktionen. Denn auf $C[a,b]$ sind durch

$$\|u\|_\infty := \max_{x\in[a,b]} |u(x)|, \qquad \|u\|_2 := \Big(\int_a^b u^2(x)\,dx\Big)^{1/2}$$

zwei Normen definiert, die nicht äquivalent sind (Beweis?).

Ist auf dem $\mathbb{K}^n$ eine Norm $\|\cdot\|$ gegeben, ist $A \in \mathbb{K}^{n\times n}$ eine $n\times n$-Matrix mit Koeffizienten aus $\mathbb{K}$ und ist $x \neq 0$, so gibt $\|Ax\|/\|x\|$ die relative Längenänderung an, die x durch Anwendung der linearen Abbildung A erfährt. Die maximale relative Längenänderung $\sup_{x\neq 0}\|Ax\|/\|x\|$ wird aus Homogenitäts- und Stetigkeitsgründen auf der kompakten Einheitssphäre $\{x \in \mathbb{K}^n : \|x\| = 1\}$ angenommen, d. h. es ist

$$\sup_{x\neq 0}\frac{\|Ax\|}{\|x\|} = \max_{\|x\|=1}\|Ax\|.$$

Dies führt auf

Definition 2.3 Sei $\|\cdot\|$ eine Norm auf $\mathbb{K}^n$. Auf dem linearen Raum $\mathbb{K}^{n\times n}$ der $n\times n$-Matrizen mit Koeffizienten aus $\mathbb{K}$ (bzw. dem linearen Raum der linearen Abbildungen des $\mathbb{K}^n$ in sich) definiere man die Abbildung $\|\cdot\|\colon \mathbb{K}^{n\times n} \longrightarrow \mathbb{R}$ durch

$$\|A\| := \sup_{x\neq 0}\frac{\|Ax\|}{\|x\|}$$

und nenne diese die der Vektornorm $\|\cdot\|$ *zugeordnete Matrixnorm.*

Bemerkung: Sind auf $\mathbb{K}^m$ und $\mathbb{K}^n$ je eine Norm $\|\cdot\|$ gegeben (aus dem Zusammenhang geht hervor, ob es sich bei $\|\cdot\|$ um eine Norm auf $\mathbb{K}^m$ oder $\mathbb{K}^n$ handelt), so kann entsprechend der Definition 2.3 durch

$$\|A\| := \sup_{x\neq 0}\frac{\|Ax\|}{\|x\|}$$

für $A \in \mathbb{K}^{m\times n}$ eine zugeordnete Matrixnorm auf $\mathbb{K}^{m\times n}$ definiert werden. □

Der folgende Satz, dessen einfacher Beweis dem Leser überlassen bleibt, rechtfertigt u. a. die Bezeichnung $\|\cdot\|$ und den Namen Matrix*norm*.

Satz 2.4 *Sei $\|\cdot\|$ eine Vektornorm auf $\mathbb{K}^n$ bzw. die zugeordnete Matrixnorm auf $\mathbb{K}^{n\times n}$. Dann gilt:*

1. $\|Ax\| \leq \|A\|\,\|x\|$ *für alle* $x \in \mathbb{K}^n$, $A \in \mathbb{K}^{n\times n}$.
2. *Zu jedem* $A \in \mathbb{K}^{n\times n}$ *existiert ein* $\hat{x} \in \mathbb{K}^n$ *mit* $\|\hat{x}\| = 1$ *und* $\|A\hat{x}\| = \|A\|$.
3. *Die zugeordnete Matrixnorm hat die Eigenschaften einer Norm:*
   (a) $\|A\| > 0$ *für alle* $A \in \mathbb{K}^{n\times n} \setminus \{0\}$,
   (b) $\|\alpha A\| = |\alpha|\|A\|$ *für alle* $\alpha \in \mathbb{K}$, $A \in \mathbb{K}^{n\times n}$,
   (c) $\|A+B\| \leq \|A\| + \|B\|$ *für alle* $A, B \in \mathbb{K}^{n\times n}$.

   Ferner gilt:
   (d) $\|AB\| \leq \|A\|\,\|B\|$ *für alle* $A, B \in \mathbb{K}^{n\times n}$.

Definition 2.5 1. Eine Abbildung $\|\cdot\|: \mathbb{K}^{n\times n} \longrightarrow \mathbb{R}$ heißt eine *Matrixnorm*, wenn die Eigenschaften 3. (a)–(d) aus Satz 2.3 erfüllt sind.

2. Eine Matrixnorm, die einer Vektornorm zugeordnet ist, heißt eine *natürliche Matrixnorm*.

3. Eine Matrixnorm $\|\cdot\|$ heißt *verträglich* mit einer Vektornorm $\|\cdot\|$, wenn

$$\|Ax\| \leq \|A\|\,\|x\| \quad \text{für alle } x \in \mathbb{K}^n, A \in \mathbb{K}^{n\times n}.$$

Beispiel: Die der Maximumnorm $\|\cdot\|_\infty$ zugeordnete Matrixnorm ist durch

$$\|A\|_\infty := \max_{i=1,\dots,n} \sum_{j=1}^n |a_{ij}| \qquad \text{(Matrixnorm der maximalen Zeilenbetragssumme)}$$

gegeben. Denn: Für beliebiges $x \in \mathbb{K}^n$ ist

$$\|Ax\|_\infty = \max_{i=1,\dots,n} \left|\sum_{j=1}^n a_{ij}x_j\right| \leq \max_{i=1,\dots,n} \sum_{j=1}^n |a_{ij}|\,|x_j| \leq \left(\max_{i=1,\dots,n} \sum_{j=1}^n |a_{ij}|\right)\|x\|_\infty$$

und daher

$$\|A\|_\infty \leq \max_{i=1,\dots,n} \sum_{j=1}^n |a_{ij}|.$$

Sei $\max_{i=1,\dots,n} \sum_{j=1}^n |a_{ij}| = \sum_{j=1}^n |a_{kj}|$, die maximale Zeilenbetragssumme trete also in der k-ten Zeile auf. Ist $a_{kj} = 0$ für alle $j = 1,\dots,n$, so ist $A = 0$, ein trivialer Fall, in dem die Behauptung richtig ist. Andernfalls definiere man $\hat{x} \in \mathbb{K}^n$ durch

$$\hat{x}_j := \begin{cases} \dfrac{\overline{a_{kj}}}{|a_{kj}|} & \text{falls} \quad a_{kj} \neq 0, \\ 0 & \text{sonst} \end{cases} \qquad (j = 1,\dots,n).$$

Dann ist $\|\hat{x}\|_\infty = 1$ und

$$\max_{i=1,\ldots,n} \sum_{j=1}^n |a_{ij}| = \sum_{j=1}^n a_{kj}\hat{x}_j = \left|\sum_{j=1}^n a_{kj}\hat{x}_j\right| \le \|A\hat{x}\|_\infty \le \|A\|_\infty \underbrace{\|\hat{x}\|_\infty}_{=1} = \|A\|_\infty,$$

insgesamt erhält man die Behauptung.

Entsprechend ist die der Betragssummennorm $\|\cdot\|_1$ zugeordnete Matrixnorm durch

$$\|A\|_1 := \max_{j=1,\ldots,n} \sum_{i=1}^n |a_{ij}| \qquad \text{(Matrixnorm der maximalen Spaltenbetragssumme)}$$

gegeben. □

Beispiel: Durch

$$\|A\|_F := \left(\sum_{i,j=1}^n |a_{ij}|^2\right)^{1/2}$$

ist die sogenannte *Frobenius-Norm* auf dem $\mathbb{K}^n$ definiert. Faßt man eine Matrix $A \in \mathbb{K}^{n\times n}$ als einen Vektor des $\mathbb{K}^{n^2}$ auf, so ist $\|A\|_F$ gerade die euklidische Länge dieses Vektors. $\|\cdot\|_F$ ist eine Matrixnorm (der Nachweis der Normeigenschaften bleibt dem Leser überlassen). Für $n \ge 2$ ist $\|\cdot\|_F$ allerdings keine natürliche Matrixnorm, also keiner Vektornorm zugeordnet. Dies liegt einfach daran, daß $\|I\|_F = \sqrt{n}$, während $\|I\| = \sup_{x\ne 0} \|Ix\|/\|x\| = 1$ für jede natürliche Matrixnorm. Wichtig ist die Frobenius-Norm u. a. deshalb, weil sie mit der euklidischen Vektornorm verträglich ist:

$$\|Ax\|_2^2 = \sum_{i=1}^n \left|\sum_{j=1}^n a_{ij}x_j\right|^2 \le \sum_{i=1}^n \left(\sum_{j=1}^n |a_{ij}|^2 \sum_{j=1}^n |x_j|^2\right) = \|A\|_F^2\,\|x\|_2^2,$$

wobei die Cauchy-Schwarzsche Ungleichung angewandt wurde. □

Beispiel: Ist $\|\cdot\|$ eine Vektornorm auf $\mathbb{K}^n$ und $T \in \mathbb{K}^{n\times n}$ eine nichtsinguläre Matrix, so ist durch $\|x\|_T := \|Tx\|$ eine weitere (transformierte) Vektornorm definiert. Die $\|\cdot\|_T$ zugeordnete Matrixnorm berechnet sich mittels der $\|\cdot\|$ zugeordneten Matrixnorm durch $\|A\|_T = \|TAT^{-1}\|$. Denn:

$$\|A\|_T = \sup_{x\ne 0} \frac{\|Ax\|_T}{\|x\|_T} = \sup_{x\ne 0} \frac{\|TAx\|}{\|Tx\|} = \sup_{y\ne 0} \frac{\|TAT^{-1}y\|}{\|y\|} = \|TAT^{-1}\|.$$

Ist z. B. $\|\cdot\| = \|\cdot\|_\infty$ die Maximumnorm und $T = \operatorname{diag}(t_1, \ldots, t_n)$ eine Diagonalmatrix mit positiven Diagonalelementen $t_1, \ldots, t_n$, so ist die zugehörige transformierte Matrixnorm durch

$$\|A\|_T = \max_{i=1,\ldots,n} \left(t_i \sum_{j=1}^n \frac{|a_{ij}|}{t_j}\right)$$

gegeben. □

Die Berechnung der der euklidischen Vektornorm zugeordneten Matrixnorm ist ein guter Anlaß, an einige **Definitionen und Hilfsmittel aus der linearen Algebra** zu erinnern.

1. $\lambda \in \mathbb{C}$ heißt *Eigenwert* von $A \in \mathbb{K}^{n\times n}$, wenn es einen Vektor $x \in \mathbb{C}^n \setminus \{0\}$, nämlich einen zugehörigen *Eigenvektor*, mit $Ax = \lambda x$ gibt. $\lambda \in \mathbb{C}$ ist genau dann Eigenwert von $A \in \mathbb{K}^{n\times n}$, wenn λ Nullstelle des *charakteristischen Polynoms* ist, also $\det(A - \lambda I) = 0$ gilt. Jede Matrix $A \in \mathbb{K}^{n\times n}$ besitzt wegen des Fundamentalsatzes der Algebra n Eigenwerte (die auch bei reellem A nicht notwendig reell sind).

2. $A \in \mathbb{K}^{n\times n}$ heißt *hermitesch*, wenn $A = A^H$ bzw. $a_{ij} = \overline{a_{ji}}$. Ist $K = \mathbb{R}$, so nennt man eine hermitesche Matrix *symmetrisch*. Die Eigenwerte einer hermiteschen Matrix sind reell. Denn ist $Ax = \lambda x$ mit $x \neq 0$, so ist
$$\underbrace{x^H Ax}_{\in\mathbb{R}} = \lambda \underbrace{x^H x}_{>0}$$
und daher $\lambda \in \mathbb{R}$.

3. Sind $\lambda_1, \ldots, \lambda_n \in \mathbb{R}$ die Eigenwerte der hermiteschen Matrix $A \in \mathbb{K}^{n\times n}$, so existiert hierzu ein *Orthonormalsystem* $\{u_1, \ldots, u_n\} \subset \mathbb{K}^n$ von Eigenvektoren, d. h. es ist
$$u_j^H u_k = \delta_{jk} := \begin{cases} 1 & \text{für } j = k, \\ 0 & \text{für } j \neq k \end{cases}$$
(die u_j haben die euklidische Länge 1 und stehen paarweise aufeinander senkrecht) und natürlich $Au_j = \lambda_j u_j$ für $j = 1, \ldots, n$.

4. $U \in \mathbb{K}^{n\times n}$ heißt *unitär*, falls $U^H U = I$. Ist $\mathbb{K} = \mathbb{R}$, so nennt man eine unitäre Matrix *orthogonal*. Ist $U \in \mathbb{K}^{n\times n}$ unitär, so ist U nichtsingulär, $U^{-1} = U^H$, $|\det(U)| = 1$ und $\|Ux\|_2 = \|x\|_2$ für alle $x \in \mathbb{K}^n$.

   Ist $A \in \mathbb{K}^{n\times n}$ hermitesch und $\{u_1, \ldots, u_n\}$ ein Orthonormalsystem von Eigenvektoren, so definiere man die Matrix $U \in \mathbb{K}^{n\times n}$ durch $U := (\, u_1 \;\cdots\; u_n \,)$, die j-te Spalte von U sei also gerade durch u_j gegeben. Dann ist U unitär, da $(U^H U)_{jk} = u_j^H u_k = \delta_{jk}$ bzw. $U^H U = I$. Ferner ist
$$\begin{aligned} U^{-1}AU &= U^H AU \\ &= U^H(\, Au_1 \;\cdots\; Au_n \,) \\ &= U^H(\, \lambda_1 u_1 \;\cdots\; \lambda_n u_n \,) \\ &= \underbrace{U^H U}_{=I} \operatorname{diag}(\lambda_1, \ldots, \lambda_n) \\ &= \operatorname{diag}(\lambda_1, \ldots, \lambda_n). \end{aligned}$$
   Eine hermitesche Matrix kann also durch eine *Ähnlichkeitstransformation* mit einer unitären Matrix auf Diagonalgestalt transformiert werden.

5. Eine Matrix $P \in \mathbb{R}^{n\times n}$ heißt eine *Permutationsmatrix*, wenn P in jeder Zeile und jeder Spalte genau eine Eins und sonst nur Nullen enthält. Mit anderen Worten: $P \in \mathbb{R}^{n\times n}$ ist eine $n \times n$-Permutationsmatrix, wenn
$$P = (\, e_{p(1)} \;\cdots\; e_{p(n)} \,)^T,$$

wobei $\{p(1), \dots, p(n)\}$ eine Permutation von $\{1, \dots, n\}$ ist und e_j den j-ten Einheitsvektor im $\mathbb{R}^n$ bezeichnet.

Da die Spalten (und Zeilen) einer Permutationsmatrix ein Orthonormalsystem bilden, ist eine Permutationsmatrix orthogonal.

6. Eine hermitesche Matrix $A \in \mathbb{K}^{n \times n}$ heißt *positiv semidefinit*, falls $x^H Ax \geq 0$ für alle $x \in \mathbb{K}^n$. Eine hermitesche Matrix $A \in \mathbb{K}^{n \times n}$ heißt *positiv definit*[4], wenn $x^H Ax > 0$ für alle $x \in \mathbb{K}^n \setminus \{0\}$. Eine hermitesche Matrix ist genau dann positiv semidefinit bzw. positiv definit, wenn alle ihre Eigenwerte nichtnegativ bzw. positiv sind.

7. Ist $A \in \mathbb{K}^{n \times n}$ positiv semidefinit, sind $\lambda_1, \dots, \lambda_n$ die (nichtnegativen) Eigenwerte von A, ist $\{u_1, \dots, u_n\}$ ein zugehöriges Orthonormalsystem von Eigenvektoren, und ist wieder $U := (\ u_1 \cdots \ u_n\ )$, so ist die *nichtnegative Quadratwurzel* $A^{1/2}$ zu A definiert durch

$$A^{1/2} := U \operatorname{diag}(\lambda_1^{1/2}, \dots, \lambda_n^{1/2}) U^H.$$

Offenbar ist $A^{1/2}$ hermitesch, positiv semidefinit (positiv definit genau dann, wenn A positiv definit) und

$$\begin{aligned} A^{1/2}A^{1/2} &= U \operatorname{diag}(\lambda_1^{1/2}, \dots, \lambda_n^{1/2}) \underbrace{U^H U}_{=I} \operatorname{diag}(\lambda_1^{1/2}, \dots, \lambda_n^{1/2}) U^H \\ &= U \operatorname{diag}(\lambda_1, \dots, \lambda_n) U^H \\ &= A, \end{aligned}$$

womit der Name *Quadratwurzel* gerechtfertigt ist.

In dem folgenden Lemma formulieren wir ein Ergebnis, das häufig Anwendung finden wird.

Lemma 2.6 *Sind $\lambda_1 \geq \dots \geq \lambda_n$ die (reellen) Eigenwerte der hermiteschen Matrix $A \in \mathbb{K}^{n \times n}$, so ist*

$$\lambda_n \|x\|_2^2 \leq x^H Ax \leq \lambda_1 \|x\|_2^2 \qquad \text{für alle } x \in \mathbb{K}^n.$$

Beweis: Die unitäre Matrix $U \in \mathbb{K}^{n \times n}$ transformiere A auf Diagonalgestalt:

$$U^H AU = \operatorname{diag}(\lambda_1, \dots, \lambda_n).$$

Für beliebiges $x \in \mathbb{K}^n$ ist dann

$$x^H Ax = \sum_{j=1}^{n} \lambda_j |(U^H x)_j|^2 \leq \lambda_1 \sum_{j=1}^{n} |(U^H x)_j|^2 = \lambda_1 \|U^H x\|_2^2 = \lambda_1 \|x\|_2^2.$$

Entsprechend zeigt man, daß auch $\lambda_n \|x\|_2^2 \leq x^H Ax$ für alle $x \in \mathbb{K}^n$. □

Der nächste Begriff, der aus der linearen Algebra vielleicht noch nicht bekannt ist, verdient eine eigene Definition.

[4] Wenn wir von einer Matrix sagen, sie sei positiv (semi)definit, so meinen wir damit implizit immer, daß sie auch hermitesch ist.

Definition 2.7 Seien $\lambda_1, \ldots, \lambda_n \in \mathbb{C}$ die Eigenwerte von $A \in \mathbb{K}^{n\times n}$. Dann heißt

$$\rho(A) := \max_{j=1,\ldots,n} |\lambda_j|$$

der *Spektralradius* von A.

Also ist $\{\lambda \in \mathbb{C} : |\lambda| \le \rho(A)\}$ der kleinste Kreis um den Nullpunkt, der alle Eigenwerte von A enthält. Nun kommen wir zu der Berechnung der der euklidischen Norm zugeordneten Matrixnorm $\|\cdot\|_2$, auch *Spektralnorm* genannt.

Lemma 2.8 *Es ist* $\|A\|_2 = \rho(A^H A)^{1/2}$ *für alle* $A \in \mathbb{K}^{n\times n}$.

Beweis: Bei gegebenem $A \in \mathbb{K}^{n\times n}$ ist $A^H A$ offenbar hermitesch und positiv semidefinit. Daher besitzt $A^H A$ nur nichtnegative Eigenwerte

$$\rho(A^H A) = \lambda_1 \ge \cdots \ge \lambda_n \ge 0.$$

Bei beliebig vorgegebenem $x \in \mathbb{K}^n$ ist nach Lemma 2.6

$$\|Ax\|_2^2 = x^H A^H A x \le \rho(A^H A)\, \|x\|_2^2$$

und daher $\|A\|_2 \le \rho(A^H A)^{1/2}$.

Sei $\hat{x} \in \mathbb{K}^n$ ein zum Eigenwert $\rho(A^H A)$ von $A^H A$ gehöriger und durch $\|\hat{x}\|_2 = 1$ normierter Eigenvektor. Dann ist

$$\|A\|_2^2 \ge \|A\hat{x}\|_2^2 = \hat{x}^H A^H A \hat{x} = \rho(A^H A)\hat{x}^H \hat{x} = \rho(A^H A),$$

also $\|A\|_2 \ge \rho(A^H A)^{1/2}$. Insgesamt ist die Behauptung bewiesen. □

Bemerkung: Ist $\|\cdot\|_2$ die euklidische Norm auf $\mathbb{K}^m$ bzw. $\mathbb{K}^n$, so ist für $A \in \mathbb{K}^{m\times n}$ die zugeordnete Matrixnorm $\|\cdot\|_2$ definiert durch

$$\|A\|_2 := \sup_{x\ne 0} \frac{\|Ax\|_2}{\|x\|_2}$$

(siehe Bemerkung im Anschluß an Definition 2.3). Wenn man sich den Beweis von Lemma 2.8 daraufhin noch einmal ansieht, so erkennt man, daß auch in diesem Falle $\|A\|_2 = \rho(A^H A)^{1/2}$ gilt. □

Insbesondere bei der Konvergenzuntersuchung von Iterationsverfahren bei linearen Gleichungssystemen wird sich der folgende Satz als grundlegend herausstellen. Im ersten, einfachen Teil zeigt er, daß man obere Schranken für den i. allg. nur schwer zu berechnenden Spektralradius $\rho(A)$ durch Auswertung von $\|A\|$ für eine beliebige natürliche Matrixnorm $\|\cdot\|$ erhalten kann.

Satz 2.9
1. *Ist* $\|\cdot\|$ *eine natürliche Matrixnorm auf* $\mathbb{K}^{n\times n}$, *so ist* $\rho(A) \le \|A\|$ *für alle* $A \in \mathbb{K}^{n\times n}$.
2. *Ist* $A \in \mathbb{K}^{n\times n}$ *hermitesch, so ist* $\rho(A) = \|A\|_2$.
3. *Zu jedem* $A \in \mathbb{K}^{n\times n}$ *und jedem* $\epsilon > 0$ *existiert eine natürliche Matrixnorm* $\|\cdot\|$ *auf* $\mathbb{K}^{n\times n}$ *mit* $\|A\| \le \rho(A) + \epsilon$.

Beweis: Die natürliche Matrixnorm[5] $\|\cdot\|$ sei der Vektornorm $\|\cdot\|$ zugeordnet. Sei $\lambda \in \mathbb{C}$ ein beliebiger Eigenwert von A und x ein durch $\|x\| = 1$ normierter, zugehöriger Eigenvektor. Dann ist

$$|\lambda| = |\lambda|\,\|x\| = \|\lambda x\| = \|Ax\| \leq \|A\|\,\|x\| = \|A\|$$

und daher $\rho(A) \leq \|A\|$.

Ist $A \in \mathbb{K}^{n\times n}$ hermitesch, so ist nach Lemma 2.8

$$\|A\|_2 = \rho(A^H A)^{1/2} = \rho(A^2)^{1/2} = \rho(A),$$

wobei wir bei der letzten Gleichung benutzt haben, daß A als hermitesche Matrix nur reelle Eigenwerte besitzt, und daß λ genau dann ein Eigenwert von A ist, wenn λ^2 ein Eigenwert von A^2 ist.

Aus der linearen Algebra ist bekannt, daß A durch eine Ähnlichkeitstransformation auf Jordansche Normalform gebracht werden kann. Genauer existiert eine nichtsinguläre Matrix $P \in \mathbb{C}^{n\times n}$ mit $P^{-1}AP = J$, wobei

$$J = \begin{pmatrix} J_1 & 0 & \cdots & 0 \\ 0 & J_2 & & 0 \\ \vdots & & \ddots & \vdots \\ 0 & 0 & \cdots & J_p \end{pmatrix} \quad \text{mit} \quad J_i = \begin{pmatrix} \lambda_i & 1 & \cdots & 0 \\ 0 & \lambda_i & \ddots & \vdots \\ \vdots & \ddots & \ddots & 1 \\ 0 & \cdots & 0 & \lambda_i \end{pmatrix} \in \mathbb{C}^{n_i\times n_i}, \quad i = 1,\dots,p.$$

Für $i = 1,\dots,p$ sind λ_i die (nicht notwendig verschiedenen) Eigenwerte von A. Man definiere

$$D := \operatorname{diag}(1, \epsilon, \dots, \epsilon^{n-1}), \qquad \hat{J} := D^{-1}JD.$$

Dann ist

$$(\hat{J})_{jk} = \frac{\epsilon^{k-1}}{\epsilon^{j-1}}(J)_{jk}$$

und daher

$$\hat{J} = \begin{pmatrix} \hat{J}_1 & 0 & \cdots & 0 \\ 0 & \hat{J}_2 & & 0 \\ \vdots & & \ddots & \vdots \\ 0 & 0 & \cdots & \hat{J}_p \end{pmatrix} \quad \text{mit} \quad \hat{J}_i = \begin{pmatrix} \lambda_i & \epsilon & \cdots & 0 \\ 0 & \lambda_i & \ddots & \vdots \\ \vdots & \ddots & \ddots & \epsilon \\ 0 & \cdots & 0 & \lambda_i \end{pmatrix} \in \mathbb{C}^{n_i\times n_i}, \quad i = 1,\dots,p.$$

Nun definiere man die nichtsinguläre Matrix $T \in \mathbb{C}^{n\times n}$ durch $T := (PD)^{-1}$ und anschließend die Vektornorm $\|\cdot\|$ durch $\|x\| := \|Tx\|_\infty$. Als zugeordnete Matrixnorm erhält man

$$\|A\| = \|TAT^{-1}\|_\infty = \|D^{-1}P^{-1}APD\|_\infty = \|D^{-1}JD\|_\infty = \|\hat{J}\|_\infty \leq \rho(A) + \epsilon,$$

womit die Behauptung bewiesen ist. □

---

[5] Man überzeuge sich davon, daß es genügt, den Satz für $\mathbb{K} = \mathbb{C}$ zu beweisen.

1.2.2 Die Kondition einer Matrix

Gegeben sei das lineare Gleichungssystem $Ax = b$ mit nichtsingulärem $A \in \mathbb{K}^{n\times n}$ und $b \in \mathbb{K}^n$. Es soll untersucht werden, wie sich die Lösung dieses Gleichungssystems bei Störung der Koeffizientenmatrix und der rechten Seite verändern kann. Es wird sich herausstellen, daß die sogenannte *Kondition* der Koeffizientenmatrix A entscheidend dafür ist, ob man bei der numerischen Behandlung des linearen Gleichungssystems mit Schwierigkeiten zu rechnen hat. Im folgenden sei $\|\cdot\|$ stets eine beliebige Vektornorm auf $\mathbb{K}^n$ bzw. die zugeordnete Matrixnorm.

Definition 2.10 Sei $A \in \mathbb{K}^{n\times n}$ nichtsingulär. Dann heißt $\operatorname{cond}(A) := \|A\|\,\|A^{-1}\|$ die *Kondition* von A bezüglich der Matrixnorm $\|\cdot\|$.

Bemerkung: Für eine natürliche Matrixnorm $\|\cdot\|$ ist

$$1 = \|I\| = \|AA^{-1}\| \le \|A\|\,\|A^{-1}\| = \operatorname{cond}(A).$$

Ferner bemerken wir: Ist $A \in \mathbb{K}^{n\times n}$ nichtsingulär und hermitesch, so ist (wegen Satz 2.9) die Kondition bezüglich der Spektralnorm $\|\cdot\|_2$ durch

$$\operatorname{cond}_2(A) = \rho(A)\,\rho(A^{-1}) = \frac{|\lambda_{\max}|}{|\lambda_{\min}|}$$

gegeben, wobei $\lambda_{\max}$ ein betragsmäßig größter und $\lambda_{\min}$ ein betragsmäßig kleinster Eigenwert von A ist. □

Eine $n \times n$-Matrix ist genau dann nichtsingulär, wenn ihre Determinante nicht verschwindet. Ist $A \in \mathbb{K}^{n\times n}$ nichtsingulär und $S \in \mathbb{K}^{n\times n}$ eine hinreichend kleine Störung, so ist folglich auch $A + S$ nichtsingulär, da die Determinante einer Matrix eine stetige Funktion der Matrixkoeffizienten ist. Eine „Quantifizierung" dieser Aussage wird in dem folgenden einfachen, aber wichtigen Lemma gegeben.

Lemma 2.11 (Störungslemma) *Sei $A \in \mathbb{K}^{n\times n}$ nichtsingulär. Ist $S \in \mathbb{K}^{n\times n}$ eine Störung von A mit $\|A^{-1}\|\,\|S\| < 1$, so ist $A + S$ nichtsingulär und*

$$\|(A+S)^{-1}\| \le \frac{\|A^{-1}\|}{1 - \|A^{-1}\|\,\|S\|}.$$

Beweis: Es ist $A + S = A(I + A^{-1}S)$ und

$$(*) \qquad \|(I + A^{-1}S)y\| \ge \|y\| - \|A^{-1}Sy\| \ge \underbrace{(1 - \|A^{-1}\|\,\|S\|)}_{>0}\|y\|$$

für beliebiges $y \in \mathbb{K}^n$. Also folgt aus $(I + A^{-1}S)y = 0$, daß $y = 0$. Daher ist $I + A^{-1}S$ und damit auch $A + S$ nichtsingulär. Setzt man $y := (I + A^{-1}S)^{-1}x$ in $(*)$ mit beliebigem $x \in \mathbb{K}^n$, so erhält man

$$\|(I + A^{-1}S)^{-1}x\| \le \frac{1}{1 - \|A^{-1}\|\,\|S\|}\|x\|,$$

hieraus

$$\|(I + A^{-1}S)^{-1}\| \le \frac{1}{1 - \|A^{-1}\|\,\|S\|}$$

und damit

$$\|(A + S)^{-1}\| = \|(I + A^{-1}S)^{-1}A^{-1}\| \le \frac{\|A^{-1}\|}{1 - \|A^{-1}\|\,\|S\|}.$$

Das Störungslemma ist bewiesen. □

Hiermit folgt leicht

Satz 2.12 *Sei $A \in \mathbb{K}^{n \times n}$ nichtsingulär und $\Delta A \in \mathbb{K}^{n \times n}$ eine Matrix mit*

$$\|A^{-1}\|\,\|\Delta A\| < 1.$$

Mit vorgegebenen $b \in \mathbb{K}^n \setminus \{0\}$, $\Delta b \in \mathbb{K}^n$ seien $x, \Delta x$ definiert durch $Ax = b$ und $(A + \Delta A)(x + \Delta x) = b + \Delta b$. Dann ist

$$\frac{\|\Delta x\|}{\|x\|} \le \frac{\operatorname{cond}(A)}{1 - \operatorname{cond}(A)\dfrac{\|\Delta A\|}{\|A\|}} \left\{ \frac{\|\Delta A\|}{\|A\|} + \frac{\|\Delta b\|}{\|b\|} \right\}.$$

Beweis: Wegen $\|A^{-1}\|\,\|\Delta A\| < 1$ und dem Störungslemma 2.11 ist $A + \Delta A$ nichtsingulär und

$$\|(A + \Delta A)^{-1}\| \le \frac{\|A^{-1}\|}{1 - \|A^{-1}\|\,\|\Delta A\|}.$$

Aus $Ax = b$ und $(A + \Delta A)(x + \Delta x) = b + \Delta b$ erhält man

$$\Delta x = (A + \Delta A)^{-1}[\Delta b - (\Delta A)x]$$

und hieraus

$$\begin{aligned} \|\Delta x\| &\le \frac{\|A^{-1}\|}{1 - \|A^{-1}\|\,\|\Delta A\|} \left\{ \|\Delta A\|\|x\| + \|\Delta b\| \right\} \\ &= \frac{\operatorname{cond}(A)}{1 - \operatorname{cond}(A)\dfrac{\|\Delta A\|}{\|A\|}} \left\{ \frac{\|\Delta A\|}{\|A\|}\|x\| + \frac{\|\Delta b\|}{\|A\|} \right\}. \end{aligned}$$

Division durch $\|x\|$ und Benutzung von $\|b\| \le \|A\|\,\|x\|$ liefern die Behauptung. □

Hieran erkennt man: Stört man ein lineares Gleichungssystem in der Koeffizientenmatrix A und der rechten Seite b (etwa dadurch, daß die Koeffizienten im Rechner nicht exakt dargestellt werden), ist ferner die Störung von A hinreichend klein, so läßt sich die relative Änderung der Lösung abschätzen durch die Summe aus den relativen Änderungen von A und b, multipliziert mit einem Faktor, der groß ist, wenn die Kondition $\operatorname{cond}(A)$ groß ist. Man sagt daher, eine Matrix A sei *schlecht konditioniert*, wenn $\operatorname{cond}(A)$ groß ist.

Unitäre Matrizen sind bezüglich der Spektralnorm sozusagen vorzüglich konditioniert. Denn ist $U \in K^{n \times n}$ unitär, so ist

$$\operatorname{cond}_2(U) = \|U\|_2\,\|U^H\|_2 = \rho(U^H U)^{1/2}\rho(UU^H)^{1/2} = \rho(I) = 1.$$

Wichtig ist noch die Bemerkung, daß die Multiplikation einer nichtsingulären Matrix A mit einer unitären Matrix von links oder rechts ihre Kondition bezüglich der Spektralnorm nicht verändert. Sind also U und V unitär, so ist

$$\operatorname{cond}_2(UAV) = \operatorname{cond}_2(A).$$

Das liegt einfach daran, daß die Spektralnorm selber die entsprechende Eigenschaft besitzt. Denn sind U und V unitär, so ist

$$\|UAV\|_2 = \rho(V^H A^H U^H UAV)^{1/2} = \rho(V^{-1} A^H AV)^{1/2} = \rho(A^H A)^{1/2} = \|A\|_2.$$

Bemerkung: Ein delikater Punkt bei der Anwendung von Satz 2.12 besteht in der Schwierigkeit, die Kondition einer Matrix zu schätzen, abzuschätzen oder gar zu berechnen. Für eine gegebene Matrix $A \in \mathbb{K}^{n\times n}$ können $\|A\|_1$ und $\|A\|_\infty$ zwar verhältnismäßig leicht berechnet werden, die Spektralnorm $\|A\|_2$ kann mit Hilfe von Aufgabe 3 abgeschätzt werden. Übrig bleibt aber immer noch die Aufgabe, $\|A^{-1}\|$ abzuschätzen, was auf eine Weise geschehen sollte, die billiger ist, als A^{-1} zu berechnen. Wie wir in den nächsten Abschnitten sehen werden, bestehen direkte Verfahren zur Lösung linearer Gleichungssysteme (und linearer Ausgleichsprobleme) darin, geeignete Zerlegungen der Koeffizientenmatrix A zu berechnen. Z. B. ist bei der QR-Zerlegung (nehmen wir das jetzt nur als Schlagwort hin) $A = QR$ mit einer unitären Matrix Q und einer oberen Dreiecksmatrix R (d. h. die Elemente unterhalb der Diagonalen verschwinden). Dann ist $\operatorname{cond}_2(A) = \operatorname{cond}_2(R)$, d. h. es genügt in diesem Falle, die Kondition einer Dreiecksmatrix zu schätzen, abzuschätzen oder zu berechnen. Ähnlich ist es bei der sogenannten Cholesky-Zerlegung $A = LL^H$ einer positiv definiten Matrix A mit einer unteren Dreiecksmatrix L, deren Diagonalelemente reell und positiv sind. Hier ist, wie man leicht begründet, $\operatorname{cond}_2(A) = \operatorname{cond}_2(L)^2$. Interessante Hinweise zur Abschätzung der Kondition nichtsingulärer Dreiecksmatrizen findet man bei N. J. Higham (1987). □

Beispiel: Sozusagen der Prototyp einer schlecht konditionierten Matrix ist die sogenannte *Hilbertmatrix*

$$H_n := \left(\frac{1}{i+j-1}\right)_{1\le i,j\le n} \in \mathbb{R}^{n\times n}.$$

Diese ist offenbar symmetrisch. H_n ist auch positiv definit, denn für beliebiges $x \in \mathbb{R}^n$ ist

$$x^T H_n x = \sum_{i,j=1}^n \frac{x_i x_j}{i+j-1} = \int_0^1 \left(\sum_{i,j=1}^n x_i t^{i-1}\, x_j t^{j-1}\right) dt = \int_0^1 \left(\sum_{i=1}^n x_i t^{i-1}\right)^2 dt.$$

Die Inverse von H_n kann geschlossen angegeben werden:

$$H_n^{-1} = \left(\frac{(-1)^{i+j}(n+i-1)!\,(n+j-1)!}{(i+j-1)[(i-1)!\,(j-1)!]^2(n-i)!\,(n-j)!}\right)$$

(siehe z. B. R. T. Gregory, D. L. Karney (1969, S. 33 ff.)). Die Kondition von H_n wächst exponentiell mit n (Eigenwerte und Eigenvektoren von H_n für $3 \le n \le 10$

findet man bei H. E. FETTIS, J. C. CASLIN (1967), für weitere Informationen siehe G. FORSYTHE, C. B. MOLER (1967, S. 80 ff.)) und die Lösung des Gleichungssystems $H_n x = e$, wobei der Vektor e durch $e := (1, \ldots, 1)^T$ definiert[6] sei, kann explizit angegeben werden. □

1.2.3 Elementarmatrizen

Eine Matrix $W \in \mathbb{K}^{n\times n}$ besitzt genau dann den Rang Eins, wenn nicht alle Spalten von W verschwinden und Vielfache eines (vom Nullvektor verschiedenen) Vektors $u \in \mathbb{K}^n$ sind. Jede $n \times n$-Matrix $W = (w_{ij})$ vom Rang Eins kann also in der Form $w_{ij} = u_i v_j$, $1 \le i,j \le n$, bzw. $W = uv^T$ mit vom Nullvektor verschiedenen Vektoren $u, v \in \mathbb{K}^n$ dargestellt werden. Die *Matrix* $uv^T := (u_i v_j) \in \mathbb{K}^{n\times n}$ nennt man auch eine *Dyade*. Eine Verwechslung mit dem Skalarprodukt $u^T v \in \mathbb{K}$ sollte vermieden werden! Beachtet man, daß man den Spaltenvektor u als eine $n \times 1$-Matrix und den Zeilenvektor v^T als eine $1 \times n$-Matrix auffassen kann, so erkennt man, daß die Definition $uv^T := (u_i v_j)$ konsistent mit der üblichen Matrixmultiplikation ist. Stillschweigend werden wir daher die für Matrizen gewohnten Rechenregeln anwenden. Ist z. B. $A \in \mathbb{K}^{n\times n}$ und sind $u, v \in \mathbb{K}^n$, so ist

$$A(uv^T) = (Au)v^T, \qquad uv^T A = u(A^T v)^T.$$

Sind ferner uv^T und pq^T zwei Dyaden, so erhält man als ihr Produkt

$$(uv^T)(pq^T) = (v^T p)(uq^T).$$

Definition 2.13 Eine $n \times n$-Matrix $I + uv^T$ mit $u, v \in \mathbb{K}^n \setminus \{0\}$, also eine Störung der Identität vom Rang Eins, heißt eine *Elementarmatrix*.

Elementarmatrizen spielen bei direkten Verfahren für lineare Gleichungssysteme eine ausgezeichnete Rolle. Das liegt daran, daß die Idee der direkten Verfahren häufig gerade darin besteht, das gegebene lineare Gleichungssystem $Ax = b$ sukzessive mit nichtsingulären Elementarmatrizen zu multiplizieren, um es nach endlich vielen Schritten in ein äquivalentes Gleichungssystem $Rx = c$ mit einer oberen Dreiecksmatrix $R \in \mathbb{K}^{n\times n}$ (hier verschwinden alle Matrixelemente unterhalb der Diagonalen, es ist also $r_{ij} = 0$ für $1 \le j < i \le n$) überzuführen, welches wiederum leicht durch sogenanntes „Rückwärtseinsetzen" gelöst werden kann (jedenfalls dann, wenn A bzw. R nichtsingulär sind). Realisiert man die Multiplikation zweier Matrizen $A, B \in \mathbb{K}^{n\times n}$ in der üblichen Weise, so werden hierfür wegen $(AB)_{ij} = \sum_{k=1}^n a_{ik} b_{kj}$, $1 \le i,j \le n$,

[6] Hier fällt mir eine Anekdote ein, die ich über den bedeutenden Mathematiker H. A. SCHWARZ in der Zeitschrift Mathematical Intelligencer Vol. 7 (1985) gelesen habe. Schwarz's Prüfungen waren eine Art Zeremonie und fingen stets folgendermaßen an:
Schwarz: Nennen Sie mir die allgemeine Gleichung fünften Grades.
Student: $ax^5 + bx^4 + cx^3 + dx^2 + ex + f = 0$.
Schwarz: Falsch.
Student:...wobei e nicht Basis des natürlichen Logarithmus ist.
Schwarz: Falsch.
Student:...wobei e nicht notwendigerweise Basis des natürlichen Logarithmus ist.

offenbar n^3 Additionen und Multiplikationen benötigt (bzw. n^3 „flops", wenn man unter einem „flop" eine Multiplikation, eine Addition und eine Zuweisung versteht). Demgegenüber ist das Produkt aus einer gegebenen Matrix $A \in \mathbb{K}^{n\times n}$ und einer Elementarmatrix $I + uv^T$ verhältnismäßig „billig" zu berechnen. Z. B. erhält man

$$B := (I + uv^T)A = A + uv^T A = A + u\,(A^T v)^T$$

durch den folgenden Algorithmus[7]:

- Für $j = 1, \ldots, n$:
  $s := \sum_{k=1}^{n} a_{kj} v_k$
  Für $i = 1, \ldots, n$:
  $b_{ij} := a_{ij} + u_i\, s$

Offenbar werden hier $2n^2$ „flops" benötigt.

Im folgenden Lemma werden notwendige und hinreichende Bedingungen dafür angegeben, daß eine Elementarmatrix nichtsingulär ist. Ist das der Fall, so kann deren Inverse geschlossen angegeben werden. Für spätere Anwendungen beschränken wir uns nicht auf Elementarmatrizen, sondern betrachten Rang-1 Störungen einer beliebigen nichtsingulären Matrix.

Lemma 2.14 *Sei $A \in \mathbb{K}^{n\times n}$ nichtsingulär und $u, v \in \mathbb{K}^n$. Dann gilt:*

1. *Die Matrix $A + uv^T$ ist genau dann nichtsingulär, wenn $1 + v^T A^{-1} u \neq 0$.*
2. *Ist $1 + v^T A^{-1} u \neq 0$, so gilt die Sherman-Morrison-Formel*

$$(A + uv^T)^{-1} = A^{-1} - \frac{A^{-1} u\, v^T A^{-1}}{1 + v^T A^{-1} u}.$$

3. *Es ist $\det(A + uv^T) = (1 + v^T A^{-1} u)\, \det(A)$.*

Beweis: Offenbar kann o. B. d. A. angenommen werden, daß u und v vom Nullvektor des $\mathbb{K}^n$ verschieden sind. Es ist $(A + uv^T)A^{-1}u = (1 + v^T A^{-1} u)u$ und damit $A + uv^T$ singulär, wenn $1 + v^T A^{-1} u = 0$. Ist dagegen $1 + v^T A^{-1} u \neq 0$, so zeigt einfaches Nachrechnen

$$(A + uv^T)\left(A^{-1} - \frac{A^{-1} u\, v^T A^{-1}}{1 + v^T A^{-1} u}\right) = I$$

und damit die Gültigkeit der behaupteten Darstellung von $(A + uv^T)^{-1}$. Damit sind die ersten beiden Teile des Lemmas bewiesen.

Für den Beweis des dritten Teiles des Lemmas beachten wir, daß

$$\det(A + uv^T) = \det[A\,(I + A^{-1}uv^T)] = \det(I + A^{-1}uv^T)\, \det(A).$$

Zu zeigen bleibt, daß $\det(I + A^{-1}uv^T) = 1 + v^T A^{-1} u$. Hierzu berücksichtigen wir, daß die Determinante einer Matrix bekanntlich das Produkt ihrer Eigenwerte ist.

[7]Sehr oft werden wir Algorithmen in dieser Weise angeben. Ziel ist hierbei neben der leichten Lesbarkeit, daß sie sich einfach in „richtige" Programme umsetzen lassen und sich die Komplexität, also etwa die Anzahl der benötigten „flops", fast ablesen läßt.

Da $\{x \in \mathbb{K}^n : v^T x = 0\}$ ein $(n-1)$-dimensionaler linearer Teilraum des $\mathbb{K}^n$ ist, ist 1 ein mindestens $(n-1)$-facher Eigenwert von $I + A^{-1}uv^T$. Ist $v^T A^{-1} u \neq 0$, so ist $1 + v^T A^{-1} u$ der verbleibende Eigenwert mit zugehörigem Eigenvektor $A^{-1}u$. Ist dagegen $v^T A^{-1} u = 0$, so ist 1 ein n-facher Eigenwert von $I + A^{-1}uv^T$. Damit ist auch der dritte Teil des Lemmas bewiesen. □

Insbesondere erhalten wir aus Lemma 2.14, daß eine Elementarmatrix $I + uv^T$ genau dann nichtsingulär ist, wenn $1 + v^T u \neq 0$. Ist das der Fall, so ist

$$(I + uv^T)^{-1} = I - \frac{uv^T}{1 + v^T u}.$$

Nun wird es Zeit, spezielle Beispiele für Elementarmatrizen anzugeben. Hierbei werde wieder mit e_j der j-te Einheitsvektor im $\mathbb{R}^n$ bezeichnet.

Beispiel: Sei $1 \leq r \leq s \leq n$. Die Matrix

$$P_{rs} := \begin{pmatrix} e_1 & \cdots & e_{r-1} & e_s & e_{r+1} & \cdots & e_{s-1} & e_r & e_{s+1} & \cdots & e_n \end{pmatrix}$$

nennen wir eine *Vertauschungsmatrix*. Offenbar ist P_{rs} eine spezielle Permutationsmatrix, die nur in den vier Positionen (r,r), (r,s), (s,r) und (s,s) (für $r \neq s$) von der Identität abweicht, und sich in der Form

$$P_{rs} = I - (e_r - e_s)(e_r - e_s)^T$$

darstellen läßt. Insbesondere ist P_{rs} für $r \neq s$ eine symmetrische, orthogonale Elementarmatrix, andernfalls die Identität. Eine Multiplikation einer gegebenen n-zeiligen Matrix A von links mit P_{rs} bewirkt eine Vertauschung der r-ten und der s-ten Zeile von A. Entsprechend ist die Multiplikation einer n-spaltigen Matrix A von rechts mit P_{rs} gleichbedeutend mit einer Vertauschung der r-ten und der s-ten Spalte von A. □

Beispiel: Sei $1 \leq k < n$. Eine Matrix der Form

$$M_k := I - ue_k^T \qquad \text{mit} \qquad u := (\underbrace{0, \ldots, 0}_{k}, u_{k+1}, \ldots, u_n)^T \in \mathbb{K}^n$$

heißt eine *Gauß-Matrix*. Offenbar unterscheidet sich M_k nur in der k-ten Spalte, und dort auch nur in den Elementen unterhalb des Diagonalelements, von der Identität. Trivialerweise ist eine Gauß-Matrix nichtsingulär, nach Lemma 2.14 ist (unter Benutzung von $u^T e_k = 0$) ferner $(I - ue_k^T)^{-1} = I + ue_k^T$. Multipliziert man eine n-zeilige Matrix von links mit der Gauß-Matrix $M_k := I - ue_k^T$, so bleiben die ersten k Zeilen unverändert, während man für $i = k+1, \ldots, n$ die neue i-te Zeile erhält, indem man von der alten i-ten Zeile das u_i-fache der k-ten Zeile subtrahiert. □

Beispiel: Sei $A = \begin{pmatrix} a_1 & \cdots & a_n \end{pmatrix} \in \mathbb{K}^{n \times n}$ eine nichtsinguläre Matrix mit den Spalten $a_1, \ldots, a_n$. Die Matrix A_+ gehe aus A dadurch hervor, daß die k-te Spalte a_k durch einen anderen Vektor $a \in \mathbb{K}^n$ ersetzt wird, es sei also

$$A_+ := \begin{pmatrix} a_1 & \cdots & a_{k-1} & a & a_{k+1} & \cdots & a_n \end{pmatrix}.$$

Dann ist $A_+ = A + (a - a_k)e_k^T$ eine Rang-1 Störung von A. Wegen Lemma 2.14 ist A_+ genau dann nichtsingulär, wenn

$$0 \neq 1 + e_k^T(A^{-1}a - e_k) = e_k^T A^{-1}a = (A^{-1}a)_k,$$

also die k-te Komponente von $A^{-1}a$ von Null verschieden ist. Wenn das der Fall ist, so liefert die Sherman-Morrison-Formel aus Lemma 2.14 mit $w := A^{-1}a$ die Darstellung

$$A_+^{-1} = \left(I - \frac{(w - e_k)\, e_k^T}{w_k}\right) A^{-1}.$$

Man erhält damit A_+^{-1}, indem man A^{-1} von links mit einer Elementarmatrix multipliziert, die nur in der k-ten Spalte von der Identität abweicht. Eine solche Elementarmatrix wird auch eine *Gauß-Jordan-Matrix* genannt. □

Beispiel: Ist $u \in \mathbb{R}^n \setminus \{0\}$, so heißt eine Matrix $P \in \mathbb{R}^{n\times n}$ der Form

$$P = I - \frac{2uu^T}{u^Tu}$$

eine (reelle) *Householder-Matrix*. Eine Householder-Matrix ist offenbar eine symmetrische Elementarmatrix. Durch eine Anwendung von Lemma 2.14 oder aus

$$\left(I - \frac{2uu^T}{u^Tu}\right)\left(I - \frac{2uu^T}{u^Tu}\right) = I - \frac{4uu^T}{u^Tu} + \frac{4uu^T}{u^Tu} = I$$

erkennt man, daß eine Householder-Matrix orthogonal ist. Der Übergang von $x \in \mathbb{R}^n$ zu

$$y := Px = x - \frac{2u^Tx}{u^Tu}\, u$$

bedeutet geometrisch gerade, daß man y durch eine Spiegelung von x an der Hyperebene $H := \{z \in \mathbb{R}^n : u^Tz = 0\}$ erhält. Denn einerseits ist $y - x$ ein Vielfaches von u, der Normalen der Hyperebene H, andererseits ist $(x + y)/2 \in H$. Daher wird eine Householder-Matrix gelegentlich auch *Spiegelungsmatrix* genannt. □

Aufgaben

1. Es ist einmal wieder Bundestagswahl. Mit Ihren m Freunden wetten Sie, wie die Wahl ausgehen wird. Jeder gibt eine Vorhersage für das (prozentuale) Abschneiden von n Parteien ab. Nach Bekanntwerden des amtlichen Endergebnisses sieht es auf den ersten Blick für Ihre Vorhersage schlecht aus. Glücklicherweise war aber keine Norm vereinbart worden, mit der die Abweichung zwischen Vorhersage und Ergebnis zu bestimmen ist. Unter welchen Bedingungen können Sie eine Norm finden, die Sie zum Sieger macht?

2. Für $A \in \mathbb{K}^{n\times n}$ mit $A = (a_{ij})$ ist durch

$$\|A\| := n \max_{i,j=1,\ldots,n} |a_{ij}|$$

eine Matrixnorm auf $\mathbb{K}^{n\times n}$ definiert, die mit den Vektornormen $\|\cdot\|_1$, $\|\cdot\|_2$ und $\|\cdot\|_\infty$ verträglich ist.

3. Für $A \in \mathbb{K}^{n\times n}$ ist $\|A\|_2 \le \sqrt{\|A\|_1 \, \|A\|_\infty} \le \sqrt{n}\,\|A\|_2$ und $\|A\|_2 \le \|A\|_F \le \sqrt{n}\,\|A\|_2$.

4. Sei $A \in \mathbb{K}^{m\times n}$. Dann ist $\|A\|_2 = \|A^H\|_2$.

   Hinweis: Nach der Bemerkung im Anschluß an Lemma 2.8 ist $\|A\|_2 = \rho(A^H A)^{1/2}$ und entsprechend $\|A^H\|_2 = \rho(AA^H)^{1/2}$. Man zeige, daß die von 0 verschiedenen Eigenwerte von $A^H A \in \mathbb{K}^{n\times n}$ und $AA^H \in \mathbb{K}^{m\times m}$ übereinstimmen, so daß insbesondere die Spektralradien der positiv semidefiniten Matrizen $A^H A$ und AA^H gleich sind.

5. (a) Die Diagonalelemente einer positiv semidefiniten Matrix $A \in \mathbb{K}^{n\times n}$ sind reell und nichtnegativ.

   (b) Es ist $\|A\|_F = \sqrt{\operatorname{Spur}(A^H A)}$, wobei bekanntlich die *Spur* einer Matrix als Summe ihrer Diagonalelemente definiert ist.

6. Seien $x, y \in \mathbb{K}^n$. Dann ist $\|xy^T\|_F = \|xy^T\|_2 = \|x\|_2\,\|y\|_2$ und $\|xy^T\|_\infty = \|x\|_\infty\,\|y\|_1$.

7. Sei $A \in \mathbb{K}^{n\times n}$ nichtsingulär. Definiert man

$$d_i := \Big(\sum_{j=1}^{n} |a_{ij}|\Big)^{-1} \quad (i = 1, \ldots, n), \qquad D := \operatorname{diag}(d_1, \ldots, d_n),$$

   so ist $\operatorname{cond}_\infty(DA) \le \operatorname{cond}_\infty(A)$, d. h. durch eine sogenannte „Zeilenäquilibrierung“ wird die Kondition einer nichtsingulären Matrix bezüglich $\|\cdot\|_\infty$ zumindestens nicht vergrößert.

8. Ist $A \in \mathbb{K}^{n\times n}$ nichtsingulär, so ist $\operatorname{cond}_2(A^H A) = \operatorname{cond}_2(A)^2 \ge \operatorname{cond}_2(A)$.

   (Dies zeigt, daß es *keine* gute Idee ist, ein lineares Gleichungssystem $Ax = b$ von links mit A^H zu multiplizieren, um zu erzwingen, daß die Koeffizientenmatrix positiv definit ist.)

9. Die Hilbertmatrix

$$H_3 := \begin{pmatrix} 1 & \frac{1}{2} & \frac{1}{3} \\ \frac{1}{2} & \frac{1}{3} & \frac{1}{4} \\ \frac{1}{3} & \frac{1}{4} & \frac{1}{5} \end{pmatrix}$$

   besitzt die Inverse

$$H_3^{-1} = \begin{pmatrix} 9 & -36 & 30 \\ -36 & 192 & -180 \\ 30 & -180 & 180 \end{pmatrix}.$$

   Die Matrix $\tilde{H}_3$ entstehe aus H_3, indem $\frac{1}{3}$ durch 0.333 ersetzt wird. Bei vorgegebenem $b \in \mathbb{R}^3 \setminus \{0\}$ sei $H_3 x = b$ und $\tilde{H}_3(x + \Delta x) = b$. Man schätze $\|\Delta x\|_\infty / \|x\|_\infty$ ab.

10. Sei $A \in \mathbb{K}^{n\times n}$ nichtsingulär und $U, V \in \mathbb{K}^{n\times m}$ mit $m \le n$. Als Verallgemeinerung der Sherman-Morrison-Formel in Lemma 2.14 zeige man, daß $A + UV^T$ genau dann nichtsingulär ist, wenn $I + V^T A^{-1} U$ nichtsingulär ist, und in diesem Falle die *Sherman-Morrison-Woodbury-Formel*

$$(A + UV^T)^{-1} = A^{-1} - A^{-1}U(I + V^T A^{-1} U)^{-1} V^T A^{-1}$$

    gilt.

1.3 Das Gaußsche Eliminationsverfahren

1.3.1 Das Prinzip des Gaußschen Eliminationsverfahrens

Das lineare Gleichungssystem $Ax = b$ mit der Koeffizientenmatrix $A = (a_{ij}) \in \mathbb{K}^{n \times n}$ und der rechten Seite $b = (b_i) \in \mathbb{K}^n$ sei gegeben. Hierbei ist $\mathbb{K}$ wieder der Körper $\mathbb{R}$ der reellen Zahlen oder $\mathbb{C}$ der komplexen Zahlen. Die Anwendung elementarer Operationen, also:

- Vertausche zwei Gleichungen,
- Subtrahiere ein Vielfaches einer Gleichung von einer anderen,

auf das Gleichungssystem verändert die Lösungsmenge nicht. Beide Operationen wirken auf die Zeilen der Matrix $\left(A \mid b \right) \in \mathbb{K}^{n \times (n+1)}$, bei der also der Koeffizientenmatrix A die rechte Seite b als weitere Spalte angefügt wurde. Das Prinzip des *Gaußschen Eliminationsverfahrens mit Spaltenpivotsuche* besteht darin, in $n-1$ Schritten das gegebene lineare Gleichungssystem $Ax = b$ mit der nichtsingulären Koeffizientenmatrix $A \in \mathbb{K}^{n \times n}$ sukzessive in ein äquivalentes System $Rx = c$ mit einer *oberen Dreiecksmatrix* $R = (r_{ij})$ (hier ist also $r_{ij} = 0$ für $i > j$) zu überführen[8]. Dieses läßt sich leicht durch *Rückwärtseinsetzen* lösen:

$$x_i := \frac{1}{r_{ii}} \left(c_i - \sum_{j=i+1}^{n} r_{ij} x_j \right) \qquad (i = n, n-1, \ldots, 1).$$

Die Transformation $\left(A \mid b \right) \longrightarrow \left(R \mid c \right)$ wird durch den folgenden einfachen Prozeß gewonnen:

- Für $k = 1, \ldots, n-1$:

  (a) Bestimme $r(k) \in \{k, \ldots, n\}$ mit $a_{r(k),k} \neq 0$. Aus numerischen Gründen sollte $r(k)$ so gewählt werden, daß $|a_{r(k),k}| = \max_{i=k,\ldots,n} |a_{ik}|$. Das Element $a_{r(k),k}$ nennt man *Pivotelement*[9]. Mit der Vertauschungsmatrix $P_{k,r(k)}$ (siehe erstes Beispiel in 1.2.3) bilde man

  $$\left(A \mid b \right) := P_{k,r(k)} \left(A \mid b \right).$$

  Hierbei werden also die k-te und die $r(k)$-te Zeile miteinander vertauscht und erreicht, daß nach der Transformation $a_{kk} \neq 0$ ist.

  (b) Man definiere

  $$l_k := (\underbrace{0, \ldots, 0}_{k}, l_{k+1,k}, \ldots, l_{nk})^T \qquad \text{mit} \quad l_{ik} := \frac{a_{ik}}{a_{kk}}, \qquad i = k+1, \ldots, n,$$

[8] Die Gleichungssysteme $Ax = b$ und $Rx = c$ heißen hierbei äquivalent, wenn eine nichtsinguläre Matrix $T \in \mathbb{K}^{n \times n}$ mit $TA = R$ und $Tb = c$ existiert.

[9] Pivot bedeutet Dreh- und Angelpunkt. Im amerikanischen Basketball wird der Center, der i. allg. längste Spieler einer Mannschaft, der pivot man genannt.

und hiermit die Gauß-Matrix (siehe zweites Beispiel in 1.2.3)

$$M_k := I - l_k e_k^T.$$

Anschließend bilde man

$$\left(A \mid b \right) := M_k \left(A \mid b \right).$$

Hierbei verändern sich die ersten k Zeilen nicht. In der k-ten Spalte werden unterhalb des Diagonalelementes Nullen erzeugt, schon vorher erzeugte Nullen in den ersten $k-1$ Spalten unterhalb der Diagonalelemente bleiben erhalten. Die übrigen Elemente werden gemäß

$$a_{ij} := a_{ij} - l_{ik} a_{kj}, \qquad b_i := b_i - l_{ik} b_k \qquad (i, j = k+1, \dots, n)$$

transformiert.

Die *Durchführbarkeit* des Verfahrens ist bei einer nichtsingulären Ausgangsmatrix $A \in \mathbb{K}^{n \times n}$ gesichert. Denn im ersten Schritt kann in der ersten Spalte ein von Null verschiedenes Element $a_{r(1),1}$ gefunden werden, da andernfalls A trivialerweise singulär wäre. Vertauschungsmatrizen haben die Determinante ± 1, Gauß-Matrizen die Determinante 1. Daher ist $\det(A)$ bis auf das Vorzeichen das Produkt aus $a_{r(1),1}$ und der Determinante des unteren $(n-1) \times (n-1)$-Blocks in $M_1 P_1 A$. Letztere ist also von Null verschieden. Diese Argumentation kann fortgesetzt werden (und zeigt gleichzeitig, daß $\det(A)$ bis auf das Vorzeichen gleich dem Produkt der Pivotelemente ist).

In $n-1$ Schritten ist die Ausgangsmatrix A nach sukzessiver Multiplikation mit Vertauschungsmatrizen $P_{k,r(k)}$ und Gauß-Matrizen M_k in eine obere Dreiecksmatrix R überführt worden. Akkumuliert man die in diesen Transformationsmatrizen stehenden Informationen, so gewinnt man ohne Mehraufwand eine sogenannte LR-Zerlegung der Ausgangsmatrix A. Genauer (siehe auch Satz 3.1) existiert eine Permutationsmatrix P und eine *untere Dreiecksmatrix* $L = (l_{ij})$ (hier ist $l_{ij} = 0$ für $i < j$) mit Einsen auf der Diagonalen derart, daß $PA = LR$. Diese Aussage wollen wir uns hier schon für den Fall klarmachen, daß keine Vertauschungen vorgenommen wurden, also $r(k) = k$ und daher $P_{k,r(k)} = I$ für $k = 1, \dots, n-1$ gilt. (Allerdings ist das Gaußsche Eliminationsverfahren ohne Pivotsuche nicht immer durchführbar, wie das Beispiel der nichtsingulären Matrix $\binom{0\,1}{1\,0}$ zeigt.) Dann ist

$$M_{n-1} \cdots M_1 A = R \qquad \text{bzw.} \qquad A = M_1^{-1} \cdots M_{n-1}^{-1} R.$$

Nun ist die Inverse der Gauß-Matrix $M_k := I - l_k e_k^T$ durch $M_k^{-1} = I + l_k e_k^T$ gegeben (siehe wiederum zweites Beispiel in 1.2.3), so daß

$$A = (I + l_1 e_1^T) \cdots (I + l_{n-1} e_{n-1}^T) R = \left(I + \sum_{k=1}^{n-1} l_k e_k^T \right) R$$

(die Gültigkeit der zweiten Gleichung ist leicht nachzuweisen). Daher ist $A = LR$, wobei

$$L := I + \sum_{k=1}^{n-1} l_k e_k^T$$

eine untere Dreiecksmatrix (hier sind also alle Koeffizienten oberhalb der Diagonalen gleich Null) mit Einsen in der Diagonalen ist.

Damit ist das Gaußsche Eliminationsverfahren mit *Spaltenpivotsuche*, bei der in jeder Spalte das betragsgrößte Element bestimmt wird, beschrieben. Daß diese Pivotsuche für die Durchführbarkeit des Eliminationsverfahrens i. allg. notwendig ist, haben wir eben schon angemerkt. Daß sie aus numerischen Gründen erforderlich sein kann, soll nun erläutert werden. Hierzu nehmen wir an, wir würden mit zweistelliger Gleitpunkt-Arithmetik das Gaußsche Eliminationsverfahren *ohne* Spaltenpivotsuche auf das lineare Gleichungssystem

$$\begin{pmatrix} 0.001 & 1 \\ 1 & 1 \end{pmatrix} \begin{pmatrix} x_1 \\ x_2 \end{pmatrix} = \begin{pmatrix} 1 \\ 2 \end{pmatrix}$$

mit der auf die angegebenen Dezimalen gerundeten Lösung

$$x_1 = 1.001001, \qquad x_2 := 0.998999$$

anwenden. Man erhielte

$$\left(\begin{array}{cc|c} 0.001 & 1 & 1 \\ 0 & -1000 & -1000 \end{array}\right) \quad \text{und hieraus} \quad \begin{pmatrix} x_1 \\ x_2 \end{pmatrix} = \begin{pmatrix} 0 \\ 1 \end{pmatrix},$$

ein völlig verfälschtes Ergebnis, während man durch Vertauschen der beiden Gleichungen auf

$$\left(\begin{array}{cc|c} 1 & 1 & 2 \\ 0 & 1.00 & 1.00 \end{array}\right) \quad \text{und} \quad \begin{pmatrix} x_1 \\ x_2 \end{pmatrix} = \begin{pmatrix} 1.00 \\ 1.00 \end{pmatrix}$$

kommt, was im Rahmen der vorgelegten Arithmetik vorzüglich ist.

Bemerkung: Wir haben hier das Prinzip des Gaußschen Eliminationsverfahrens mit Spaltenpivotsuche geschildert, bei der also im ersten Schritt der betragsgrößte Koeffizient in der ersten Spalte gesucht wird und die entsprechende Gleichung mit der ersten Gleichung vertauscht wird. Im Gegensatz hierzu sucht man bei der *Totalpivotsuche* im ersten Schritt das betragsgrößte Element in der gesamten Matrix. Hat dieses Element den Index (r, s), so vertauscht man wieder die r-te Zeile mit der ersten, anschließend aber auch noch die s-te Spalte mit der ersten, was einer Umnumerierung der Variablen entspricht. Das andere Extrem besteht darin, daß keine Pivotsuche durchgeführt bzw. als Pivotelement jeweils das entsprechende Diagonalelement gewählt wird. Dieses „Verfahren" hat den schwerwiegenden Nachteil, nicht immer durchführbar zu sein. Trotzdem wird es interessant sein, die Klasse derjenigen nichtsingulären Matrizen zu charakterisieren, für die das Gaußsche Eliminationsverfahren auch ohne Pivotsuche durchführbar ist (siehe Satz 3.2 und Korollar 3.3). □

1.3.2 Die LR-Zerlegung

Wir geben nun eine leicht in ein Computer-Programm umsetzbare Formulierung des Gaußschen Eliminationsverfahrens mit Spaltenpivotsuche zur Berechnung einer LR-Zerlegung bzw. zur Lösung eines linearen Gleichungssystems an.

- Input.

  Gegeben $A = (a_{ij}) \in \mathbb{K}^{n \times n}$ und $b = (b_i) \in \mathbb{K}^n$.

- Initialisiere Permutationsvektor p.

  Für $i = 1, \dots, n$: Setze $p(i) := i$.

- Für $k = 1, \dots, n-1$:

  (a) Bestimme Pivotelement.
  Bestimme $r \in \{k, \dots, n\}$ mit $|a_{rk}| = \max_{i=k,\dots,n} |a_{ik}|$.

  (b) Test auf Singularität.
  Ist $a_{rk} = 0$, so ist A singulär. STOP.

  (c) Falls $k \neq r$: Vertausche die k-te und die r-te Gleichung.

  Vertausche $p(k)$ und $p(r)$, ferner b_k und b_r.
  Für $j = 1, \dots, n$: Vertausche a_{kj} und a_{rj}.

  (d) Für $i = k+1, \dots, n$:

  Berechne $a_{ik} := a_{ik}/a_{kk}$, $\quad b_i := b_i - a_{ik} b_k$.
  Für $j = k+1, \dots, n$: Berechne $a_{ij} := a_{ij} - a_{ik} a_{kj}$.

- Letzter Test auf Singularität.

  Falls $a_{nn} = 0$, so ist A singulär. STOP.

- Output.

  (a) LR-Zerlegung.
  Definiere eine untere Dreiecksmatrix $L = (l_{ij})$ mit Einsen auf der Diagonalen, eine obere Dreiecksmatrix $R = (r_{ij})$ und eine Permutationsmatrix $P = (p_{ij})$ durch:

$$l_{ij} := \begin{cases} \delta_{ij} & \text{für } i \leq j, \\ a_{ij} & \text{für } i > j, \end{cases} \qquad r_{ij} := \begin{cases} a_{ij} & \text{für } i \leq j, \\ 0 & \text{für } i > j, \end{cases} \qquad p_{ij} := \delta_{p(i),j}.$$

  (b) Lösung von $Ax = b$ durch Rückwärtseinsetzen.
  Für $i = n, n-1, \dots, 1$: Berechne $x_i := (b_i - \sum_{j=i+1}^{n} a_{ij} x_j)/a_{ii}$.

Dieses Verfahren stimmt völlig mit dem in 1.3.1 angegebenen überein. Die letzten $n-k$ Komponenten des die Gauß-Matrix $M_k := I - l_k e_k^T$ definierenden Vektors

$$l_k := (\underbrace{0, \dots, 0}_{k}, \underbrace{l_{k+1,k}, \dots, l_{nk}}_{n-k})^T \qquad \text{mit} \quad l_{ik} := \frac{a_{ik}}{a_{kk}}, \qquad i = k+1, \dots, n$$

werden in die Positionen $(k+1,k), \dots, (n,k)$ der im k-ten Schritt gerade annullierten Elemente gespeichert. Die untere Dreiecksmatrix L wird also spaltenweise aufgebaut, aber denselben Vertauschungen unterworfen wie der Rest der Matrix. Der Permutationsvektor p repräsentiert ferner mittels

$$P = (\delta_{p(i),j}) \qquad \text{bzw.} \qquad P = (\; e_{p(1)} \;\cdots\; e_{p(n)} \;)^T$$

eine Permutationsmatrix P. Am Anfang wird $P := I$ gesetzt, im k-ten Schritt ist $P := P_{k,r(k)}P$.

Beispiel: Mit Hilfe des Gaußschen Eliminationsverfahrens mit Spaltenpivotsuche sei das lineare Gleichungssystem $Ax = b$ mit

$$\left(A \mid b \right) := \left(\begin{array}{ccc|c} 1 & 2 & 1 & 1 \\ -3 & -5 & -1 & 1 \\ \boxed{-7} & -12 & -2 & 1 \end{array} \right)$$

zu lösen. Gleichzeitig sei eine LR-Zerlegung von A zu bestimmen.

Am Anfang wird der Permutationsvektor initialisiert: $p = (1, 2, 3)$. Im ersten Schritt (das Pivotelement in der ersten Spalte ist oben schon $\boxed{\text{eingerahmt}}$) erhält man $p = (3, 2, 1)$ und

$$\left(\begin{array}{ccc|c} -7 & -12 & -2 & 1 \\ -3 & -5 & -1 & 1 \\ 1 & 2 & 1 & 1 \end{array} \right) \longrightarrow \left(\begin{array}{c|cc|c} -7 & -12 & -2 & 1 \\ \hline \frac{3}{7} & \frac{1}{7} & -\frac{1}{7} & \frac{4}{7} \\ -\frac{1}{7} & \boxed{\frac{2}{7}} & \frac{5}{7} & \frac{8}{7} \end{array} \right).$$

Im zweiten Schritt wird $p = (3, 1, 2)$ gesetzt und man erhält

$$\left(\begin{array}{c|cc|c} -7 & -12 & -2 & 1 \\ \hline -\frac{1}{7} & \frac{2}{7} & \frac{5}{7} & \frac{8}{7} \\ \frac{3}{7} & \frac{1}{7} & -\frac{1}{7} & \frac{4}{7} \end{array} \right) \longrightarrow \left(\begin{array}{cc|c|c} -7 & -12 & -2 & 1 \\ \hline -\frac{1}{7} & \frac{2}{7} & \frac{5}{7} & \frac{8}{7} \\ \frac{3}{7} & \frac{1}{2} & -\frac{1}{2} & 0 \end{array} \right).$$

Die gesuchte Lösung von $Ax = b$ ergibt sich durch Rückwärtseinsetzen aus

$$\begin{pmatrix} -7 & -12 & -2 \\ 0 & \frac{2}{7} & \frac{5}{7} \\ 0 & 0 & -\frac{1}{2} \end{pmatrix} \begin{pmatrix} x_1 \\ x_2 \\ x_3 \end{pmatrix} = \begin{pmatrix} 1 \\ \frac{8}{7} \\ 0 \end{pmatrix} \longrightarrow \begin{pmatrix} x_1 \\ x_2 \\ x_3 \end{pmatrix} = \begin{pmatrix} -7 \\ 4 \\ 0 \end{pmatrix}.$$

Wegen $p = (3, 1, 2)$ ist die gesuchte LR-Zerlegung $PA = LR$ durch

$$\begin{pmatrix} 0 & 0 & 1 \\ 1 & 0 & 0 \\ 0 & 1 & 0 \end{pmatrix} \begin{pmatrix} 1 & 2 & 1 \\ -3 & -5 & -1 \\ -7 & -12 & -2 \end{pmatrix} = \begin{pmatrix} 1 & 0 & 0 \\ -\frac{1}{7} & 1 & 0 \\ \frac{3}{7} & \frac{1}{2} & 1 \end{pmatrix} \begin{pmatrix} -7 & -12 & -2 \\ 0 & \frac{2}{7} & \frac{5}{7} \\ 0 & 0 & -\frac{1}{2} \end{pmatrix}$$

gefunden. □

Die Aussage des folgenden Satzes haben wir uns in 1.3.1 schon für den Fall überlegt, daß keine Vertauschungen vorgenommen werden. Der allgemeine Fall kann analog bewiesen werden.

Satz 3.1 *Gegeben sei das lineare Gleichungssystem $Ax = b$ mit $A \in \mathbb{K}^{n\times n}$ und $b \in \mathbb{K}^n$. Ist A nichtsingulär, so ist das oben angegebene Gaußsche Eliminationsverfahren mit Spaltenpivotsuche durchführbar und liefert die Lösung x, eine untere Dreiecksmatrix L mit Einsen in der Diagonalen, eine obere Dreiecksmatrix R und eine Permutationsmatrix P mit $PA = LR$.*

Im folgenden Satz wird eine hinreichende (und auch notwendige) Bedingung dafür angegeben, daß das Gaußsche Eliminationsverfahren *ohne* Pivotsuche durchführbar ist.

Satz 3.2 *Ist $A = (a_{ij}) \in \mathbb{K}^{n\times n}$ eine Matrix mit der Eigenschaft, daß*

$$\det\begin{pmatrix} a_{11} & \cdots & a_{1k} \\ \vdots & \ddots & \vdots \\ a_{k1} & \cdots & a_{kk} \end{pmatrix} \neq 0 \quad \text{für} \quad k = 1, \dots, n,$$

die Hauptabschnittsdeterminanten also von Null verschieden sind, so ist das Gaußsche Eliminationsverfahren ohne Pivotsuche durchführbar und A besitzt eine LR-Zerlegung $A = LR$ mit einer unteren Dreiecksmatrix L mit Einsen in der Diagonalen und einer oberen Dreiecksmatrix R.

Beweis: Es ist $a_{11} \neq 0$ als Determinante der 1×1-Hauptabschnittsmatrix, der erste Schritt des Gaußschen Eliminationsverfahrens ist also ohne Pivotsuche durchführbar. Durch diesen Schritt wird A reduziert auf eine Matrix der Form

$$\left(\begin{array}{c|ccc} a_{11} & a_{12} & \cdots & a_{1n} \\ \hline 0 & a_{22}^1 & \cdots & a_{2n}^1 \\ \vdots & \vdots & \ddots & \vdots \\ 0 & a_{n2}^1 & \cdots & a_{nn}^1 \end{array}\right),$$

deren Hauptabschnittsdeterminanten mit den entsprechenden der Ausgangsmatrix übereinstimmen (beachte: Es werden *keine* Zeilenvertauschungen vorgenommen!). Insbesondere ist

$$0 \neq \det\begin{pmatrix} a_{11} & a_{12} \\ a_{21} & a_{22} \end{pmatrix} = \det\begin{pmatrix} a_{11} & a_{12} \\ 0 & a_{22}^1 \end{pmatrix} = a_{11}a_{22}^1,$$

so daß auch $a_{22}^1 \neq 0$. So kann man offenbar fortfahren und erhält, daß die Diagonalelemente als Pivotelemente genommen werden können, genauer ist für $k = 2, \dots, n$:

$$0 \neq \det\begin{pmatrix} a_{11} & \cdots & a_{1k} \\ \vdots & \ddots & \vdots \\ a_{k1} & \cdots & a_{kk} \end{pmatrix} = a_{11}a_{22}^1 \cdots a_{kk}^{k-1}.$$

Daher ist das Gaußsche Eliminationsverfahren ohne Pivotsuche durchführbar, A besitzt eine LR-Zerlegung $A = LR$. □

Als Korollar notieren wir:

Korollar 3.3 *Ist $A \in \mathbb{K}^{n\times n}$ positiv definit*[10]*, so ist das Gaußsche Eliminationsverfahren ohne Pivotsuche durchführbar und A besitzt eine LR-Zerlegung $A = LR$ mit einer unteren Dreiecksmatrix L mit Einsen in der Diagonalen und einer oberen Dreiecksmatrix R.*

Beweis: Bekanntlich ist die Determinante einer Matrix gleich dem Produkt der Eigenwerte dieser Matrix (da beide als konstanter Term im charakteristischen Polynom auftreten). Insbesondere ist die Determinante einer positiv definiten Matrix positiv, da die Eigenwerte einer positiv definiten Matrix sämtlich reell und positiv sind. Daher liefert Satz 3.2 die Aussage dieses Korollars, wenn wir wissen, daß die Hauptabschnittsmatrizen

$$A_k := \begin{pmatrix} a_{11} & \cdots & a_{1k} \\ \vdots & \ddots & \vdots \\ \overline{a_{1k}} & \cdots & a_{kk} \end{pmatrix}, \qquad k = 1, \ldots, n,$$

einer positiv definiten Matrix $A \in \mathbb{K}^{n\times n}$ ebenfalls positiv definit sind. Natürlich ist A_k hermitesch. Ist $y \in \mathbb{K}^k$ beliebig, so ergänze man y zu einem Vektor $x \in \mathbb{K}^n$, indem die $k+1$-te bis n-te Komponente auf Null gesetzt wird:

$$x := (y_1, \ldots, y_k, \underbrace{0, \ldots, 0}_{n-k})^T.$$

Dann ist $y^H A_k y = x^H A x$ und hieraus folgt die Behauptung. □

Die LR-Zerlegung einer nichtsingulären Matrix $A \in \mathbb{K}^{n\times n}$ ist u. a. nützlich, um Gleichungssysteme $Ax = b$ mit mehreren rechten Seiten $b \in \mathbb{K}^n$ zu lösen. Etwa könnte $b = e_1, \ldots, e_n$ die n Einheitsvektoren durchlaufen, um der Reihe nach die Spalten von A^{-1} zu berechnen (eine Aufgabe, die allerdings überraschend selten in der Praxis auftritt). Bekannt seien also eine untere Dreiecksmatrix L mit Einsen in der Diagonalen, eine obere Dreiecksmatrix R und eine Permutationsmatrix P mit $PA = LR$. Die Permutationsmatrix P sei etwa durch den Vektor $p = (p(1), \ldots, p(n))^T$ gegeben, es sei also

$$P = (\ e_{p(1)} \ \cdots \ e_{p(n)}\ )^T.$$

Das lineare Gleichungssystem $Ax = b$ ist dann (Permutationsmatrizen sind nichtsingulär!) äquivalent zu $PAx = Pb$ und damit zu $LRx = Pb$. Dieses lineare Gleichungssystem kann in zwei Schritten gelöst werden:

1. Vorwärtseinsetzen: Berechne $Rx = L^{-1}Pb$ aus $L(Rx) = Pb$.

   Für $i = 1, \ldots, n$: Berechne $(Rx)_i := b_{p(i)} - \sum_{j=1}^{i-1} l_{ij}(Rx)_j$.

2. Rückwärtseinsetzen: Berechne x aus $Rx = L^{-1}Pb$.

   Für $i = n, \ldots, 1$: Berechne $x_i := [(Rx)_i - \sum_{j=i+1}^{n} r_{ij}x_j]/r_{ii}$.

[10]Wir erinnern daran, daß A als positiv definite Matrix vereinbarungsgemäß auch hermitesch ist.

Auf eine Rundungsfehleranalyse für das Gaußsche Eliminationsverfahren mit Spaltenpivotsuche wollen wir nicht eingehen. Hierzu verweisen wir auf die vorzüglichen Darstellungen bei J. STOER (1989, S. 173ff.) und G. H. GOLUB, C. F. VAN LOAN (1989, S. 104ff.).

Die Komplexität des Gaußschen Eliminationsverfahrens liest man aus dem zu Beginn in Pseudocode gegebenen Programm leicht ab. Entscheidend ist hierbei die innerste Schleife, in der

$$\sum_{k=1}^{n-1}\sum_{i=k+1}^{n}\sum_{j=k+1}^{n}1=\sum_{k=1}^{n-1}\sum_{i=k+1}^{n}(n-k)=\sum_{k=1}^{n-1}(n-k)^2=\sum_{k=1}^{n-1}k^2=\frac{1}{3}n^3+\cdots$$

„flops" (Multiplikationen, Additionen und Zuweisungen) zur Berechnung der LR-Zerlegung von $A\in\mathbb{K}^{n\times n}$ durchgeführt werden. Natürlich ist es nicht schwierig, die genaue Anzahl der zur LR-Zerlegung benötigten arithmetischen Operationen auszurechnen. Diese ist ein Polynom in n, von dem aber nur der für große n entscheidende führende Term interessiert. Wir sagen daher, daß das Gaußsche Eliminationsverfahren „im wesentlichen" $\frac{1}{3}n^3$ flops zur Berechnung der LR-Zerlegung einer $n\times n$-Matrix benötigt. Liegt die LR-Zerlegung von $A\in\mathbb{K}^{n\times n}$ vor, so erhält man die Lösung von $Ax=b$ durch Vorwärts- und Rückwärtseinsetzen „im wesentlichen" durch weitere n^2 flops.

1.3.3 Die LR-Zerlegung von Tridiagonalmatrizen

Definition 3.4 Eine Matrix $A=(a_{ij})\in\mathbb{K}^{n\times n}$ heißt eine *Tridiagonalmatrix*, falls $a_{ij}=0$ für $|i-j|>1$.

Lineare Gleichungssysteme mit einer Tridiagonalmatrix als Koeffizientenmatrix treten z. B. bei der Diskretisierung linearer Randwertaufgaben zweiter Ordnung auf (siehe das Beispiel in 1.1). Aber auch bei der Berechnung interpolierender kubischer Splines werden wir auf lineare Gleichungssysteme mit einer Tridiagonalmatrix als Koeffizientenmatrix stoßen.

Wir wollen zeigen, daß man unter gewissen Voraussetzungen für Tridiagonalmatrizen in sehr einfacher Weise eine LR-Zerlegung finden kann (mit einem Aufwand, der proportional zu n ist, was sich sehr vorteilhaft gegenüber dem vollbesetzten Fall abhebt, bei dem der Aufwand im wesentlichen proportional zu n^3 ist). Wir entwickeln zunächst das Verfahren (welches mit dem Gaußschen Eliminationsverfahren ohne Spaltenpivotsuche übereinstimmt) und geben dann in Satz 3.5 hinreichende Bedingungen dafür an, daß es durchführbar ist.

Sei die Tridiagonalmatrix

$$A=\begin{pmatrix} v_1 & w_1 & & & \\ u_2 & v_2 & w_2 & & \\ & \ddots & \ddots & \ddots & \\ & & u_{n-1} & v_{n-1} & w_{n-1} \\ & & & u_n & v_n \end{pmatrix}$$

gegeben. Für L bzw. R machen wir den Ansatz

$$L = \begin{pmatrix} 1 & & & \\ l_2 & 1 & & \\ & \ddots & \ddots & \\ & & l_n & 1 \end{pmatrix}, \qquad R = \begin{pmatrix} r_1 & w_1 & & \\ & r_2 & \ddots & \\ & & \ddots & w_{n-1} \\ & & & r_n \end{pmatrix}.$$

Die Unbekannten $l_2, \ldots, l_n$ und $r_1, \ldots, r_n$ sind aus der Forderung $A = LR$ zu bestimmen. Mit obigem Ansatz für L und R ist für $|i - j| > 1$:

$$(LR)_{ij} = \sum_{k=1}^{n} l_{ik} r_{kj} = \sum_{k=1}^{\min(i,j)} l_{ik} r_{kj} = 0,$$

so daß LR jedenfalls eine Tridiagonalmatrix ist. Ferner ist nach einfacher Rechnung

$$(LR)_{i,i-1} = l_i r_{i-1}, \qquad (LR)_{ii} = l_i w_{i-1} + r_i, \qquad (LR)_{i,i+1} = w_i.$$

Folglich ist $A = LR$ genau dann, wenn $r_1, \ldots, r_n$ und $l_2, \ldots, l_n$ so bestimmt werden können, daß

$$v_1 = r_1, \qquad u_i = l_i r_{i-1}, \qquad v_i = l_i w_{i-1} + r_i \qquad (i = 2, \ldots, n).$$

Daher erhält man der Reihe nach $r_1, l_2, r_2, \ldots, l_n, r_n$ durch den folgenden einfachen Algorithmus:

- $r_1 := v_1$
- Für $i = 2, \ldots, n$:
  $l_i := u_i / r_{i-1}, \quad r_i := v_i - l_i w_{i-1}$

Dieses Verfahren ist nur dann durchführbar, wenn $r_1, \ldots, r_{n-1} \neq 0$. Damit R nichtsingulär ist, muß auch $r_n \neq 0$ sein. Im folgenden Satz geben wir hierfür eine hinreichende Bedingung an.

Satz 3.5 *Gegeben sei die Tridiagonalmatrix $A \in \mathbb{K}^{n \times n}$ mit Hauptdiagonalelementen $v_1, \ldots, v_n$ und oberen bzw. unteren Nebendiagonalelementen $w_1, \ldots, w_{n-1}$ bzw. $u_2, \ldots, u_n$. Es gelte*

$$(*) \qquad \begin{cases} |v_1| > |w_1| > 0, & \\ |v_i| \geq |u_i| + |w_i|, \quad u_i \neq 0, \quad w_i \neq 0 & (i = 2, \ldots, n-1), \\ |v_n| \geq |u_n| > 0. & \end{cases}$$

Dann ist der Algorithmus

- $r_1 := v_1$
- *Für* $i = 2, \ldots, n$:
  $l_i := u_i / r_{i-1}, \quad r_i := v_i - l_i w_{i-1}$

durchführbar und es ist $r_1, \dots, r_n \neq 0$. Mit

$$L = \begin{pmatrix} 1 & & & \\ l_2 & 1 & & \\ & \ddots & \ddots & \\ & & l_n & 1 \end{pmatrix}, \qquad R = \begin{pmatrix} r_1 & w_1 & & \\ & r_2 & \ddots & \\ & & \ddots & w_{n-1} \\ & & & r_n \end{pmatrix}$$

ist $A = LR$ und daher $\det(A) = \prod_{i=1}^{n} r_i \neq 0$, die Tridiagonalmatrix A also nichtsingulär.

Beweis: Wegen $0 < |w_1| < |v_1| = |r_1|$ ist $r_1 \neq 0$ und $|w_1/r_1| < 1$. Ferner gilt

$$r_{i-1} \neq 0, \quad \left|\frac{w_{i-1}}{r_{i-1}}\right| < 1 \Longrightarrow r_i \neq 0, \quad \left|\frac{w_i}{r_i}\right| < 1 \qquad \text{für } i = 2, \dots, n-1.$$

Denn:

$$|r_i| = |v_i - l_i w_{i-1}| = \left|v_i - \frac{u_i}{r_{i-1}} w_{i-1}\right| \geq |v_i| - |u_i| \left|\frac{w_{i-1}}{r_{i-1}}\right| \geq |w_i| + \underbrace{|u_i|}_{>0} \underbrace{\left(1 - \left|\frac{w_{i-1}}{r_{i-1}}\right|\right)}_{>0} > |w_i|.$$

Damit ist $r_i \neq 0$ und $|w_i/r_i| < 1$ für $i = 2, \dots, n-1$ nachgewiesen. Daher ist auch $r_n \neq 0$, denn

$$|r_n| = \left|v_n - u_n \frac{w_{n-1}}{r_{n-1}}\right| \geq |u_n| \left(1 - \left|\frac{w_{n-1}}{r_{n-1}}\right|\right) > 0.$$

Die Durchführbarkeit des Algorithmus ist gesichert, gleichzeitig ist damit $A = LR$ bewiesen. Aus

$$\det(A) = \det(L)\,\det(R) = \prod_{i=1}^{n} r_i \neq 0$$

erhält man die letzte Behauptung. □

Besitzt die Tridiagonalmatrix A die oben angegebene Zerlegung $A = LR$ mit nichtsingulärem R, so erhält man die Lösung des linearen Gleichungssystems $Ax = LRx = b$ durch Vorwärts- und Rückwärtseinsetzen:

1. Berechne Rx durch Vorwärtseinsetzen.

$$(Rx)_1 := b_1, \quad (Rx)_i := b_i - l_i (Rx)_{i-1} \qquad (i = 2, \dots, n).$$

2. Berechne x durch Rückwärtseinsetzen.

$$x_n := \frac{(Rx)_n}{r_n}, \quad x_i := \frac{(Rx)_i - w_i x_{i+1}}{r_i} \qquad (i = n-1, \dots, 1).$$

Ist also ein lineares Gleichungssystem $Ax = b$ mit der Tridiagonalmatrix A als Koeffizientenmatrix gegeben und ist man bereit, A und b zu überschreiben, so erhält man das folgende Verfahren zur Lösung linearer Gleichungssysteme mit einer Tridiagonalmatrix als Koeffizientenmatrix:

- Input: Gegeben sei das lineare Gleichungssystem $Ax = b$ mit

$$A = \begin{pmatrix} v_1 & w_1 & & & \\ u_2 & v_2 & w_2 & & \\ & \ddots & \ddots & \ddots & \\ & & u_{n-1} & v_{n-1} & w_{n-1} \\ & & & u_n & v_n \end{pmatrix}, \qquad b = \begin{pmatrix} b_1 \\ b_2 \\ \vdots \\ b_{n-1} \\ b_n \end{pmatrix}.$$

- Für $i = 2, \dots, n$:

  Ist $v_{i-1} \neq 0$: Berechne $u_i := u_i / v_{i-1}$, $\quad v_i := v_i - u_i w_{i-1}$, $\quad b_i := b_i - u_i b_{i-1}$

  andernfalls: Verfahren nicht durchführbar. STOP.

- Ist $v_n = 0$: Verfahren nicht durchführbar. STOP.

- Setze $b_n := b_n / v_n$.

  Für $i = n-1, \dots, 1$:

  Berechne $b_i := (b_i - w_i b_{i+1}) / v_i$

- Output: In b steht die Lösung des gegebenen Gleichungssystems.

1.3.4 Das Gauß-Jordan-Verfahren

Die Inverse einer nichtsingulären Matrix $A \in \mathbb{K}^{n \times n}$ kann mit Hilfe des Gaußschen Eliminationsverfahrens mit Spaltenpivotsuche berechnet werden. Wie früher schon bemerkt, bestimmt man hierzu zunächst eine LR-Zerlegung $PA = LR$ von A und löst anschließend für $k = 1, \dots, n$ die linearen Gleichungssysteme $Ax = e_k$ bzw. $LRx = Pe_k$ durch Vorwärts- und Rückwärtseinsetzen. Hierdurch erhält man der Reihe nach die Spalten von A^{-1}. Beim Vorwärtseinsetzen kann die spezielle Struktur der rechten Seite ausgenutzt werden. Wird nämlich P durch die Permutation p bestimmt, so ist $Pe_k = e_{p(k)}$, $k = 1, \dots, n$. Die ersten $m-1$ Komponenten der Lösung von $Ly = e_m$ verschwinden, zur Berechnung der übrigen benötigt man

$$\sum_{i=1}^{n-m+1} i = \frac{(n-m+1)(n-m+2)}{2}$$

flops. Das bedeutet, daß für das Vorwärtseinsetzen insgesamt

$$\frac{1}{2} \sum_{m=1}^{n} (n-m+1)(n-m+2) = \frac{1}{2} \sum_{k=1}^{n} k(k+1) = \frac{1}{6} n^3 + \cdots$$

flops durchgeführt werden. Für jedes einzelne Rückwärtseinsetzen braucht man im wesentlichen $\frac{1}{2}n^2$ flops, insgesamt für das Rückwärtseinsetzen also $\frac{1}{2}n^3$ flops. Die n linearen Gleichungssysteme $Ax = e_k$, $k = 1, \dots, n$, können also im wesentlichen mit $\frac{2}{3}n^3$ flops gelöst werden. Berücksichtigt man nun noch, daß der Aufwand zur Berechnung der LR-Zerlegung durch $\frac{1}{3}n^3$ gegeben ist, so erkennt man, daß die Inverse einer nichtsingulären Matrix $A \in \mathbb{K}^{n\times n}$ durch das Gaußsche Eliminationsverfahren im wesentlichen durch n^3 flops bestimmt werden kann.

Mit Hilfe des *Gauß-Jordan-Verfahrens* kann ebenfalls die Inverse einer nichtsingulären Matrix $A \in \mathbb{K}^{n\times n}$ berechnet werden. Der Aufwand ist im wesentlichen genauso groß wie beim Gaußschen Eliminationsverfahren. Trotzdem lohnt es sich, wenigstens die Idee des Gauß-Jordan-Verfahrens zu schildern, weil diese auch grundlegend für das Simplexverfahren bei linearen Optimierungsaufgaben ist.

Das Prinzip beim Gauß-Jordan-Verfahren ist ganz ähnlich wie beim Gaußschen Eliminationsverfahren. Sei eine nichtsinguläre Matrix $A = (\, a_1 \ \cdots \ a_n \,) \in \mathbb{K}^{n\times n}$ gegeben. Zu bestimmen ist die Lösung $X = A^{-1}$ von $AX = I$. Mit $1 \le r, s \le n$ sei $a_{rs} \ne 0$. Nun definiere man einen Vektor $w_r \in \mathbb{K}^n$ und anschließend eine sogenannte *Gauß-Jordan-Matrix* (siehe drittes Beispiel in 1.2.3) $J_r \in \mathbb{K}^{n\times n}$ durch

$$w_r := \frac{1}{a_{rs}}(a_s - e_r), \qquad J_r := I - w_r e_r^T.$$

Dann ist $J_r a_s = e_r$, d.h. die s-te Spalte von A wird in den r-ten Einheitsvektor überführt. Nach Lemma 2.14 ist J_r nichtsingulär, da $1 - e_r^T w_r = 1/a_{rs} \ne 0$. Daher ist $AX = I$ äquivalent zu $J_r AX = J_r$. Den Übergang $\big(\, A \mid I \,\big) \longrightarrow J_r \big(\, A \mid I \,\big)$ kann man leicht durch den folgenden einfachen Prozeß erhalten:

- Neue r-te Zeile := $(1/a_{rs})\times$ Alte r-te Zeile.
- Neue i-te Zeile := Alte i-te Zeile $-a_{is}\times$ Neue r-te Zeile $(i \ne r)$.

Diese schöne Transformationsregel gilt allerdings nur, wenn man bei dem angegebenen *Austauschschritt* mit einem *vollständigen Tableau* arbeitet, also die Einheitsvektoren „mitschleppt". Mit A ist auch die Matrix nichtsingulär, die man aus $J_r A$ durch Streichen der r-ten Zeile und s-ten Spalte erhält. Daher gibt es ein Paar (p, q) mit $p \ne r$, $q \ne s$ und $(J_r A)_{pq} \ne 0$. Also kann man durch Multiplikation von $J_r \big(\, A \mid I \,\big)$ mit einer geeigneten Gauß-Jordan-Matrix J_p erreichen, daß die q-te Spalte von $J_p J_r \big(\, A \mid I \,\big)$ der p-te Einheitsvektor ist. Hierbei bleibt in der s-ten Spalte der r-te Einheitsvektor erhalten. In dieser Weise kann offenbar fortgefahren werden. Nach n Schritten hat man aus $\big(\, A \mid I \,\big)$ durch Multiplikation mit (nichtsingulären) Gauß-Jordan-Matrizen eine Matrix der Form $\big(\, P \mid B \,\big)$ erhalten, wobei $P \in \mathbb{R}^{n\times n}$ eine Permutationsmatrix ist. Daher ist das System $AX = I$ äquivalent zu $PX = B$. Die gesuchte Inverse von A erhält man durch $A^{-1} = P^T B$, wobei ausgenutzt wurde, daß P als Permutationsmatrix orthogonal ist.

Bei der Auswahl des *Pivotelements* a_{rs} stehen verschiedene Strategien zur Verfügung. Macht man *keine* Pivotsuche, nimmt man also im k-ten Schritt das k-te Diagonalelement als Pivotelement, so hat das den Vorteil, ein besonders einfaches Programm zu liefern, ferner ist hier $P = I$, so daß kein Umordnen nötig ist. Der Nachteil besteht neben der geringeren Stabilität darin, daß dieses Verfahren nicht immer durchführbar ist. Und zwar ist es genau dann durchführbar, wenn alle Hauptabschnittsdeterminanten von A ungleich Null sind bzw. A eine LR-Zerlegung $A = LR$ besitzt, also auch das Gaußsche Eliminationsverfahren ohne Pivotsuche durchführbar ist (siehe Satz 3.2). Bei der *Spaltenpivotsuche* werden die *Pivotspalten* der Reihe nach durchlaufen, $k = 1, \ldots, n$, und im k-ten Schritt die ***Pivotzeile*** $r(k)$ so bestimmt, daß $r(k) \in \{1, \ldots, n\} \setminus \{r(1), \ldots, r(k-1)\}$ und das Pivotelement in der Position $(r(k), k)$ dem Betrage nach maximal ist. Hier hat die Permutationsmatrix P die Form $P = (\; e_{r(1)} \; \cdots \; e_{r(n)} \;)$. Die Vorgehensweise bei der ***Totalpivotsuche*** ist ganz entsprechend, indem unter allen als Pivotelement in Frage kommenden Elementen eines mit maximalem Betrag gewählt wird.

Beispiel: In einem einfachen Beispiel wollen wir die Anwendung des Gauß-Jordan-Verfahrens mit Spaltenpivotsuche und Totalpivotsuche demonstrieren. Der Deutlichkeit halber werden wir hierbei jeweils das vollständige Tableau angeben, bei dem die Einheitsvektoren „mitgeschleppt" werden.

Zu bestimmen sei die Inverse von

$$A := \begin{pmatrix} 1 & 2 & 1 \\ -3 & -5 & -1 \\ -7 & -12 & -2 \end{pmatrix}.$$

Die Pivotelemente werden im folgenden $\boxed{\text{eingerahmt}}$. Zunächst wenden wir das Gauß-Jordan-Verfahren mit Spaltenpivotsuche an. Im ersten Schritt erhalten wir

$$\left(\begin{array}{ccc|ccc} 1 & 2 & 1 & 1 & 0 & 0 \\ -3 & -5 & -1 & 0 & 1 & 0 \\ \boxed{-7} & -12 & -2 & 0 & 0 & 1 \end{array}\right) \longrightarrow \left(\begin{array}{ccc|ccc} 0 & \boxed{\frac{2}{7}} & \frac{5}{7} & 1 & 0 & \frac{1}{7} \\ 0 & \frac{1}{7} & -\frac{1}{7} & 0 & 1 & -\frac{3}{7} \\ 1 & \frac{12}{7} & \frac{2}{7} & 0 & 0 & -\frac{1}{7} \end{array}\right).$$

In den nächsten beiden Schritten erhalten wir

$$\left(\begin{array}{ccc|ccc} 0 & 1 & \frac{5}{2} & \frac{7}{2} & 0 & \frac{1}{2} \\ 0 & 0 & \boxed{-\frac{1}{2}} & -\frac{1}{2} & 1 & -\frac{1}{2} \\ 1 & 0 & -4 & -6 & 0 & -1 \end{array}\right), \quad \left(\begin{array}{ccc|ccc} 0 & 1 & 0 & 1 & 5 & -2 \\ 0 & 0 & 1 & 1 & -2 & 1 \\ 1 & 0 & 0 & -2 & -8 & 3 \end{array}\right).$$

Mit

$$A^{-1} = \begin{pmatrix} 0 & 0 & 1 \\ 1 & 0 & 0 \\ 0 & 1 & 0 \end{pmatrix} \begin{pmatrix} 1 & 5 & -2 \\ 1 & -2 & 1 \\ -2 & -8 & 3 \end{pmatrix} = \begin{pmatrix} -2 & -8 & 3 \\ 1 & 5 & -2 \\ 1 & -2 & 1 \end{pmatrix}$$

ist die gesuchte Inverse von A gefunden.

Die entsprechenden Tableaus bei der Totalpivotsuche sind:

$$\left(\begin{array}{ccc|ccc} 1 & 2 & 1 & 1 & 0 & 0 \\ -3 & -5 & -1 & 0 & 1 & 0 \\ -7 & \boxed{-12} & -2 & 0 & 0 & 1 \end{array}\right) \longrightarrow \left(\begin{array}{ccc|ccc} -\frac{1}{6} & 0 & \boxed{\frac{2}{3}} & 1 & 0 & \frac{1}{6} \\ -\frac{1}{2} & 0 & -\frac{1}{6} & 0 & 1 & -\frac{5}{12} \\ \frac{7}{12} & 1 & \frac{1}{6} & 0 & 0 & -\frac{1}{12} \end{array}\right)$$

und anschließend

$$\left(\begin{array}{ccc|ccc} -\frac{1}{4} & 0 & 1 & \frac{2}{3} & 0 & \frac{1}{4} \\ \boxed{-\frac{1}{8}} & 0 & 0 & \frac{1}{4} & 1 & -\frac{3}{8} \\ \frac{5}{8} & 1 & 0 & -\frac{1}{4} & 0 & -\frac{1}{8} \end{array}\right), \quad \left(\begin{array}{ccc|ccc} 0 & 0 & 1 & 1 & -2 & 1 \\ 1 & 0 & 0 & -2 & -8 & -3 \\ 0 & 1 & 0 & 1 & 5 & -2 \end{array}\right).$$

Hiermit erhält man

$$A^{-1} = \begin{pmatrix} 0 & 1 & 0 \\ 0 & 0 & 1 \\ 1 & 0 & 0 \end{pmatrix} \begin{pmatrix} 1 & -2 & 1 \\ -2 & -8 & 3 \\ 1 & 5 & -2 \end{pmatrix} = \begin{pmatrix} -2 & -8 & 3 \\ 1 & 5 & -2 \\ 1 & -2 & 1 \end{pmatrix},$$

was (zum Glück) mit obigem Ergebnis übereinstimmt. □

In einem Programm wird man nicht bereit sein, Speicherplatz für die Einheitsvektoren zu verschwenden. Statt dessen wird man sich merken, in welcher Spalte welcher Einheitsvektor steht. Ist etwa am Anfang $a_{rs} \neq 0$ das Pivotelement, so wird man sich r und s merken und die neue Matrix

$$A^+ = (\ J_r a_1 \ \cdots \ J_r a_{s-1} \ J_r e_r \ J_r a_{s+1} \ \cdots \ J_r a_n \ )$$

berechnen. Die Matrix A^+ entsteht aus $J_r A$ dadurch, daß die s-te Spalte durch $J_r e_r$, also die r-te Spalte von J_r, ersetzt wird. Die Transformationsformeln sind offenbar die folgenden:

$$a_{rs}^+ := \frac{1}{a_{rs}}, \qquad a_{is}^+ := -\frac{a_{is}}{a_{rs}} \quad (i \neq r), \qquad a_{rj}^+ := \frac{a_{rj}}{a_{rs}} \quad (j \neq s)$$

und

$$a_{ij}^+ := a_{ij} - a_{is}\frac{a_{rj}}{a_{rs}} \qquad (i \neq r, j \neq s).$$

Nun geben wir in Pseudocode ein Programm zum Gauß-Jordan-Verfahren mit Spaltenpivotsuche an. Hierbei wird im k-ten Schritt vor der Transformation die Pivotzeile $r(k)$ mit der k-ten Zeile vertauscht. Dies hat den Vorteil, daß die neue Pivotzeile nur unter den Elementen von $\{k, \ldots, n\}$ zu suchen ist. Diese Vertauschungen sind am Schluß natürlich wieder zu korrigieren.

- Gegeben $A = (a_{ij}) \in \mathbb{K}^{n \times n}$.
- Für $i = 1, \ldots, n$: Setze $p(i) := i$.
- Für $k = 1, \ldots, n$:
  - (a) Bestimme $r \in \{k, \ldots, n\}$ mit $|a_{rk}| = \max_{i=k,\ldots,n} |a_{ik}|$.
  - (b) Falls $a_{rk} = 0$, so ist A singulär. STOP.
  - (c) Falls $k \neq r$: Vertausche $p(k)$ und $p(r)$, für $j = 1, \ldots, n$: Vertausche a_{kj} und a_{rj}.
  - (d) Setze ***pivot*** $:= a_{kk}$. Transformiere die Pivotzeile und anschließend den Rest der Matrix bis auf die Pivotspalte:

    Für $j = 1, \ldots, n$:

        Falls $j \neq k$ dann $a_{kj} := a_{kj}/\textit{pivot}$ andernfalls $a_{kj} := 1/\textit{pivot}$.

        Für $i = 1, \ldots, n$:

            Falls $((i \neq k)$ und $(j \neq k))$ dann $a_{ij} := a_{ij} - a_{ik}a_{kj}$.

    Transformation der Pivotspalte:

    Für $i = 1, \ldots, n$:

        Falls $i \neq k$ dann $a_{ik} := -a_{ik}/\textit{pivot}$.

- Umordnung.

  Für $i = 1, \ldots, n$:

  Für $j = 1, \ldots, n$: Setze $b_{p(j)} := a_{ij}$.

  Für $j = 1, \ldots, n$: Setze $a_{ij} := b_j$.

- Bei erfolgreichem Abschluß ist die gegebene Matrix $A \in \mathbb{K}^{n \times n}$ mit ihrer Inversen A^{-1} überschrieben.

Aufgaben

1. Besitzt eine nichtsinguläre Matrix $A \in \mathbb{K}^{n \times n}$ eine LR-Zerlegung $A = LR$, wobei L eine untere Dreiecksmatrix mit Einsen in der Diagonalen und R eine obere Dreiecksmatrix ist, so ist diese Zerlegung eindeutig.

   Hinweis: Angenommen, es ist $A = L_1R_1 = L_2R_2$ mit unteren Dreiecksmatrizen L_1, L_2 mit Einsen in der Diagonalen und oberen Dreiecksmatrizen R_1, R_2. Dann ist $R_1R_2^{-1} = L_1^{-1}L_2$ gleichzeitig eine obere und eine untere Dreiecksmatrix mit Einsen in der Diagonalen. Also ist $R_1R_2^{-1} = L_1^{-1}L_2 = I$ bzw. $L_1 = L_2$ und $R_1 = R_2$.

2. Programmieren Sie das Gaußsche Eliminationsverfahren und testen Sie Ihr Programm an dem linearen Gleichungssystem $Ax = b$ mit

$$\left(A \mid b \right) = \left(\begin{array}{cccc|c} 5 & 7 & 6 & 5 & 23 \\ 7 & 10 & 8 & 7 & 32 \\ 6 & 8 & 10 & 9 & 33 \\ 5 & 7 & 9 & 10 & 31 \end{array}\right).$$

   Man vergleiche das Ergebnis mit der exakten Lösung, die man mit Hilfe von

$$A^{-1} = \begin{pmatrix} 68 & -41 & -17 & 10 \\ -41 & 25 & 10 & -6 \\ -17 & 10 & 5 & -3 \\ 10 & -6 & -3 & 2 \end{pmatrix}$$

   erhalten kann. Worauf führen Sie die Abweichungen zurück?

3. Es kann zweckmäßig sein, eine sogenannte Skalierung bei einem linearen Gleichungssystem $Ax = b$ einzuführen. Hierbei können sowohl die Gleichungen als auch die Unbekannten skaliert werden. Ersteres bedeutet eine Multiplikation jeder Gleichung i mit einer gewissen Konstanten d_i, letzteres bedeutet den Übergang zu neuen Unbekannten $y_j = c_j x_j$.

   Beschränkt man sich auf die erste Möglichkeit, so kann man folgendermaßen vorgehen: Definiere

$$d_i := 1 \Big/ \sum_{j=1}^{n} |a_{ij}| \quad (i = 1, \ldots, n), \qquad D := \operatorname{diag}(d_1, \ldots, d_n).$$

   Statt $Ax = b$ durch das skalierte System $DAx = Db$ zu ersetzen und dann das Gaußsche Eliminationsverfahren mit Spaltenpivotsuche anzuwenden, formuliere man ein entsprechendes Verfahren, bei der die Skalierung lediglich in die Auswahl des Pivotelements eingeht.

Mit und ohne Skalierung löse man das lineare Gleichungssystem $Ax = b$ mit

$$\left(A \,|\, b \right) = \left(\begin{array}{cccc|c} 1 & 2 & 3 & 4 & 3 \\ 1 & 4 & 9 & 16 & 1 \\ 1 & 8 & 27 & 64 & -15 \\ 1 & 16 & 81 & 256 & -107 \end{array} \right).$$

4. Man überlege sich, wie man mit Hilfe des Gaußschen Eliminationsverfahrens mit Spaltenpivotsuche die Determinante einer nichtsingulären Matrix bestimmen kann.

5. Man zeige, daß die Aussage von Satz 3.5 auch gilt, wenn

$$|w_i| < |v_i|, \quad |u_i| + |w_i| \le |v_i| \qquad (i = 1, \ldots, n),$$

wobei $u_1 := 0$, $w_n := 0$.

6. Eine Matrix der Form

$$A = \begin{pmatrix} v_1 & w_1 & & & u_1 \\ u_2 & v_2 & w_2 & & \\ & \ddots & \ddots & \ddots & \\ & & u_{n-1} & v_{n-1} & w_{n-1} \\ w_n & & & u_n & v_n \end{pmatrix}$$

heiße eine *zyklische Tridiagonalmatrix*. Man entwickle ein (effizientes) Verfahren zur Lösung eines linearen Gleichungssystems mit einer zyklischen Tridiagonalmatrix als Koeffizientenmatrix.

7. Gegeben sei die lineare Randwertaufgabe

$$\text{(P)} \qquad -y'' + y = 1, \qquad y(0) = y(1) = 0$$

mit der exakten Lösung

$$y(x) := 1 + \frac{\cosh 1 - 1}{\sinh 1} \sinh x - \cosh x.$$

Man diskretisiere die Randwertaufgabe (P) mit der Maschenweite $h := 1/(n+1)$, löse das entstehende lineare Gleichungssystem für $n = 9, 19$ und vergleiche die erhaltenen Näherungswerte für die Lösung von (P) im Intervallmittelpunkt mit dem exakten Wert.

8. Bei der Anfangs-Randwertaufgabe für die Wärmeleitungsgleichung mit homogenen Randbedingungen ist eine Lösung $u = u(x, t)$ von

$$\text{(P)} \qquad \left\{ \begin{array}{rcll} u_t & = & \sigma u_{xx} & \text{in } [a, b] \times (0, T], \\ u(x, 0) & = & u_0(x) & \text{für } x \in [a, b], \\ u(a, t) & = & u(b, t) = 0 & \text{für } t \in [0, T] \end{array} \right.$$

zu bestimmen, wobei ein kompaktes Intervall $[a, b]$, $\sigma > 0$, eine Endzeit $T > 0$ und eine Anfangs-Temperaturverteilung $u_0 \in C[a, b]$ mit $u_0(a) = u_0(b) = 0$ vorgegeben sind. Zur numerischen Behandlung von (P) sei $\Delta x := (b - a)/J$ mit vorgegebenem $J \in \mathbb{N}$ eine Maschenweite in Ortsrichtung x, ferner sei $\Delta t > 0$ eine Schrittweite in Zeitrichtung t. Bezeichnet man mit u_j^n eine Näherung für $u(j\Delta x, n\Delta t)$, also die Lösung zur n-ten Zeitstufe $n\Delta t$ an der Stelle $j\Delta x$, so lautet das Crank-Nicolson-Verfahren zur Lösung von (P):

(a) Setze $u_j^0 := u_0(j\Delta x)$ für $j = 0, \ldots, J$.

(b) Für $n = 0, 1, \ldots$:
Bestimme $(u_1^{n+1}, \ldots, u_{J-1}^{n+1})^T$ aus

$$\frac{u_j^{n+1} - u_j^n}{\Delta t} = \sigma \frac{u_{j+1}^n - 2u_j^n + u_{j-1}^n + u_{j+1}^{n+1} - 2u_j^{n+1} + u_{j-1}^{n+1}}{2(\Delta x)^2} \qquad (j = 1, \ldots, J-1)$$

mit $u_0^{n+1} = u_J^{n+1} = 0$.

Man stelle das zugehörige Gleichungssystem auf und zeige, daß die Voraussetzungen von Satz 3.5 erfüllt sind, so daß das Verfahren zur Lösung linearer Gleichungssysteme mit einer Tridiagonalmatrix als Koeffizientenmatrix durchführbar ist.

9. Programmieren Sie das Gauß-Jordan-Verfahren mit Spaltenpivotsuche zur Berechnung der Inversen einer nichtsingulären Matrix $A \in \mathbb{R}^{n \times n}$. Anschließend testen Sie Ihr Programm an der Matrix

$$A := \begin{pmatrix} 5 & 7 & 6 & 5 \\ 7 & 10 & 8 & 7 \\ 6 & 8 & 10 & 9 \\ 5 & 7 & 9 & 10 \end{pmatrix},$$

deren Inverse in Aufgabe 2 angegeben ist.

1.4 Die Cholesky-Zerlegung

Bei vielen Anwendungen treten positiv definite Matrizen auf. Dann stellt sich die *Cholesky-Zerlegung* sehr oft als wichtig heraus. Wir beschränken uns in diesem Abschnitt auf den Fall reeller Matrizen, auch wenn für den komplexen Fall nur einige geringfügige Modifikationen anzubringen sind.

Satz 4.1 *Sei $A \in \mathbb{R}^{n \times n}$ positiv definit. Dann gibt es genau eine untere Dreiecksmatrix $L \in \mathbb{R}^{n \times n}$ mit positiven Diagonalelementen und $A = LL^T$.*

Beweis: Nach Korollar 3.3 besitzt die positiv definite Matrix $A \in \mathbb{R}^{n \times n}$ eine *LR*-Zerlegung, d. h. es existiert eine untere Dreiecksmatrix $\hat{L} \in \mathbb{R}^{n \times n}$ mit Einsen in der Diagonalen und eine obere Dreiecksmatrix $\hat{R} \in \mathbb{R}^{n \times n}$ mit $A = \hat{L}\hat{R}$. Definiert man

$$D := \operatorname{diag}(\hat{R}) = \operatorname{diag}(\hat{r}_{11}, \ldots, \hat{r}_{nn}),$$

so ist D nichtsingulär und $D^{-1}\hat{R}$ eine obere Dreiecksmatrix mit Einsen in der Diagonalen. Wegen der Symmetrie von A ist $A = (D^{-1}\hat{R})^T D \hat{L}^T$. Aus der Eindeutigkeit der *LR*-Zerlegung (siehe Aufgabe 1 in 1.3) folgt $\hat{R} = D\hat{L}^T$. Damit haben wir die Zerlegung $A = \hat{L}D\hat{L}^T$ mit einer unteren Dreiecksmatrix $\hat{L}$ mit Einsen in der Diagonalen und einer nichtsingulären Diagonalmatrix D erhalten. Da A positiv definit und $\hat{L}$ nichtsingulär, ist D eine positiv definite Diagonalmatrix. Denn

$$x^T D x = x^T \hat{L}^{-1} A \hat{L}^{-T} x = (\hat{L}^{-T}x)^T A (\hat{L}^{-T}x) > 0 \qquad \text{für } x \in \mathbb{R}^n \setminus \{0\},$$

alle Diagonalelemente von D sind also positiv [11]. Mit $L := \hat{L}D^{1/2}$ hat man eine gewünschte Zerlegung gefunden: $LL^T = \hat{L}D^{1/2}(\hat{L}D^{1/2})^T = \hat{L}D\hat{L}^T = A$. Die Eindeutigkeit einer solchen Zerlegung folgt offenbar wieder aus der Eindeutigkeit der LR-Zerlegung. □

Die Darstellung einer positiv definiten Matrix $A \in \mathbb{R}^{n\times n}$ in der Form $A = LL^T$ mit einer unteren Dreiecksmatrix L, deren Diagonalelemente positiv sind, heißt *Cholesky-Zerlegung* von A. Durch Satz 4.1 ist also die Existenz und Eindeutigkeit der Cholesky-Zerlegung einer positiv definiten Matrix bewiesen. Ein Verfahren zur Berechnung der unteren Dreiecksmatrix $L = (l_{ij})$ erhält man sehr leicht aus der Bestimmungsgleichung $A = LL^T$ durch Koeffizientenvergleich. Wegen der Symmetrie genügt es, die unteren Hälften zu vergleichen. Für $i \geq k$ ist

$$a_{ik} = (A)_{ik} = (LL^T)_{ik} = \sum_{j=1}^{k} l_{ij}l_{kj} = \sum_{j=1}^{k-1} l_{ij}l_{kj} + l_{ik}l_{kk}.$$

Dies ergibt:

$$i = k: \quad a_{kk} = l_{kk}^2 + \sum_{j=1}^{k-1} l_{kj}^2 \qquad \text{bzw.} \qquad l_{kk} := \Big(a_{kk} - \sum_{j=1}^{k-1} l_{kj}^2\Big)^{1/2},$$

$$i > k: \quad a_{ik} = l_{ik}l_{kk} + \sum_{j=1}^{k-1} l_{ij}l_{kj} \qquad \text{bzw.} \qquad l_{ik} := \frac{1}{l_{kk}}\Big(a_{ik} - \sum_{j=1}^{k-1} l_{ij}l_{kj}\Big).$$

Wegen dieser Gleichungen kann man sukzessive spalten- oder zeilenweise die Matrix L berechnen. So lautet z. B. eine Spaltenversion des resultierenden *Cholesky-Verfahrens*:

- Input: Gegeben sei die positiv definite Matrix $A = (a_{ij}) \in \mathbb{R}^{n\times n}$. Benutzt wird nur die untere Hälfte von A, d. h. Elemente a_{ij} mit $i \geq j$.

- Für $k = 1, \ldots, n$:

  $a_{kk} := (a_{kk} - \sum_{j=1}^{k-1} a_{kj}^2)^{1/2}$.

  Für $i = k + 1, \ldots, n$:

  $a_{ik} := (a_{ik} - \sum_{j=1}^{k-1} a_{ij}a_{kj})/a_{kk}$.

- Output: Die untere Hälfte von A ist mit der gesuchten unteren Dreiecksmatrix L überschrieben.

Bei der praktischen Realisierung dieses Verfahrens sollte man natürlich noch einen Ausstieg vorsehen, wenn im k-ten Schritt die Größe $a_{kk} - \sum_{j=1}^{k-1} a_{kj}^2$, aus der anschließend die positive Quadratwurzel gezogen werden soll, kleiner oder gleich einem vorgegebenen kleinen $\epsilon > 0$ ist, also etwa nicht positiv ist. Auf diese Weise läßt sich mit Hilfe des Cholesky-Verfahrens überprüfen, ob eine vorgegebene symmetrische Matrix $A \in \mathbb{R}^{n\times n}$ sozusagen „numerisch positiv definit" ist.

---

[11] Ist A eine nichtsinguläre Matrix, so schreiben wir A^{-T} statt $(A^{-1})^T = (A^T)^{-1}$.

Bemerkung: Liegt ein lineares Gleichungssystem $Ax = b$ mit einer positiv definiten Koeffizientenmatrix $A \in \mathbb{R}^{n\times n}$ vor, so löst man es mit dem Cholesky-Verfahren, indem man die Cholesky-Zerlegung $A = LL^T$ berechnet und durch Vorwärtseinsetzen L^Tx aus $L(L^Tx) = b$ bestimmt und schließlich die Lösung x durch Rückwärtseinsetzen. Macht man hierzu einen „operational count", so stellt man fest, daß man n Quadratwurzeln zu ziehen hat und im wesentlichen $\frac{1}{6}n^3$ flops benötigt, so daß der Aufwand, verglichen mit dem Gaußschen Eliminationsverfahren, im wesentlichen nur halb so groß ist. Ferner liest man aus

$$l_{kk} = \underbrace{\left(a_{kk} - \sum_{j=1}^{k-1} l_{kj}^2\right)}_{>0}^{1/2}$$

ab, daß $|l_{kj}| \leq \sqrt{a_{kk}}$ für $k \geq j$, so daß die Elemente der unteren Dreiecksmatrix L auf einfache Weise durch die der Ausgangsmatrix A beschränkt sind. □

Aufgaben

1. Man programmiere das Cholesky-Verfahren zur Berechnung der Cholesky-Zerlegung einer positiv definiten Matrix und zur Lösung eines linearen Gleichungssystems mit einer positiv definiten Koeffizientenmatrix. Anschließend teste man das Programm an dem linearen Gleichungssystem $Ax = b$ mit

$$\left(A \mid b \right) = \left(\begin{array}{cccc|c} 5 & 7 & 6 & 5 & 23 \\ 7 & 10 & 8 & 7 & 32 \\ 6 & 8 & 10 & 9 & 33 \\ 5 & 7 & 9 & 10 & 31 \end{array}\right).$$

2. Um Speicherplatz zu sparen, kann man die untere Hälfte einer symmetrischen Matrix $A \in \mathbb{R}^{n\times n}$ als Feld der Länge $n(n+1)/2$ in der folgenden Form speichern:

$$A: \quad \boxed{a_{11}}\boxed{a_{21} \quad a_{22}}\boxed{\cdots \quad \cdots}\boxed{a_{n1} \quad \cdots \quad a_{nn}}$$

Das Element a_{ij} mit $i \geq j$ hat in diesem Feld den Index $i(i-1)/2 + j$. Man schreibe ein Programm zur Berechnung der Cholesky-Zerlegung, bei dem die Ausgangsmatrix als (eindimensionales) Feld vorliegt und mit der gesuchten unteren Dreiecksmatrix (in der entsprechenden Reihenfolge) überschrieben wird. Man achte darauf, daß möglichst wenig Indexrechnung in der innersten Schleife stattfindet.

3. Man schreibe ein Programm, das zu einer positiv definiten Matrix $A \in \mathbb{R}^{n\times n}$ die Cholesky-Zerlegung von A^{-1} berechnet.

4. Man gebe einen (effizienten) Algorithmus an, mit dem die Cholesky-Zerlegung einer (symmetrischen) positiv definiten, zyklischen Tridiagonalmatrix

$$A = \begin{pmatrix} v_1 & w_1 & & & w_n \\ w_1 & v_2 & w_2 & & \\ & \ddots & \ddots & \ddots & \\ & & w_{n-2} & v_{n-1} & w_{n-1} \\ w_n & & & w_{n-1} & v_n \end{pmatrix}$$

berechnet werden kann. (Matrizen dieser Form treten bei der Berechnung periodischer, kubischer Splines auf, siehe z. B. H. R. SCHWARZ (1988, S. 135ff.).)

Hinweis: Die nach Satz 4.1 eindeutig existierende Cholesky-Zerlegung $A = LL^T$ muß durch eine untere Dreiecksmatrix der Form

$$L = \begin{pmatrix} l_1 & & & & & \\ m_1 & l_2 & & & & \\ & m_2 & l_3 & & & \\ & & \ddots & \ddots & & \\ & & & m_{n-2} & l_{n-1} & \\ p_1 & p_2 & \cdots & p_{n-2} & m_{n-1} & l_n \end{pmatrix}$$

gegeben sein, wie man aus den Formeln für die Cholesky-Zerlegung unschwer entnimmt. Auch diese Matrix kann man spaltenweise aufbauen, d. h. man berechnet der Reihe nach $(l_1, m_1, p_1), \ldots, (l_{n-2}, m_{n-2}, p_{n-2})$ und (l_{n-1}, m_{n-1}) sowie l_n. Dies kann folgendermaßen geschehen:

- Berechne $l_1 := \sqrt{v_1}, \quad m_1 := w_1/l_1, \quad p_1 := w_n/l_1.$
- Für $k = 2, \ldots, n-2$:
  Berechne $l_k := \sqrt{v_k - m_{k-1}^2}, \quad m_k := w_k/l_k, \quad p_k := -p_{k-1}m_{k-1}/l_k.$
- Berechne $l_{n-1} := \sqrt{v_{n-1} - m_{n-2}^2}, \quad m_{n-1} := (w_{n-1} - p_{n-2}m_{n-2})/l_{n-1}.$
- Berechne $l_n := (v_n - m_{n-1}^2 - \sum_{j=1}^{n-2} p_j^2)^{1/2}.$

5. Man schreibe ein Programm, das die Cholesky-Zerlegung einer positiv definiten, zyklischen Tridiagonalmatrix berechnet und teste es an der Matrix

$$A := \begin{pmatrix} 4 & 1 & 0 & 0 & 0 & 1 \\ 1 & 4 & 1 & 0 & 0 & 0 \\ 0 & 1 & 4 & 1 & 0 & 0 \\ 0 & 0 & 1 & 4 & 1 & 0 \\ 0 & 0 & 0 & 1 & 4 & 1 \\ 1 & 0 & 0 & 0 & 1 & 4 \end{pmatrix}.$$

6. Man gebe einen Algorithmus an, welcher zu einer positiv definiten Matrix $A \in \mathbb{R}^{n\times n}$ eine obere Dreiecksmatrix $R \in \mathbb{R}^{n\times n}$ mit positiven Diagonalelementen und $A = RR^T$ berechnet.

7. Sei $A \in \mathbb{R}^{n\times n}$ eine symmetrische Matrix, deren Hauptabschnittsdeterminanten sämtlich von Null verschieden sind.

   (a) Man zeige, daß sich A in eindeutiger Weise in der Form $A = LDL^T$ darstellen läßt (die sogenannte LDL^T-Zerlegung), wobei $L \in \mathbb{R}^{n\times n}$ eine untere Dreiecksmatrix mit Einsen in der Diagonalen und D eine Diagonalmatrix ist.

   (b) Analog der Entwicklung des Cholesky-Verfahrens gebe man einen Algorithmus zur Berechnung der LDL^T-Zerlegung von A an, der im wesentlichen mit $\frac{1}{6}n^3$ flops auskommt.

   (c) Liegt eine LDL^T-Zerlegung von A vor, so kann die Lösung des linearen Gleichungssystems $Ax = b$ im wesentlichen mit n^2 flops berechnet werden.

1.5 Die QR-Zerlegung

1.5.1 Definition und Motivation

Nach der LR- und der Cholesky-Zerlegung kommen wir nun zu einer weiteren, außerordentlich wichtigen Zerlegung, der QR-Zerlegung. Wir beschränken uns wieder auf den Fall reeller Matrizen.

Definition 5.1 Sei $A \in \mathbb{R}^{m\times n}$ mit $m \geq n$. Existieren eine orthogonale Matrix $Q \in \mathbb{R}^{m\times m}$ (es ist also $Q^TQ = I$) und eine Matrix

$$R = \left(\frac{R_1}{0}\right) \in \mathbb{R}^{m\times n},$$

bei der $R_1 \in \mathbb{R}^{n\times n}$ eine obere Dreiecksmatrix ist, mit $A = QR$, so nennt man die Darstellung $A = QR$ eine *QR-Zerlegung* von A.

Um zu motivieren, weshalb die QR-Zerlegung von Interesse ist, betrachten wir zunächst das lineare Gleichungssystem $Ax = b$ mit einer nichtsingulären Koeffizientenmatrix $A \in \mathbb{R}^{n\times n}$ und $b \in \mathbb{R}^n$. Es sei die Zerlegung $A = QR$ mit einer orthogonalen Matrix $Q \in \mathbb{R}^{n\times n}$ und einer oberen Dreiecksmatrix $R \in \mathbb{R}^{n\times n}$ (deren Diagonalelemente dann notwendig von Null verschieden sind) bekannt. Dann ist $Ax = b$ äquivalent zu $Rx = Q^Tb$. Multiplikation von b mit Q^T und Rückwärtseinsetzen liefern also die Lösung. Ferner beachte man, daß $\operatorname{cond}_2(A) = \operatorname{cond}_2(QR) = \operatorname{cond}_2(R)$, so daß die Koeffizientenmatrix des reduzierten Problems die gleiche Kondition (bezüglich der Spektralnorm) wie die des Ausgangsproblems hat.

Bei einem linearen Ausgleichsproblem (siehe Beispiel in 1.1) sind $A \in \mathbb{R}^{m\times n}$ mit $m \geq n$ und $b \in \mathbb{R}^m$ vorgegeben, das lineare Ausgleichsproblem ist gegeben durch

$$\text{(LA)} \qquad \text{Minimiere} \quad f(x) := \|Ax - b\|_2, \quad x \in \mathbb{R}^n,$$

wobei $\|\cdot\|_2$ die euklidische Norm im $\mathbb{R}^m$ bezeichnet. Es sei Rang $(A) = n$, ferner nehmen wir an, es sei eine QR-Zerlegung $A = QR$ von A bekannt. Die Diagonalelemente der oberen Dreiecksmatrix $R_1 \in \mathbb{R}^{n\times n}$ in

$$R = \left(\frac{R_1}{0}\right) \begin{matrix} \}\ n \\ \}\ m-n \end{matrix}$$

sind dann notwendig von Null verschieden. Anwendung von Q^T auf b ergibt einen Vektor, der durch

$$Q^Tb = \left(\frac{c}{d}\right) \begin{matrix} \}\ n \\ \}\ m-n \end{matrix}$$

partitioniert sei. Da eine orthogonale Transformation die euklidische Norm invariant läßt, ist

$$\|Ax - b\|_2^2 = \|Q^TAx - Q^Tb\|_2^2 = \left\| \left(\frac{R_1x}{0}\right) - \left(\frac{c}{d}\right) \right\|_2^2 = \|R_1x - c\|_2^2 + \|d\|_2^2$$

für alle $x \in \mathbb{R}^n$, woraus man die (unter der Voraussetzung vollen Ranges von A eindeutige) Lösung des linearen Ausgleichsproblems (LA) durch Rückwärtseinsetzen aus $R_1 x = c$ berechnen kann. Dasselbe Ergebnis erhält man, indem man die QR-Zerlegung von A in die Normalgleichungen $A^T A x = A^T b$ einsetzt. Wichtig ist die Bemerkung, daß man das lineare Ausgleichsproblem (LA) durch die Berechnung einer QR-Zerlegung (unter der Voraussetzung, daß Rang $(A) = n$) lösen kann, *ohne* die Koeffizientenmatrix $A^T A$ der Normalgleichungen explizit zu bilden.

Implizit ist der Begriff der QR-Zerlegung schon aus der linearen Algebra bekannt. Denn wegen des *Orthonormalisierungsverfahrens* nach E. Schmidt (siehe auch Aufgabe 3) ist es möglich, zu linear unabhängigen Vektoren $\{a_1, \ldots, a_n\} \subset \mathbb{R}^m$ (also $m \geq n$) ein *Orthonormalsystem* $\{q_1, \ldots, q_n\} \subset \mathbb{R}^m$ (die Elemente eines Orthonormalsystems haben die euklidische Länge Eins und stehen paarweise senkrecht aufeinander) derart zu finden, daß

$$\operatorname{span}\{a_1, \ldots, a_k\} = \operatorname{span}\{q_1, \ldots, q_k\}, \qquad k = 1, \ldots, n.$$

Hieraus erhält man

Satz 5.2 *Sei $A \in \mathbb{R}^{m \times n}$ mit* Rang $(A) = n$, *es sei also $n \leq m$. Dann besitzt A eine QR-Zerlegung, bei der R (bzw. R_1) nichtverschwindende Diagonalelemente besitzt.*

Beweis: Auf die linear unabhängigen Spalten $a_1, \ldots, a_n$ von A wende man das Orthonormalisierungsverfahren nach E. Schmidt an und gewinne ein Orthonormalsystem $\{q_1, \ldots, q_n\}$ im $\mathbb{R}^m$ mit span $\{a_1, \ldots, a_k\} =$ span $\{q_1, \ldots, q_k\}$ für $k = 1, \ldots, n$. Insbesondere existiert eine eindeutige Darstellung

$$a_k = \sum_{j=1}^{k} r_{jk} q_j, \qquad (k = 1, \ldots, n)$$

und es ist $r_{kk} \neq 0$. Ergänzt man $\{q_1, \ldots, q_n\}$ zu einem (vollständigen) Orthonormalsystem $\{q_1, \ldots, q_n, q_{n+1}, \ldots, q_m\}$ im $\mathbb{R}^m$, so ist $Q := \begin{pmatrix} q_1 & \cdots & q_m \end{pmatrix} \in \mathbb{R}^{m \times m}$ orthogonal. Mit der durch

$$(R_1)_{jk} := \begin{cases} r_{jk} & \text{für } j \leq k, \\ 0 & \text{für } j > k \end{cases}$$

definierten oberen Dreiecksmatrix $R_1 \in \mathbb{R}^{n \times n}$ gilt die Darstellung

$$A = \begin{pmatrix} a_1 & \cdots & a_n \end{pmatrix} = QR \qquad \text{mit} \qquad R := \begin{pmatrix} R_1 \\ \hline 0 \end{pmatrix}.$$

Die Existenz der behaupteten Zerlegung ist damit bewiesen. □

Hiermit ist die *Existenz* einer QR-Zerlegung (mit nicht verschwindenden Diagonalelementen von R) einer Matrix $A \in \mathbb{R}^{m \times n}$ mit Rang $(A) = n$ bewiesen. Es sei lediglich bemerkt, daß diese Zerlegung *eindeutig* ist, wenn man die Vorzeichen der Diagonalelemente von R bzw. R_1 vorschreibt (siehe Aufgabe 1).

Man könnte diesen Abschnitt über die QR-Zerlegung wesentlich abkürzen, wenn das Orthonormalisierungsverfahren nach E. Schmidt ein numerisch gutes Verfahren wäre. Dies ist aber nicht der Fall, insbesondere dann, wenn die vorgegebenen Vektoren $\{a_1, \ldots, a_n\}$ nahezu linear abhängig sind. Hiervon sollte man sich am besten selber durch das Rechnen eines Beispiels überzeugen, wir verweisen auf Aufgabe 3.

1.5.2 Die QR-Zerlegung nach Householder

Gegeben sei eine Matrix $A \in \mathbb{R}^{m \times n}$ mit $m \geq n$. Für die Lösung linearer Gleichungssysteme und spätere Anwendungen für Verfahren zur Eigenwertbestimmung spielt zwar nur der quadratische Spezialfall $m = n$ eine Rolle, aber insbesondere für die Anwendung der QR-Zerlegung bei linearen Ausgleichsproblemen ist es nützlich, auch $m \geq n$ zuzulassen.

Die Idee des Householder-Verfahrens ist einfach und besteht darin, im ersten Schritt eine orthogonale Matrix $P_1 \in \mathbb{R}^{m \times m}$ so zu bestimmen, daß $P_1 A$ die Form

$$P_1 A = \left(\begin{array}{c|cccc} * & * & * & \cdots & * \\ \hline 0 & * & * & \cdots & * \\ 0 & * & * & \cdots & * \\ \vdots & \vdots & \vdots & & \vdots \\ 0 & * & * & \cdots & * \end{array}\right)$$

hat, durch Multiplikation von A mit P_1 von links also die erste Spalte von A in ein Vielfaches des ersten Einheitsvektors übergeht. Angenommen, es seien schon orthogonale Matrizen $P_1, \ldots, P_k \in \mathbb{R}^{m \times m}$ so bestimmt, daß $P_k \cdots P_1 A$ die folgende Form hat:

$$P_k \cdots P_1 A = \underbrace{\left(\begin{array}{cccc|ccc} * & * & \cdots & * & * & \cdots & * \\ 0 & * & \cdots & * & * & \cdots & * \\ \vdots & \vdots & \ddots & \vdots & \vdots & & \vdots \\ 0 & 0 & \cdots & * & * & \cdots & * \\ \hline 0 & 0 & \cdots & 0 & * & \cdots & * \\ 0 & 0 & \cdots & 0 & * & \cdots & * \\ \vdots & \vdots & & \vdots & \vdots & & \vdots \\ 0 & 0 & \cdots & 0 & * & \cdots & * \end{array}\right)}_{k \qquad\qquad n-k} \begin{array}{l} \left.\vphantom{\begin{array}{c}*\\*\\ \vdots\\ *\end{array}}\right\} k \\ \left.\vphantom{\begin{array}{c}*\\*\\ \vdots\\ *\end{array}}\right\} m-k \end{array} = \left(\begin{array}{c|c} R^k & A_{12}^k \\ \hline 0 & A_{22}^k \end{array}\right).$$

Hierbei ist $R^k \in \mathbb{R}^{k \times k}$ eine obere Dreiecksmatrix. Es sei $k \leq n-1$, andernfalls hätte $P_k \cdots P_1 A$ schon die gewünschte Form. Nun bestimme man eine orthogonale Matrix $\tilde{P}_{k+1} \in \mathbb{R}^{(m-k) \times (m-k)}$ derart, daß die erste Spalte von $\tilde{P}_{k+1} A_{22}^k$ ein Vielfaches des ersten Einheitsvektors im $\mathbb{R}^{m-k}$ ist. Setzt man dann

$$P_{k+1} := \left(\begin{array}{c|c} I_k & 0 \\ \hline 0 & \tilde{P}_{k+1} \end{array}\right),$$

wobei I_k die $k \times k$-Einheitsmatrix bezeichnet, so ist $P_{k+1} \in \mathbb{R}^{m \times m}$ offenbar orthogonal, ferner ist

$$P_{k+1} P_k \cdots P_1 A = \left(\begin{array}{c|c} R^k & A_{12}^k \\ \hline 0 & \tilde{P}_{k+1} A_{22}^k \end{array}\right) = \left(\begin{array}{c|c} R^{k+1} & A_{12}^{k+1} \\ \hline 0 & A_{22}^{k+1} \end{array}\right),$$

wobei $R^{k+1} \in \mathbb{R}^{(k+1) \times (k+1)}$ eine obere Dreiecksmatrix ist. Wichtig ist, daß bei der Multiplikation von $P_k \cdots P_1 A$ mit P_{k+1} von links die ersten k Zeilen erhalten bleiben.

Berücksichtigt man nun noch, daß das Produkt orthogonaler Matrizen orthogonal ist, so haben wir mit obigen Überlegungen gezeigt:

- *Kann man zu einem gegebenen Vektor $x \neq 0$ eine orthogonale Matrix P angeben, welche diesen in ein Vielfaches des ersten Einheitsvektors e_1 überführt, so kann man in n Schritten zu einer beliebigen Matrix $A \in \mathbb{R}^{m\times n}$ mit $m \geq n$ eine QR-Zerlegung bestimmen. Für $m = n$ genügen $n-1$ Schritte.*

Das gewünschte Ziel wird durch geeignete Householder-Matrizen (siehe letztes Beispiel in 1.2.3) erreicht. Zur Erinnerung: Ist $u \in \mathbb{R}^n \setminus \{0\}$, so heißt eine Matrix $P \in \mathbb{R}^{n\times n}$ der Form

$$P = I - \frac{2uu^T}{u^Tu}$$

eine ***Householder-Matrix***. Eine Householder-Matrix ist symmetrisch und orthogonal. Durch einfaches Nachrechnen zeigt man

Lemma 5.3 *Ist $x \in \mathbb{R}^n \setminus \{0\}$ und definiert man $u := x + \operatorname{sign}(x_1)\|x\|_2\, e_1$, so ist durch*

$$P := I - \frac{2uu^T}{u^Tu} = I - \beta\, uu^T \qquad \text{mit} \quad \beta := \frac{2}{u^Tu} = \frac{1}{\|x\|_2(\|x\|_2 + |x_1|)}$$

eine Householder-Matrix mit $Px = -\operatorname{sign}(x_1)\|x\|_2\, e_1$ gegeben.

Bemerkungen: Der die Householder-Matrix P definierende Vektor u unterscheidet sich von x nur in der ersten Komponente. Führt man den einfachen Beweis zu Lemma 5.3 durch, so erkennt man, daß man auch $u := x - \operatorname{sign}(x_1)\|x\|_2\, e_1$ hätte setzen können. Die resultierende Householder-Matrix würde x immer noch in ein Vielfaches des ersten Einheitsvektors überführen. Der Nachteil dieser Wahl besteht aber darin, daß in der ersten Komponenente von u eventuell zwei etwa gleich große Zahlen voneinander subtrahiert werden, was zu einem Genauigkeitsverlust führen kann. Dies motiviert die in Lemma 5.3 angegebene Vorzeichenwahl.

Bei der Berechnung von $\|x\|_2$ werden zunächst die quadrierten Komponenten aufsummiert und anschließend die positive Quadratwurzel aus dieser Summe gezogen. Um einen (unnötigen) Under- oder Overflow zu vermeiden, kann es zweckmäßig sein, zunächst $y := x/\|x\|_\infty$ und dann $u := y + \operatorname{sign}(x_1)\|y\|_2\, e_1$ zu berechnen. Die resultierende Householdermatrix

$$P := I - \beta\, uu^T \qquad \text{mit} \quad \beta := \frac{1}{\|y\|_2(\|y\|_2 + |y_1|)}$$

stimmt mit der in Lemma 5.3 angegebenen überein, da u lediglich durch ein positives Vielfaches ersetzt wurde. □

Damit ist das oben geschilderte Householder-Verfahren zur Bestimmung einer QR-Zerlegung einer gegebenen Matrix $A \in \mathbb{R}^{m\times n}$ mit $m \geq n$ durchführbar. In seinen Grundzügen geben wir es jetzt noch einmal an. Auf eine mögliche Implementation gehen wir später ein.

- Gegeben sei $A = (a_{ij}) \in \mathbb{R}^{m\times n}$ mit $m \geq n$.

- Für $k = 1, \ldots, \min\{n, m-1\}$:

  Bestimme $(m-k+1) \times (m-k+1)$ Householder-Matrix $\tilde{P}_k$ mit

  $$\tilde{P}_k(a_{kk}, \ldots, a_{mk})^T = (r_k, 0, \ldots, 0)^T.$$

  Setze $P_k := \operatorname{diag}(I_{k-1}, \tilde{P}_k)$ und berechne $A := P_k A$.

- Die Ausgangsmatrix wird in n Schritten (für $m = n$ genügen $n-1$ Schritten, da in diesem Falle der letzte Schritt trivial ist) in eine obere Dreiecksmatrix transformiert. Durch diese Matrix und $Q := P_1 \cdots P_n$ ist eine QR-Zerlegung der Ausgangsmatrix gefunden.

Wir notieren als eine Folgerung

Satz 5.4 *Zu einer beliebigen Matrix $A \in \mathbb{R}^{m \times n}$ mit $m \geq n$ existiert eine QR-Zerlegung.*

Nun geben wir noch einige Hinweise zu einer möglichen Implementation des Householder-Verfahrens an. Hierzu muß erklärt werden, wie im k-ten Schritt die Matrix $\tilde{P}_k$ bestimmt und anschließend die Matrix $A := P_k A$ berechnet wird.

Bei der Berechnung von $\tilde{P}_k = I_{m-k+1} - \beta_k u_k u_k^T$ mit $u_k = (u_{kk}, \ldots, u_{mk})^T$ und $\beta_k = 2/u_k^T u_k$ derart, daß

$$\tilde{P}_k a_k = (r_k, \ldots, 0)^T \qquad \text{mit} \quad a_k := (a_{kk}, \ldots, a_{mk})^T$$

ist, geht man nach obigen Überlegungen folgendermaßen vor:

- Berechne $\|a_k\|_\infty := \max_{i=k,\ldots,m} |a_{ik}|$ und setze $\alpha := 0$.

  Für $i = k, \ldots, m$:

  Berechne $u_{ik} := a_{ik}/\|a_k\|_\infty, \quad \alpha := \alpha + u_{ik}^2$.

  Berechne $\alpha := \sqrt{\alpha}, \quad \beta_k := 1/[\alpha(\alpha + |u_{kk}|)], \quad u_{kk} := u_{kk} + \operatorname{sign}(a_{kk})\alpha$.

Nach Abschluß dieser Rechnung, die man natürlich nur für $\|a_k\|_\infty > 0$ durchführt, ist $\alpha = \|a_k\|_2 / \|a_k\|_\infty$.

Bei der Berechnung von $A := P_k A$ bleiben die ersten $k-1$ Zeilen erhalten. Es interessiert lediglich die Berechnung von a_{kk} sowie von a_{ij} für $j = k+1, \ldots, n$ und $i = k, \ldots, m$. Nach obigen Überlegungen erhält man die folgende Vorschrift:

- Berechne $a_{kk} := -\operatorname{sign}(a_{kk}) \|a_k\|_\infty \alpha$.

  Für $j = k+1, \ldots, n$:

  Berechne $s := \beta_k \sum_{i=k}^m u_{ik} a_{ij}$.

  Für $i = k, \ldots, m$:

  Berechne $a_{ij} := a_{ij} - s u_{ik}$.

Benutzt man das Householder-Verfahren, um nur *ein* lineares Gleichungssystem oder Ausgleichsproblem zu lösen, so wird man wahrscheinlich gar nicht an $Q := P_1 \cdots P_n$ interessiert sein, also auch die Householder-Matrizen $P_1, \ldots, P_n$ nicht speichern. Ist dies doch der Fall, so muß man die für P_k wesentlichen Daten $u_k = (u_{kk}, \ldots, u_{mk})^T$ und β_k speichern. Die im k-ten Schritt freiwerdenden $m - k$ Plätze unterhalb des Diagonalelementes der k-ten Spalte von A reichen dafür fast aus. Wenn das Diagonalelement a_{kk} sich auf die k-te Komponente eines Feldes r der Länge n zurückzieht, so haben alle wesentlichen Komponenten von u_k Platz. Dies ist insofern praktisch, als die Diagonalelemente der oberen Dreiecksmatrix beim Rückwärtseinsetzen sowieso eine besondere Rolle spielen. Nach Abschluß des Verfahrens hat man dann alle für die QR-Zerlegung nötigen Informationen in der folgenden Form vorliegen:

$$A = \begin{pmatrix} u_{11} & a_{12} & \cdots & a_{1n} \\ u_{21} & u_{22} & \cdots & a_{2n} \\ \vdots & \vdots & \ddots & \vdots \\ u_{n1} & u_{n2} & \cdots & u_{nn} \\ \vdots & \vdots & & \vdots \\ u_{m1} & u_{m2} & \cdots & u_{mn} \end{pmatrix}, \quad r := \begin{pmatrix} a_{11} \\ a_{22} \\ \vdots \\ a_{nn} \end{pmatrix}, \quad \beta := \begin{pmatrix} \beta_1 \\ \beta_2 \\ \vdots \\ \beta_n \end{pmatrix}.$$

Hat die Ausgangsmatrix vollen Rang, so sind die Diagonalelemente der durch das Householder-Verfahren gewonnenen oberen Dreiecksmatrix von Null verschieden und man kann die Lösung des linearen Gleichungssystems bzw. Ausgleichsproblems mit der rechten Seite b, nachdem man b sukzessive durch $b := Q^T b = P_n \cdots P_1 b$ überschrieben hat, einfach durch Rückwärtseinsetzen bestimmen.

1.5.3 Die QR-Zerlegung nach Givens

Bei der Berechnung der QR-Zerlegung einer Matrix $A \in \mathbb{R}^{m \times n}$ mit $m \geq n$ nach Givens multipliziert man A sukzessive von links mit sogenannten *Givens-Rotationen*, das sind $m \times m$-Matrizen der Form

$$G_{ik} = \begin{pmatrix} 1 & \vdots & & \vdots & \\ \cdots & c & \cdots & s & \cdots \\ & \vdots & & \vdots & \\ \cdots & -s & \cdots & c & \cdots \\ & \vdots & & \vdots & 1 \end{pmatrix} \begin{matrix} \\ i \\ \\ k \\ \\ \end{matrix}$$

$$\qquad\qquad i \qquad\quad k$$

mit $c^2 + s^2 = 1$ und $1 \leq i < k \leq m$. Eine Givens-Rotation G_{ik} unterscheidet sich von der $m \times m$-Einheitsmatrix nur in den Elementen (i,i), (i,k), (k,i) und (k,k), sie ist orthogonal wegen

$$\begin{pmatrix} c & s \\ -s & c \end{pmatrix}^T \begin{pmatrix} c & s \\ -s & c \end{pmatrix} = \begin{pmatrix} c^2+s^2 & 0 \\ 0 & c^2+s^2 \end{pmatrix} = \begin{pmatrix} 1 & 0 \\ 0 & 1 \end{pmatrix}.$$

Ist $x \in \mathbb{R}^m$ und $y := G_{ik}x$, so ist

$$y_j = \begin{cases} cx_i + sx_k & \text{für} \quad j = i, \\ -sx_i + cx_k & \text{für} \quad j = k, \\ x_j & \text{für} \quad j \neq i, k. \end{cases}$$

Dies bedeutet, daß der Vektor x bei der Multiplikation mit G_{ik} nur in der i-ten und der k-ten Komponente verändert wird, diese werden um den Winkel θ gedreht, wobei $c = \cos\theta$ und $s = \sin\theta$. Multipliziert man eine Matrix $A \in \mathbb{R}^{n \times n}$ von links mit der Givens-Rotation G_{ik}, so bewirkt dies lediglich eine Veränderung der i-ten und der k-ten Zeile. Die neuen Zeilen sind eine Linearkombination der alten und gegeben durch

$$(G_{ik}A)_{ij} = ca_{ij} + sa_{kj}, \qquad (G_{ik}A)_{kj} = -sa_{ij} + ca_{kj} \qquad (j = 1, \ldots, n).$$

Insbesondere gilt: Ist $a_{ij} = a_{kj} = 0$, so ist auch $(G_{ik}A)_{ij} = (G_{ik}A)_{kj} = 0$.

Grundlegend für die QR-Zerlegung nach Givens ist, daß man bei vorgegebenen $1 \leq i < k \leq m$ und $x \in \mathbb{R}^n$ eine Givens-Rotation G_{ik} mit $(G_{ik}x)_k = 0$ bestimmen kann. Durch eine Rotation in der (i, k)-Ebene kann also die k-te Komponente von $y := G_{ik}x$ zu Null gemacht werden, wobei außer der i-ten Komponente alle anderen unverändert bleiben. Hierzu ist es praktisch, sich eine Funktion "rot" zu definieren, die zu vorgegebenen $(\alpha, \beta) \in \mathbb{R}^2$ Konstanten c und s mit $c^2 + s^2 = 1$ sowie γ mit

$$\begin{pmatrix} c & s \\ -s & c \end{pmatrix} \begin{pmatrix} \alpha \\ \beta \end{pmatrix} = \begin{pmatrix} \gamma \\ 0 \end{pmatrix}$$

bestimmt. Es ist leicht zu sehen, daß eine Lösung dieser Aufgabe durch

$$c := \pm\frac{\alpha}{(\alpha^2+\beta^2)^{1/2}}, \qquad s := \pm\frac{\beta}{(\alpha^2+\beta^2)^{1/2}}, \qquad \gamma := \pm(\alpha^2+\beta^2)^{1/2}$$

gegeben ist. Dies kann durch den folgenden Algorithmus realisiert werden.

- Input: Gegeben $\alpha, \beta \in \mathbb{R}$.
- Falls $\beta = 0$ dann $c := 1, \quad s := 0, \quad \gamma := \alpha$

  andernfalls

  falls $|\beta| \geq |\alpha|$ dann

  $t := \alpha/\beta, \quad s := 1/(1+t^2)^{1/2}, \quad c := st, \quad \gamma := \beta(1+t^2)^{1/2}$

  andernfalls

  $t := \beta/\alpha, \quad c := 1/(1+t^2)^{1/2}, \quad s := ct, \quad \gamma := \alpha(1+t^2)^{1/2}$

- Output: Für $\operatorname{rot}(\alpha,\beta) := (c,s,\gamma)$ gilt $c^2+s^2=1$ und

$$\begin{pmatrix} c & s \\ -s & c \end{pmatrix}\begin{pmatrix} \alpha \\ \beta \end{pmatrix} = \begin{pmatrix} \gamma \\ 0 \end{pmatrix}.$$

Nun mache man durch Multiplikation mit geeigneten Givens-Rotationen der Reihe nach die unterhalb der Diagonalen von A gelegenen Elemente zu Null, achte dabei aber natürlich darauf, daß ein einmal zu Null gemachtes Element auch Null bleibt. Bei der Reihenfolge, wie dies geschieht, hat man Freiheiten, die man bei speziell strukturierten Koeffizientenmatrizen ausnutzen kann.

Geht man spaltenweise vor, so wählt man (i,k) (in der i-ten Spalte von A wird die k-te Komponente Null) der Reihe nach als

$$(1,2),\ (1,3),\ \ldots,\ (1,m),\ (2,3),\ \ldots,\ (2,m),\ \ldots,\ (\min\{n,m-1\},m).$$

Wir machen uns dieses Vorgehen bei einer 4×3-Matrix klar. Hierbei kennzeichnen wir die bei einer Transformation festbleibenden Elemente mit $\bullet$, sich verändernde Elemente mit $*$.

$$\begin{pmatrix} \bullet & \bullet & \bullet \\ \bullet & \bullet & \bullet \\ \bullet & \bullet & \bullet \\ \bullet & \bullet & \bullet \end{pmatrix} \xrightarrow{(1,2)} \begin{pmatrix} * & * & * \\ 0 & * & * \\ \bullet & \bullet & \bullet \\ \bullet & \bullet & \bullet \end{pmatrix} \xrightarrow{(1,3)} \begin{pmatrix} * & * & * \\ 0 & \bullet & \bullet \\ 0 & * & * \\ \bullet & \bullet & \bullet \end{pmatrix} \xrightarrow{(1,4)} \begin{pmatrix} * & * & * \\ 0 & \bullet & \bullet \\ 0 & \bullet & \bullet \\ 0 & * & * \end{pmatrix}$$

$$\xrightarrow{(2,3)} \begin{pmatrix} \bullet & \bullet & \bullet \\ 0 & * & * \\ 0 & 0 & * \\ 0 & \bullet & \bullet \end{pmatrix} \xrightarrow{(2,4)} \begin{pmatrix} \bullet & \bullet & \bullet \\ 0 & * & * \\ 0 & 0 & \bullet \\ 0 & 0 & * \end{pmatrix} \xrightarrow{(3,4)} \begin{pmatrix} \bullet & \bullet & \bullet \\ 0 & \bullet & \bullet \\ 0 & 0 & * \\ 0 & 0 & 0 \end{pmatrix}.$$

Bei spaltenweisem Vorgehen erhält man das folgende Verfahren von Givens zur Berechnung einer QR-Zerlegung von $A\in\mathbb{R}^{m\times n}$.

- Input: Gegeben $A\in\mathbb{R}^{m\times n}$ mit $m\geq n$.

- Für $i=1,\ldots,\min\{n,m-1\}$:

  Für $k=i+1,\ldots,m$:

  $(c,s,a_{ii}) := \operatorname{rot}(a_{ii},a_{ki})$

  Für $j=i+1,\ldots,n$:

$$\begin{pmatrix} a_{ij} \\ a_{kj} \end{pmatrix} := \begin{pmatrix} c & s \\ -s & c \end{pmatrix}\begin{pmatrix} a_{ij} \\ a_{kj} \end{pmatrix}$$

- Output: A wird überschrieben mit $Q^T A = R$, wobei $Q \in \mathbb{R}^{m\times m}$ orthogonal ist und
$$R = \begin{pmatrix} R_1 \\ \hline 0 \end{pmatrix} \begin{matrix} \}\, n \\ \}\, m-n \end{matrix}$$
mit einer oberen Dreiecksmatrix $R_1 \in \mathbb{R}^{n\times n}$.

Man kann aber auch zeilenweise vorgehen, indem man (i,k) der Reihe nach als
$$(1,2),\ (1,3),\ (2,3),\ (1,4),\ (2,4),\ (3,4),\ \ldots,\ (1,m),\ \ldots,\ (\min\{n,m-1\},m)$$
wählt. Bei einer 4×3-Matrix sieht das dann etwa folgendermaßen aus:
$$\begin{pmatrix} \bullet & \bullet & \bullet \\ \bullet & \bullet & \bullet \\ \bullet & \bullet & \bullet \\ \bullet & \bullet & \bullet \end{pmatrix} \xrightarrow{(1,2)} \begin{pmatrix} * & * & * \\ 0 & * & * \\ \bullet & \bullet & \bullet \\ \bullet & \bullet & \bullet \end{pmatrix} \xrightarrow{(1,3)} \begin{pmatrix} * & * & * \\ 0 & \bullet & \bullet \\ 0 & * & * \\ \bullet & \bullet & \bullet \end{pmatrix} \xrightarrow{(2,3)} \begin{pmatrix} \bullet & \bullet & \bullet \\ 0 & * & * \\ 0 & 0 & * \\ \bullet & \bullet & \bullet \end{pmatrix}$$
$$\xrightarrow{(1,4)} \begin{pmatrix} * & * & * \\ 0 & \bullet & \bullet \\ 0 & 0 & \bullet \\ 0 & * & * \end{pmatrix} \xrightarrow{(2,4)} \begin{pmatrix} \bullet & \bullet & \bullet \\ 0 & * & * \\ 0 & 0 & \bullet \\ 0 & 0 & * \end{pmatrix} \xrightarrow{(3,4)} \begin{pmatrix} \bullet & \bullet & \bullet \\ 0 & \bullet & \bullet \\ 0 & 0 & * \\ 0 & 0 & 0 \end{pmatrix}.$$

Bemerkungen: Hat man zu einer gegebenen Koeffizientenmatrix A nur *ein* lineares Gleichungssystem bzw. *ein* lineares Ausgleichsproblem zu lösen, so wird man an der orthogonalen Matrix Q nicht interessiert sein, sondern sukzessive
$$Q^T b = \begin{pmatrix} c \\ \hline d \end{pmatrix} \begin{matrix} \}\, n \\ \}\, m-n \end{matrix}$$
berechnen, und (falls $A \in \mathbb{R}^{n\times n}$ nichtsingulär ist bzw. $A \in \mathbb{R}^{m\times n}$ mit $m \geq n$ vollen Rang besitzt) die Lösung aus $R_1 x = c$ durch Rückwärtseinsetzen erhalten.

Wie die verwendete Givens-Rotation G_{ik} auf dem freiwerdenden Platz des gerade annullierten Elementes a_{ki} in sozusagen chiffrierter Weise gespeichert werden kann, ist von G. W. Stewart (1976) angegeben worden (siehe auch J. R. Rice (1983, S. 180) und G. H. Golub, C. F. van Loan (1989, S. 204)).

Die Komplexität des Givens-Verfahrens wird durch die innerste Schleife in

- Für $i = 1, \ldots, \min\{n, m-1\}$:

  Für $k = i+1, \ldots, m$:

  $(c, s, a_{ii}) := \mathrm{rot}\,(a_{ii}, a_{ki})$

  Für $j = i+1, \ldots, n$:
$$\begin{pmatrix} a_{ij} \\ a_{kj} \end{pmatrix} := \begin{pmatrix} c & s \\ -s & c \end{pmatrix} \begin{pmatrix} a_{ij} \\ a_{kj} \end{pmatrix}$$

bestimmt. In der innersten Schleife werden 4 flops durchgeführt. Ist daher $m > n$, so ist die Anzahl der benötigten flops im wesentlichen durch

$$\sum_{i=1}^{n} \sum_{k=i+1}^{m} \sum_{j=i+1}^{n} 4 = 2n^2(m - n/3) + \text{ Terme niederer Ordnung in } n, m$$

bestimmt. Daher werden beim Givens-Verfahren etwa doppelt so viele flops wie beim Householder-Verfahren benötigt (siehe Aufgabe 7), so daß dieses i. allg. vorzuziehen ist. Anders kann es allerdings schon aussehen, wenn das Givens-Verfahren wegen seiner größeren Flexibilität bei der Annullierung unterhalb der Diagonale liegender Elemente auf schwach besetzte Matrizen angewandt wird. Auf eine Variante des Givens-Verfahrens, das sogenannte *schnelle Givens-Verfahren*, welches im wesentlichen mit der gleichen Anzahl von flops auskommt wie das Householder-Verfahren, soll lediglich hingewiesen werden (siehe z. B. G. H. GOLUB, C. F. VAN LOAN (1989, S. 205 ff.)). □

Aufgaben

1. Sei $A \in \mathbb{R}^{m\times n}$ mit Rang $(A) = n$ gegeben. Für $j = 1, \dots, n$ sei ferner $\sigma_j \in \{-1, +1\}$ beliebig vorgegeben. Dann existiert genau eine QR-Zerlegung $A = QR$ von A mit $\operatorname{sign}(r_{jj}) = \sigma_j$ für $j = 1, \dots, n$.

2. Sei $A = QR$ eine QR-Zerlegung der Matrix $A \in \mathbb{R}^{m\times n}$, für die Rang $(A) = n$. Dann bilden die ersten n Spalten von Q eine Orthonormalbasis von Bild (A) und die restlichen $m - n$ Spalten eine Orthonormalbasis des orthogonalen Komplementes Bild $(A)^\perp$ von Bild (A).

3. Sei $A \in \mathbb{R}^{m\times n}$ mit Rang $(A) = n$ gegeben. Eine algorithmische Formulierung des Orthonormalisierungsverfahren von E. Schmidt zur sukzessiven Orthonormierung der Spalten von A könnte folgendermaßen aussehen:

   - Gegeben sei die Matrix $A = (a_1 \ \cdots \ a_n) \in \mathbb{R}^{m\times n}$ mit Rang $(A) = n$.
   - Für $k = 1, \dots, n$:

     Für $j = 1, \dots, k - 1$:

     Berechne $r_{jk} := q_j^T a_k$

     Berechne $\hat{q}_k := a_k - \sum_{j=1}^{k-1} r_{jk} q_j, \quad r_{kk} := \|\hat{q}_k\|_2, \quad q_k := \hat{q}_k / r_{kk}$.

   (a) Man zeige: Das Verfahren ist durchführbar und liefert Matrizen

   $$Q := (q_1 \ \cdots \ q_n) \in \mathbb{R}^{m\times n}, \qquad R := \begin{pmatrix} r_{11} & r_{12} & \cdots & r_{1n} \\ 0 & r_{22} & \cdots & r_{2n} \\ \vdots & \vdots & \ddots & \vdots \\ 0 & 0 & \cdots & r_{nn} \end{pmatrix} \in \mathbb{R}^{n\times n}$$

   mit $A = QR$. Die Spalten von Q bilden ein Orthonormalsystem im $\mathbb{R}^m$, die Diagonalelemente der oberen Dreiecksmatrix R sind positiv.

(b) Man programmiere obiges Verfahren, teste es an dem linearen Gleichungssystem $Ax = b$ mit

$$\left(A \mid b \right) = \left(\begin{array}{cccc|c} 1 & \frac{1}{2} & \frac{1}{3} & \frac{1}{4} & 1 \\ \frac{1}{2} & \frac{1}{3} & \frac{1}{4} & \frac{1}{5} & -1 \\ \frac{1}{3} & \frac{1}{4} & \frac{1}{5} & \frac{1}{6} & 1 \\ \frac{1}{4} & \frac{1}{5} & \frac{1}{6} & \frac{1}{7} & -1 \end{array} \right)$$

und vergleiche das erhaltene Ergebnis mit dem entsprechenden des Gaußschen Eliminationsverfahrens, des Cholesky-Verfahrens sowie der exakten Lösung.

4. Man schreibe eine Prozedur bzw. Subroutine, welche zu einer vorgegebenen Matrix $A \in \mathbb{R}^{m \times n}$ mit $m \geq n$ und Rang $(A) = n$ mit Hilfe des Householder-Verfahrens eine QR-Zerlegung von A berechnet. Nach Abschluß sollen in A und den n-Feldern r und β alle relevanten Informationen für die erhaltene QR-Zerlegung stehen. D. h. für $k = 1, \ldots, n$ stehe in r_k das k-te Diagonalelement der oberen Dreiecksmatrix R, deren übrige Elemente oberhalb der Diagonalen von A stehen. In der unteren Hälfte von A und in β stehe die orthogonale Matrix $Q = P_n \cdots P_1$ in faktorisierter Form.

5. Man schreibe eine Prozedur bzw. Subroutine, welche zu vorgegebenen $A \in \mathbb{R}^{m \times n}$ mit $m \geq n$, Rang $(A) = n$ und $b \in \mathbb{R}^m$ das lineare Ausgleichsproblem

$$\text{(LA)} \qquad \text{Minimiere} \quad f(x) := \|Ax - b\|_2, \quad x \in \mathbb{R}^n$$

mit Hilfe des QR-Verfahrens von Householder löst. Hierbei benutze man die in Aufgabe 4 entwickelte Prozedur oder Subroutine, bilde $Q^T b$ und bestimme die Lösung durch Rückwärtseinsetzen.

6. Zu Zeitpunkten t_i werde die Messung b_i einer physikalischen Größe b gemäß der folgenden Tabelle gemacht:

i	1	2	3	4	5	6
t_i	0.1	0.3	0.6	0.7	1.0	1.2
b_i	2.1	1.5	0.8	0.8	1.2	1.9

Es wird angenommen, b sei eine kubische Funktion in der Zeit t. Mit

$$A = (t_i^{j-1})_{\substack{1 \leq i \leq 6 \\ 1 \leq j \leq 4}} \qquad \text{und} \qquad b = (b_i)_{1 \leq i \leq 6}$$

löse man das zugehörige lineare Ausgleichsproblem mit dem Householder-Verfahren. Zum Vergleich des erhaltenen Ergebnisses stelle man die Normalgleichungen auf und löse diese mit dem Cholesky-Verfahren und dem Householder-Verfahren.

7. Man zähle die Anzahl der flops beim Householder-Verfahren zur Berechnung einer QR-Zerlegung der Matrix $A \in \mathbb{R}^{m \times n}$ mit $m \geq n$ und zeige, daß diese im wesentlichen durch $n^2(m - \frac{1}{3}n)$ gegeben ist.

8. Eine orthogonale 2×2-Matrix ist entweder eine Householder-Spiegelung oder eine Givens-Rotation.

9. Man schreibe eine Prozedur bzw. Subroutine, welche zu vorgegebenen $A \in \mathbb{R}^{m \times n}$ mit $m \geq n$, Rang $(A) = n$ und $b \in \mathbb{R}^m$ das lineare Ausgleichsproblem

   (LA) $\qquad$ Minimiere $f(x) := \|Ax - b\|_2, \quad x \in \mathbb{R}^n$

   mit Hilfe des QR-Verfahrens von Givens löst. Man teste diese Prozedur bzw. Subroutine an dem in Aufgabe 6 gegebenen linearen Ausgleichsproblem.

1.6 Lineare Ausgleichsprobleme

1.6.1 Einige Grundlagen

Auf lineare Ausgleichsprobleme sind wir schon in 1.1 und wiederholt in Abschnitt 1.5 über die QR-Zerlegung einer Matrix $A \in \mathbb{R}^{m \times n}$ eingegangen. In diesem Abschnitt wollen wir die bisher erhaltenen Ergebnisse zusammenfassen und einige weitergehende Aussagen machen.

Ausgangspunkt ist die „Lösung" eines überbestimmten linearen Gleichungssystems $Ax = b$ mit gegebenen $A \in \mathbb{R}^{m \times n}$, $b \in \mathbb{R}^m$, wobei $m \geq n$, die Anzahl m der Gleichungen also i. allg. größer als die Anzahl n der Variablen ist. Die Existenz einer exakten Lösung des linearen Gleichungssystems $Ax = b$ kann nicht erwartet werden. Man fragt daher nach einer „Lösung", die diesem Gleichungssystem „möglichst gut" genügt. Bezüglich einer gegebenen Norm $\|\cdot\|$ auf dem $\mathbb{R}^m$ wird man daher versuchen, die Aufgabe

(P) $\qquad$ Minimiere $\|Ax - b\|, \quad x \in \mathbb{R}^n$

zu lösen. Wählt man als Norm die Betragssummennorm $\|\cdot\|_1$ oder die Maximumnorm $\|\cdot\|_\infty$, also

$$\|y\|_1 := \sum_{i=1}^{m} |y_i|, \qquad \|y\|_\infty := \max_{i=1,\ldots,m} |y_i|,$$

so läßt sich die Aufgabe (P) auf eine lineare Optimierungsaufgabe zurückführen. Hierauf wollen wir hier nicht eingehen, da wir in diesem Abschnitt den Defekt (gelegentlich auch *Residuum* genannt) $Ax - b$ durch die euklidische Norm $\|\cdot\|_2$ messen. Dann sprechen wir von einem linearen Ausgleich nach der *Methode der kleinsten Quadrate* und nennen

(LA) $\qquad$ Minimiere $\|Ax - b\|_2, \quad x \in \mathbb{R}^n$

ein *lineares Ausgleichsproblem*[12]. In 1.1 war schon einiges zur Lösung des linearen Ausgleichsproblems (LA) ausgesagt worden. Dies soll im folgenden Satz noch einmal zusammengefaßt werden, ferner werden einige Ergänzungen gegeben.

Satz 6.1 *Seien $A \in \mathbb{R}^{m \times n}$, $b \in \mathbb{R}^m$ mit $m \geq n$ gegeben. Hierzu betrachte man das lineare Ausgleichsproblem*

(LA) $\qquad$ *Minimiere* $\|Ax - b\|_2, \quad x \in \mathbb{R}^n$.

Dann gilt:

[12] Die englische Bezeichnung "Linear Least Squares Problem" gibt dies noch etwas genauer an.

1. *$x^* \in \mathbb{R}^n$ ist genau dann eine Lösung von* (LA), *wenn $A^TAx^* = A^Tb$, also die sogenannten Normalgleichungen erfüllt sind.*
2. *Die Menge $L := \{x \in \mathbb{R}^n : A^TAx = A^Tb\}$ der Lösungen von* (LA) *ist ein nichtleerer, affiner Teilraum des $\mathbb{R}^n$, d. h. mit $x_1, x_2 \in L$ ist $(1-\lambda)x_1 + \lambda x_2 \in L$ für alle $\lambda \in \mathbb{R}$. Ferner ist $Ax_1 = Ax_2$ für $x_1, x_2 \in L$.*
3. (LA) *besitzt genau dann eine eindeutige Lösung, wenn* Rang$(A) = n$, *die Matrix A also vollen Rang besitzt.*
4. *Unter allen Lösungen von* (LA) *gibt es genau eine Lösung x_{LA} mit minimaler euklidischer Norm.*

Beweis: Den ersten Teil des Satzes hatten wir schon in 1.1 gezeigt, wir wiederholen nur kurz die entscheidenden Argumente. Man definiere $f\colon \mathbb{R}^n \longrightarrow \mathbb{R}$ durch

$$f(x) := \frac{1}{2}\|Ax - b\|_2^2.$$

Das lineare Ausgleichsproblem (LA) ist dann äquivalent der Aufgabe, f auf dem $\mathbb{R}^n$ zu minimieren. Ist x^* eine Lösung von (LA), so ist notwendig

$$\nabla f(x^*) = A^TAx^* - A^Tb = 0,$$

die Normalgleichungen müssen also erfüllt sein. Ist umgekehrt $A^T(Ax^* - b) = 0$, so ist nach leichter Rechnung

$$(*) \qquad f(x) - f(x^*) = \underbrace{[A^T(Ax^* - b)]}_{=0}{}^T(x - x^*) + \frac{1}{2}\|A(x - x^*)\|_2^2 \ge 0$$

für alle $x \in \mathbb{R}^n$ und damit x^* eine Lösung von (LA).

Um zu zeigen, daß die Normalgleichungen $A^TAx = A^Tb$ mindestens eine Lösung besitzen bzw. daß $L \neq \emptyset$ ist, hatten wir in Beispiel 1.1 ein Ergebnis der linearen Algebra angewandt: Ein inhomogenes lineares Gleichungssystem ist genau dann lösbar, wenn jedes Element des Kernes der transponierten Koeffizientenmatrix senkrecht auf der rechten Seite steht. Hieraus folgt die Existenz einer Lösung der Normalgleichungen. Denn aus $x \in \operatorname{Kern}(A^TA)^T = \operatorname{Kern}(A^TA)$ bzw. $A^TAx = 0$ folgt $0 = x^TA^TAx = \|Ax\|_2^2$ bzw. $Ax = 0$ und damit $x^TA^Tb = (Ax)^Tb = 0$. Offensichtlich ist L ein affiner Teilraum des $\mathbb{R}^n$. Sind ferner $x_1, x_2 \in L$ Lösungen des linearen Ausgleichsproblems (LA), so ist $f(x_1) = f(x_2)$ und daher (siehe $(*)$) $0 = f(x_1) - f(x_2) = \frac{1}{2}\|A(x_1 - x_2)\|_2^2$, woraus $Ax_1 = Ax_2$ folgt.

Wegen $\operatorname{Kern}(A^TA) = \operatorname{Kern}(A)$ ist die Koeffizientenmatrix A^TA der Normalgleichungen genau dann nichtsingulär, wenn $\operatorname{Rang}(A) = n$.

Für den letzten Teil des Satzes haben wir zu zeigen, daß die Aufgabe

$$\text{Minimiere} \quad \|x\|_2 \quad \text{auf} \quad L := \{x \in \mathbb{R}^n : A^TAx = A^Tb\}$$

eine eindeutige Lösung besitzt. Die *Existenz* einer Lösung folgt aus der Beobachtung, daß mit festem $x^* \in L$ die Menge $L \cap \{x \in \mathbb{R}^n : \|x\|_2 \le \|x^*\|_2\}$ als Durchschnitt einer abgeschlossenen und einer kompakten Menge kompakt ist, so daß die stetige

Funktion $\|\cdot\|_2$ auf ihr ein Minimum annimmt. Um die *Eindeutigkeit* einer Lösung einzusehen, nehmen wir an, $x_1, x_2 \in L$ seien zwei Lösungen minimaler Norm. Dann ist $\|x_1\|_2 = \|x_2\|_2$, wegen $(x_1 + x_2)/2 \in L$ und

$$\left\|\frac{x_1 + x_2}{2}\right\|_2 \leq \frac{1}{2}(\|x_1\|_2 + \|x_2\|_2) = \|x_1\|_2 = \|x_2\|_2$$

ist $\frac{1}{2}\|x_1 + x_2\|_2 = \|x_1\|_2 = \|x_2\|_2$. Dann ist aber

$$\begin{aligned} \|x_1 - x_2\|_2^2 &= \|x_1\|_2^2 - 2x_1^T x_2 + \|x_2\|_2^2 \\ &= \|x_1\|_2^2 - (\|x_1 + x_2\|_2^2 - \|x_1\|_2^2 - \|x_2\|_2^2) + \|x_2\|_2^2 \\ &= 2(\|x_1\|_2^2 + \|x_2\|_2^2) - \|x_1 + x_2\|_2^2 \\ &= 0, \end{aligned}$$

also $x_1 = x_2$. □

Auf die *numerische Behandlung* des linearen Ausgleichsproblems (LA) sind wir in Abschnitt 1.5 für den Fall, daß $A \in \mathbb{R}^{m\times n}$ vollen Rang besitzt, schon ausführlich eingegangen. Die Idee bestand darin, durch sukzessive Multiplikation von A und b von links mit geeigneten Householder-Spiegelungen oder Givens-Rotationen eine orthogonale Matrix $Q \in \mathbb{R}^{m\times m}$ derart zu bestimmen, daß

$$Q^T A = R = \begin{pmatrix} R_1 \\ \hline 0 \end{pmatrix} \begin{matrix} \} \; n \\ \} \; m-n \end{matrix} \qquad \text{und} \qquad Q^T b = \begin{pmatrix} c \\ \hline d \end{pmatrix} \begin{matrix} \} \; n \\ \} \; m-n \end{matrix}$$

mit einer oberen Dreiecksmatrix $R_1 \in \mathbb{R}^{n\times n}$. Unter der Voraussetzung Rang $(A) = n$ ist R_1 nichtsingulär, die Diagonalelemente von R_1 also von Null verschieden. Für beliebiges $x \in \mathbb{R}^n$ ist dann

$$\|Ax - b\|_2^2 = \|Q^T Ax - Q^T b\|_2^2 = \left\| \begin{pmatrix} R_1 x \\ \hline 0 \end{pmatrix} - \begin{pmatrix} c \\ \hline d \end{pmatrix} \right\|_2^2 = \|R_1 x - c\|_2^2 + \|d\|_2^2,$$

so daß man die dann eindeutige Lösung des linearen Ausgleichsproblems durch Rückwärtseinsetzen aus $R_1 x = c$ bestimmen kann. Besitzt A keinen vollen Rang oder sind die Spalten von A „fast" linear abhängig, so ist man auf feinere Methoden angewiesen, deren Grundlagen im nächsten Unterabschnitt gelegt werden.

1.6.2 Die Singulärwertzerlegung einer Matrix

Hauptergebnis dieses Unterabschnittes ist der

Satz 6.2 *Ist $A \in \mathbb{R}^{m\times n}$ mit $r :=$ Rang (A), so existieren orthogonale Matrizen*

$$U = (\, u_1 \cdots u_m \,) \in \mathbb{R}^{m\times m}, \qquad V = (\, v_1 \cdots v_n \,) \in \mathbb{R}^{n\times n}$$

derart, daß

$$U^T AV = \operatorname{diag}(\sigma_1, \ldots, \sigma_{\min(m,n)}) \in \mathbb{R}^{m\times n}$$

bzw.

$$U^TAV = \left(\begin{array}{ccc|ccc} \sigma_1 & & & 0 & \cdots & 0 \\ & \ddots & & \vdots & & \vdots \\ & & \sigma_r & 0 & \cdots & 0 \\ \hline 0 & \cdots & 0 & 0 & \cdots & 0 \\ \vdots & & \vdots & \vdots & & \vdots \\ 0 & \cdots & 0 & 0 & \cdots & 0 \end{array}\right) \begin{array}{l} \left.\vphantom{\begin{array}{c}1\\1\\1\end{array}}\right\} r \\ \left.\vphantom{\begin{array}{c}1\\1\\1\end{array}}\right\} m-r \end{array}$$

$$\underbrace{\hphantom{0 \cdots 0}}_{r}\ \underbrace{\hphantom{0 \cdots 0}}_{n-r}$$

mit

$$\sigma_1 \ge \cdots \ge \sigma_r > \sigma_{r+1} = \cdots = \sigma_{\min(m,n)} = 0.$$

Bemerkung: Bevor wir den Satz 6.2 von der sogenannten *Singulärwertzerlegung* einer Matrix $A \in \mathbb{R}^{m\times n}$ beweisen, wollen wir uns überlegen, weshalb die Singulärwertzerlegung einer Matrix für lineare Ausgleichsprobleme von Bedeutung ist. Sei also das lineare Ausgleichsproblem

(LA) Minimiere $\|Ax - b\|_2, \quad x \in \mathbb{R}^n$

mit einer Matrix $A \in \mathbb{R}^{m\times n}$ und $b \in \mathbb{R}^m$ gegeben, wobei $m \ge n$. Sei, wie in Satz 6.2 angegeben, $U^TAV = \operatorname{diag}(\sigma_1, \ldots, \sigma_n)$ mit orthogonalen Matrizen

$$U = (\ u_1 \ \cdots \ u_m\ ) \in \mathbb{R}^{m\times m}, \qquad V = (\ v_1 \ \cdots \ v_n\ ) \in \mathbb{R}^{n\times n}$$

und

$$\sigma_1 \ge \cdots \ge \sigma_r > \sigma_{r+1} = \cdots = \sigma_n = 0.$$

Für ein beliebiges $x \in \mathbb{R}^n$ ist dann

$$\begin{aligned} \|Ax - b\|_2^2 &= \|U^T(Ax - b)\|_2^2 \\ &= \|U^TAV(V^Tx) - U^Tb\|_2^2 \\ &= \sum_{i=1}^{r} [\sigma_i (V^Tx)_i - u_i^Tb]^2 + \sum_{i=r+1}^{m} (u_i^Tb)^2. \end{aligned}$$

Hieraus folgt: $x \in \mathbb{R}^n$ ist genau dann eine Lösung des linearen Ausgleichsproblems (LA), wenn

$$(*) \qquad V^Tx = (u_1^Tb/\sigma_1, \ldots, u_r^Tb/\sigma_r, \alpha_{r+1}, \ldots, \alpha_n)^T \qquad \text{mit} \quad \alpha_{r+1}, \ldots, \alpha_n \in \mathbb{R}.$$

Dies wiederum liefert: Ist $x \in \mathbb{R}^n$ eine Lösung von (LA), ist also $(*)$ erfüllt, so ist

$$\|x\|_2^2 = \|V^Tx\|_2^2 = \sum_{i=1}^{r} \left(\frac{u_i^Tb}{\sigma_i}\right)^2 + \sum_{i=r+1}^{n} \alpha_i^2.$$

Die nach Teil 4 von Satz 6.1 eindeutig existierende Lösung x_{LA} des linearen Ausgleichsproblems (LA) minimaler Norm ist daher durch

$$x_{\text{LA}} = V(u_1^T b/\sigma_1, \ldots, u_r^T b/\sigma_r, 0, \ldots, 0)^T = \sum_{i=1}^{r} \frac{u_i^T b}{\sigma_i} v_i$$

gegeben. Wir halten fest: Kennt man eine Singulärwertzerlegung von $A \in \mathbb{R}^{m\times n}$, so kann man für beliebiges $b \in \mathbb{R}^m$ die Menge *aller* Lösungen des zugehörigen linearen Ausgleichsproblems (LA) und *die* Lösung x_{LA} minimaler Norm explizit angeben. □

Beweis von Satz 6.2: Zur Motivation des Beweises nehmen wir an, die Aussage des Satzes sei richtig. Zur Abkürzung sei $\Sigma := \operatorname{diag}(\sigma_1, \ldots, \sigma_{\min(m,n)})$. Aus $U^T AV = \Sigma$ und $V^T A^T U = \Sigma^T$ folgt $V^T A^T AV = \Sigma^T\Sigma$ sowie $U^T AA^T U = \Sigma\Sigma^T$. Die (symmetrischen und) positiv semidefiniten Matrizen $A^T A$ und AA^T sind daher orthogonal ähnlich den Matrizen $\Sigma^T\Sigma$ bzw. $\Sigma\Sigma^T$. Wegen

$$\begin{aligned}\Sigma^T\Sigma &= \operatorname{diag}(\sigma_1^2, \ldots, \sigma_{\min(m,n)}^2, \underbrace{0, \ldots, 0}_{n-\min(m,n)}) \in \mathbb{R}^{n\times n},\\ \Sigma\Sigma^T &= \operatorname{diag}(\sigma_1^2, \ldots, \sigma_{\min(m,n)}^2, \underbrace{0, \ldots, 0}_{m-\min(m,n)}) \in \mathbb{R}^{m\times m}\end{aligned}$$

impliziert dies, daß $\sigma_1^2, \ldots, \sigma_{\min(m,n)}^2, 0, \ldots, 0$ die n Eigenwerte von $A^T A$ mit zugehörigen Eigenvektoren $v_1, \ldots, v_n$ und entsprechend $\sigma_1^2, \ldots, \sigma_{\min(m,n)}^2, 0, \ldots, 0$ die m Eigenwerte von AA^T mit zugehörigen Eigenvektoren $u_1, \ldots, u_m$ sind. Diese Beobachtung liefert einen Hinweis für den eigentlichen Beweis, der in drei Teile zerfällt.

- *Die positiven Eigenwerte von $A^T A \in \mathbb{R}^{n\times n}$ und $AA^T \in \mathbb{R}^{m\times m}$ stimmen überein und haben dieselbe (geometrische) Vielfachheit, d. h. es ist*

  $$\dim \operatorname{Kern}(A^T A - \lambda I_n) = \dim \operatorname{Kern}(AA^T - \lambda I_m)$$

  für alle Eigenwerte $\lambda > 0$ von $A^T A$ bzw. AA^T (hierbei bezeichne I_n bzw. I_m die $n \times n$- bzw. $m \times m$-Einheitsmatrix).

Denn: Ist $x \in \mathbb{R}^n \setminus \{0\}$ Eigenvektor zum Eigenwert $\lambda > 0$ von $A^T A$, also $A^T Ax = \lambda x$, so ist $Ax \in \mathbb{R}^m \setminus \{0\}$ und $(AA^T)Ax = \lambda Ax$ und daher Ax Eigenvektor zum Eigenwert $\lambda > 0$ von AA^T. Ist entsprechend $y \in \mathbb{R}^m \setminus \{0\}$ Eigenvektor zum Eigenwert $\lambda > 0$ von AA^T, so ist $A^T y \in \mathbb{R}^n \setminus \{0\}$ Eigenvektor zum Eigenwert $\lambda > 0$ von $A^T A$. Damit stimmen die positiven Eigenwerte von $A^T A$ und AA^T überein. Sei nun $\lambda > 0$ ein Eigenwert von $A^T A$ bzw. AA^T und $k := \dim \operatorname{Kern}(A^T A - \lambda I_n)$ die Dimension des Eigenraumes von $A^T A$ zum Eigenwert $\lambda > 0$. Sei $\{x_1, \ldots, x_k\}$ eine Orthonormalbasis zu $\operatorname{Kern}(A^T A - \lambda I_n)$, also

$$x_i^T x_j = \delta_{ij} \qquad (1 \le i, j \le k)$$

und

$$\operatorname{span}\{x_1, \ldots, x_k\} = \operatorname{Kern}(A^T A - \lambda I_n).$$

Wie eben gezeigt, ist dann $Ax_i \in \mathbb{R}^m \setminus \{0\}$ für $i = 1, \ldots, k$ ein Eigenvektor von AA^T zum Eigenwert $\lambda > 0$. Wegen

$$(Ax_i)^T(Ax_j) = x_i^T A^T A x_j = \lambda x_i^T x_j = \lambda \delta_{ij}$$

stehen die Vektoren $Ax_1, \ldots, Ax_k \in \mathbb{R}^m \setminus \{0\}$ paarweise senkrecht aufeinander, sind also insbesondere linear unabhängig. Daher ist

$$\dim \operatorname{Kern}(A^T A - \lambda I_n) = \dim \operatorname{span}\{Ax_1, \ldots, Ax_k\} \leq \dim \operatorname{Kern}(AA^T - \lambda I_m).$$

Da man entsprechend auch $\dim \operatorname{Kern}(AA^T - \lambda I_m) \leq \dim \operatorname{Kern}(A^T A - \lambda I_n)$ zeigen kann, ist die erste Teilbehauptung bewiesen.

- *Es ist* $r = \operatorname{Rang}(A) = \operatorname{Rang}(A^T) = \operatorname{Rang}(A^T A) = \operatorname{Rang}(AA^T)$ *gleich der Anzahl der positiven Eigenwerte von* $A^T A \in \mathbb{R}^{n \times n}$ *bzw.* $AA^T \in \mathbb{R}^{m \times m}$ *(natürlich entsprechend ihrer Vielfachheit gezählt).*

Denn: Es ist $r := \operatorname{Rang}(A) = \operatorname{Rang}(A^T)$, da Zeilen- und Spaltenrang einer Matrix übereinstimmen. Ferner ist

$$\begin{aligned} \operatorname{Rang}(A) &= n - \dim \operatorname{Kern}(A) \\ &= n - \dim \operatorname{Kern}(A^T A) \qquad (\text{wegen } \operatorname{Kern}(A) = \operatorname{Kern}(A^T A)) \\ &= \operatorname{Rang}(A^T A) \end{aligned}$$

und entsprechend

$$\begin{aligned} \operatorname{Rang}(A^T) &= m - \dim \operatorname{Kern}(A^T) \\ &= m - \dim \operatorname{Kern}(AA^T) \qquad (\text{wegen } \operatorname{Kern}(A^T) = \operatorname{Kern}(AA^T)) \\ &= \operatorname{Rang}(AA^T). \end{aligned}$$

Berücksichtigt man nun noch, daß der Rang einer symmetrischen Matrix (z. B. $A^T A$ oder AA^T) durch die Anzahl ihrer von Null verschiedenen Eigenwerte gegeben ist, so hat man auch die zweite Teilbehauptung bewiesen.

Nun kommen wir zum dritten und letzten Teil des Beweises. Wegen der am Anfang angegebenen Motivation ist die Vorgehensweise naheliegend.

Seien $\lambda_1 \geq \cdots \geq \lambda_r > \lambda_{r+1} = \cdots = \lambda_n = 0$ die Eigenwerte von $A^T A$ und $\{v_1, \ldots, v_n\}$ ein zugehöriges Orthonormalsystem von Eigenvektoren. Man definiere

$$\sigma_i := \begin{cases} \sqrt{\lambda_i} & \text{für } \; i = 1, \ldots, r, \\ 0 & \text{für } \; i = r+1, \ldots, \min(m, n) \end{cases}$$

und anschließend

$$u_i := \frac{1}{\sigma_i} A v_i \qquad (i = 1, \ldots, r).$$

Dann ist $\{u_1, \ldots, u_r\} \subset \mathbb{R}^m$ offenbar ein Orthonormalsystem von Eigenvektoren zu AA^T, welches notfalls (d. h. für $r < m$) zu einem (vollständigen) Orthonormalsystem

$\{u_1, \ldots, u_m\}$ von Eigenvektoren zu AA^T ergänzt werden kann. Mit den orthogonalen Matrizen

$$U := (\, u_1 \;\cdots\; u_m \,) \in \mathbb{R}^{m\times m}, \qquad V := (\, v_1 \;\cdots\; v_n \,) \in \mathbb{R}^{n\times n}$$

gilt dann

$$(U^TAV)_{ij} = u_i^TAv_j = \frac{1}{\sigma_i} v_i^TA^TAv_j = \sigma_i\delta_{ij} \qquad \text{für} \quad 1 \le i,j \le r.$$

Wegen

$$AA^Tu_i = 0 \qquad (i = r+1, \ldots, m), \qquad A^TAv_j = 0 \qquad (j = r+1, \ldots, n)$$

sowie Kern (A) = Kern (A^TA) und Kern (A^T) = Kern (AA^T) ist

$$(U^TAV)_{ij} = u_i^TAv_j = 0 \qquad \text{falls } i \in \{r+1, \ldots, m\} \text{ oder } j \in \{r+1, \ldots, n\}.$$

Damit ist die Existenz der behaupteten Singulärwertzerlegung von $A \in \mathbb{R}^{m\times n}$ bewiesen. □

Definition 6.3 Ist $A \in \mathbb{R}^{m\times n}$ mit $r := \text{Rang}\,(A)$ und

$$U^TAV = \text{diag}\,(\sigma_1, \ldots, \sigma_{\min(m,n)})$$

eine nach Satz 6.2 existierende Singulärwertzerlegung mit orthogonalen Matrizen $U \in \mathbb{R}^{m\times m}$, $V \in \mathbb{R}^{n\times n}$ und

$$\sigma_1 \ge \cdots \ge \sigma_r > \sigma_{r+1} = \cdots = \sigma_{\min(m,n)} = 0,$$

so sind, wie wir gesehen haben, $\sigma_1^2, \ldots, \sigma_r^2$ notwendig die positiven Eigenwerte von A^TA bzw. AA^T. Insbesondere sind $\sigma_1, \ldots, \sigma_r$ eindeutig durch A bestimmt, sie heißen die *singulären Werte* von A.

In einer Bemerkung im Anschluß an Satz 6.2 haben wir gezeigt, wie man mit Hilfe einer Singulärwertzerlegung der Matrix $A \in \mathbb{R}^{m\times n}$ mit $m \ge n$ die Menge der Lösungen zum linearen Ausgleichsproblem

$$\text{(LA)} \qquad\qquad \text{Minimiere} \quad \|Ax - b\|_2, \quad x \in \mathbb{R}^n$$

und insbesondere die (eindeutige) Lösung x_{LA} von (LA) minimaler euklidischer Norm explizit angeben kann. Die Erwartung ist daher völlig legitim, daß jetzt ein Algorithmus zur numerischen Berechnung einer Singulärwertzerlegung der Matrix $A \in \mathbb{R}^{m\times n}$ präsentiert wird. Diese Erwartung werden wir enttäuschen. Ganz offensichtlich hat die Berechnung einer Singulärwertzerlegung einer Matrix (anders als die Berechnung einer QR-Zerlegung) etwas mit der Berechnung von Eigenwerten und zugehörigen Eigenvektoren einer Matrix zu tun, was Gegenstand von Kapitel 5 ist. Hier verweisen wir lediglich auf G. H. Golub, C. F. van Loan (1989, S. 427 ff.), A. Kielbasiński, H. Schwetlick (1988, S. 316 ff.), C. L. Lawson, R. J. Hanson (1974, S. 107 ff.) (eines der Standardwerke zur numerischen Behandlung von Ausgleichsproblemen) und J. Stoer, R. Bulirsch (1990, S. 75 ff.).

1.6.3 Die Pseudoinverse einer Matrix

Mit Hilfe der Singulärwertzerlegung einer Matrix erhält man auf einfache Weise einen weiteren wichtigen Begriff, der die Definition der Inversen einer nichtsingulären, quadratischen Matrix auf beliebige rechteckige Matrizen und damit insbesondere auf singuläre quadratische Matrizen überträgt.

Definition 6.4 Zu der Matrix $A \in \mathbb{R}^{m\times n}$ mit $r := \text{Rang}\,(A)$ sei

$$U^T AV = \text{diag}\,(\sigma_1, \ldots, \sigma_{\min(m,n)}) =: \Sigma$$

eine nach Satz 6.2 existierende Singulärwertzerlegung von A mit orthogonalen Matrizen $U \in \mathbb{R}^{m\times m}$, $V \in \mathbb{R}^{n\times n}$ und

$$\sigma_1 \geq \cdots \geq \sigma_r > \sigma_{r+1} = \cdots = \sigma_{\min(m,n)} = 0.$$

Mit der $n \times m$-Matrix

$$\Sigma^+ := \left(\begin{array}{ccc|ccc} 1/\sigma_1 & & & 0 & \cdots & 0 \\ & \ddots & & \vdots & & \vdots \\ & & 1/\sigma_r & 0 & \cdots & 0 \\ \hline 0 & \cdots & 0 & 0 & \cdots & 0 \\ \vdots & & \vdots & \vdots & & \vdots \\ 0 & \cdots & 0 & 0 & \cdots & 0 \end{array}\right) \begin{array}{l} \left.\vphantom{\begin{array}{c}1\\ \ddots\\ 1\end{array}}\right\} r \\ \left.\vphantom{\begin{array}{c}0\\ \vdots\\ 0\end{array}}\right\} n-r \end{array}$$

(Spaltenblöcke: r bzw. $m-r$ Spalten)

heißt

$$A^+ := V\Sigma^+ U^T \in \mathbb{R}^{n\times m}$$

Pseudoinverse von A.

Die singulären Werte einer Matrix $A \in \mathbb{R}^{m\times n}$ sind zwar eindeutig durch A bestimmt, die zu einer Singulärwertzerlegung gehörenden orthogonalen Matrizen $U \in \mathbb{R}^{m\times m}$ und $V \in \mathbb{R}^{n\times n}$ aber nicht. Daher ist auf den ersten Blick keineswegs klar, daß die Pseudoinverse einer Matrix wohldefiniert ist. Dies zu zeigen, ist u. a. Ziel des folgenden Satzes.

Satz 6.5 *Sei $A \in \mathbb{R}^{m\times n}$ mit $r :=$ Rang (A). Dann gilt:*

1. *Ist $A^+ \in \mathbb{R}^{n\times m}$ (wir sind zunächst vorsichtig: eine) Pseudoinverse zu A, so ist*

$$AA^+ = (AA^+)^T, \qquad A^+A = (A^+A)^T, \qquad AA^+A = A, \qquad A^+AA^+ = A^+.$$

2. *Durch die Eigenschaften*

$$(*) \qquad AB = (AB)^T, \qquad BA = (BA)^T, \qquad ABA = A, \qquad BAB = B$$

ist eine Matrix $B \in \mathbb{R}^{n\times m}$ eindeutig bestimmt. Insbesondere ist die Pseudoinverse einer Matrix wohldefiniert.

3. *Ist $m \geq n$, $b \in \mathbb{R}^m$ und $x_{\rm LA}$ die eindeutige Lösung minimaler euklidischer Norm des linearen Ausgleichsproblems*

$$\text{(LA)} \qquad \textit{Minimiere} \quad \|Ax - b\|_2, \quad x \in \mathbb{R}^n,$$

so ist $x_{\rm LA} = A^+ b$.

4. *Ist $m \geq n$ und $\text{Rang}\,(A) = n$, so ist $A^+ = (A^T A)^{-1} A^T$.*

5. *Ist $A \in \mathbb{R}^{n\times n}$ nichtsingulär, so ist $A^+ = A^{-1}$.*

6. *Sind $\sigma_1 \geq \cdots \geq \sigma_r$ die singulären Werte von A, so ist*

$$\|A\|_2 = \sigma_1, \qquad \|A^+\|_2 = \frac{1}{\sigma_r}.$$

Beweis: Wir beweisen der Reihe nach die sechs Teile des Satzes.

Sei $A = U\Sigma V^T$ eine Singulärwertzerlegung von A und $A^+ := V\Sigma^+ U^T$ (eine) zugehörige Pseudoinverse. Dann ist

$$AA^+ = U\Sigma \underbrace{V^T V}_{=I} \Sigma^+ U^T = U\Sigma\Sigma^+ U^T$$

wegen

$$\Sigma\Sigma^+ = \text{diag}\,(\underbrace{1,\ldots,1}_{r}, \underbrace{0,\ldots,0}_{m-r}) \in \mathbb{R}^{m\times m}$$

eine symmetrische Matrix, also $AA^+ = (AA^+)^T$. Entsprechend zeigt man, daß auch A^+A symmetrisch ist. Ferner ist

$$AA^+A = U\Sigma \underbrace{V^T V}_{=I} \Sigma^+ \underbrace{U^T U}_{=I} \Sigma V^T = U \underbrace{\Sigma\Sigma^+\Sigma}_{=\Sigma} V^T = A$$

und entsprechend $A^+AA^+ = A$.

Besitzen $B, C \in \mathbb{R}^{n\times m}$ die Eigenschaften $(*)$, so ist

$$\begin{aligned} B &= BAB = B(AB)^T = (BB^T)A^T = BB^T A^T C^T A^T = B(AB)^T (AC)^T \\ &= (BAB)AC = BAC = (BA)^T C = (BA)^T (CAC) = (BA)^T (CA)^T C \\ &= A^T B^T A^T C^T C = A^T C^T C = (CA)^T C = CAC = C, \end{aligned}$$

womit die Behauptung bewiesen ist[13].

Ist $U^T AV = \Sigma$ bzw. $A = U\Sigma V^T$ mit

$$\Sigma = \text{diag}\,(\sigma_1, \ldots, \sigma_r, \underbrace{0,\ldots,0}_{n-r}) \in \mathbb{R}^{m\times n}$$

[13]Man zähle einmal, wie oft bei dieser Gleichungskette eine der vier Eigenschaften in $(*)$ für B und C ausgenutzt wurden. Kommt man auch mit weniger Anwendungen zum Ziel?

eine Singulärwertzerlegung von A, so ist

$$\begin{aligned}
A^+b &= V\Sigma^+U^Tb \\
&= \left(\begin{array}{ccc|ccc} v_1 & \cdots & v_r & v_{r+1} & \cdots & v_n \end{array}\right)\left(\begin{array}{ccc|ccc} 1/\sigma_1 & & & 0 & \cdots & 0 \\ & \ddots & & \vdots & & \vdots \\ & & 1/\sigma_r & 0 & \cdots & 0 \\ \hline 0 & \cdots & 0 & 0 & \cdots & 0 \\ \vdots & & \vdots & \vdots & & \vdots \\ 0 & \cdots & 0 & 0 & \cdots & 0 \end{array}\right)\left(\begin{array}{c} u_1^Tb \\ \vdots \\ u_r^Tb \\ \hline u_{r+1}^Tb \\ \vdots \\ u_m^Tb \end{array}\right) \\
&= \sum_{i=1}^r \frac{u_i^Tb}{\sigma_i} v_i \\
&= x_{\text{LA}},
\end{aligned}$$

wie wir uns in der Bemerkung im Anschluß an Satz 6.2 überlegt hatten.

Ist Rang $(A) = n$, so ist das lineare Ausgleichsproblem (LA) nach Teil 3 von Satz 6.1 eindeutig lösbar. Die Lösung erhält man aus den Normalgleichungen, so daß einerseits $x_{\text{LA}} = (A^TA)^{-1}A^Tb$, andererseits $x_{\text{LA}} = A^+b$ für jedes $b \in \mathbb{R}^m$ gilt, woraus die Behauptung folgt.

Für nichtsinguläres $A \in \mathbb{R}^{n\times n}$ ist $A^+ = A^{-1}$, wie man z. B. aus Teil 2 dieses Satzes erhält.

Hier sei an die Bemerkungen im Anschluß an die Definition 2.3 und den Beweis zu Lemma 2.8 erinnert, in denen zu gegebenen Normen auf $\mathbb{R}^m$ und $\mathbb{R}^n$ eine zugeordnete Matrixnorm auf $\mathbb{R}^{m\times n}$ erklärt und erläutert wurde, daß für die Spektralnorm $\|\cdot\|_2$ auf $\mathbb{R}^{m\times n}$, bei der man von der euklidischen Norm auf dem $\mathbb{R}^m$ und dem $\mathbb{R}^n$ ausgeht, $\|A\|_2 = \rho(A^TA)^{1/2}$ für jedes $A \in \mathbb{R}^{m\times n}$ gilt. Ist $A = U\Sigma V^T$ eine Singulärwertzerlegung von A mit

$$\Sigma = \operatorname{diag}(\sigma_1, \ldots, \sigma_r, \underbrace{0, \ldots, 0}_{\min(m,n)-r}) \in \mathbb{R}^{m\times n},$$

so ist

$$\|A\|_2 = \rho(V\Sigma^T \underbrace{U^TU}_{=I} \Sigma V^T)^{1/2} = \rho(V\Sigma^T\Sigma V^T)^{1/2} = \rho(\Sigma^T\Sigma)^{1/2} = \sigma_1.$$

Entsprechend erhält man aus $A^+ = V\Sigma^+U^T$ mit

$$\Sigma^+ = \operatorname{diag}(1/\sigma_1, \ldots, 1/\sigma_r, \underbrace{0, \ldots, 0}_{\min(m,n)-r}) \in \mathbb{R}^{n\times m},$$

daß $\|A^+\|_2 = 1/\sigma_r$. □

Bemerkung: Insgesamt ist gezeigt worden, daß die Pseudoinverse einer Matrix $A \in \mathbb{R}^{m\times n}$ auf dreierlei äquivalente Weise definiert werden kann: Einerseits mit Hilfe einer Singulärwertzerlegung von A, wie es in Definition 6.4 geschehen ist, andererseits durch die sogenannten *Penrose-Bedingungen* $(*)$ in Teil 2 von Satz 6.5, und schließlich als diejenige Koeffizientenmatrix, die dem Vektor $b \in \mathbb{R}^m$ die eindeutig existierende Lösung minimaler Norm des linearen Ausgleichsproblems (LA) zuordnet. Beim letzten Punkt muß bemerkt werden, daß wir hier (unnötigerweise) $m \geq n$ vorausgesetzt hatten, daß wir aber auch von einem *unterbestimmten* linearen Gleichungssystem (also $m < n$) ausgehen könnten. □

Von der zahlreichen Literatur über die Pseudoinverse (manchmal auch *verallgemeinerte Inverse* oder *Moore-Penrose Inverse* genannt) einer Matrix seien hier nur M. Z. NASHED (1976), A. BEN-ISRAEL, T. N. E. GREVILLE (1974) und ein Übersichtsartikel von G. ZIELKE (1983) erwähnt.

1.6.4 Störung linearer Ausgleichsprobleme

In Abschnitt 1.2.2 wurde der Begriff der Kondition einer nichtsingulären, quadratischen Matrix eingeführt. Dieser Begriff stellte sich als fundamental bei der Beantwortung der Frage heraus, wie man die relative Störung der Lösung eines in der Koeffizientenmatrix und der rechten Seite gestörten linearen Gleichungssystems abschätzen kann. Es konnte gezeigt werden: Ist $A \in \mathbb{R}^{n\times n}$ nichtsingulär und $\Delta A \in \mathbb{R}^{n\times n}$ eine Störung von A mit $\|A^{-1}\|\,\|\Delta A\| < 1$ (bezüglich einer vorgegebenen natürlichen Matrixnorm), so ist auch $A + \Delta A$ nichtsingulär und es gilt

$$(*) \qquad \frac{\|\Delta x\|}{\|x\|} \leq \frac{\operatorname{cond}(A)}{1 - \operatorname{cond}(A)\dfrac{\|\Delta A\|}{\|A\|}} \left\{ \frac{\|\Delta A\|}{\|A\|} + \frac{\|\Delta b\|}{\|b\|} \right\},$$

wobei $Ax = b$ und $(A + \Delta A)(x + \Delta x) = b + \Delta b$ mit vorgegebenen $b, \Delta b \in \mathbb{R}^n$ $(b \neq 0)$ (siehe Satz 2.12). Insbesondere impliziert die Abschätzung $(*)$, daß die relative Störung der Lösung klein ist, wenn die relative Störung der Daten klein ist. Bei linearen Ausgleichsproblemen, bei denen die Koeffizientenmatrix $A \in \mathbb{R}^{m\times n}$ *keinen* vollen Rang hat, ist die entsprechende Aussage für die zugehörige Lösung minimaler Norm *nicht* richtig.

Beispiel: Sei

$$A := \begin{pmatrix} 1 & 0 \\ 0 & 0 \end{pmatrix} \qquad \text{und} \qquad \Delta A(\epsilon) := \begin{pmatrix} 0 & \epsilon \\ \epsilon & 0 \end{pmatrix}$$

mit $\epsilon \neq 0$. Dann ist

$$A^+ = \begin{pmatrix} 1 & 0 \\ 0 & 0 \end{pmatrix} \qquad \text{und} \qquad [A + \Delta A(\epsilon)]^+ = [A + \Delta A(\epsilon)]^{-1} = \begin{pmatrix} 0 & 1/\epsilon \\ 1/\epsilon & -1/\epsilon^2 \end{pmatrix}.$$

Ist daher etwa $b := (1, 0)^T$, so ist

$$\frac{\|A^+b - [A + \Delta A(\epsilon)]^+ b\|_2}{\|A^+b\|_2} = \left(1 + \frac{1}{\epsilon^2}\right)^{1/2}.$$

Die relative Störung in der Lösung minimaler Norm kann also gerade bei kleinen Störungen der Koeffizientenmatrix sehr groß sein. Wir beobachten, daß in diesem Beispiel der Rang der gestörten Matrix größer ist als der der ungestörten, was der Grund für dieses unerwünschte Phänomen ist. □

Gewarnt durch dieses Beispiel, stören wir nun nur noch lineare Ausgleichsprobleme, bei denen die Koeffizientenmatrix $A \in \mathbb{R}^{m\times n}$ vollen Rang besitzt (dann kann insbesondere die gestörte Matrix keinen größeren Rang besitzen) und setzen daher im folgenden $\operatorname{Rang}(A) = n$ voraus. Entscheidendes Hilfsmittel zum Beweis von (∗) bzw. von Satz 2.12 war das Störungslemma 2.11, das nun auf nicht notwendig quadratische Matrizen mit vollem Rang übertragen werden soll. Da wir nur an eine Anwendung bei linearen Ausgleichsproblemen denken, legen wir die euklidischen Normen im $\mathbb{R}^m$ und $\mathbb{R}^n$ bzw. die zugeordnete Spektralnorm auf $\mathbb{R}^{m\times n}$ zugrunde.

Lemma 6.6 *Sei $A \in \mathbb{R}^{m\times n}$ mit $m \ge n$ und $\operatorname{Rang}(A) = n$. Ist $S \in \mathbb{R}^{m\times n}$ eine Störung von A mit $\|A^+\|_2\,\|S\|_2 < 1$, so ist $\operatorname{Rang}(A+S) = n$ und*

$$\|(A+S)^+\|_2 \le \frac{\|A^+\|_2}{1-\|A^+\|_2\,\|S\|_2}.$$

Beweis: Der Beweis zerfällt in zwei Teile. Man beachte, daß zumindestens im zweiten Teil entscheidend ausgenutzt wird, daß die euklidische Norm bzw. die Spektralnorm $\|\cdot\|_2$ zugrunde gelegt wird.

- Es ist $\operatorname{Rang}(A+S) = n$.

Denn: Ist $x \in \operatorname{Kern}(A+S)$ bzw. $Ax = -Sx$, so folgt $A^TAx = -A^TSx$ und hieraus (wegen Teil 4 von Satz 6.5) $x = -(A^TA)^{-1}A^TSx = -A^+Sx$. Dann ist

$$0 = \|x\|_2 - \|A^+Sx\|_2 \ge \underbrace{(1-\|A^+\|_2\,\|S\|_2)}_{>0}\|x\|_2$$

und folglich $x = 0$, $\operatorname{Kern}(A+S) = \{0\}$ und $\operatorname{Rang}(A+S) = n$.

- Es ist $\|(A+S)^+\|_2 \le \dfrac{\|A^+\|_2}{1-\|A^+\|_2\,\|S\|_2}$.

Denn: Wegen $\operatorname{Rang}(A) = \operatorname{Rang}(A+S) = n$ besitzen A und $A+S$ jeweils n (positive) singuläre Werte, die wir mit

$$\sigma_1(A) \ge \cdots \ge \sigma_n(A) \qquad \text{bzw.} \qquad \sigma_1(A+S) \ge \cdots \ge \sigma_n(A+S)$$

bezeichnen. Wegen Teil 6 von Satz 6.5 ist

$$\|A^+\|_2 = \frac{1}{\sigma_n(A)} \qquad \text{und} \qquad \|(A+S)^+\|_2 = \frac{1}{\sigma_n(A+S)}.$$

Ferner wissen wir: Sind $\lambda_1(A) \ge \cdots \ge \lambda_n(A)$ die (wegen $\operatorname{Rang}(A) = n$ positiven) Eigenwerte von $A^TA \in \mathbb{R}^{n\times n}$, so ist $\sigma_j(A) = \lambda_j(A)^{1/2}$ für $j = 1,\ldots,n$. Entsprechend ist insbesondere $\sigma_n(A+S)$ die positive Quadratwurzel aus dem kleinsten Eigenwert $\lambda_n(A+S)$ von $(A+S)^T(A+S)$. Für beliebiges $x \in \mathbb{R}^n$ ist dann

$$\begin{aligned}[x^T(A+S)^T(A+S)x]^{1/2} &= \|(A+S)x\|_2 \\ &\geq \|Ax\|_2 - \|Sx\|_2 \\ &\geq (x^TA^TAx)^{1/2} - \|S\|_2\,\|x\|_2 \\ &\geq (\sigma_n(A) - \|S\|_2)\,\|x\|_2\end{aligned}$$

nach Anwendung von Lemma 2.6. Wählt man in der Ungleichung

$$[x^T(A+S)^T(A+S)x]^{1/2} \geq (\sigma_n(A) - \|S\|_2)\,\|x\|_2$$

für x einen Eigenvektor zum kleinsten Eigenwert $\lambda_n(A+S)$ zu $(A+S)^T(A+S)$, so folgt

$$\frac{1}{\|(A+S)^+\|_2} = \sigma_n(A+S) \geq \sigma_n(A) - \|S\|_2 = \frac{1}{\|A^+\|_2} - \|S\|_2$$

und hieraus wegen $\|A^+\|_2\,\|S\|_2 < 1$ die Behauptung. □

Wir wollen Satz 2.12 auf lineare Ausgleichsprobleme übertragen. Daher ist es zweckmäßig, auch für nicht notwendig quadratische Matrizen den Begriff der *Kondition* einzuführen, wobei wir uns allerdings auf die Spektralnorm als zugrunde liegende Norm beschränken.

Definition 6.7 Ist $A \in \mathbb{R}^{m\times n}$, $r := \text{Rang}\,(A)$ und sind $\sigma_1 \geq \cdots \geq \sigma_r$ die singulären Werte von A, so heißt

$$\text{cond}_2\,(A) := \|A\|_2\,\|A^+\|_2 = \frac{\sigma_1}{\sigma_r}$$

die *Kondition* von A (bezüglich der Spektralnorm $\|\cdot\|_2$).

Ziel dieses Abschnittes ist es, den folgenden Satz zu beweisen.

Satz 6.8 *Ist* $A \in \mathbb{R}^{m\times n}$ *mit* Rang $(A) = n$, $\Delta A \in \mathbb{R}^{m\times n}$ *eine Störung von* A *mit* $\|A^+\|_2\,\|\Delta A\|_2 < 1$, *sind* $b, \Delta b \in \mathbb{R}^m$ *gegeben und* $x, \Delta x \in \mathbb{R}^n$ *durch*

$$x := A^+b, \qquad x + \Delta x := (A+\Delta A)^+(b+\Delta b)$$

definiert, so ist für $x \neq 0$ *bzw.* $b \notin$ Bild (A):

$$\begin{aligned}\frac{\|\Delta x\|_2}{\|x\|_2} \leq \frac{\text{cond}_2\,(A)}{1 - \text{cond}_2\,(A)\dfrac{\|\Delta A\|_2}{\|A\|_2}}\Bigg[&\frac{\|\Delta A\|_2}{\|A\|_2}\Bigg(1 + \frac{\text{cond}_2\,(A)}{1 - \text{cond}_2\,(A)\dfrac{\|\Delta A\|_2}{\|A\|_2}} \cdot \frac{\|b - Ax\|_2}{\|A\|_2\,\|x\|_2}\Bigg) \\ &+ \frac{\|b\|_2}{\|A\|_2\,\|x\|_2} \cdot \frac{\|\Delta b\|_2}{\|b\|_2}\Bigg].\end{aligned}$$

Beweis: Es ist

$$\Delta x = (A+\Delta A)^+(b+\Delta b) - A^+b = [(A+\Delta A)^+ - A^+]b + (A+\Delta A)^+\Delta b.$$

Der Beweis wird dadurch erfolgen, daß wir $\|\Delta x\|_2$ mit Hilfe der Dreiecksungleichung nach oben abschätzen und anschließend durch $\|x\|_2$ dividieren. Wegen Lemma 6.6 macht es keine Mühe, den zweiten Term abzuschätzen:

$$\|(A+\Delta A)^+\Delta b\|_2 \leq \frac{\|A^+\|_2}{1-\|A\|_2\,\|\Delta A\|_2}\|\Delta b\|_2 = \frac{\operatorname{cond}_2(A)}{1-\operatorname{cond}_2(A)\dfrac{\|\Delta A\|_2}{\|A\|_2}}\cdot\frac{\|\Delta b\|_2}{\|A\|_2}.$$

Nach Division durch $\|x\|_2$ findet man die rechte Seite genau als letzten Term in der behaupteten Abschätzung wieder.

Schwieriger ist es, $\|[(A+\Delta A)^+ - A^+]b\|_2$ abzuschätzen. Es wird $\operatorname{Rang}(A) = \operatorname{Rang}(A+\Delta A) = n$ (siehe Lemma 6.6) benutzt, woraus

$$A^+A = (A^TA)^{-1}A^TA = I$$

und entsprechend $(A+\Delta A)^+(A+\Delta A) = I$ folgt. Daher ist

$$\begin{aligned}
(A+\Delta A)^+ - A^+ &= (A+\Delta A)^+(I-AA^+) + (A+\Delta A)^+AA^+ - A^+\\
&= (A+\Delta A)^+(I-AA^+) + (A+\Delta A)^+AA^+\\
&\quad - \underbrace{(A+\Delta A)^+(A+\Delta A)}_{=I}A^+\\
&= (A+\Delta A)^+(I-AA^+) - (A+\Delta A)^+(\Delta A)A^+,
\end{aligned}$$

nach Multiplikation mit b ist folglich

$$\begin{aligned}
[(A+\Delta A)^+ - A^+]b &= (A+\Delta A)^+(I-AA^+)b - (A+\Delta A)^+(\Delta A)\underbrace{A^+b}_{=x}\\
&= (A+\Delta A)^+(I-AA^+)(b-Ax)\\
&\quad + (A+\Delta A)^+\underbrace{(I-AA^+)A}_{=0}x - (A+\Delta A)^+(\Delta A)x\\
&= (A+\Delta A)^+(I-AA^+)(b-Ax) - (A+\Delta A)^+(\Delta A)x.
\end{aligned}$$

Mit der Dreiecksungleichung und dem Störungslemma 6.6 erhält man damit

$$\begin{aligned}
\|[(A+\Delta A)^+ - A^+]b\|_2 &\leq \|(A+\Delta A)^+(I-AA^+)\|_2\,\|b-Ax\|_2\\
&\quad + \frac{\|A^+\|_2}{1-\|A^+\|_2\,\|\Delta A\|_2}\|\Delta A\|_2\,\|x\|_2\\
&= \|(A+\Delta A)^+(I-AA^+)\|_2\,\|b-Ax\|_2\\
&\quad + \frac{\operatorname{cond}_2(A)}{1-\operatorname{cond}_2(A)\dfrac{\|\Delta A\|_2}{\|A\|_2}}\cdot\frac{\|\Delta A\|_2}{\|A\|_2}\|x\|_2.
\end{aligned}$$

Nach Division durch $\|x\|_2$ findet man hier den zweiten Term als ersten in der behaupteten Ungleichung wieder. Daher bleibt der erste Term abzuschätzen, was wiederum auf eine möglichst gute Abschätzung von $\|(A+\Delta A)^+(I-AA^+)\|_2$ hinausläuft. Genaueres Hinsehen und eine Anwendung des Störungslemma 6.6 zeigen, daß es genügt, das folgende Resultat zu beweisen:

- *Sind $A, B \in \mathbb{R}^{m\times n}$ mit* Rang $(A) =$ Rang $(B) = n$ *gegeben, so ist*

$$(*) \qquad \|B^+(I - AA^+)\|_2 \le \|B^+\|_2^2\,\|B - A\|_2.$$

(In einer dem Beweis folgenden Bemerkung wird darauf hingewiesen, daß eine bessere Abschätzung möglich ist.) Zum Beweis beachten wir zunächst, daß

$$\begin{aligned} B^+(I - AA^+) &= B^+BB^+(I - AA^+) \\ &= B^+(BB^+)^T(I - AA^+) \\ &= B^+(B^+)^TB^T(I - AA^+) \\ &= B^+(B^+)^T[(B - A) + A]^T(I - AA^+) \\ &= B^+(B^+)^T(B - A)^T(I - AA^+) + B^+(B^+)^T\underbrace{A^T(I - AA^+)}_{=0} \\ &= B^+(B^+)^T(B - A)^T(I - AA^+) \end{aligned}$$

und daher

$$\|B^+(I - AA^+)\|_2 \le \|B^+\|_2\,\|(B^+)^T\|_2\,\|(B - A)^T\|_2\,\|I - AA^+\|_2.$$

Die Ungleichung $(*)$ folgt durch zwei einfache Beobachtungen:

- *Ist $C \in \mathbb{R}^{m\times n}$, so ist $\|C\|_2 = \|C^T\|_2$.*

Denn: Die von Null verschiedenen Eigenwerte von C^TC und CC^T stimmen überein (siehe den ersten Teil des Beweises von Satz 6.2), daher ist

$$\|C\|_2 = \rho(C^TC)^{1/2} = \rho(CC^T)^{1/2} = \|C^T\|_2.$$

- *Ist $A \in \mathbb{R}^{m\times n}$, so ist $\|I - AA^+\|_2 \le 1$.*

Denn: Für beliebiges $y \in \mathbb{R}^m$ ist

$$\begin{aligned} \|y\|_2^2 &= \|(I - AA^+)y + AA^+y\|_2^2 \\ &= \|(I - AA^+)y\|_2^2 + 2y^T(I - AA^+)^TAA^+y + \|AA^+y\|_2^2 \\ &= \|(I - AA^+)y\|_2^2 + 2y^T\underbrace{(I - AA^+)AA^+}_{=0}y + \|AA^+y\|_2^2 \\ &= \|(I - AA^+)y\|_2^2 + \|AA^+y\|_2^2, \end{aligned}$$

daher

$$\|(I - AA^+)y\|_2^2 = \|y\|_2^2 - \|AA^+y\|_2^2 \le \|y\|_2^2 \qquad \text{für alle } y \in \mathbb{R}^m$$

und folglich $\|I - AA^+\|_2 \le 1$.

Insgesamt ist der Satz damit schließlich bewiesen. □

Bemerkungen: Ist $m = n$ in Satz 6.8, die Matrix $A \in \mathbb{R}^{n\times n}$ also nichtsingulär, so ist der Defekt $b - Ax$ gleich Null, so daß man in diesem Fall wegen $\|b\|_2 \le \|A\|_2\,\|x\|_2$ noch einmal das Ergebnis von Satz 2.12 (bezüglich der Spektralnorm) erhält. Interessant an der Abschätzung in Satz 6.8 ist vor allem das Auftreten des Quadrates der

Kondition von A bei der Abschätzung der relativen Störung der Lösung bei nichtverschwindendem Defekt $b - Ax$, wovon man bei linearen Ausgleichsproblemen i. allg. ausgehen kann.

Lemma 6.6 und Satz 6.8 gelten unter allgemeineren Voraussetzungen. Setzt man in Lemma 6.6 statt $\text{Rang}\,(A) = n$ voraus, daß $\text{Rang}\,(A + \Delta A) \le \text{Rang}\,(A)$, der Rang von A durch die Störung ΔA also nicht erhöht wird, behält man aber die Voraussetzung $\|A^+\|_2 \, \|\Delta A\|_2 < 1$ bei, so folgt hieraus $\text{Rang}\,(A + \Delta A) = \text{Rang}\,(A)$ und

$$\|(A + \Delta A)^+\|_2 \le \frac{\|A^+\|_2}{1 - \|A^+\|_2 \, \|\Delta A\|_2}$$

(siehe P.-A. Wedin (1973, S. 220) und C. L. Lawson, R. J. Hanson (1974, S. 43)). Ferner gilt die interessante Aussage

- *Sind* $A, B \in \mathbb{R}^{m \times n}$ *mit* $\text{Rang}\,(A) = \text{Rang}\,(B)$ *gegeben, so ist*

$$\|B^+(I - AA^+)\|_2 \le \|A^+\|_2 \, \|B^+\|_2 \, \|B - A\|_2$$

(siehe C. L. Lawson, R. J. Hanson (1974, S. 44)). Hierdurch ist eine Verbesserung der Abschätzung in Satz 6.8 möglich, unter den Voraussetzungen von Satz 6.8 gilt daher sogar

$$\|\Delta x\|_2 \le \frac{\text{cond}_2\,(A)}{1 - \text{cond}_2\,(A)\dfrac{\|\Delta A\|_2}{\|A\|_2}} \left[\frac{\|\Delta A\|_2}{\|A\|_2} \left(\|x\|_2 + \text{cond}_2\,(A) \frac{\|b - Ax\|_2}{\|A\|_2} \right) + \frac{\|\Delta b\|_2}{\|A\|_2} \right].$$

Wir haben uns, wie B. Noble (1976, S. 257), mit der einfacheren Abschätzung in Satz 6.8 begnügt.

Einfach ist die Untersuchung der relativen Störung der Lösung minimaler euklidischer Norm eines linearen Ausgleichsproblems, wenn lediglich die „rechte Seite" b gestört wird (siehe z. B. G. Hämmerlin, K.-H. Hoffmann (1991, S. 93) und Aufgabe 8). □

Aufgaben

1. Mit einem Kompaktheitsargument zeige man die Existenz einer Lösung des linearen Ausgleichsproblems

   (LA) Minimiere $\|Ax - b\|_2, \quad x \in \mathbb{R}^n$.

   Hinweis: Man wähle $y_0 \in \text{Bild}\,(A)$ beliebig und berücksichtige, daß die Niveaumenge $\{y \in \mathbb{R}^m : \|y - b\|_2 \le \|y_0 - b\|_2\} \cap \text{Bild}\,(A)$ kompakt ist.

2. Gegeben sei eine Matrix $A \in \mathbb{R}^{m \times n}$ mit $m \ge n$ und $r := \text{Rang}\,(A)$, ein Vektor $b \in \mathbb{R}^m$ und $\alpha > 0$. Man betrachte das restringierte Ausgleichsproblem

   (P) Minimiere $\|Ax - b\|_2, \quad \|x\|_2 \le \alpha$.

(a) Man zeige: Ein $x^* \in \mathbb{R}^n$ mit $\|x^*\|_2 \le \alpha$ ist genau dann eine Lösung von (P), wenn ein $\lambda^* \in \mathbb{R}$ mit

$$\lambda^* \ge 0, \qquad A^TAx^* + \lambda^* x^* = A^Tb, \qquad \lambda^*(\alpha - \|x^*\|_2) = 0$$

existiert. Unter welchen Voraussetzungen kann die eindeutige Lösbarkeit von (P) bewiesen werden?

(b) Sei $U^TAV = \Sigma$ eine nach Satz 6.2 existierende Singulärwertzerlegung von A und $\sigma_1 \ge \cdots \ge \sigma_r$ die singulären Werte. Wie kann man hiermit eine Lösung von (P) erhalten?

3. Sei $A \in \mathbb{R}^{m\times n}$ mit $r := \operatorname{Rang}(A)$. Es sei

$$U^TAV = \operatorname{diag}(\sigma_1, \dots, \sigma_r, 0, \dots, 0) \in \mathbb{R}^{m\times n}$$

eine Singulärwertzerlegung von A mit orthogonalen Matrizen

$$U = (\ u_1 \cdots u_m\ ) \in \mathbb{R}^{m\times m}, \qquad V = (\ v_1 \cdots v_n\ ) \in \mathbb{R}^{n\times n}.$$

Dann gilt:

(a) $\operatorname{Kern}(A) = \operatorname{span}\{v_{r+1}, \dots, v_n\}$ und $\operatorname{Bild}(A) = \operatorname{span}\{u_1, \dots, u_r\}$.

(b) $A = \sum_{i=1}^r \sigma_i u_i v_i^T$.

(c) $\|A\|_F = (\sum_{i=1}^r \sigma_i^2)^{1/2}$, wobei die Frobenius-Norm einer Matrix $A \in \mathbb{R}^{m\times n}$ natürlich durch

$$\|A\|_F := \Big(\sum_{i=1}^m \sum_{j=1}^n a_{ij}^2\Big)^{1/2}$$

definiert ist.

4. Sei $a \in \mathbb{R}^n \setminus \{0\}$. Der Zeilenvektor a^T werde als $1 \times n$-Matrix aufgefaßt, es sei also $A := a^T \in \mathbb{R}^{1\times n}$. Man berechne die Pseudoinverse A^+.

5. Ist $A \in \mathbb{R}^{n\times n}$ eine *normale* Matrix, d.h. $A^TA = AA^T$, so ist $A^+A = AA^+$.

6. Das *orthogonale Komplement* $L^\perp$ einer Menge $L \subset \mathbb{R}^n$ ist bekanntlich definiert als

$$L^\perp := \{x \in \mathbb{R}^n : x^Tz = 0 \quad \text{für alle } z \in L\}.$$

Sei $A \in \mathbb{R}^{m\times n}$ und $A^+ \in \mathbb{R}^{n\times m}$ die zugehörige Pseudoinverse. Man zeige:

(a) $AA^+ \colon \mathbb{R}^m \longrightarrow \operatorname{Bild}(A) \subset \mathbb{R}^m$ ist *orthogonale Projektion* des $\mathbb{R}^m$ auf $\operatorname{Bild}(A)$, d.h. es ist

$$y - AA^+y \in \operatorname{Bild}(A)^\perp \qquad \text{für alle } y \in \mathbb{R}^m.$$

(b) $A^+A \colon \mathbb{R}^n \longrightarrow \operatorname{Bild}(A^T) \subset \mathbb{R}^n$ ist orthogonale Projektion des $\mathbb{R}^n$ auf $\operatorname{Bild}(A^T)$.

7. Ist $A \in \mathbb{R}^{m\times n}$, so ist $(A^+)^T = (A^T)^+$ und $(A^+)^+ = A$.

8. Seien $A \in \mathbb{R}^{m\times n}$ mit $m \ge n$ sowie $b, \Delta b \in \mathbb{R}^m$ mit $b \notin \operatorname{Bild}(A)$ gegeben. Seien x bzw. $x + \Delta x$ die eindeutigen Lösungen minimaler euklidischer Norm der linearen Ausgleichsprobleme zu den Daten (A, b) bzw. $(A, b + \Delta b)$. Dann ist

$$\frac{\|\Delta x\|_2}{\|x\|_2} \le \operatorname{cond}_2(A)\,\frac{\|\Delta b\|_2}{\|A\|_2\,\|x\|_2} \le \operatorname{cond}_2(A)\,\frac{\|\Delta b\|_2}{\|AA^+b\|_2}.$$

Kapitel 2

Nichtlineare Gleichungssysteme

2.1 Einführung

In diesem Kapitel werden Verfahren zur numerischen Behandlung nichtlinearer[1], reeller Gleichungssysteme angegeben, motiviert und analysiert.

Gegeben ist stets eine Abbildung $f: \mathbb{R}^n \longrightarrow \mathbb{R}^n$, gesucht ist ein $x^* \in \mathbb{R}^n$ mit $f(x^*) = 0$. Im Gegensatz zu linearen Gleichungssystemen (hier ist $f(x) := Ax - b$ mit $A \in \mathbb{R}^{n \times n}$ und $b \in \mathbb{R}^n$) ist man bei einem nichtlinearen Gleichungssystem i. allg.[2] auf *Iterationsverfahren* angewiesen. Diese haben meistens die folgende Form: Ausgehend von einem Startwert x_0 wird mit Hilfe einer sogenannten *Iterationsfunktion* $F: \mathbb{R}^n \longrightarrow \mathbb{R}^n$, die das Verfahren bestimmt, eine Folge[3] $\{x_k\}$ durch die Vorschrift

$$x_{k+1} := F(x_k), \qquad k = 0, 1, \ldots,$$

berechnet. In einem Beispiel hatten wir in der Einführung z. B. bei gegebenem, positivem a zur Berechnung der positiven Quadratwurzel $\sqrt{a}$ bzw. der positiven Lösung von $f(x) := x^2 - a$ die Iterationsfunktion

$$F(x) := \frac{1}{2}\left(x + \frac{a}{x}\right)$$

betrachtet und das resultierende Iterationsverfahren analysiert.

Naheliegende Fragen bei der Untersuchung nichtlinearer Gleichungssysteme sind dann:

---

[1] Unter einer nichtsingulären Matrix versteht man eine Matrix, die nicht singulär ist. Eine nichtleere Menge ist nicht leer. Hiervon abweichend verstehen wir hier unter einem nichtlinearen Gleichungssystem eines, das nicht *notwendig* linear ist. Daher werden in diesem Kapitel auch Iterationsverfahren für lineare Gleichungssysteme behandelt.

[2] Ein besonders hübsches Beispiel eines überraschenderweise „exakt lösbaren“ nichtlinearen Gleichungssystems von drei Gleichungen in drei Unbekannten ist von D. E. KNUTH (1980) im Zusammenhang mit der Konstruktion des Buchstabens S angegeben worden.

[3] Iterationsindizes werden nur dann nach oben geschrieben, wenn die (meist sehr geringe) Gefahr besteht, daß andernfalls eine Verwechslung von k-ter Näherung und k-ter Komponente eintreten könnte. Da für $n = 1$ bzw. *einer* Gleichung in *einer* Unbekannten diese Möglichkeit nicht gegeben ist, schreiben wir hier Iterationsindizes grundsätzlich als untere Indizes.

1. Existiert eine Lösung x^* von $f(x) = 0$?

   Diese Frage sollte man sich am Anfang natürlich stellen, da es keinen Sinn macht, etwas zu berechnen, was es nicht gibt[4].

2. Wie bestimmt man zu einem gegebenen f bzw. dem nichtlinearen Gleichungssystem $f(x) = 0$ eine geeignete, zugehörige Iterationsfunktion?

   Allein schon an der Vielzahl der bis heute entwickelten Iterationsverfahren erkennt man, daß es hierauf keine eindeutige Antwort gibt. Natürlich sollte die Iterationsfunktion F die Eigenschaft haben, daß ein *Fixpunkt* x^* von F, also ein Punkt $x^* \in \mathbb{R}^n$ mit $x^* = F(x^*)$, auch Nullstelle von f ist. Die Auswahl eines Iterationsverfahrens zur näherungsweisen Lösung eines nichtlinearen Gleichungssystems $f(x) = 0$ wird u. a. von der „Glattheit" von f abhängen. Außerdem wird zu berücksichtigen sein, wie „teuer" die Auswertung von f und von Ableitungen von f (etwa der Funktionalmatrix) ist, ob sie überhaupt in analytischer Form vorliegen.

3. Unter welchen Voraussetzungen konvergiert die durch eine Iterationsfunktion F und einen Startwert x_0 gegebene Folge $\{x_k\}$ gegen eine Nullstelle x^* von f?

   Wir werden hier zwischen *lokalen* und *globalen* Konvergenzaussagen unterscheiden.

   (a) Lokale Konvergenzaussagen haben i. allg. die folgende Struktur: Ist x^* eine Nullstelle von f und f in einer Umgebung von x^* hinreichend glatt, so konvergiert unter geeigneten Zusatzvoraussetzungen das durch die Iterationsfunktion F gegebene Iterationsverfahren für jeden Startwert x_0, der hinreichend nahe bei x^* liegt.

   (b) Bei einer globalen Konvergenzaussage wird *nicht* vorausgesetzt, daß der Startwert x_0 in der Nähe einer Lösung x^* des gegebenen nichtlinearen Gleichungssystems liegt und trotzdem, unter meist recht einschneidenden Voraussetzungen, eine Konvergenzaussage für die erzeugte Folge gemacht.

4. Wie schnell konvergiert die durch den Startwert x_0 und die Iterationsfunktion F gegebene Folge $\{x_k\}$?

   Konvergenz der Näherungsfolge $\{x_k\}$ gegen eine Nullstelle x^* ist zwar theoretisch eine angenehme und erstrebenswerte Eigenschaft des gewählten Iterationsverfahrens, in der Praxis nützt sie aber nichts, wenn sie zu langsam erfolgt. Daher wird ein Maß für die Konvergenzgeschwindigkeit benötigt und nach „schnell" konvergenten Iterationsverfahren gefragt.

---

[4]Dies ist zwar eine triviale Bemerkung, aber nicht jedermann scheint dies bewußt zu sein. Nach einer Meldung der Frankfurter Rundschau vom 30. Oktober 1989 haben sich die Minister der Europäischen Gemeinschaft eine Stunde lang den Kopf darüber zerbrochen, ob auf die Einfuhr von Artischokken aus Afrika, der Karibik und dem Pazifischen Raum Zoll erhoben werden sollte oder nicht. Spanien und Italien sollen sich vehement dagegen gewehrt haben, daß ihre Artischocken-Bauern der Konkurrenz aus der dritten Welt ausgesetzt werden. Der Diskussion wurde erst durch den EG-Kommissar Manuel Marin ein Ende bereitet, der mitteilte, daß in den angesprochenen Ländern keine Artischocken angebaut werden.

Auf alle Punkte werden wir in diesem Kapitel ausführlich eingehen. Nichtlineare Gleichungssysteme treten u. a. bei der Diskretisierung nichtlinearer gewöhnlicher und partieller Randwertaufgaben sowie nichtlinearer Integralgleichungen auf. Dies soll hier nicht näher ausgeführt werden, statt dessen wollen wir ein eher unorthodoxes Beispiel für das Auftreten einer nichtlinearen Gleichung betrachten.

Beispiel: Bei gegebenem $n \in \mathbb{N}$ mit $n \geq 2$ sind Punkte $P_1, \ldots, P_n$ in einem Quadrat der Seitenlänge 1 so zu verteilen, daß $\min_{1 \leq i < j \leq n} \|P_i - P_j\|_2$ maximal ist. Bei L. COLLATZ, W. WETTERLING (1971, S. 174) wird vom *Problem der feindlichen Brüder* gesprochen: Auf einem quadratischen Grundstück wollen n verfeindete Brüder so ihre Häuser bauen, daß der minimale Abstand von je zweien maximal ist. Für $n = 2, \ldots, 9$ sind optimale Konfigurationen bekannt (siehe J. SCHAER (1965)), was für $n = 10$ offenbar nicht zutrifft. Die bisher beste Verteilung von Punkten $P_1, \ldots, P_{10}$ im Einheitsquadrat ist von G. VALETTE (1989) angegeben worden. Die Konstruktion verläuft

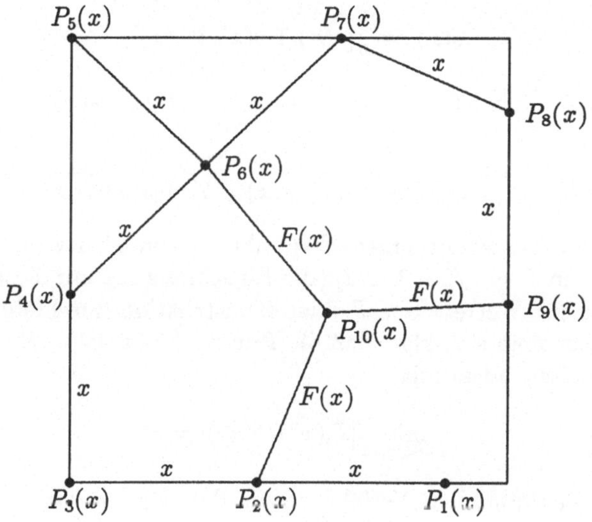

Abbildung 2.1: Das Problem der zehn feindlichen Brüder

folgendermaßen ($|P_iP_j|$ bezeichne den (euklidischen) Abstand zwischen P_i und P_j): Sei $x \in [\sqrt{2} - 1, 1/2]$ vorgegeben. Man definiere

$$P_1(x) := (2x, 0),\ P_2(x) := (x, 0),\ P_3(x) := (0, 0),\ P_4(x) := (0, x),\ P_5(x) := (0, 1)$$

anschließend $P_6(x)$ im Innern sowie $P_7(x)$, $P_8(x)$ und $P_9(x)$ auf dem Rande des Einheitsquadrats so, daß

$$x = |P_4(x)P_6(x)| = |P_5(x)P_6(x)| = |P_6(x)P_7(x)| = |P_7(x)P_8(x)| = |P_8(x)P_9(x)|.$$

Setzt man zur Abkürzung $y(x) := \{x^2 - [(1-x)/2]^2\}^{1/2}$, so ist nach einfacher Rechnung

$$P_6(x) \;=\; (y(x), (x+1)/2),$$

$$\begin{aligned} P_7(x) &= (2y(x), 1), \\ P_8(x) &= (1, 1 - \{x^2 - [1 - 2y(x)]^2\}^{1/2}), \\ P_9(x) &= (1, 1 - x - \{x^2 - [1 - 2y(x)]^2\}^{1/2}). \end{aligned}$$

Schließlich sei $P_{10}(x)$ der Mittelpunkt und $F(x)$ der Radius des Umkreises zum Dreieck $\Delta P_2(x)P_6(x)P_9(x)$, so daß

$$F(x) = |P_2(x)P_{10}(x)| = |P_6(x)P_{10}(x)| = |P_9(x)P_{10}(x)|.$$

Bezeichnet man mit

$$a(x) := |P_2(x)P_6(x)|, \quad b(x) := |P_6(x)P_9(x)|, \quad c(x) := |P_9(x)P_2(x)|$$

die Seitenlängen des Dreiecks $\Delta P_2(x)P_6(x)P_9(x)$ und setzt man anschließend

$$s(x) := \frac{1}{2}[a(x) + b(x) + c(x)],$$

so ist der Umkugelradius $F(x)$ des Dreiecks $\Delta P_2(x)P_6(x)P_9(x)$ durch

$$F(x) = \frac{a(x)b(x)c(x)}{4\{s(x)[s(x) - a(x)][s(x) - b(x)][s(x) - c(x)]\}^{1/2}}$$

gegeben. Man bestimme nun einen Fixpunkt x^* von F bzw. eine Nullstelle von $f(x) := x - F(x)$ in $I := [\sqrt{2} - 1, 1/2]$ (die Einschränkung auf dieses Intervall rührt daher, daß genau für Werte x aus I obige Konstruktion durchführbar ist). Ist das gelungen, so macht man sich klar, daß die Punkte $\{P_1(x^*), \ldots, P_{10}(x^*)\}$ eine Konfiguration im Einheitsquadrat mit

$$\min_{1 \le i < j \le 10} |P_i(x^*)P_j(x^*)| = x^*$$

bilden. Bei der Auswahl eines Verfahrens zur Berechnung von x^* wird man wahrscheinlich eines wählen, das *ohne* die Verwendung von Ableitungen von F bzw. f auskommt. □

Aufgaben

1. Man betrachte noch einmal das obige Beispiel und benutze die dort eingeführten Bezeichnungen. Man zeige, daß $f(\sqrt{2} - 1) < 0 < f(1/2)$. Dann wende man zur Berechnung einer Nullstelle x^* von f bzw. eines Fixpunktes x^* von F das *Bisektionsverfahren* an. Dieses hat die folgende Form:

   (a) Input.
   $f \in C[a, b]$ mit $f(a)f(b) < 0$ gegeben (f besitzt wegen des Zwischenwertsatzes also eine Nullstelle in (a, b)). Sei $\epsilon > 0$ gegeben.

   (b) Das Bisektionsverfahren halbiert in jedem Schritt das Intervall, in dem eine Nullstelle von f gesucht wird und fährt in dem Intervall fort, an dessen Enden f verschiedenes Vorzeichen besitzt. Dies kann folgendermaßen realisiert werden:

$s := (f(a) < 0)$
Wiederhole
$x := 0.5\,(a+b)$
$z := f(x)$
Falls $(z < 0) = s$ dann $a := x$ andernfalls $b := x$
bis $|a-b| < \epsilon$
$x := 0.5\,(a+b)$

(c) Output.

Ausgegeben wird ein Intervall $[a,b]$ mit $|b-a| < \epsilon$, in dem f eine Nullstelle besitzt, und der Mittelpunkt $x = 0.5\,(a+b)$ als Näherung für eine Nullstelle.

Als Ergebnis sollten Sie $x^* \approx 0.4211897032$ erhalten. Als Anwendung stellen Sie sich (und vielleicht auch befreundeten Nichtmathematikern) die folgende Aufgabe: Nehmen Sie zehn 10 Pfennigstücke, diese haben einen Durchmesser von d mm. Schneiden Sie aus Pappe ein Quadrat der Seitenlänge $s := d\,(x^*+1)/x^*$ mm. Sie sollten dann in der Lage sein, auf diesem Papp-Quadrat die zehn 10 Pfennigstücke so zu plazieren, daß sie sich nicht überlappen.

2. Ist $g\colon \mathbb{R}^n \longrightarrow \mathbb{R}^m$ eine Abbildung mit $m \ge n$, so ist das nichtlineare Gleichungssystem $g(x) = 0$ (jedenfalls für $m > n$) überbestimmt und wird daher i. allg. nicht lösbar sein. Man betrachtet daher das nichtlineare Ausgleichsproblem

$$\text{(NLA)} \qquad \text{Minimiere} \quad \frac{1}{2}\,\|g(x)\|_2^2 = \frac{1}{2}\sum_{i=1}^m g_i^2(x), \quad x \in \mathbb{R}^n.$$

Sei $g\colon \mathbb{R}^n \longrightarrow \mathbb{R}^m$ stetig partiell differenzierbar, so daß in jedem Punkt $x \in \mathbb{R}^n$ die *Funktionalmatrix*

$$g'(x) = \left(\frac{\partial g_i}{\partial x_j}(x)\right)_{\substack{1\le i\le m\\ 1\le j\le n}} \in \mathbb{R}^{m\times n}$$

von g in x definiert ist. Man zeige: Ist x^* eine *lokale Lösung* des nichtlinearen Ausgleichsproblems (NLA), d. h. existiert eine Kugel B um x^* mit

$$\|g(x^*)\|_2^2 \le \|g(x)\|_2^2 \qquad \text{für alle } x \in B,$$

so ist x^* eine Lösung des nichtlinearen Gleichungssystems $[g'(x)]^T g(x) = 0$.

2.2 Allgemeine Konvergenzsätze

Ein nichtlineares Gleichungssystem $f(x) = 0$ wird sehr häufig dadurch gelöst, daß diese Nullstellenaufgabe als eine Fixpunktaufgabe $x = F(x)$ umformuliert und anschließend mit einem geeigneten Startwert x_0 eine Folge $\{x_k\}$ durch $x_{k+1} := F(x_k)$ berechnet wird, von der man hofft, daß sie gegen einen Fixpunkt von F bzw. eine Nullstelle von f konvergiert. Bei der Wahl der Iterationsfunktion F hat man einige Freiheiten. Die eine Wahl kann zum Erfolg, eine andere zum Scheitern führen. In diesem Abschnitt stellen wir uns auf den Standpunkt, zur Lösung der Nullstellenaufgabe $f(x) = 0$ sei eine Iterationsfunktion F gegeben. Wir untersuchen die Konvergenz der Folge $\{x_k\}$, die mit einem geeigneten Startwert x_0 durch $x_{k+1} := F(x_k)$ definiert ist.

2.2.1 Der Banachsche Fixpunktsatz

Fixpunktsätze spielen eine große Rolle in der Analysis und der numerischen Mathematik. Sie geben hinreichende Bedingungen dafür an, daß eine gegebene Abbildung F einen *Fixpunkt* besitzt, also einen Punkt, der bei Anwendung von F fest bleibt. Für die numerische Mathematik ist der Banachsche Fixpunktsatz (oft auch *Kontraktionssatz* oder *Fixpunktsatz für kontrahierende Abbildungen* genannt) von besonderem Interesse, weil in ihm nicht nur eine Existenz- und Eindeutigkeitsaussage für einen Fixpunkt, sondern auch eine Konvergenzaussage gemacht und die Gültigkeit einer Fehlerabschätzung bewiesen wird.

Wir formulieren den Banachschen Fixpunktsatz im $\mathbb{K}^n$ (wobei $\mathbb{K}$ wieder der Körper $\mathbb{R}$ bzw. $\mathbb{C}$ der reellen bzw. komplexen Zahlen ist, später wird fast immer $\mathbb{K} = \mathbb{R}$ sein). Auf (naheliegende) Verallgemeinerungsmöglichkeiten gehen wir in einer späteren Bemerkung ein. Zunächst aber:

Definition 2.1 Sei $\|\cdot\|$ eine Norm auf $\mathbb{K}^n$. Eine Abbildung $F\colon D \subset \mathbb{K}^n \longrightarrow \mathbb{K}^n$ heißt *lipschitzstetig auf* D, wenn es eine Konstante $L \geq 0$ (die sogenannte *Lipschitzkonstante*) gibt derart, daß

$$\|F(x) - F(y)\| \leq L\,\|x - y\| \qquad \text{für alle } x, y \in D.$$

Ist hierbei $L < 1$, so heißt F *kontrahierend auf* D *bezüglich der Norm* $\|\cdot\|$.

Wegen der Äquivalenz der Normen im $\mathbb{K}^n$ (siehe Satz 2.2 in Abschnitt 1.2) gilt natürlich: Ist F lipschitzstetig auf D bezüglich *einer* Norm, so auch bezüglich jeder anderen (wobei sich die Lipschitzkonstante verändert, so daß man *nicht* erwarten kann, daß die Kontraktionseigenschaft einer Abbildung unabhängig von der gewählten Norm ist).

Satz 2.2 (Banachscher Fixpunktsatz) *Sei* $\|\cdot\|$ *eine gegebene Norm auf dem* $\mathbb{K}^n$ *und* $F\colon D \subset \mathbb{K}^n \longrightarrow \mathbb{K}^n$ *eine Abbildung. Es wird vorausgesetzt:*

1. $D \subset \mathbb{K}^n$ *ist nichtleer und abgeschlossen.*
2. F *bildet* D *in sich ab, d. h. es ist* $F(D) \subset D$.
3. F *ist bezüglich der Norm* $\|\cdot\|$ *kontrahierend auf* D *mit der Lipschitzkonstanten* $L < 1$.

Dann gilt:

(a) *Die Folge* $\{x_k\}$ *mit* $x_{k+1} := F(x_k)$, $k = 0, 1, \ldots$, *konvergiert für jedes* $x_0 \in D$ *gegen ein* $x^* \in D$, *den einzigen Fixpunkt von* F *in* D.

(b) *A priori Fehlerabschätzung:*

$$\|x_k - x^*\| \leq \frac{L^k}{1-L}\|x_1 - x_0\|, \qquad k = 0, 1, \ldots.$$

(c) *A posteriori Fehlerabschätzung:*

$$\|x_k - x^*\| \leq \frac{L}{1-L}\,\|x_k - x_{k-1}\|, \qquad k = 1, 2, \ldots.$$

Beweis: Wegen $F(D) \subset D$ und $x_0 \in D$ ist $\{x_k\} \subset D$. Wir zeigen, daß $\{x_k\}$ eine *Cauchy-Folge* ist, d.h. daß zu jedem $\epsilon > 0$ ein $N(\epsilon) \in \mathbb{N}$ existiert derart, daß $\|x_l - x_k\| \leq \epsilon$ für alle $l, k \geq N(\epsilon)$. Da jede Cauchy-Folge im $\mathbb{K}^n$ konvergent ist (siehe z.B. O. FORSTER (1984, S. 11)), folgt die Existenz eines Limes x^* der Folge $\{x_k\}$, dieser ist wegen der Abgeschlossenheit von D ein Element von D.

Für $p \in \mathbb{N}$ ist

$$\|x_{p+1} - x_p\| = \|F(x_p) - F(x_{p-1})\| \leq L\,\|x_p - x_{p-1}\| \leq \cdots \leq L^p\,\|x_1 - x_0\|,$$

insbesondere

$$(*) \qquad \|x_{p+1} - x_p\| \leq L^p\,\|x_1 - x_0\|, \qquad p = 0, 1, \ldots.$$

Für $0 \leq k < l$ ist nach Anwendung der Dreiecksungleichung sowie der Ungleichung $(*)$ mit $p = k + i - 1$ daher

$$\|x_l - x_k\| \leq \sum_{i=1}^{l-k} \|x_{k+i} - x_{k+i-1}\| \leq \Big(\sum_{i=1}^{l-k} L^{k+i-1}\Big)\,\|x_1 - x_0\| \leq \frac{L^k}{1-L}\,\|x_1 - x_0\|.$$

Hieraus folgt, daß $\{x_k\} \subset D$ eine Cauchy-Folge ist und daher gegen ein $x^* \in D$ konvergiert. Als lipschitzstetige Abbildung ist F insbesondere stetig. Aus $x_k \to x^*$ folgt daher $F(x_k) \to F(x^*)$. Wegen $x_{k+1} \to x^*$ und $x_{k+1} = F(x_k)$ ist also $x^* = F(x^*)$. Ist auch $x^{**} \in D$ ein Fixpunkt von F, so ist

$$\|x^* - x^{**}\| = \|F(x^*) - F(x^{**})\| \leq L\,\|x^* - x^{**}\| \qquad \text{bzw.} \qquad \underbrace{(1-L)}_{>0}\,\|x^* - x^{**}\| \leq 0$$

und daher $x^* = x^{**}$, womit auch die Eindeutigkeit eines Fixpunktes von F in D bewiesen ist.

Im ersten Teil des Beweises hatten wir gezeigt, daß

$$\|x_l - x_k\| \leq \frac{L^k}{1-L}\,\|x_1 - x_0\|, \qquad 0 \leq k < l.$$

Mit $l \to \infty$ bei festem k folgt (es wird die Stetigkeit der Norm ausgenutzt)

$$\|x_k - x^*\| \leq \frac{L^k}{1-L}\,\|x_1 - x_0\|, \qquad k = 0, 1, \ldots.$$

Diese Abschätzung heißt eine *a priori Fehlerabschätzung*, da man am Anfang der Iteration bei Kenntnis von x_0 und $x_1 = F(x_0)$ sowie der Lipschitzkonstanten $L < 1$ ausrechnen kann, wie viele Iterationen höchstens nötig sind, um eine gewünschte Genauigkeit zu garantieren.

Sei $k \in \mathbb{N}$ fest. Setzt man $y_0 := x_{k-1}$ und $y_1 := F(y_0)$, so ist $y_1 = F(x_{k-1}) = x_k$. Aus der gerade eben bewiesenen a priori Abschätzung erhält man:

$$\|x_k - x^*\| = \|y_1 - x^*\| \leq \frac{L}{1-L}\,\|y_1 - y_0\| = \frac{L}{1-L}\,\|x_k - x_{k-1}\|$$

und das ist die behauptete *a posteriori Fehlerabschätzung*. Sie erlaubt es, die erreichte Genauigkeit abzuschätzen, wenn die Näherungen x_{k-1} und x_k berechnet sind.

Insgesamt ist der Banachsche Fixpunktsatz bewiesen. □

Bemerkung: Es wurde schon angedeutet, daß der Banachsche Fixpunktsatz wesentlich allgemeiner als angegeben gilt. Dies soll kurz ausgeführt werden. Es gilt die folgende Verallgemeinerung:

- *Ist (D,d) ein vollständiger metrischer Raum und $F\colon D \longrightarrow D$ eine Abbildung, zu der es eine Konstante $L \in [0,1)$ mit*

$$d(F(x),F(y)) \le L\, d(x,y) \qquad \text{für alle } x,y \in D$$

gibt, so konvergiert die durch $x_{k+1} := F(x_k)$ definierte Folge $\{x_k\}$ für jedes Startelement $x_0 \in D$ gegen den einzigen Fixpunkt x^* von F in D. Ferner gelten die Abschätzungen

$$d(x_k,x^*) \le \frac{L^k}{1-L}\, d(x_1,x_0), \qquad k = 0,1,\ldots$$

und

$$d(x_k,x^*) \le \frac{L}{1-L}\, d(x_k,x_{k-1}), \qquad k = 1,2,\ldots.$$

Hierbei heißt (D,d) ein *metrischer Raum*, wenn D eine Menge und die sogenannte *Metrik* $d\colon D \times D \longrightarrow \mathbb{R}$ eine Abbildung mit

1. $d(x,y) = 0 \iff x = y$ (Definitheit),
2. $d(x,y) = d(y,x)$ für alle $x,y \in D$ (Symmetrie),
3. $d(x,z) \le d(x,y) + d(y,z)$ für alle $x,y,z \in D$ (Dreiecksungleichung)

ist. Eine Folge $\{x_k\} \subset D$ *konvergiert* gegen $x^* \in D$, wenn $\lim_{k\to\infty} d(x_k,x^*) = 0$. Ferner heißt eine Folge $\{x_k\} \subset D$ eine *Cauchy-Folge*, wenn es zu jedem $\epsilon > 0$ ein $N(\epsilon) \in \mathbb{N}$ mit $d(x_l,x_k) \le \epsilon$ für alle $k,l \ge N(\epsilon)$ gibt. Schließlich heißt ein metrischer Raum (D,d) *vollständig*, wenn jede Cauchy-Folge $\{x_k\} \subset D$ gegen ein $x^* \in D$ konvergiert.

Ist z. B. wie in Satz 2.2 eine Norm $\|\cdot\|$ auf $\mathbb{K}^n$ gegeben und ist $D \subset \mathbb{K}^n$ abgeschlossen, so ist durch $d(x,y) := \|x-y\|$ eine Metrik auf D definiert, die (D,d) zu einem vollständigen metrischen Raum macht. Man sollte sich davon überzeugen, daß sich der Beweis von Satz 2.2 auf den der obigen allgemeineren Formulierung des Banachschen Fixpunktsatzes überträgt. □

Beispiel: Wir wollen kurz auf die Diskretisierung einer nichtlinearen Randwertaufgabe und das entstehende nichtlineare Gleichungssystem eingehen.

Gegeben sei die nichtlineare Randwertaufgabe

$$\text{(P)} \qquad -u'' = g(x,u), \qquad u(0) = u(1) = 0.$$

Für die nichtlineare Abbildung $g\colon [0,1] \times \mathbb{R} \longrightarrow \mathbb{R}$ gelte eine (globale) Lipschitzbedingung bezüglich der zweiten Variablen:

(V) Es existiert eine Konstante $c > 0$ mit $|g(x,u) - g(x,v)| \leq c\,|u - v|$ für alle $x \in [0,1]$ und alle $u, v \in \mathbb{R}$.

Nun wähle man $n \in \mathbb{N}$, erhalte hieraus die Maschenweite $h := 1/(n+1)$, die Stützstellen $x_i := i\,h$, $i = 0, 1, \ldots, n+1$, und diskretisiere die Randwertaufgabe (P) ganz ähnlich wie es in einem Beispiel in Abschnitt 1.1 geschah, indem

$$-u''(x_i) \approx \frac{-u(x_{i-1}) + 2u(x_i) - u(x_{i+1})}{h^2}, \qquad i = 1, \ldots, n,$$

ausgenutzt wird. Bezeichnet man mit u_i eine Näherung für eine Lösung von (P) an der Stelle x_i, so erhält man für $u = (u_1, \ldots, u_n)^T$ (eine Verwechslung mit einer Lösung u von (P) sollte vermieden werden) das nichtlineare Gleichungssystem

$$(*) \quad \begin{pmatrix} 2 & -1 & \cdots & 0 \\ -1 & 2 & \ddots & \vdots \\ \vdots & \ddots & \ddots & -1 \\ 0 & \cdots & -1 & 2 \end{pmatrix} \begin{pmatrix} u_1 \\ \vdots \\ \vdots \\ u_n \end{pmatrix} = h^2 \begin{pmatrix} g(x_1, u_1) \\ \vdots \\ \vdots \\ g(x_n, u_n) \end{pmatrix} \qquad \text{bzw.} \quad Au = h^2\,G(u).$$

Die Matrix $A \in \mathbb{R}^{n \times n}$ ist nichtsingulär. Man prüft leicht nach, daß $A^{-1} = (a_{ij}^*)$ mit

$$a_{ij}^* = \begin{cases} \dfrac{(n+1-i)\,j}{n+1} & \text{für} \quad i \geq j, \\[2ex] \dfrac{(n+1-j)\,i}{n+1} & \text{für} \quad i < j. \end{cases}$$

Das nichtlineare Gleichungssystem $Au = h^2\,G(u)$ ist daher äquivalent zu der Fixpunktaufgabe $u = F(u)$, wobei $F\colon \mathbb{R}^n \longrightarrow \mathbb{R}^n$ durch $F(u) := h^2\,A^{-1}G(u)$ definiert ist. Wählt man als Norm im $\mathbb{R}^n$ die Maximumnorm $\|\cdot\|_\infty$, so erhält man für beliebiges $u, v \in \mathbb{R}^n$ wegen der Lipschitzbedingung (V):

$$\begin{aligned} \|F(u) - F(v)\|_\infty &= h^2\,\|A^{-1}[G(u) - G(v)]\|_\infty \\ &\leq h^2\,\|A^{-1}\|_\infty\,\|G(u) - G(v)\|_\infty \\ &= h^2\,\|A^{-1}\|_\infty \max_{j=1,\ldots,n} |g(x_j, u_j) - g(x_j, v_j)| \\ &\leq c\,h^2\,\|A^{-1}\|_\infty \max_{j=1,\ldots,n} |u_j - v_j| \\ &= c\,h^2\,\|A^{-1}\|_\infty\,\|u - v\|_\infty. \end{aligned}$$

Also ist $F\colon \mathbb{R}^n \longrightarrow \mathbb{R}^n$ lipschitzstetig auf dem $\mathbb{R}^n$ mit der Lipschitzkonstanten

$$L := c\,h^2\,\|A^{-1}\|_\infty \leq c\,h^2\,\frac{(n+1)^2}{8} = \frac{c}{8}.$$

Damit erhalten wir aus dem Banachschen Fixpunktsatz (setze dort $\mathbb{K} = \mathbb{R}$ und $D := \mathbb{R}^n$): Ist die Lipschitzbedingung (V) mit $c < 8$ erfüllt, so besitzt das nichtlineare Gleichungssystem $(*)$, sozusagen ein diskretes Analogon zu der nichtlinearen Randwertaufgabe (P), eine eindeutige Lösung u^*. Für beliebiges $u^0 \in \mathbb{R}^n$ konvergiert die durch $Au^{k+1} = h^2 G(u^k)$ gewonnene Folge $\{u^k\}$ gegen u^*. Bei der Durchführung dieses Iterationsverfahrens liegt es nahe, zu Beginn eine LR-Zerlegung der Tridiagonalmatrix A zu berechnen (siehe Satz 3.5 in Abschnitt 1.3). □

Eine einfache Folgerung aus dem Banachschen Fixpunktsatz ist

Korollar 2.3 *Sei $\|\cdot\|$ eine Norm auf $\mathbb{K}^n$ und $F: \mathbb{K}^n \longrightarrow \mathbb{K}^n$ eine Abbildung. Es wird die Existenz von $x_0 \in \mathbb{K}^n$ und $r > 0$ vorausgesetzt mit:*

1. *F ist auf der Kugel $B[x_0; r] := \{x \in \mathbb{K}^n : \|x - x_0\| \le r\}$ kontrahierend mit einer Lipschitzkonstanten $L < 1$,*
2. *$\|F(x_0) - x_0\| \le (1 - L)r$.*

Ausgehend von x_0 sei die Folge $\{x_k\}$ durch $x_{k+1} := F(x_k)$ gegeben. Dann gilt:

(a) $\{x_k\} \subset B[x_0; r]$,

(b) F besitzt in $B[x_0; r]$ genau einen Fixpunkt x^*, es ist $\lim_{k\to\infty} x_k = x^*$ und

$$\|x_k - x^*\| \le \frac{L^k}{1-L}\|x_1 - x_0\|, \qquad k = 0, 1, \ldots$$

sowie

$$\|x_k - x^*\| \le \frac{L}{1-L}\|x_k - x_{k-1}\| \qquad k = 1, 2, \ldots .$$

Beweis: Im Banachschen Fixpunktsatz 2.2 setze man $D := B[x_0; r]$. Dann ist D eine nichtleere, abgeschlossene Teilmenge des $\mathbb{K}^n$, auf der F nach Voraussetzung kontrahiert. Alle Behauptungen dieses Korollars folgen aus dem Banachschen Fixpunktsatz 2.2, wenn wir gezeigt haben, daß F die Menge D (bzw. die Kugel $B[x_0; r]$) in sich abbildet, d. h. daß $F(D) \subset D$.

Sei $x \in D$. Dann ist

$$\|F(x) - x_0\| \le \|F(x) - F(x_0)\| + \|F(x_0) - x_0\| \le L \underbrace{\|x - x^0\|}_{\le r} + (1 - L)r \le r,$$

also $F(x) \in D$, womit $F(D) \subset D$ und das Korollar bewiesen ist. □

Beschließen wollen wir diesen Unterabschnitt mit einem Hinweis auf den *Brouwerschen Fixpunktsatz*, für dessen Beweis wir auf J. M. ORTEGA, W. C. RHEINBOLDT (1970) und insbesondere auf J. FRANKLIN (1980) verweisen.

Satz 2.4 (Brouwerscher Fixpunktsatz) *Sei $D \subset \mathbb{R}^n$ nichtleer, konvex und kompakt, $F: D \longrightarrow \mathbb{R}^n$ eine stetige Abbildung mit $F(D) \subset D$. Dann besitzt F einen Fixpunkt $x^* \in D$.*

2.2.2 Lipschitzstetige Abbildungen

Für die Anwendung von Satz 2.2 bzw. von Korollar 2.3 ist es von entscheidender Bedeutung, hinreichende Bedingungen dafür zu haben, daß eine Abbildung F auf einer Menge D kontrahiert. Hierzu muß man die Lipschitzstetigkeit einer Abbildung nachweisen und eine zugehörige Lipschitzkonstante berechnen können. Wir werden im folgenden nur noch *reelle* Gleichungssysteme untersuchen und an einige Grundbegriffe der Differentialrechnung im $\mathbb{R}^n$ erinnern. Zunächst betrachten wir den eindimensionalen Fall.

Lemma 2.5 *Sei $F \in C^1([a,b],\mathbb{R}) = C^1[a,b]$ eine reellwertige, auf dem kompakten Intervall $[a,b] \subset \mathbb{R}$ stetig differenzierbare Funktion. Dann ist F auf $[a,b]$ lipschitzstetig mit zugehöriger Lipschitzkonstante*

$$L := \max_{\xi \in [a,b]} |F'(\xi)|.$$

Beweis: Seien $x, y \in [a,b]$ vorgegeben. Wegen des Mittelwertsatzes der Differentialrechnung (siehe z. B. O. FORSTER (1983, S. 110)) existiert ein $\theta \in (0,1)$ mit

$$F(x) - F(y) = F'(x + \theta(y-x))(x-y),$$

so daß

$$|F(x) - F(y)| \leq \underbrace{\max_{\xi \in [a,b]} |F'(\xi)|}_{=:L} |x-y| \qquad \text{für alle } x, y \in [a,b].$$

Damit ist das Lemma bewiesen. □

Beispiel: Sei $F(x) := \arctan x + \pi$, zu bestimmen sei ein Fixpunkt von F (dieser ist die erste positive Lösung von $x - \tan x = 0$). Es ist $F'(x) = 1/(1+x^2)$ und daher F monoton wachsend. Wir setzen $x_0 := 4.475$ und definieren für noch unbestimmtes $r > 0$ die „Kugel“ $B[x_0;r] := \{x \in \mathbb{R} : |x - x_0| \leq r\}$ bzw. das Intervall $B[x_0;r] := [x_0 - r, x_0 + r]$. Wegen Lemma 2.5 ist F auf $B[x_0;r]$ kontrahierend mit einer Lipschitzkonstanten

$$L(r) := \max_{\xi \in [x_0 - r, x_0 + r]} |F'(\xi)| = \frac{1}{1 + (x_0 - r)^2}.$$

Um Korollar 2.3 anwenden zu können, ist $r > 0$ so zu bestimmen, daß

$$\underbrace{|F(x_0) - x_0|}_{\leq 0.018} \leq [1 - L(r)]r = \frac{(4.475 - r)^2}{1 + (4.475 - r)^2}\, r.$$

Eine zulässige Wahl ist $r := 0.019$, eine zugehörige Lipschitzkonstante $L(r) \leq 0.048$. Aus Korollar 2.3 erhält man für die k-te Näherung die Fehlerabschätzung

$$|x_k - x^*| \leq \frac{L(r)^k}{1 - L(r)} |F(x_0) - x_0| \leq 0.019 \cdot (0.048)^k.$$

□

Unser nächstes Ziel ist es, Lemma 2.5 auf Abbildungen des $\mathbb{R}^n$ in sich bzw. in den $\mathbb{R}^m$ zu verallgemeinern. Dies ist eine gute Gelegenheit, an einige **Begriffe und Ergebnisse der Differentialrechnung im $\mathbb{R}^n$** zu erinnern (siehe z. B. O. FORSTER (1984, S. 45 ff.)).

1. Sei $U \subset \mathbb{R}^n$ offen und $f: U \subset \mathbb{R}^n \longrightarrow \mathbb{R}^m$ eine Abbildung. f heißt in $x \in U$ *(total) differenzierbar*, falls es eine lineare Abbildung $A: \mathbb{R}^n \longrightarrow \mathbb{R}^m$ bzw. eine Matrix $A \in \mathbb{R}^{m \times n}$ gibt mit

$$(*) \qquad \lim_{h \to 0} \frac{\|f(x+h) - f(x) - Ah\|}{\|h\|} = 0.$$

   Hierbei ist $\|\cdot\|$ eine beliebige Norm auf dem $\mathbb{R}^m$ bzw. dem $\mathbb{R}^n$. Wegen der Äquivalenz der Normen auf dem $\mathbb{R}^m$ bzw. $\mathbb{R}^n$ ist der Begriff der Differenzierbarkeit von der Wahl der Normen unabhängig.

2. Sei $U \subset \mathbb{R}^n$ offen und $f: U \longrightarrow \mathbb{R}^m$ in $x \in U$ differenzierbar, d. h. es gelte $(*)$ mit einer Matrix $A = (a_{ij}) \in \mathbb{R}^{m \times n}$. Ist

$$f(x) = \begin{pmatrix} f_1(x) \\ \vdots \\ f_m(x) \end{pmatrix} = \begin{pmatrix} f_1(x_1, \ldots, x_n) \\ \vdots \\ f_m(x_1, \ldots, x_n) \end{pmatrix},$$

   so gilt:

   (a) f ist in x stetig.

   (b) Alle Komponenten $f_i: U \longrightarrow \mathbb{R}$, $i = 1, \ldots, m$, von f sind in x partiell differenzierbar und es ist $a_{ij} = \dfrac{\partial f_i}{\partial x_j}(x)$ für $i = 1, \ldots, m$ und $j = 1, \ldots, n$.

3. Sei $U \subset \mathbb{R}^n$ offen.

   Ist $f: U \longrightarrow \mathbb{R}^m$ und sind alle Komponenten $f_i: U \longrightarrow \mathbb{R}$ in $x \in U$ partiell differenzierbar, so heißt

$$f'(x) := \left(\frac{\partial f_i}{\partial x_j}(x) \right)_{\substack{1 \le i \le m \\ 1 \le j \le n}} \in \mathbb{R}^{m \times n}$$

   die *Funktionalmatrix* (gelegentlich, vor allem in der englischsprachigen Literatur, *Jacobi-Matrix* genannt und auch mit $J_f(x)$ oder $Df(x)$ bezeichnet) von f in x.

   Ist $f: U \longrightarrow \mathbb{R}$ in $x \in U$ partiell differenzierbar, so heißt

$$\nabla f(x) := \left(\frac{\partial f}{\partial x_1}(x), \ldots, \frac{\partial f}{\partial x_n}(x) \right)^T \in \mathbb{R}^n$$

   der *Gradient* von f in x.

4. Ist $U \subset \mathbb{R}^n$ und $f: \mathbb{R}^n \longrightarrow \mathbb{R}^m$ eine Abbildung mit der Eigenschaft, daß sämtliche Komponenten $f_i: U \longrightarrow \mathbb{R}$ in $x \in U$ stetig partiell differenzierbar sind (d. h. alle partiellen Ableitungen existieren in einer Umgebung von x und sind in x stetig), so ist f in x differenzierbar.

5. **(Mittelwertsatz)** Sei $D \subset \mathbb{R}^n$ nichtleer und ***konvex*** (d. h. mit zwei Punkten $x, y \in D$ ist auch $\{(1-t)x + ty : t \in [0,1]\} \subset D$) und $U \supset D$ eine offene Obermenge. Die Abbildung $f: U \longrightarrow \mathbb{R}^m$ (bzw. alle ihre Komponenten) sei (bzw. seien) in jedem Punkt $z \in D$ stetig partiell differenzierbar. Dann ist

$$\begin{aligned} f(y) - f(x) &= \int_0^1 f'(x + t(y-x))(y-x)\,dt \\ &= \Big(\int_0^1 f'(x+t(y-x))\,dt\Big)(y-x) \qquad \text{für alle } x, y \in D. \end{aligned}$$

Hierbei ist das Integral über eine m-Vektorfunktion bzw. eine $m \times n$-Matrixfunktion komponenten- bzw. koeffizientenweise zu verstehen. Für $i = 1, \ldots, m$ gilt daher:

$$\begin{aligned} f_i(y) - f_i(x) &= \int_0^1 \nabla f_i(x + t(y-x))^T (y-x)\,dt \\ &= \sum_{j=1}^n \Big(\int_0^1 \frac{\partial f_i}{\partial x_j}(x + t(y-x))\,dt\Big)(y_j - x_j) \qquad \text{für alle } x, y \in D. \end{aligned}$$

Das folgende Lemma ist bei O. FORSTER (1984, S. 53) nur für $\|\cdot\| = \|\cdot\|_2$ bewiesen worden. Für den allgemeineren Fall wird daher ein Beweis angegeben.

Lemma 2.6 *Sei $g: [a,b] \longrightarrow \mathbb{R}^n$ stetig (bzw. $g \in C([a,b], \mathbb{R}^n)$) und $\|\cdot\|$ eine Norm auf dem $\mathbb{R}^n$. Dann ist*

$$\Big\|\int_a^b g(t)\,dt\Big\| \le \int_a^b \|g(t)\|\,dt.$$

Beweis: Da $g(\cdot)$ und $\|g(\cdot)\|$ (als Komposition zweier stetiger Abbildungen) auf $[a,b]$ stetig, also insbesondere Riemann-integrierbar sind, existiert zu vorgegebenem $\epsilon > 0$ eine Zerlegung $a = t_0 < t_1 < \cdots < t_p = b$ mit

$$\Big\|\int_a^b g(t)\,dt - \sum_{i=1}^p g(t_i)(t_i - t_{i-1})\Big\| \le \frac{\epsilon}{2}, \qquad \Big|\int_a^b \|g(t)\|\,dt - \sum_{i=1}^p \|g(t_i)\|\,(t_i - t_{i-1})\Big| \le \frac{\epsilon}{2}.$$

Daher ist

$$\Big\|\int_a^b g(t)\,dt\Big\| \le \Big\|\sum_{i=1}^p g(t_i)(t_i - t_{i-1})\Big\| + \frac{\epsilon}{2} \le \sum_{i=1}^p \|g(t_i)\|\,(t_i - t_{i-1}) + \frac{\epsilon}{2} \le \int_a^b \|g(t)\|\,dt + \epsilon.$$

Mit $\epsilon \to 0+$ folgt die Behauptung. □

Nun ist es einfach, die folgende Verallgemeinerung von Lemma 2.5 zu beweisen. Wir formulieren sie hier nur für Abbildungen des $\mathbb{R}^n$ in sich, sie gilt aber entsprechend auch für Abbildungen des $\mathbb{R}^n$ in den $\mathbb{R}^m$ (was nach einer Inspektion des Beweises offensichtlich ist).

Satz 2.7 *Sei $D \subset \mathbb{R}^n$ nichtleer und konvex, $U \supset D$ eine offene Obermenge und $F: U \longrightarrow \mathbb{R}^n$ auf D (d. h. in jedem Punkt von D) stetig partiell differenzierbar. Für eine beliebige Norm $\|\cdot\|$ auf dem $\mathbb{R}^n$ gilt dann mit der zugeordneten Matrixnorm $\|\cdot\|$ die Abschätzung*

$$\begin{aligned} \|F(x) - F(y)\| &\le \left(\sup_{t\in[0,1]} \|F'(x + t(y-x))\|\right) \|x - y\| \\ &\le \left(\sup_{\xi \in D} \|F'(\xi)\|\right) \|x-y\| \qquad \text{für alle } x, y \in D. \end{aligned}$$

Ist daher D kompakt oder sind die partiellen Ableitungen von F (bzw. ihrer Komponenten) betragsmäßig auf D nach oben beschränkt, so ist F auf D lipschitzstetig mit der Lipschitzkonstanten

$$L := \sup_{\xi\in D} \|F'(\xi)\|.$$

Beweis: Der Beweis erfolgt offenbar sofort durch Anwendung des Mittelwertsatzes und von Lemma 2.6. □

Beispiel: Zu berechnen sei eine Lösung des nichtlinearen Gleichungssystems

$$\begin{aligned} x_1 &= 0.1\,x_1^2 + \sin x_2 \\ x_2 &= \cos x_1 + 0.1\,x_2^2 \end{aligned}$$

(siehe G. HÄMMERLIN, K.-H. HOFFMANN (1991, S. 359)). Definiere $F: \mathbb{R}^2 \longrightarrow \mathbb{R}^2$ durch

$$F(x) = F(x_1, x_2) := \begin{pmatrix} 0.1\,x_1^2 + \sin x_2 \\ \cos x_1 + 0.1\,x_2^2 \end{pmatrix}.$$

Man stellt (nach einigen Experimenten) fest, daß F die abgeschlossene Menge

$$D := \{(x_1, x_2) \in \mathbb{R}^2 : 0.75 \le x_1 \le 0.78,\ 0.77 \le x_2 \le 0.80\}$$

in sich abbildet. Als Funktionalmatrix von F in x erhält man

$$F'(x) = \begin{pmatrix} 0.2\,x_1 & \cos x_2 \\ -\sin x_1 & 0.2\,x_2 \end{pmatrix}.$$

Daher ist

$$\max_{\xi\in D} \|F'(\xi)\|_\infty \le 0.874, \qquad \max_{\xi\in D} \|F'(\xi)\|_1 \le 0.878, \qquad \max_{\xi\in D} \|F'(\xi)\|_F \le 1.030.$$

Bezüglich der Maximumnorm und der Betragssummennorm ist die Abbildung F also auf D kontrahierend, der Banachsche Fixpunktsatz liefert die Existenz eines eindeutigen Fixpunktes $x^* = (x_1^*, x_2^*)$ von F in D. Wegen der verhältnismäßig großen Lipschitzkonstante ist keine gute Konvergenz zu erwarten, was eine Durchführung des Iterationsverfahrens auch zeigt.

Selbst wenn die Voraussetzungen des Banachschen Fixpunktsatzes für eine Fixpunktaufgabe $x = F(x)$ nachgeprüft werden können, kann die „Konvergenzgeschwindigkeit" des Iterationsverfahrens $x_{k+1} = F(x_k)$ also schlecht sein. Wegen

$$\rho(F'(x^*)) \le \|F'(x^*)\| \le \sup_{\xi \in D} \|F'(\xi)\|$$

muß hiermit immer dann gerechnet werden, wenn $\rho(F'(x^*))$ nicht „klein" ist. (Bei obiger Iterationsfunktion F ist z. B. $\rho(F'(x^*)) \approx 0.72$.) Dann ist eine „falsche" Iterationsfunktion gewählt worden. □

2.2.3 Ein lokaler Konvergenzsatz

In dem folgenden Satz (siehe auch J. M. Ortega, W. C. Rheinboldt (1970, S. 300)) wird eine hinreichende Bedingung dafür angegeben, daß bei vorgegebener Iterationsfunktion F die durch $x_{k+1} := F(x_k)$ gewonnene Folge $\{x_k\}$ für alle Startwerte x_0 konvergiert, die hinreichend nahe bei einem Fixpunkt x^* von F liegen. Man spricht dann von einem *lokalen Konvergenzsatz*.

Satz 2.8 *Die Abbildung $F: \mathbb{R}^n \longrightarrow \mathbb{R}^n$ besitze einen Fixpunkt x^* und F sei stetig partiell differenzierbar in einer Umgebung von x^*. Für den Spektralradius von $F'(x^*)$ gelte $\rho(F'(x^*)) < 1$. Dann existiert eine Umgebung D von x^* derart, daß die Folge $\{x_k\}$ mit $x_{k+1} := F(x_k)$ für jedes $x_0 \in D$ gegen x^* konvergiert.*

Beweis: Man wähle $\epsilon > 0$ so klein, daß $q := \rho(F'(x^*)) + 2\epsilon < 1$. Nach Satz 2.9 in Abschnitt 1.2 gibt es eine Norm $\|\cdot\|$ auf dem $\mathbb{R}^n$ derart, daß für die zugeordnete Matrixnorm $\|\cdot\|$ gilt $\|F'(x^*)\| \le \rho(F'(x^*)) + \epsilon$. Da F in einer Umgebung von x^* stetig partiell differenzierbar ist, existiert ein $\delta > 0$ mit:

1. F ist auf einer offenen Obermenge von $B[x^*;\delta] := \{x \in \mathbb{R}^n : \|x - x^*\| \le \delta\}$ stetig partiell differenzierbar.

2. $\|F'(z) - F'(x^*)\| \le \epsilon$ für alle $z \subset B[x^*;\delta]$.

Man setze $D := B[x^*;\delta]$. Für $x \in D$ erhält man dann aus dem Mittelwertsatz und Lemma 2.6

$$\begin{aligned} \|F(x) - F(x^*) - F'(x^*)(x - x^*)\| &= \left\| \int_0^1 [F'(x^* + t(x - x^*)) - F'(x^*)](x - x^*)\, dt \right\| \\ &\le \int_0^1 \|F'(\underbrace{x^* + t(x - x^*)}_{\in D}) - F'(x^*)\|\, dt\, \|x - x^*\| \\ &\le \epsilon \|x - x^*\|. \end{aligned}$$

Berücksichtigt man noch, daß x^* ein Fixpunkt von F ist, so folgt für $x \in D$:

$$\begin{aligned} \|F(x) - x^*\| &= \|F(x) - F(x^*)\| \\ &\le \|F(x) - F(x^*) - F'(x^*)(x - x^*)\| + \|F'(x^*)\|\, \|x - x^*\| \\ &\le [\epsilon + \rho(F'(x^*)) + \epsilon]\, \|x - x^*\| \\ &= q\, \|x - x^*\|. \end{aligned}$$

Insbesondere folgt hieraus: Ist $x_0 \in D$, so ist $\{x_k\} \subset D$ und $\|x_k - x^*\| \le q^k \|x_0 - x^*\|$ für $k = 0, 1, \ldots$. Hieraus folgt die Konvergenz der Folge $\{x_k\}$ gegen x^*, der Satz ist bewiesen. □

Bemerkung: Ein Fixpunkt x^* der Abbildung $F: \mathbb{R}^n \longrightarrow \mathbb{R}^n$ heißt ein *anziehender Fixpunkt*, falls eine Umgebung D von x^* existiert mit: Ist $x_0 \in D$, so konvergiert die durch $x_{k+1} := F(x_k)$ gewonnene Folge $\{x_k\}$ gegen x^*. In Satz 2.8 wurde unter der dort gemachten Glattheitsannahme an F gezeigt, daß $\rho(F'(x^*)) < 1$ eine hinreichende Bedingung dafür ist, daß x^* ein anziehender Fixpunkt von F ist.

Wir wollen den Spezialfall $n = 1$ genauer betrachten. Dann ist $\rho(F'(x^*)) = |F'(x^*)|$, also $|F'(x^*)| < 1$ eine hinreichende Bedingung dafür, daß x^* ein anziehender Fixpunkt von F ist. Nun nehmen wir an, x^* sei ein Fixpunkt von F mit $|F'(x^*)| > 1$. Man wähle $\delta > 0$ so klein, daß

$$|F'(\xi)| \ge \frac{1 + |F'(x^*)|}{2} \qquad \text{für alle } \xi \in [x^* - \delta, x^* + \delta].$$

Für alle $x \in [x^* - \delta, x^* + \delta]$ ist dann wegen des Mittelwertsatzes der Differentialrechnung mit einem geeigneten $\xi = \xi(x) \in [x^* - \delta, x^* + \delta]$:

$$|F(x) - x^*| = |F(x) - F(x^*)| = |F'(\xi)|\,|x - x^*| \ge \underbrace{\frac{1 + |F'(x^*)|}{2}}_{>1} |x - x^*|.$$

Es gibt also eine Konstante $c > 1$ und eine Umgebung D von x^* mit

$$|F(x) - x^*| \ge c\,|x - x^*| \qquad \text{für alle } x \in D.$$

In einer Umgebung von x^* vergrößert daher die Abbildung F gleichmäßig den Abstand zu x^* (man spricht dann von einem *abstoßenden Fixpunkt*), insbesondere kann eine durch $x_{k+1} = F(x_k)$ gewonnene Folge $\{x_k\}$ (mit $x_k \ne x^*$ für alle k) nicht gegen x^* konvergieren. Wir haben damit erhalten:

- *Ist $F: \mathbb{R} \longrightarrow \mathbb{R}$ in einer Umgebung des Fixpunktes x^* stetig differenzierbar, so ist $|F'(x^*)| < 1$ eine hinreichende und $|F'(x^*)| \le 1$ eine notwendige Bedingung dafür, daß x^* ein anziehender Fixpunkt von F ist.*

Ist z. B. x^* die erste positive Lösung von $x = \tan x$, so ist x^* ein abstoßender Fixpunkt von $F(x) := \tan x$, da $F'(x^*) = 1/\cos^2 x^* > 1$.

Die Vermutung, daß $|F'(x^*)| < 1$ sogar eine notwendige Bedingung für einen anziehenden Fixpunkt x^* von F ist, ist *falsch*, wie das Beispiel $F(x) := x - x^3$ mit $x^* := 0$ zeigt. In Abbildung 2.2 werden Beispiele anziehender und abstoßender Fixpunkte einer Abbildung $F: \mathbb{R} \longrightarrow \mathbb{R}$ gegeben. □

2.2.4 Die Konvergenzordnung eines Iterationsverfahrens

Sind die Voraussetzungen des Banachschen Fixpunktsatzes 2.2 für die Fixpunktaufgabe $x = F(x)$ erfüllt, so gilt für die durch $x_{k+1} = F(x_k)$ gewonnene Folge $\{x_k\}$ und den Fixpunkt x^* von F die Abschätzung

$$\|x_{k+1} - x^*\| = \|F(x_k) - F(x^*)\| \le L\,\|x_k - x^*\|.$$

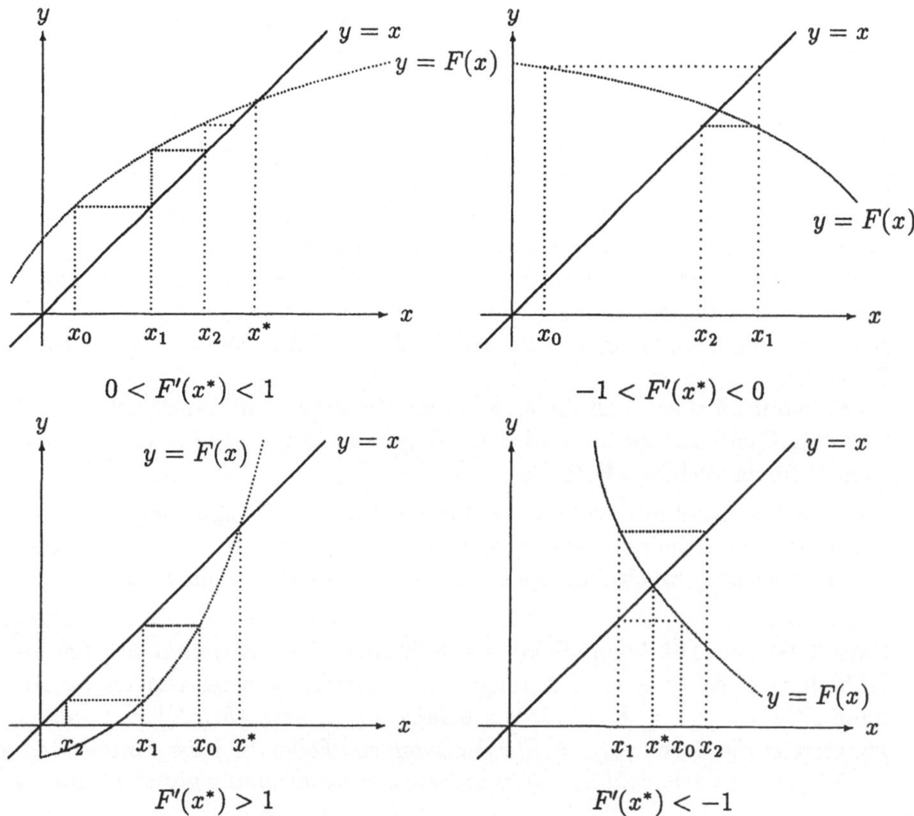

Abbildung 2.2: Beispiele konvergenter und nichtkonvergenter Folgen $x_{k+1} = F(x_k)$.

Der Fehler der $(k+1)$-ten Näherung ist also höchstens so groß wie der Fehler der k-ten Näherung multipliziert mit der Kontraktionskonstanten $L < 1$. Man spricht dann von (mindestens) *linearer Konvergenz* oder sagt, die *Konvergenzordnung* sei mindestens 1. Allgemeiner wird definiert:

Definition 2.9 Sei $\{x_k\} \subset \mathbb{K}^n$ eine Folge, die gegen ein $x^* \in \mathbb{K}^n$ konvergiert, für alle k sei $x_k \neq x^*$. Ferner sei $\|\cdot\|$ eine vorgegebene Norm auf $\mathbb{K}^n$.

1. Für ein $p \geq 1$ konvergiert die Folge $\{x_k\}$ von *mindestens p-ter Ordnung* gegen x^*, wenn eine Konstante $c > 0$ (für $p = 1$ sei $c \in (0,1)$) mit

   $$\|x_{k+1} - x^*\| \leq c\,\|x_k - x^*\|^p \qquad \text{für alle hinreichend großen } k \in \mathbb{N}$$

   existiert.

2. Die Folge $\{x_k\}$ konvergiert *superlinear* gegen x^*, wenn

   $$\lim_{k\to\infty} \frac{\|x_{k+1} - x^*\|}{\|x_k - x^*\|} = 0.$$

Bemerkungen: Wegen der Äquivalenz der Normen im $\mathbb{K}^n$ gilt für $p > 1$ offenbar: Ist $\{x_k\}$ konvergent von mindestens p-ter Ordnung gegen ein x^* bezüglich *einer* Norm, so auch bezüglich *jeder* anderen. Die entsprechende Aussage gilt auch für die superlineare Konvergenz.

Ist F die Iterationsfunktion eines Iterationsverfahrens, so sagt man naheliegenderweise, dieses sei von mindestens p-ter Ordnung (bzw. superlinear) konvergent, wenn die durch $x_{k+1} := F(x_k)$ definierte Folge für alle geeigneten Startwerte x_0 von mindestens p-ter Ordnung (bzw. superlinear) konvergent ist.

Wir haben definiert, wann eine Folge von *mindestens* p-ter Ordnung konvergiert, da wir nicht den Ehrgeiz haben, die *genaue* Konvergenzordnung zu definieren. Hinweise hierzu findet man z. B. bei J. M. ORTEGA, W. C. RHEINBOLDT (1970, S. 281 ff.).

Erwähnt sei noch, daß die eingeführte Konvergenzordnung auch *Q-Ordnung* (Q steht für **Q**uotient) genannt wird im Gegensatz zur sogenannten *R-Ordnung* (hier steht R für **R**oot bzw. Wu**R**zel). □

Im nächsten Abschnitt werden wir für nichtlineare Gleichungssysteme lokal superlinear oder sogar (mindestens) quadratisch konvergente Iterationsverfahren angeben und untersuchen. Im eindimensionalen Fall ist die Analyse einfacher, wie der folgende Satz zeigt.

Satz 2.10 *Die Abbildung $F: \mathbb{R} \longrightarrow \mathbb{R}$ besitze einen Fixpunkt x^*. Sei $p \in \mathbb{N}$, die Abbildung F sei $(p+1)$-mal stetig differenzierbar in einer Umgebung von x^*. Ist dann $F'(x^*) = \cdots = F^{(p-1)}(x^*) = 0$ falls $p \geq 2$ bzw. $|F'(x^*)| < 1$ falls $p = 1$, so konvergiert die durch $x_{k+1} := F(x_k)$ gewonnene Folge für jedes hinreichend nahe bei x^* gelegene Startelement x_0 von mindestens p-ter Ordnung gegen x^* und es ist*

$$\lim_{k\to\infty} \frac{x_{k+1} - x^*}{(x_k - x^*)^p} = \frac{F^{(p)}(x^*)}{p!}.$$

Beweis: Nach Voraussetzung existiert ein $\delta > 0$ derart, daß F auf dem Intervall $I := [x^* - \delta, x^* + \delta]$ eine $(p+1)$-mal stetig differenzierbare Funktion ist. Wegen der Taylorschen Formel (siehe z. B. O. FORSTER (1983, S. 174)) ist für $x \in I$:

$$\begin{aligned}
F(x) - x^* &= F(x) - F(x^*) \\
&= \sum_{i=1}^{p} \frac{F^{(i)}(x^*)}{i!}(x - x^*)^i + \frac{1}{p!}\int_{x^*}^{x} (x - s)^p F^{(p+1)}(s)\, ds \\
&= \frac{F^{(p)}(x^*)}{p!}(x - x^*)^p + \frac{1}{p!}\int_{x^*}^{x} (x - s)^p F^{(p+1)}(s)\, ds \\
&= \frac{F^{(p)}(x^*)}{p!}(x - x^*)^p + \int_0^1 (1 - t)^p F^{(p+1)}(x^* + t(x - x^*))\, dt\, \frac{(x - x^*)^{p+1}}{p!}.
\end{aligned}$$

Hieraus erhält man offenbar sehr leicht die Behauptung. □

Aufgaben

1. Man beweise den Brouwerschen Fixpunktsatz für $n = 1$. Man zeige also: Ist $[a, b] \subset \mathbb{R}$ ein kompaktes Intervall und $F: [a, b] \longrightarrow \mathbb{R}$ stetig mit $F([a, b]) \subset [a, b]$, so besitzt F einen Fixpunkt $x^* \in [a, b]$.

2. Auf dem $\mathbb{R}^n$ definiere man eine *Halbordnung* $\leq$ durch

$$x \leq y \overset{\text{def}}{\iff} x_j \leq y_j \quad (j = 1, \ldots, n).$$

Seien u_0, $v_0 \in \mathbb{R}^n$ mit $u_0 \leq v_0$ und hierdurch das *Intervall*

$$[u_0, v_0] := \{x \in \mathbb{R}^n : u_0 \leq x \leq v_0\}$$

gegeben. Die Abbildung $F: [u_0, v_0] \longrightarrow \mathbb{R}^n$ sei stetig und bilde das Intervall $[u_0, v_0]$ *isoton* in sich ab, d. h. es gelte

$$u_0 \leq x \leq y \leq v_0 \Longrightarrow u_0 \leq F(x) \leq F(y) \leq v_0.$$

(Die $\leq$-Beziehung zwischen Vektoren ist stets komponentenweise zu verstehen.) Definiert man dann Folgen $\{u_k\}$, $\{v_k\} \subset \mathbb{R}^n$ durch

$$u_{k+1} := F(u_k), \qquad v_{k+1} := F(v_k) \qquad (k = 0, 1, \ldots),$$

so konvergieren $\{u_k\}$ bzw. $\{v_k\}$ gegen Fixpunkte u^* bzw. v^* von F mit

$$u_0 \leq u^* \leq v^* \leq v_0.$$

3. Man wende Korollar 2.3 auf die Fixpunktaufgabe $x = F(x) := \frac{1}{4}(x^3 + 1)$ an. Hierzu setze man $x_0 := \frac{1}{4}$ und bestimme ein möglichst kleines $r > 0$ so, daß die Voraussetzungen von Korollar 2.3 erfüllt sind. Durch eine a priori Abschätzung überlege man sich, wie viele Iterationssschritte höchstens nötig sind, damit der Fehler betragsmäßig kleiner als 10^{-6} ist.

4. Mit Hilfe des Banachschen Fixpunktsatzes untersuche man die Konvergenz der durch $x_{k+1} := \cos x_k$ gewonnenen Folge $\{x_k\}$ mit geeignetem x_0.

5. Sei $F: \mathbb{R}^2 \longrightarrow \mathbb{R}^2$ definiert durch

$$F(x) = F(x_1, x_2) := \begin{pmatrix} \frac{1}{2} - \frac{1}{40}x_1^2 - \frac{1}{50}x_2^2 \\ \frac{1}{2} - \frac{1}{40}x_1^2 - \frac{1}{20}x_2^2 \end{pmatrix}.$$

Zur näherungsweisen Berechnung eines Fixpunktes von F wende man den Banachschen Fixpunktsatz an, wobei man als Norm im $\mathbb{R}^2$ die Maximumnorm $\|\cdot\|_\infty$ wählen kann.

6. Bei gegebenem $a > 0$ untersuche man die Konvergenz der Iterationsverfahren, welche durch die Iterationsfunktionen

$$F(x) := x(2 - ax) \qquad \text{bzw.} \qquad F(x) := x[1 + (1 - ax) + (1 - ax)^2]$$

gegeben sind. Insbesondere mache man Aussagen über die Konvergenzordnung der durch $x_{k+1} = F(x_k)$ gewonnenen Folgen $\{x_k\}$.

Hinweis: Ein von Null verschiedener Fixpunkt von F ist offenbar jeweils $1/a$, bei dem zu F gehörenden Iterationsverfahren handelt es sich also um ein Verfahren, das Reziproke einer positiven reellen Zahl mit Hilfe von Multiplikationen und Additionen zu berechnen. Dies sieht auf den ersten Blick nach einem rein akademischen Problem aus, ist es aber nicht ganz, da man z. B. auf diese Weise die Division mehrfach genauer Gleitkommazahlen durchführen kann.

7. Sei $A \in \mathbb{K}^{n\times n}$ nichtsingulär. Man zeige, daß für geeignetes $X_0 \in \mathbb{K}^{n\times n}$ die durch
$$X_{k+1} := X_k(2I - AX_k), \qquad k = 0, 1, \ldots$$
gebildete Folge $\{X_k\}$ von mindestens zweiter Ordnung gegen A^{-1} konvergiert.

8. Konvergiert eine Folge $\{x_k\} \subset \mathbb{K}^n$ superlinear gegen ein x^*, so gilt
$$\lim_{k\to\infty} \frac{\|x_{k+1} - x_k\|}{\|x_k - x^*\|} = 1.$$
(Etwas lax kann man daher sagen: Ist bei einer superlinear konvergenten Folge $\{x_k\}$ die Differenz $\|x_{k+1} - x_k\|$ klein, so ist auch $\|x_k - x^*\|$ klein. Bei einem Iterationsverfahren, welches eine superlinear konvergente Folge $\{x_k\}$ erzeugt, ist es also gerechtfertigt, $\|x_{k+1} - x_k\| \le \epsilon$ mit einem geeignet kleinen $\epsilon > 0$ als Abbruchbedingung zu nehmen. Siehe J. E. DENNIS, J. J. MORÉ (1974).)

9. Sei $\{x_k\} \subset \mathbb{K}^n$ eine Folge, man bilde $d_k := x_k - x_{k-1}$. Dann gilt:

   (a) Konvergiert $\{d_k\}$ superlinear gegen 0, so konvergiert $\{x_k\}$ superlinear gegen ein $x^* \in \mathbb{K}^n$.
   Hinweis: Man zeige zunächst, daß $\{x_k\}$ eine Cauchy-Folge ist, siehe U. M. GARCIA-PALOMARES (1975, Lemma 3.7).

   (b) Konvergiert $\{d_k\}$ für ein $p > 1$ von mindestens p-ter Ordnung gegen 0, so konvergiert $\{x_k\}$ von mindestens p-ter Ordnung gegen ein $x^* \in \mathbb{K}^n$.

10. Sei $a > 0$ und $F(x) := x(x^2 + 3a)/(3x^2 + a)$. Man zeige, daß für hinreichend nahe bei $\sqrt{a}$ gelegene Startelemente x_0 die durch $x_{k+1} := F(x_k)$ definierte Folge $\{x_k\}$ von mindestens dritter Ordnung gegen $\sqrt{a}$ konvergiert.

11. Sei $\{x_k\} \subset \mathbb{R}$ und $x^* \in \mathbb{R}$ mit $x_k \ne x^*$ für alle k. Mit $|q| < 1$ und einer Nullfolge $\{\delta_k\}$ sei
$$x_{k+1} - x^* = (q + \delta_k)(x_k - x^*) \qquad (k = 0, 1, \ldots).$$
Für alle hinreichend großen k existiert dann
$$x_k' := x_k - \frac{(x_{k+1} - x_k)^2}{x_{k+2} - 2x_{k+1} + x_k}$$
und es gilt
$$\lim_{k\to\infty} \frac{x_k' - x^*}{x_k - x^*} = 0,$$
d. h. die Folge $\{x_k'\}$ konvergiert schneller gegen x^* als $\{x_k\}$. (Diese Vorgehensweise zur Konvergenzbeschleunigung heißt die *Δ^2-Methode von Aitken.*)

12. Sei $E(k)$ der halbe Umfang des dem Einheitskreis einbeschriebenen regelmäßigen k-Ecks. Ferner sei σ_k die Länge der Basis eines einbeschriebenen gleichschenkligen Dreiecks zum Zentriwinkel $\alpha_k := 2\pi/k$. Man zeige:

   (a) $E(k) = \frac{1}{2} k\sigma_k$,

   (b) $\sigma_6 = 1$ und $\sigma_{2k} = \sqrt{2 - \sqrt{4 - \sigma_k^2}}$.

   Im Prinzip berechnete Archimedes auf diese Weise $E(k)$ für $k = 6$, 12, 24, 48, 96 und erhielt dadurch untere Schranken für π. Entsprechend ging er für umschriebene regelmäßige k-Ecke vor. Man wende auf $\{E(6 \cdot 2^k)\}$ die Δ^2-Methode von Aitken an.

2.3 Das Newton-Verfahren

In diesem Abschnitt betrachten wir nichtlineare Gleichungssysteme der Form

(P) $$f(x) = 0 \qquad \text{mit } f\colon \mathbb{R}^n \longrightarrow \mathbb{R}^n$$

und zur näherungsweisen Lösung von (P) eines der bekanntesten und wichtigsten Verfahren der numerischen Mathematik, das *Newton-Verfahren*. Man kann wohl mit einigem Recht sagen, daß alle anderen „guten“ Verfahren zur Lösung nichtlinearer Gleichungen und Gleichungssysteme (sowie nichtlinearer Optimierungsaufgaben) lediglich Modifikationen des Newton-Verfahrens sind, die sich bemühen, die Konvergenzeigenschaften des Newton-Verfahrens zu erhalten, ohne dessen Nachteile zu haben.

2.3.1 Motivation und lokale Konvergenz des Newton-Verfahrens

Wir nehmen zunächst an, es sei $n = 1$, es sei also *eine* nichtlineare Gleichung $f(x) = 0$ gegeben. Es wird vorausgesetzt, daß $f\colon \mathbb{R} \longrightarrow \mathbb{R}$ in einer Umgebung einer Nullstelle x^* stetig differenzierbar ist. Eine Motivation des Newton-Verfahrens ist durch die folgende, einfache Konstruktion gegeben.

- Sei x_k Näherung für eine Nullstelle x^* von f. Durch $(x_k, f(x_k))$ lege man die Tangente an f. Ist diese nicht parallel zu der x-Achse, ist also $f'(x_k) \neq 0$, so besitzt sie genau einen Schnittpunkt x_{k+1} mit der x-Achse, den man als neue (und hoffentlich bessere) Näherung nimmt.

Die Gleichung der Tangente ist $y = f(x_k) + f'(x_k)(x - x_k)$, daher erhält man x_{k+1} aus

$$0 = f(x_k) + f'(x_k)(x_{k+1} - x_k) \qquad \text{bzw.} \qquad x_{k+1} := x_k - \frac{f(x_k)}{f'(x_k)}.$$

Abbildung 2.3 veranschaulicht diese Motivation des Newton-Verfahrens. Zu derselben

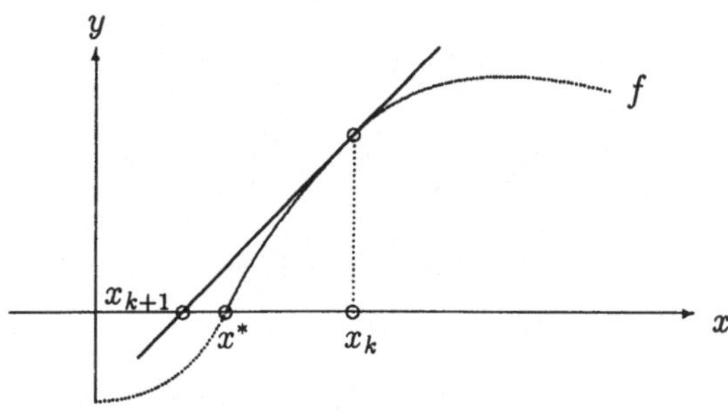

Abbildung 2.3: Motivation des Newton-Verfahrens

Iterationsvorschrift kommt man, wenn f in einer Näherung x_k mit $f'(x_k) \neq 0$ durch

$$(*) \qquad f_k(x) := f(x_k) + f'(x_k)(x - x_k)$$

linearisiert wird, und als neue Näherung x_{k+1} die Nullstelle der affin linearen Funktion f_k genommen wird. Diese Motivation hat den Vorteil, daß sie leicht auf den mehrdimensionalen Fall $n \geq 1$ übertragen werden kann. Ist nämlich die Abbildung $f: \mathbb{R}^n \longrightarrow \mathbb{R}^n$ (in einer Umgebung einer Nullstelle x^* von f) stetig partiell differenzierbar und bezeichnet $f'(x)$ die Funktionalmatrix von f in x, so ist durch $(*)$ eine Linearisierung von f in der Näherung x_k gegeben. Ist $f'(x_k) \in \mathbb{R}^{n \times n}$ nichtsingulär, so nehme man die Lösung x_{k+1} des linearen Gleichungssystems $f_k(x) = 0$ als neue Näherung. Dies führt auf die *Iterationsvorschrift des Newton-Verfahrens* zur Lösung des nichtlinearen Gleichungssystems $f(x) = 0$:

$$x_{k+1} := x_k - f'(x_k)^{-1} f(x_k), \qquad k = 0, 1, \ldots.$$

Natürlich berechnet man hierbei *nicht* die Inverse $f'(x_k)^{-1}$, sondern löst das lineare Gleichungssystem $f'(x_k)x_{k+1} = f'(x_k)x_k - f(x_k)$, z. B. mit dem Gaußschen Eliminationsverfahren mit Spaltenpivotsuche.

Der folgende Satz ist ein *lokaler Konvergenzsatz* für das Newton-Verfahren. In ihm werden hinreichende Bedingungen dafür angegeben, daß das Newton-Verfahren bei genügend guten Startwerten x_0 durchführbar ist (die Matrizen $f'(x_k) \in \mathbb{R}^{n \times n}$ also nichtsingulär sind) und die erzeugte Folge $\{x_k\}$ superlinear oder gar quadratisch (d. h. von mindestens zweiter Ordnung) gegen eine Nullstelle x^* von f konvergiert.

Satz 3.1 *Die Abbildung $f: \mathbb{R}^n \longrightarrow \mathbb{R}^n$ besitze in $x^* \in \mathbb{R}^n$ eine Nullstelle, es sei also $f(x^*) = 0$. Es gelte:*

1. *f ist auf einer Umgebung von x^* stetig partiell differenzierbar,*
2. *$f'(x^*) \in \mathbb{R}^{n \times n}$ ist nichtsingulär.*

$\|\cdot\|$ bezeichne eine beliebige Norm im $\mathbb{R}^n$ bzw. die zugeordnete Matrixnorm. Dann existiert ein $\delta > 0$ derart, daß für jedes $x_0 \in B[x^*; \delta] := \{x \in \mathbb{R}^n : \|x - x^*\| \leq \delta\}$ die durch das Newton-Verfahren

$$x_{k+1} := x_k - f'(x_k)^{-1} f(x_k), \qquad k = 0, 1, \ldots,$$

gewonnene Folge $\{x_k\}$ definiert ist (d. h. $f'(x_k)$ existiert und ist nichtsingulär für $k = 0, 1, \ldots$) und superlinear gegen x^* konvergiert. Gilt sogar

3. *$f'(\cdot)$ ist auf einer (hinreichend kleinen) Kugel um x^* in x^* lipschitzstetig, d. h. existieren $\eta > 0$ und $L > 0$ mit*

$$\|f'(x) - f'(x^*)\| \leq L\,\|x - x^*\| \qquad \text{falls } \|x - x^*\| \leq \eta,$$

so konvergiert $\{x_k\}$ bei hinreichend kleinem $\delta > 0$ für jedes $x_0 \in B[x^*; \delta]$ von mindestens zweiter Ordnung gegen x^*.

Beweis: Zunächst wähle man $\delta_1 > 0$ so klein, daß $f'(\cdot)$ auf $B[x^*; \delta_1]$ existiert und

$$(*) \qquad \|f'(x) - f'(x^*)\| \leq \frac{1}{2\,\|f'(x^*)^{-1}\|} \qquad \text{für alle } x \in B[x^*; \delta_1].$$

Für alle $x \in B[x^*; \delta_1]$ gilt dann:

(a) $f'(x)$ ist nichtsingulär und $\|f'(x)^{-1}\| \leq 2\,\|f'(x^*)^{-1}\|$.

Denn: Wegen $f'(x) = f'(x^*) + [f'(x) - f'(x^*)]$ und $(*)$ ist

$$\|f'(x^*)^{-1}\|\,\|f'(x) - f'(x^*)\| \leq \frac{1}{2},$$

eine Anwendung des Störungslemmas 2.11 aus Abschnitt 1.2 liefert (a).

(b) $\|f'(x)^{-1} - f'(x^*)^{-1}\| \leq 2\,\|f'(x^*)^{-1}\|^2\,\|f'(x) - f'(x^*)\|$.

Denn: Berücksichtigt man

$$f'(x)^{-1} - f'(x^*)^{-1} = -f'(x)^{-1}[f'(x) - f'(x^*)]f'(x^*)^{-1},$$

so folgt (b) aus (a).

Sei $F\colon B[x^*; \delta_1] \subset \mathbb{R}^n \longrightarrow \mathbb{R}^n$ die Iterationsfunktion des Newton-Verfahrens, also

$$F(x) := x - f'(x)^{-1} f(x).$$

Nun interessiert, ob F die Kugel $B[x^*; \delta_1]$ (notfalls nach nochmaliger Verkleinerung von δ_1) in sich abbildet, da dann die Folge $\{x_k\}$ mit $x_{k+1} := F(x_k)$ für jedes Startelement $x_0 \in B[x^*; \delta_1]$ definiert ist und in $B[x^*; \delta_1]$ liegt. Sei also $x \in B[x^*; \delta_1]$. Dann ist

$$\begin{aligned}
F(x) - x^* &= x - x^* - f'(x)^{-1}[f(x) - f(x^*)] \\
&= [f'(x^*)^{-1} - f'(x)^{-1}]f'(x^*)(x - x^*) \\
&\qquad - f'(x)^{-1}[f(x) - f(x^*) - f'(x^*)(x - x^*)] \\
&= [f'(x^*)^{-1} - f'(x)^{-1}]f'(x^*)(x - x^*) \\
&\qquad - f'(x)^{-1} \int_0^1 [f'(x^* + t(x - x^*)) - f'(x^*)](x - x^*)\,dt
\end{aligned}$$

und daher mit (a) und (b):

$$\|F(x) - x^*\| \leq \epsilon(x)\,\|x - x^*\|$$

mit

$$\begin{aligned}
\epsilon(x) &:= 2\,\|f'(x^*)^{-1}\| \Big\{ \|f'(x^*)\|\,\|f'(x^*)^{-1}\|\,\|f'(x) - f'(x^*)\| \\
&\qquad + \int_0^1 \|f'(x^* + t(x - x^*)) - f'(x^*)\|\,dt \Big\}.
\end{aligned}$$

Wegen der Stetigkeit von $f'(\cdot)$ in x^* folgt hieraus, daß es ein $\delta \in (0, \delta_1]$ mit

$$\|F(x) - x^*\| \le \frac{1}{2}\|x - x^*\| \qquad \text{für alle } x \in B[x^*;\delta]$$

gibt. Hieraus folgt zunächst, daß F die Kugel $B[x^*;\delta]$ in sich abbildet und für jedes $x_0 \in B[x^*;\delta]$ die durch $x_{k+1} := F(x_k)$ gewonnene Folge $\{x_k\}$ (linear) gegen x^* konvergiert. Wegen $\|x_{k+1} - x^*\| \le \epsilon(x_k)\|x_k - x^*\|$ und $\lim_{k\to\infty} \epsilon(x_k) = 0$ konvergiert die Folge $\{x_k\}$ sogar superlinear gegen x^*.

Ist $f'(\cdot)$ in x^* sogar lipschitzstetig, ist also die Voraussetzung 3. erfüllt, so ist für alle hinreichend großen k:

$$\begin{aligned}\epsilon(x_k) &= 2\|f'(x^*)^{-1}\|\Big\{\|f'(x^*)\|\,\|f'(x^*)^{-1}\|\,\|f'(x_k) - f'(x^*)\| \\ &\qquad + \int_0^1 \|f'(x^* + t(x_k - x^*)) - f'(x^*)\|\,dt\Big\} \\ &\le 2L\|f'(x^*)^{-1}\|\Big\{\|f'(x^*)\|\,\|f'(x^*)^{-1}\| + \frac{1}{2}\Big\}\|x_k - x^*\|,\end{aligned}$$

woraus folgt, daß $\{x_k\}$ von mindestens zweiter Ordnung gegen x^* konvergiert. Insgesamt ist der Satz bewiesen. □

Bemerkung: Es sei noch einmal betont, daß es sich bei Satz 3.1 um einen *lokalen Konvergenzsatz* handelt: Ist x^* eine Nullstelle von f, ist f hinreichend glatt in einer Umgebung von x^* und $f'(x^*)$ nichtsingulär (diese Voraussetzung entspricht für $n = 1$, also einer Gleichung in einer Unbekannten, der Voraussetzung, daß x^* eine *einfache* Nullstelle von f ist), so ist das Newton-Verfahren für alle hinreichend guten Startwerte durchführbar und superlinear oder sogar von mindestens zweiter Ordnung konvergent gegen x^*. Dieser Satz ist insofern nur von theoretischem Interesse, als die Kugel $B[x^*;\delta]$, aus der die Startelemente zu wählen sind, nur bei Kenntnis der Lösung x^* angegeben werden kann, was für die Praxis natürlich eine unrealistische Annahme ist.

Es gibt eine Reihe weiterer Konvergenzsätze für das Newton-Verfahren, die lokaler Art sind, da in ihnen u. a. vorausgesetzt wird, daß die Startnäherung x_0 hinreichend gut (z. B. $\|f'(x_0)^{-1}f(x_0)\|$ hinreichend klein) ist, für die die Durchführbarkeit und Konvergenz des Newton-Verfahrens aber auch ohne Kenntnis einer Nullstelle x^* von f bewiesen werden kann. Der bekannteste Satz dieser Art ist der Newton-Kantorowich-Satz. Hierfür verweisen wir lediglich auf die Spezialliteratur (siehe z. B. J. M. Ortega, W. C. Rheinboldt (1970, S. 421), H. Schwetlick (1979, S. 99), J. E. Dennis, R. B. Schnabel (1983, S. 92)). □

Bemerkung: Häufig kann der Konvergenzbereich des Newton-Verfahrens, d. h. die Menge der Startelemente x_0, für die Konvergenz gegen eine Nullstelle x^* von f eintritt, dadurch vergrößert werden, daß man zu dem sogenannten *gedämpften* Newton-Verfahren übergeht bzw. eine *Schrittweitensteuerung* einführt. Da wir hierauf im Zusammenhang mit (unrestringierten) nichtlinearen Optimierungsaufgaben in Kapitel 7 ausführlich eingehen werden, wollen wir hier nur die Idee darstellen.

Ist x_k eine Näherung für eine Nullstelle von f mit $f(x_k) \neq 0$ (also x_k noch keine Nullstelle von f) und nichtsingulärem $f'(x_k)$, ist $p_k := -f'(x_k)^{-1}f(x_k)$ die *Newton-Richtung* in x_k, so bestimme man eine Schrittweite $t_k > 0$ mit

$$\|f(x_k + t_kp_k)\|_2 < \|f(x_k)\|_2$$

und setze $x_{k+1} := x_k + t_kp_k$. Daß eine solche Schrittweite $t_k > 0$ existiert, sieht man folgendermaßen ein: Definiert man $\phi_k(t) := \frac{1}{2}\|f(x_k + tp_k)\|_2^2$, so ist $\phi_k'(0) = -\|f(x_k)\|_2^2 < 0$, so daß $\phi_k(t) < \phi_k(0)$ für alle hinreichend kleinen $t > 0$. Insbesondere existiert ein $t_k > 0$ mit $\|f(x_k + t_kp_k)\|_2 < \|f(x_k)\|_2$. □

Der Aufwand beim Newton-Verfahren ist verhältnismäßig groß. In jedem Iterationsschritt ist eine Funktionalmatrix zu berechnen und ein lineares Gleichungssystem zu lösen. Im nächsten Unterabschnitt über Quasi-Newton-Verfahren soll zumindestens angedeutet werden, wie man auch ohne diese Nachteile lokal superlinear konvergente Verfahren erhalten kann. Hier soll nur auf das sogenannte *vereinfachte Newton-Verfahren* hingewiesen werden, dessen Iterationsvorschrift durch

$$x_{k+1} := x_k - B^{-1}f(x_k), \qquad k = 0, 1, \ldots,$$

gegeben ist, wobei $B \in \mathbb{R}^{n\times n}$ eine geeignet gewählte nichtsinguläre Matrix ist. Z. B. ist $B = f'(x_0)$, so daß die Funktionalmatrix von f nur zu Beginn der Iteration zu berechnen ist, oder es ist B eine Näherung für $f'(x^*)$. Der *Vorteil* des vereinfachten Newton-Verfahrens besteht darin, daß in jedem Schritt ein lineares Gleichungssystem zu lösen ist, nämlich

$$(*) \qquad Bx_{k+1} = Bx_k - f(x_k), \qquad k = 0, 1, \ldots,$$

bei dem die Koeffizientenmatrix B nicht vom Iterationsschritt abhängt. Daher wird man zu Beginn der Iteration etwa mit Hilfe des Gaußschen Eliminationsverfahrens mit Spaltenpivotsuche eine LR-Zerlegung von B berechnen und in jedem Iterationsschritt die Lösung des linearen Gleichungssystems $(*)$ durch Vorwärts- und Rückwärtseinsetzen erhalten. Der *Nachteil* des vereinfachten Newton-Verfahrens besteht natürlich darin, daß man i. allg. nur lineare Konvergenz erwarten kann.

Für $n = 1$, also den Fall einer Gleichung in einer Unbekannten, ist die Veranschaulichung des vereinfachten Newton-Verfahrens einfach. Hier wird die neue Näherung x_{k+1} jeweils als Schnitt einer Geraden *konstanter* Steigung mit der x-Achse gewonnen. Abbildung 2.4 soll das verdeutlichen.

Hingewiesen sei schließlich noch auf die sogenannten *inexakten Newton-Verfahren*. Die Idee hierzu besteht darin, die beim Newton-Verfahren in jedem Iterationsschritt auftretenden linearen Gleichungssysteme nicht notwendig exakt, sondern höchstens asymptotisch exakt zu lösen. Etwas genauer sieht ein „Modellalgorithmus“ für inexakte Newton-Verfahren zur Lösung des nichtlinearen Gleichungssystems $f(x) = 0$ folgendermaßen aus: Ist $x_k \in \mathbb{R}^n$ eine aktuelle Näherung für eine Lösung des Gleichungssystems mit $f(x_k) \neq 0$ und $\eta_k \in [0, 1)$, so bestimme man ein $p_k \in \mathbb{R}^n$ mit

$$\frac{\|f(x_k) + f'(x_k)p_k\|}{\|f(x_k)\|} \leq \eta_k$$

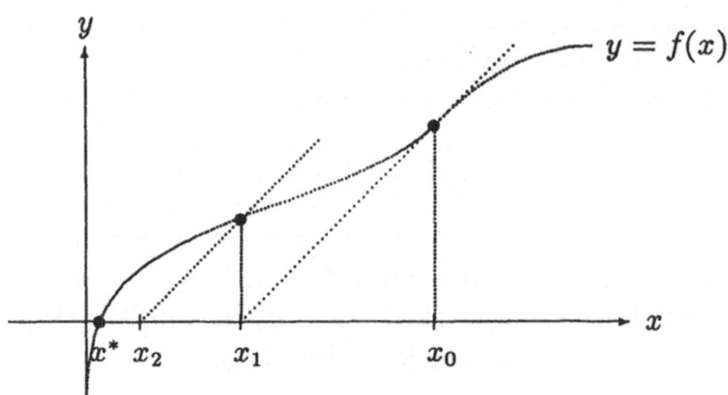

Abbildung 2.4: Das vereinfachte Newton-Verfahren für $n = 1$

und nehme $x_{k+1} := x_k + p_k$ als neue Näherung. Hierbei ist $\|\cdot\|$ eine vorgegebene Norm auf dem $\mathbb{R}^n$. Die Zahl η_k kann als Maß dafür angesehen werden, wie genau die inexakte Newton-Richtung p_k mit der exakten Newton-Richtung $-f'(x_k)^{-1}f(x_k)$ übereinzustimmen hat. Von R. S. Dembo, S. C. Eisenstat, T. Steihaug (1982) (siehe auch P. N. Brown (1987)) wird im wesentlichen unter den Voraussetzungen des lokalen Konvergenzsatzes 3.1 gezeigt:

- Ist $\eta_{\max} \in [0,1)$ vorgegeben und $\eta_k \in [0, \eta_{\max}]$ für alle k, so konvergiert das inexakte Newton-Verfahren lokal von mindestens erster Ordnung (bezüglich einer geeigneten Norm $\|\cdot\|_*$, die nicht mit der vorgegebenen Norm übereinzustimmen braucht) gegen x^*.
- Ist $\lim_{k\to\infty} \eta_k = 0$, sind die inexakten Newton-Richtungen p_k also asymptotisch exakt, so konvergiert das inexakte Newton-Verfahren lokal superlinear.

In Aufgabe 4 findet man nähere Hinweise.

2.3.2 Quasi-Newton-Verfahren

Quasi-Newton-Verfahren zur Lösung eines nichtlinearen Gleichungssystems $f(x) = 0$ versuchen, die Nachteile des Newton-Verfahrens (Berechnung von Funktionalmatrizen, Lösung linearer Gleichungssysteme) zu vermeiden, die Vorteile (lokal superlineare Konvergenz) aber zu bewahren.

Ein Quasi-Newton-Verfahren zur Lösung von $f(x) = 0$ hat die Form

$$x_{k+1} := x_k - B_k^{-1} f(x_k), \qquad k = 0, 1, \ldots,$$

wobei die Folge $\{B_k\} \subset \mathbb{R}^{n\times n}$ nichtsingulärer Matrizen noch geeignet zu wählen ist. Man hat sich B_k als eine Approximation von $f'(x_k)$ vorzustellen. Bevor wir auf konkrete Vorschriften für die Wahl der Folge $\{B_k\}$ eingehen, soll ein Satz von J. E. Dennis, J. J. Moré (1974) bewiesen werden, in dem notwendige und hinreichende Bedingungen für die superlineare Konvergenz eines Quasi-Newton-Verfahrens angegeben werden (siehe auch J. E. Dennis, R. B. Schnabel (1983, S. 181) und P. Kosmol (1989, S. 68)).

Satz 3.2 *Sei $f: \mathbb{R}^n \longrightarrow \mathbb{R}^n$ eine Abbildung und $x^* \in \mathbb{R}^n$. Auf einer Umgebung von x^* sei f stetig partiell differenzierbar, $f'(x^*)$ sei nichtsingulär. Für eine gegebene Folge $\{B_k\} \subset \mathbb{R}^{n\times n}$ nichtsingulärer Matrizen konvergiere die Folge $\{x_k\}$ mit*

$$x_{k+1} := x_k - B_k^{-1} f(x_k), \qquad k = 0, 1, \ldots,$$

gegen x^*, es sei $x_k \neq x^*$ für alle k. Dann sind die folgenden beiden Aussagen äquivalent.

1. $\displaystyle\lim_{k\to\infty} \frac{\|[B_k - f'(x^*)](x_{k+1} - x_k)\|}{\|x_{k+1} - x_k\|} = 0.$
2. *$\{x_k\}$ konvergiert superlinear gegen x^* und es ist $f(x^*) = 0$.*

Beweis: Der Beweis zerfällt offenbar in zwei Teile.

Wir zeigen zuerst, daß aus der ersten die zweite Aussage folgt. Für alle hinreichend großen k liegen die Folgenglieder x_k in einer (konvexen) Umgebung von x^*, auf der f stetig partiell differenzierbar ist. Wegen $x_k \neq x^*$ ist $x_k \neq x_{k+1}$ für alle k. Aus

$$\begin{aligned}
[B_k - f'(x^*)](x_{k+1} - x_k) &= -f(x_k) - f'(x^*)(x_{k+1} - x_k) \\
&= f(x_{k+1}) - f(x_k) - f'(x^*)(x_{k+1} - x_k) - f(x_{k+1}) \\
&= \int_0^1 [f'(x_k + t(x_{k+1} - x_k)) - f'(x^*)](x_{k+1} - x_k)\,dt \\
&\quad - f(x_{k+1})
\end{aligned}$$

folgt

$$\frac{\|f(x_{k+1})\|}{\|x_{k+1} - x_k\|} \le \underbrace{\frac{\|[B_k - f'(x^*)](x_{k+1} - x_k)\|}{\|x_{k+1} - x_k\|}}_{\to 0} + \underbrace{\int_0^1 \|f'(x_k + t(x_{k+1} - x_k)) - f'(x^*)\|\,dt}_{\to 0}$$

und damit

$$(*) \qquad \lim_{k\to\infty} \frac{\|f(x_{k+1})\|}{\|x_{k+1} - x_k\|} = 0.$$

Dies wiederum impliziert, daß es zu vorgegebenem $\epsilon > 0$ ein $K(\epsilon) \in \mathbb{N}$ mit

$$\|\underbrace{f(x_{k+1})}_{\to f(x^*)}\| \le \epsilon \underbrace{\|x_{k+1} - x_k\|}_{\to 0} \qquad \text{für alle } k \ge K(\epsilon)$$

gibt, woraus $f(x^*) = 0$ folgt. Zu zeigen bleibt die superlineare Konvergenz der Folge $\{x_k\}$. Zunächst beachten wir, daß wegen $f(x^*) = 0$ gilt

$$f(x_{k+1}) = \underbrace{\int_0^1 f'(x^* + t(x_{k+1} - x^*))\,dt}_{=:G_{k+1}} (x_{k+1} - x^*) = G_{k+1}(x_{k+1} - x^*).$$

Für alle hinreichend großen k ist

$$\|f'(x^*)^{-1}\| \, \|G_{k+1} - f'(x^*)\| \le \frac{1}{2}$$

wegen $\lim_{k\to\infty} x_k = x^*$. Das Störungslemma 2.11 aus Abschnitt 1.2 impliziert, daß G_{k+1} für alle hinreichend großen k nichtsingulär ist und $\|G_{k+1}^{-1}\| \le 2\,\|f'(x^*)^{-1}\|$ gilt. Setzt man zur Abkürzung $\beta := 1/(2\,\|f'(x^*)^{-1}\|)$, so ist daher

$$\|f(x_{k+1})\| = \|G_{k+1}(x_{k+1} - x^*)\| \ge \frac{1}{\|G_{k+1}^{-1}\|}\,\|x_{k+1} - x^*\| \ge \beta\,\|x_{k+1} - x^*\|$$

für alle hinreichend großen k. Damit ist

$$\underbrace{\frac{\|f(x_{k+1})\|}{\|x_{k+1} - x_k\|}}_{\to 0} \ge \frac{\beta\,\|x_{k+1} - x^*\|}{\|x_{k+1} - x^*\| + \|x_k - x^*\|} = \beta\,\frac{\|x_{k+1} - x^*\|/\|x_k - x^*\|}{1 + \|x_{k+1} - x^*\|/\|x_k - x^*\|}$$

für alle hinreichend großen k, woraus

$$\lim_{k\to\infty} \frac{\|x_{k+1} - x^*\|}{\|x_k - x^*\|} = 0$$

bzw. die superlineare Konvergenz der Folge $\{x_k\}$ gegen x^* folgt.

Sei umgekehrt $\{x_k\}$ superlinear konvergent gegen x^* mit $f(x^*) = 0$. Die Aussage 1. ist bewiesen, wenn die Gültigkeit von $(*)$ nachgewiesen ist (siehe Beginn des ersten Teiles des Beweises). Nun berücksichtige man, daß

$$\frac{\|f(x_{k+1})\|}{\|x_{k+1} - x_k\|} = \underbrace{\frac{\|f(x_{k+1}) - f(x^*)\|}{\|x_k - x^*\|}}_{\to 0} \cdot \underbrace{\frac{\|x_k - x^*\|}{\|x_{k+1} - x_k\|}}_{\to 1} \to 0.$$

Denn:

$$\frac{\|f(x_{k+1}) - f(x^*)\|}{\|x_k - x^*\|} \le \int_0^1 \|f'(\underbrace{x^* + t(x_{k+1} - x^*)}_{\to x^*})\|\,dt\ \underbrace{\frac{\|x_{k+1} - x^*\|}{\|x_k - x^*\|}}_{\to 0}$$

und

$$\left|\frac{\|x_{k+1} - x_k\|}{\|x_k - x^*\|} - \underbrace{\frac{\|x_k - x^*\|}{\|x_k - x^*\|}}_{=1}\right| \le \underbrace{\frac{\|x_{k+1} - x^*\|}{\|x_k - x^*\|}}_{\to 0}.$$

Damit ist der Satz bewiesen. □

Bemerkung: Unter den Voraussetzungen von Satz 3.2 gilt wegen der Dreiecksungleichung offenbar

$$\lim_{k\to\infty} \frac{\|[B_k - f'(x^*)](x_{k+1} - x_k)\|}{\|x_{k+1} - x_k\|} = 0 \iff \lim_{k\to\infty} \frac{\|[B_k - f'(x_k)](x_{k+1} - x_k)\|}{\|x_{k+1} - x_k\|} = 0.$$

Grob gesprochen muß das durch die Folge $\{B_k\}$ gegebene Quasi-Newton-Verfahren asymptotisch in das Newton-Verfahren übergehen, um lokale superlineare Konvergenz sichern zu können. Insbesondere folgt hieraus, daß eine durch ein Quasi-Newton-Verfahren $x_{k+1} := x_k - B_k^{-1} f(x_k)$ erzeugte, konvergente Folge $\{x_k\}$ sogar superlinear konvergiert, falls $\lim_{k\to\infty} \|B_k - f'(x_k)\| = 0$. Gewinnt man etwa B_k dadurch, daß man die Funktionalmatrix $f'(x_k)$ *diskretisiert* bzw. die j-te Spalte B_k^j von B_k durch

$$B_k^j := \frac{f(x_k + h_k e_j) - f(x_k)}{h_k}, \qquad j = 1, \ldots, n,$$

definiert, wobei e_j den j-ten Einheitsvektor im $\mathbb{R}^n$ bedeutet, so wird man unter den üblichen Voraussetzungen eines lokalen Konvergenzsatzes lokal superlineare Konvergenz des zugehörigen diskretisierten Newton-Verfahrens erwarten, falls $h_k \to 0$. Hierauf wollen wir nicht näher eingehen, sondern nur auf J. E. Dennis, R. B. Schnabel (1983, S. 95) verweisen. □

Bisher haben wir eigentlich nur einen „Modellalgorithmus" betrachtet. Es ist nämlich noch nichts über die *Konstruktion* der Folge $\{B_k\}$ nichtsingulärer Matrizen ausgesagt worden. An der Vielzahl der bisher in der Literatur vorgeschlagenen Methoden erkennt man, daß es auch hier keine „optimale" Wahl gibt. Wir wollen nur einige Möglichkeiten aufzeigen, auf die zugehörige, zum Teil schwierige Konvergenzanalyse aber nicht eingehen, da diese den Rahmen sprengen würde.

Um nicht den Iterationsindex k mitzuschleppen, gehen wir nun davon aus, $x \in \mathbb{R}^n$ sei eine (aktuelle) Näherung für eine Nullstelle x^* von $f\colon \mathbb{R}^n \longrightarrow \mathbb{R}^n$, es sei $B \in \mathbb{R}^{n\times n}$ nichtsingulär und $x_+ := x - B^{-1}f(x)$ die neue Näherung. Zu klären ist, wie die neue Matrix $B_+ \in \mathbb{R}^{n\times n}$ zu bestimmen ist. Hierzu stellen wir die beiden folgenden Forderungen auf:

- B_+ sollte „einfach" aus x, x_+ und B berechnet werden können. Lineare Gleichungssysteme mit B_+ als Koeffizientenmatrix sollten „einfach" zu lösen sein.
- Es sollte die *Quasi-Newton-Gleichung* $B_+(x_+ - x) = f(x_+) - f(x)$ erfüllt sein. Da $f(x) \approx f(x_+) + f'(x_+)(x - x_+)$ und B_+ eine Approximation von $f'(x_+)$ sein sollte, scheint diese Forderung vernünftig zu sein.

Bemerkung: Für $n = 1$ ist schon durch die Quasi-Newton-Gleichung das zugehörige Verfahren festgelegt, es ist $B_+ = [f(x_+) - f(x)]/(x_+ - x)$ und daher

$$x_{++} = x_+ - B_+^{-1}f(x_+) = x_+ - \frac{(x - x_+)\,f(x_+)}{f(x) - f(x_+)}$$

bzw.

$$x_{k+1} = x_k - \frac{(x_{k-1} - x_k)\,f(x_k)}{f(x_{k-1}) - f(x_k)} = x_k - \frac{(x_{k-1} - x_k)\,f(x_k)/f(x_{k-1})}{1 - f(x_k)/f(x_{k-1})}, \qquad k = 1, 2, \ldots.$$

Dies ist das sogenannte *Sekantenverfahren*, das in Abbildung 2.5 veranschaulicht wird. Auf die lokale Konvergenz des Sekantenverfahrens werden wir am Schluß dieses Unterabschnittes eingehen. □

Wir wollen uns darauf beschränken, Broydens *Rang-1-Verfahren* zu schildern (siehe C. G. Broyden (1965)). Die Idee besteht zunächst einmal darin, B_+ als eine *Rang-1-Korrektur* von B anzusetzen: $B_+ := B + u\,v^T$ mit gewissen Vektoren u, $v \in \mathbb{R}^n$. Wegen des Lemmas von Sherman-Morrison (siehe Lemma 2.14 in Abschnitt 1.2) ist

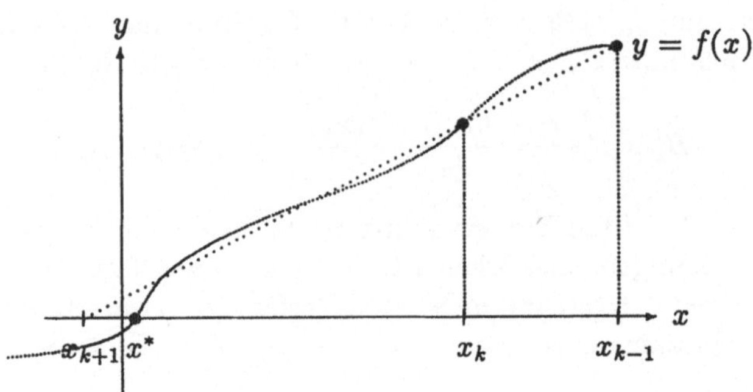

Abbildung 2.5: Das Sekantenverfahren für $n = 1$

genau dann mit B auch B_+ nichtsingulär, wenn $\sigma := 1 + v^T B^{-1} u \neq 0$. Ist dies der Fall, so ist B_+^{-1} durch

$$B_+^{-1} = B^{-1} - \frac{1}{\sigma} B^{-1} u v^T B^{-1}$$

gegeben. Wir sehen daher die erste Forderung als erfüllt an, da der Aufwand zur Berechnung von B_+ und B_+^{-1} aus B bzw. B^{-1} im wesentlichen proportional zu n^2 ist.

Nun sollte B_+ auch noch der Quasi-Newton-Gleichung $B_+ s = y$ genügen, wobei zur Abkürzung

$$s := x_+ - x, \qquad y := f(x_+) - f(x)$$

gesetzt wird. Aus dem Ansatz $B_+ = B + u\, v^T$ erhält man die Bedingung

$$B_+ s = Bs + (v^T s)\, u = y.$$

Dies legt es nahe, $u := y - Bs$ zu setzen. Man beachte, daß

$$u = y - Bs = f(x_+) - f(x) - B(x_+ - x) = f(x_+) - f(x) + BB^{-1} f(x) = f(x_+),$$

so daß $u \neq 0$ angenommen werden kann (andernfalls hätte man das Verfahren schon abgebrochen). Für jedes $v \in \mathbb{R}^n$ mit $v^T s = 1$ erfüllt $B_+ := B + (y - Bs)\, v^T$ die Quasi-Newton-Gleichung. Broydens Rang-1-Verfahren erhält man aus der Forderung, daß $\|B_+ - B\|_F = \|y - Bs\|_2 \, \|v\|_2$ bzw. $\|v\|_2$ unter der Nebenbedingung $v^T s = 1$ zu minimieren ist. Nach einfacher, geometrisch motivierter Argumentation erhält man $v := s / s^T s$ als Lösung dieser Aufgabe. Die sogenannte Broyden Rang-1 Update-Formel lautet daher:

$$B_+ := B + \frac{(y - Bs)\, s^T}{s^T s}.$$

(Es kann sogar gezeigt werden, daß durch B_+ genau die Lösung der Aufgabe gegeben ist, $\|\hat{B} - B\|_F$ unter der Nebenbedingung $\hat{B} s = y$ zu minimieren, siehe Aufgabe 5.) Wegen des Lemmas von Sherman-Morrison ist mit B auch B_+ genau dann nichtsingulär, wenn

$$1 + v^T B^{-1} u = 1 + \frac{s^T B^{-1} (y - Bs)}{s^T s} = \frac{s^T B^{-1} y}{s^T s} \neq 0.$$

Ist dies der Fall, so berechnet sich B_+^{-1} aus B^{-1} mittels

$$B_+^{-1} = B^{-1} + \frac{(s - B^{-1}y)\, s^T B^{-1}}{s^T B^{-1} y}.$$

Dann kann gezeigt werden (siehe C. G. BROYDEN (1970) und J. E. DENNIS, R. B. SCHNABEL (1983, S. 174 ff.), E. L. ALLGOWER, K. GEORG (1990, S. 64 ff.)):

- *Ist f hinreichend glatt in einer Umgebung der Nullstelle x^* von f und ist $f'(x^*)$ nichtsingulär, so ist das Broyden Rang-1-Verfahren durchführbar und superlinear konvergent, falls das Startelement (x_0, B_0) hinreichend nahe bei $(x^*, f'(x^*))$ liegt.*

Bemerkungen: Einige Hinweise sollen noch zu einer möglichen Implementation des Broyden Rang-1-Verfahrens gemacht werden.

Es kann sinnvoll sein, zu einem gedämpften Verfahren

$$x_{k+1} := x_k - t_k B_k^{-1} f(x_k)$$

durch Einführung einer Schrittweite $t_k > 0$ überzugehen, um das Konvergenzgebiet zu vergrößern. Hierbei sollte die Schrittweitenfolge $\{t_k\}$ gegen 1 konvergieren, um die lokale superlineare Konvergenz zu erhalten (J. E. DENNIS, J. J. MORÉ (1975, Corollary 2.3)).

Von M. J. D. POWELL (1970) und J. E. DENNIS, J. J. MORÉ (1977, S. 56) wird vorgeschlagen, die Broyden Update-Formel durch

$$B_+ = B + \theta\, \frac{(y - Bs)\, s^T}{s^T s}$$

zu modifizieren, wobei der Parameter θ dafür zu sorgen hat, daß B_+ „hinreichend nichtsingulär" ist. Wegen

$$\det(B_+) = \left[(1-\theta) + \theta\, \frac{s^T B^{-1} y}{s^T s}\right] \det(B)$$

ist $|\det(B_+)| \geq 0.1\, |\det(B)|$, wenn

$$\theta := \begin{cases} 1.0 & \text{falls} \quad |s^T B^{-1} y| \geq 0.1\, s^T s, \\ 0.8 & \text{falls} \quad |s^T B^{-1} y| < 0.1\, s^T s \end{cases}$$

gewählt wird.

Eine naive, aber häufig erfolgreiche Methode, das Broyden Rang-1-Verfahren zu implementieren, besteht darin, zu Beginn B_0^{-1} zu berechnen und danach alle weiteren B_k^{-1} durch die entsprechende Update-Formel zu erhalten. I. allg. ist es besser, von einer QR-Zerlegung $B = QR$ zu einer neuen QR-Zerlegung $B_+ = Q_+ R_+$ überzugehen, also Update-Formeln für die QR-Faktorisierung zu benutzen. Diese Idee stammt von Gill-Murray, Programme in Pseudocode findet man im Anhang zu J. E. DENNIS, R. B. SCHNABEL (1983). Ein Übersichtsartikel von W. W. HAGER (1989) befaßt sich in einem allgemeineren Rahmen mit Update-Formeln für die Inverse einer Matrix.

Ein Nachteil des Broyden Rang-1-Verfahrens (und anderer Quasi-Newton-Verfahren) besteht darin, daß eine „Dünnbesetztheit" der Funktionalmatrix durch die Update-Formeln zerstört wird, selbst wenn die Ausgangsnäherung B_0 eine entsprechende Struktur besitzt. Diesen Nachteil kann man mit einem Vorschlag von L. K. SCHUBERT (1970) beheben, in Aufgabe 6 gehen wir hierauf näher ein. Hinweise hierzu findet man auch in dem nun schon oft erwähnten, vorzüglichen Buch von J. E. DENNIS, R. B. SCHNABEL (1983, S. 239ff.). Ein weiterer Ansatz wird von P. H. CALAMAI, J. J. MORÉ (1987) geschildert. Hier sind Matrizen $L, U \in \mathbb{R}^{n\times n}$ mit $L \le U$ (komponentenweise zu verstehen) gegeben und es wird die Aufgabe

$$\text{Minimiere } \|\hat{B} - B\|_F \text{ unter den Nebenbedingungen } \hat{B}s = y \text{ und } L \le \hat{B} \le U$$

betrachtet. Sind die Nebenbedingungen erfüllbar, so besitzt diese Aufgabe eine eindeutige Lösung B_+, von der Calamai-Moré zeigen, daß sie einfach berechnet werden kann.

Wie bei praktisch jedem lokal konvergenten Iterationsverfahren ist auch bei Quasi-Newton-Verfahren die Wahl des Startelementes (x_0, B_0) ein delikater Punkt, über den sehr wenig allgemeingültiges gesagt werden kann. Ist x_0 eine „gute" Näherung, so ist es sinnvoll, $B_0 \approx f'(x_0)$ zu wählen, also etwa B_0 durch eine Diskretisierung von $f'(x_0)$ zu gewinnen. Wie aber erhält man eine „gute" Ausgangsnäherung x_0? Hier können gelegentlich *Einbettungsverfahren* helfen. Die Idee besteht darin, das gegebene Gleichungssystem $f(x) = 0$ in eine Schar von Gleichungssystemen $f_t(x) = 0$ mit $t \in [0,1]$ „einzubetten", wobei $f_0(x) = 0$ „einfach" zu lösen und $f_1 := f$ ist, z. B. ist $f_t(x) = (1-t)f_0(x) + tf(x)$. Grob gesprochen versucht man dann, sich von dem einfachen zum schweren Problem in endlich vielen Schritten „hochzuhangeln", indem man die Lösung oder eine gute Näherung für ein einfacheres Problem als Startnäherung für ein schwereres nimmt. □

Zum Schluß dieses Unterabschnittes kommen wir auf das oben schon vorgestellte Sekantenverfahren zurück und beweisen einen lokalen Konvergenzsatz.

Satz 3.3 *Sei $f \in C^2[a,b]$ und $x^* \in (a,b)$ eine einfache Nullstelle von f, d. h. es sei $f(x^*) = 0$ und $f'(x^*) \ne 0$. Dann existiert ein $\delta > 0$ und hiermit ein Intervall $I_\delta := [x^* - \delta, x^* + \delta] \subset [a,b]$ mit: Sind $x_0, x_1 \in I_\delta$ mit $x_0 \ne x_1$, so ist die aus dem Sekantenverfahren*

$$x_{k+1} := x_k - \frac{(x_k - x_{k-1})f(x_k)}{f(x_k) - f(x_{k-1})}, \qquad k = 1, 2, \ldots,$$

gebildete Folge $\{x_k\}$ definiert und $\{x_k\} \subset I_\delta$. (Hierbei wird natürlich $x_k \ne x^*$ für alle k angenommen.) Ferner existiert eine Folge $\{c_k\} \subset \mathbb{R}_+$ positiver, reeller Zahlen, die mindestens von der Ordnung $\tau := (1+\sqrt{5})/2$ gegen Null konvergiert, und für die $|x_k - x^*| \le c_k$ für alle k.

Beweis: Sei $\gamma := \max_{x\in[a,b]} |f''(x)|$. Man wähle $\delta > 0$ so klein, daß $\gamma\delta \le \frac{1}{2}|f'(x^*)|$ und $I_\delta := [x^* - \delta, x^* + \delta] \subset [a,b]$. Dann ist

$$\frac{1}{2}|f'(x^*)| \le |f'(x)| \qquad \text{für alle } x \in I_\delta,$$

da

$$|f'(x^*)| - |f'(x)| \le |f'(x^*) - f'(x)| \le \gamma\, |x^* - x| \le \gamma\delta \le \frac{1}{2}\, |f'(x^*)| \qquad \text{für alle } x \in I_\delta.$$

Angenommen, es sei x_{k-1}, $x_k \in I_\delta$ und $x_{k-1} \ne x_k$. Dann ist

$$\begin{aligned} x_{k+1} - x^* &= x_k - x^* - \frac{x_k - x_{k-1}}{f(x_k) - f(x_{k-1})}\, f(x_k) \\ &= (x_k - x^*)\, \frac{[f(x_k) - f(x_{k-1})]/(x_k - x_{k-1}) - [f(x_k) - f(x^*)]/(x_k - x^*)}{[f(x_k) - f(x_{k-1})]/(x_k - x_{k-1})} \\ &= (x_k - x^*)\, \frac{\int_0^1 [f'(x_{k-1} + t(x_k - x_{k-1})) - f'(x^* + t(x_k - x^*))]\, dt}{f'(\xi_k)} \end{aligned}$$

mit $\xi_k \in I_\delta$ und daher

$$\begin{aligned} |x_{k+1} - x^*| &\le \frac{2\, |x_k - x^*|}{|f'(x^*)|} \int_0^1 |f'(x_{k-1} + t(x_k - x_{k-1})) - f'(x^* + t(x_k - x^*))|\, dt \\ &\le \underbrace{\frac{\gamma}{|f'(x^*)|}\, \underbrace{|x_{k-1} - x^*|}_{\le\delta}}_{\le 1/2}\, |x_k - x^*|. \end{aligned}$$

Insbesondere folgt $x_k \ne x_{k+1} \in I_\delta$ und $|x_{k+1} - x^*| \le \frac{1}{2}\, |x_k - x^*|$. Daher konvergiert $\{x_k\}$ gegen x^*.

Mit $c := \gamma/|f'(x^*)|$ ist also $c\delta \le \frac{1}{2}$ und

$$|x_{k+1} - x^*| \le c\, |x_k - x^*|\, |x_{k-1} - x^*|, \qquad k = 1, 2, \ldots.$$

Definiert man $e_k := c\, |x_k - x^*|$, so ist $e_{k+1} \le e_k\, e_{k-1}$, $\epsilon := \max(e_0, e_1) \le \frac{1}{2}$ und folglich

$$e_2 \le \epsilon^2,\ e_3 \le \epsilon^3,\ e_4 \le \epsilon^5,\ \ldots,\ e_k \le \epsilon^{f_k},$$

wobei $\{f_k\}$ die durch

$$f_0 := f_1 := 1, \qquad f_{k+1} := f_k + f_{k-1}$$

definierte *Fibonacci-Folge* ist. Damit ist

$$|x_k - x^*| \le c_k := \frac{1}{c}\, \epsilon^{f_k}, \qquad k = 0, 1, \ldots.$$

Zu zeigen bleibt, daß $\{c_k\}$ von mindestens der Ordnung $\tau := (1 + \sqrt{5})/2$ gegen Null konvergiert. Wegen

$$\frac{c_{k+1}}{c_k^\tau} = c^{\tau-1}\, \epsilon^{f_{k+1} - \tau f_k}$$

ist dies bewiesen, wenn $\lim_{k\to\infty}(f_{k+1} - \tau f_k) = 0$. Dies wiederum sieht man folgendermaßen ein: Durch Induktion zeigt man leicht, daß die *Formel von Binet*

$$f_k = \frac{1}{\sqrt{5}}\, [\tau^{k+1} - (-\tau)^{-(k+1)}], \qquad k = 0, 1, \ldots,$$

gilt. Daher ist

$$\begin{aligned} f_{k+1} - \tau f_k &= \frac{1}{\sqrt{5}}[\tau^{k+2} - (-\tau)^{-(k+2)} - \tau^{k+2} + (-1)^{k+1}\tau^{-k}] \\ &= \frac{(-1)^{k+1}}{\sqrt{5}}[\tau^{-(k+2)} + \tau^{-k}], \end{aligned}$$

woraus man die Behauptung abliest. □

Man beachte: Das Sekantenverfahren benötigt pro Iterationsschritt nur *eine* Funktionsauswertung. Daher entsprechen zwei Schritte des Sekantenverfahrens einem Schritt des Newton-Verfahrens. Das ist der Grund dafür, daß im eindimensionalen Fall das Sekantenverfahren dem Newton-Verfahren häufig vorgezogen werden kann.

2.3.3 Die Berechnung der Nullstellen eines Polynoms

Sehr kurz wollen wir nun auf die Berechnung der Nullstellen eines Polynoms eingehen. Dieses ist sicher eines der ältesten, aber keineswegs eines der wichtigsten Probleme der numerischen Mathematik, da es in den Anwendungen überraschend selten auftritt. So werden etwa i. allg. Matrix-Eigenwertaufgaben *nicht* dadurch gelöst, daß das charakteristische Polynom und anschließend dessen Nullstellen berechnet werden. Wir wollen hier nur einige einfache Aussagen machen und verweisen für eine ausführlichere Darstellung z. B. auf J. STOER (1989, S. 266 ff.).

Gegeben sei das Polynom n-ten Grades

$$p_n(x) := a_0x^n + a_1x^{n-1} + \cdots + a_n \qquad \text{mit } a_0 \neq 0.$$

Das Newton-Verfahren lautet

$$x_{k+1} := x_k - \frac{p_n(x_k)}{p_n'(x_k)}, \qquad k = 0, 1, \ldots.$$

In jedem Schritt müssen p_n und p_n' an derselben Stelle, etwa ξ, ausgewertet werden. Dies geschieht mit dem *zweistufigen Horner-Schema*, dessen Idee einfach auf einer geschickten Klammerung bei der Berechnung von $p_n(\xi)$ beruht:

$$p_n(\xi) = (\cdots((a_0\xi + a_1)\xi + a_2)\xi + \cdots a_{n-1})\xi + a_n.$$

Als man noch „per Hand" rechnete, sah dieses Schema folgendermaßen aus:

	a_0	a_1	a_2	$\cdots$	a_{n-2}	a_{n-1}	a_n	
+		$b_0\xi$	$b_1\xi$	$\cdots$	$b_{n-3}\xi$	$b_{n-2}\xi$	$b_{n-1}\xi$	
	b_0	b_1	b_2	$\cdots$	b_{n-2}	b_{n-1}	b_n	$b_n = p_n(\xi)$
+		$c_0\xi$	$c_1\xi$	$\cdots$	$c_{n-3}\xi$	$c_{n-2}\xi$		
	c_0	c_1	c_2	$\cdots$	c_{n-2}	c_{n-1}		$c_{n-1} = p_n'(\xi)$

Genauer lautet das zweistufige Horner-Verfahren:

- Input: Die Koeffizienten $a_0, \ldots, a_n \in \mathbb{C}$ des Polynoms p_n und $\xi \in \mathbb{C}$ seien gegeben.

- $b_0 := a_0, \quad c_0 := a_0$

  Für $j = 1, \ldots, n-1$:

  $$b_j := a_j + b_{j-1}\xi, \quad c_j := b_j + c_{j-1}\xi$$

  $b_n := a_n + b_{n-1}\xi$

- Output: $b_n = p_n(\xi)$, $c_{n-1} = p_n'(\xi)$. Genauer gilt:

$$\underbrace{\sum_{j=0}^{n} a_j x^{n-j}}_{=p_n(x)} = (x - \xi)\underbrace{\left(\sum_{j=0}^{n-1} b_j x^{n-1-j}\right)}_{=:p_{n-1}(x)} + b_n.$$

Zum **Beweis** der hier gemachten Behauptung beachten wir:

$$\begin{aligned} (x-\xi)\,p_{n-1}(\xi) + b_n &= (x-\xi)\left(\sum_{j=0}^{n-1} b_j x^{n-1-j}\right) + b_n \\ &= \underbrace{b_0}_{a_0} x^n + \sum_{j=1}^{n} \underbrace{(b_j - b_{j-1}\xi)}_{a_j} x^{n-j} \\ &= p_n(x). \end{aligned}$$

Setzt man hier $x = \xi$, so folgt $p_n(\xi) = b_n$. Entsprechend zeigt man $p_{n-1}(\xi) = c_{n-1}$. Differentiation der Gleichung $p_n(x) = (x - \xi)\,p_{n-1}(x) + b_n$ liefert

$$p_n'(x) = p_{n-1}(x) + (x - \xi)\,p_{n-1}'(x).$$

Daher ist $p_n'(\xi) = p_{n-1}(\xi) = c_{n-1}$.

Hat man eine Nullstelle x^* von p_n bestimmt, so erhält man durch das Horner-Schema die Faktorisierung $p_n(x) = (x - x^*)\,p_{n-1}(x)$.

Einige Probleme, auf die man zwangsläufig stößt, wenn man das Newton-Verfahren zur Bestimmung aller Nullstellen eines Polynoms implementieren will, sollen nun angesprochen werden, auch wenn sie hier nicht befriedigend gelöst werden können. Wir beschränken uns auf den Fall *reeller* Polynome, die Koeffizienten $a_0, \ldots, a_n$ von p_n seien also reell.

- Wie findet man geeignete Startwerte?

Es gibt einige a priori Aussagen über die Lage der Nullstellen eines Polynoms, siehe z. B. J. STOER (1989, S. 270). Diese können bei der Wahl eines Startelementes berücksichtigt werden. Eine „Primitivregel", die aber gelegentlich zum Erfolg führt, ist die folgende: Man starte das Newton-Verfahren mit dem Startwert $x_0 := 0$. Führt das nicht zum Erfolg, so bilde

$$\hat{p}_n(x) := x^n\,p_n\left(\frac{1}{x}\right) = a_n x^n + \cdots + a_0.$$

$x^* \neq 0$ ist genau dann eine Nullstelle von p_n, wenn $1/x^*$ eine Nullstelle von $\hat{p}_n$ ist. Man kann dann hoffen, daß eine Anwendung des Newton-Verfahrens auf $\hat{p}_n$ mit dem Startwert x_0 zum Erfolg führt.

- Was passiert bei mehrfachen Nullstellen?

Das Newton-Verfahren ist auch bei mehrfachen Nullstellen lokal konvergent, allerdings nur linear. Denn ist $p_n(x) = (x - x^*)^r p_{n-r}(x)$ mit $r \geq 2$, einem Polynom p_{n-r} vom Grad $n - r$ und $p_{n-r}(x^*) \neq 0$, so ist die Iterationsfunktion F des Newton-Verfahrens durch

$$F(x) := x - \frac{p_n(x)}{p_n'(x)} = x - \frac{(x - x^*)\, p_{n-r}(x)}{r\, p_{n-r}(x) + (x - x^*)\, p_{n-r}'(x)}$$

gegeben. Daher ist $F'(x^*) = 1 - 1/r$, nach Satz 2.10 folgt lokal lineare Konvergenz. Iteriert man aber gemäß

$$x_{k+1} := x_k - r\, \frac{p_n(x_k)}{p_n'(x_k)},$$

so stellt man wiederum mit Hilfe von Satz 2.10 lokal quadratische Konvergenz fest. Allerdings ist dies wohl eher ein theoretischer Ratschlag, da man bei der Umsetzung zunächst die Vielfachheit einer Nullstelle bestimmen müßte.

- Wie berechnet man komplexe Nullstellen?

Beginnt man das Newton-Verfahren bei einem reellen Polynom mit einem reellen Startelement, so erhält man eine Folge reeller Zahlen. Man kann also auf diese Weise nicht hoffen, komplexe Nullstellen zu approximieren. Wenn mit (konjugiert) komplexen Nullstellen zu rechnen ist, so sollte das gleich zu besprechende Bairstow-Verfahren angewandt werden.

Aufgrund von Rundungsfehleranalysen (siehe J. H. WILKINSON (1969)) erscheint es ratsam zu sein, die Wurzeln ihrer Betragsgröße nach zu bestimmen und hierbei mit der betragskleinsten zu beginnen. Nach der Bestimmung einer Wurzel mache man eine sogenannte *Deflation*, d. h. man spalte einen linearen Faktor ab. Nach der Berechnung von Näherungen für alle Wurzeln iteriere man noch einmal mit dem Ausgangspolynom und den erhaltenen Näherungen als Startwerten.

Zum Schluß dieses kurzen Unterabschnittes wollen wir auf das *Bairstow-Verfahren* zur Berechnung der Nullstellen eines Polynoms

$$p_n(x) := a_0 x^n + a_1 x^{n-1} + \cdots + a_n$$

mit reellen Koeffizienten $a_0, \ldots, a_n$ und $a_0 \neq 0$ eingehen. Ist $z = s + i\,t$ (hier sei $i = \sqrt{-1}$ die imaginäre Einheit) mit $t \neq 0$ eine komplexe Nullstelle von p_n, so ist auch $\overline{z} = s - i\,t$ eine Nullstelle von p_n und daher

$$p_n(x) = (x - z)(x - \overline{z})\, p_{n-2}(x) = (x^2 - 2sx + s^2 + t^2)\, p_{n-2}(x)$$

mit einem reellen Polynom p_{n-2} vom Grade $n-2$. Allgemeiner sagt man, $(x^2 - ux - v)$ bzw. (u, v) sei ein *quadratischer Faktor* zu p_n, wenn ein reelles Polynom p_{n-2} vom

Grade $n-2$ mit $p_n(x) = (x^2 - ux - v)\,p_{n-2}(x)$ existiert. Das Verfahren von Bairstow berechnet quadratische Faktoren zu p_n. Durch Lösen einer quadratischen Gleichung erhält man im Anschluß entweder ein Paar konjugiert komplexer Nullstellen oder zwei reelle Nullstellen auf einen Schlag.

Die Idee des Bairstow-Verfahrens ist sehr einfach. Ist (u, v) bzw. $x^2 - ux - v$ eine Näherung für einen quadratischen Faktor zu p_n, so dividiere man p_n durch $x^2 - ux - v$ und erhalte die Darstellung

$$p_n(x) = (x^2 - ux - v)\,p_{n-2}(x) + b_{n-1}\,(x-u) + b_n \quad \text{mit} \quad p_{n-2}(x) = b_0x^{n-2} + \cdots + b_{n-2}.$$

Jedes b_j ist eine Funktion von (u, v), also $b_j = b_j(u, v)$ für $j = 0, \ldots, n$, und (u, v) ist genau dann ein quadratischer Faktor zu p_n, wenn (u, v) Lösung des nichtlinearen Gleichungssystems

$$(*) \qquad \begin{aligned} b_{n-1}(u,v) &= 0 \\ b_n(u,v) &= 0 \end{aligned}$$

ist. Auf $(*)$ wende man das Newton-Verfahren an. Ist also (u, v) eine Näherung, so berechne man eine (hoffentlich) verbesserte Näherung $(u_+, v_+) := (u, v) - (\epsilon, \delta)$ mit

$$\begin{pmatrix} \dfrac{\partial b_{n-1}}{\partial u}(u,v) & \dfrac{\partial b_{n-1}}{\partial v}(u,v) \\ \dfrac{\partial b_n}{\partial u}(u,v) & \dfrac{\partial b_n}{\partial v}(u,v) \end{pmatrix} \begin{pmatrix} \epsilon \\ \delta \end{pmatrix} = \begin{pmatrix} b_{n-1}(u,v) \\ b_n(u,v) \end{pmatrix}.$$

Jetzt beschreiben wir genauer einen Schritt des Bairstow-Verfahrens.

- Input.

  Die Koeffizienten $a_0, \ldots, a_n \in \mathbb{R}$ mit $a_0 \neq 0$ von $p_n(x) := a_0x^n + \cdots + a_n$ und eine Näherung (u, v) für einen quadratischen Faktor seien gegeben.

- Bestimme $b_0, \ldots, b_n$ mit

  $$p_n(x) = (x^2 - ux - v)(b_0x^{n-2} + \cdots + b_{n-2}) + b_{n-1}(x-u) + b_n.$$

  $b_0 := a_0, \quad b_1 := a_1 + ub_0$
  Für $j = 2, \ldots, n$:
  $\quad b_j := a_j + ub_{j-1} + vb_{j-2}$

- Test auf Abbruch.

  Ist $b_{n-1} = b_n = 0$, so ist (u, v) ein quadratischer Faktor zu p_n. Durch Lösen der quadratischen Gleichung $x^2 - ux - v = 0$ bestimme man ein Paar konjugiert komplexer Nullstellen oder zwei reelle Nullstellen von p_n. Auf

  $$p_{n-2}(x) := b_0x^{n-2} + \cdots + b_{n-2}$$

  kann zur Bestimmung weiterer Nullstellen von p_n erneut das Bairstow-Verfahren angewandt werden. STOP.

- Berechne die Funktionalmatrix zu $\begin{pmatrix} b_{n-1}(u,v) \\ b_n(u,v) \end{pmatrix}$ an der Stelle (u,v).

  Berechne $c_j := \dfrac{\partial b_{j+1}}{\partial u}(u,v)$ für $j = 0,\dots,n-1$ durch:

  $c_0 := b_0, \quad c_1 := b_1 + uc_0$
  Für $j = 2,\dots,n-1$:
  $\quad c_j := b_j + uc_{j-1} + vc_{j-2}$

  Wegen $c_j = \dfrac{\partial b_{j+1}}{\partial u}(u,v) = \dfrac{\partial b_{j+2}}{\partial v}(u,v)$ für $j = 0,\dots,n-2$ ist daher:

$$\begin{pmatrix} \dfrac{\partial b_{n-1}}{\partial u}(u,v) & \dfrac{\partial b_{n-1}}{\partial v}(u,v) \\ \dfrac{\partial b_n}{\partial u}(u,v) & \dfrac{\partial b_n}{\partial v}(u,v) \end{pmatrix} = \begin{pmatrix} c_{n-2} & c_{n-3} \\ c_{n-1} & c_{n-2} \end{pmatrix}.$$

- Verbesserung der Näherung.

  Berechne (ϵ,δ) durch

$$\begin{pmatrix} \epsilon \\ \delta \end{pmatrix} := \frac{1}{c_{n-2}^2 - c_{n-1}c_{n-3}} \begin{pmatrix} c_{n-2} & -c_{n-3} \\ -c_{n-1} & c_{n-2} \end{pmatrix} \begin{pmatrix} b_{n-1} \\ b_n \end{pmatrix}$$

  und setze $(u_+,v_+) := (u-\epsilon, v-\delta)$, falls $\Delta := c_{n-2}^2 - c_{n-1}c_{n-3} \neq 0$ (bzw. $|\Delta|$ „hinreichend groß" ist).

- Output.

  Neue Näherung (u_+,v_+).

Man kann sich leicht überlegen: Ist (u^*,v^*) ein quadratischer Faktor von p_n mit der Eigenschaft, daß die beiden Nullstellen von $x^2 - u^*x - v^*$ einfache Nullstellen von p_n sind, so ist die Funktionalmatrix von $\begin{pmatrix} b_{n-1}(u,v) \\ b_n(u,v) \end{pmatrix}$ an der Stelle (u^*,v^*) nichtsingulär, so daß das Bairstow-Verfahrens in diesem Falle wegen des lokalen Konvergenzsatzes 3.1 für das Newton-Verfahren lokal von mindestens zweiter Ordnung konvergiert. (Siehe auch Aufgabe 7. Diese Aussage kann noch etwas verallgemeinert werden, siehe z. B. G. SCHMEISSER, H. SCHIRMEIER (1976, S. 70).)

Aufgaben

1. Sei $f \in C^2[\alpha,\beta]$ mit $f'(x) > 0$ und $f''(x) \geq 0$ für alle $x \in [\alpha,\beta]$ (d. h. f sei monoton wachsend und konvex auf $[\alpha,\beta]$). Ferner sei $f(\alpha) < 0 < f(\beta)$ und $\alpha - f(\alpha)/f'(\alpha) \leq \beta$. Dann liefert das Newton-Verfahren

$$x_{k+1} := x_k - \frac{f(x_k)}{f'(x_k)}, \qquad k = 0,1,\dots,$$

für jedes $x_0 \in [\alpha, \beta]$ eine Folge $\{x_k\}$ mit der Eigenschaft, daß $\{x_k\}_{k\in\mathbb{N}}$ monoton fallend und von mindestens zweiter Ordnung gegen die einzige Nullstelle x^* von f konvergiert (wobei natürlich $x_k \neq x^*$ für alle k angenommen wird).

Hinweis: Bevor man die Aussage beweist, sollte man sich diese anhand einer Skizze plausibel machen.

2. Wir hatten uns in der Einführung überlegt, daß die Bestimmung der Brachystochrone durch $P_0 = (x_0, y_0)$ und $P_1 = (x_1, y_1)$ mit $x_0 < x_1$, $y_1 < y_0$ auf die Nullstellenaufgabe

$$(y_0 - y_1)(\phi - \sin\phi) - (x_1 - x_0)(1 - \cos\phi) = 0$$

zurückgeführt werden kann. Bei vorgegebenem $\gamma > 0$ definiere man

$$f_\gamma(\phi) := (\phi - \sin\phi) - \gamma(1 - \cos\phi)$$

und bestimme für $\gamma = 1.0$, 2.0 und 3.0 mit Hilfe des Newton- und des Sekanten-Verfahrens die (eindeutige) Lösung von $f_\gamma(\phi) = 0$ in $(0, 2\pi)$.

3. Gegeben sei das nichtlineare Gleichungssystem

$$\text{(P)} \qquad f(x) := \begin{pmatrix} x_1 - 0.1\,x_1^2 - \sin x_2 \\ x_2 - \cos x_1 - 0.1\,x_2^2 \end{pmatrix} = \begin{pmatrix} 0 \\ 0 \end{pmatrix}.$$

(a) Zur Lösung von (P) betrachte man das Verfahren $x_{k+1} := F(x_k)$ mit

$$F(x) := x - B^{-1} f(x), \qquad B := \begin{pmatrix} 0.8 & -0.6 \\ 0.6 & 0.8 \end{pmatrix}$$

und dem Startwert $x_0 := (0.75, 0.75)$. Durch Anwendung des Korollars 2.3 zum Banachschen Fixpunktsatz zeige man die Konvergenz dieses Verfahrens und mache eine Fehlerabschätzung. Als zugrunde liegende Norm im $\mathbb{R}^2$ wähle man die Maximumnorm.

(b) Zur Lösung von (P) wende man das Newton-Verfahren mit $x_0 := (0.75, 0.75)^T$ und $x_0 := (10.0, 10.0)^T$ an.

(c) Zur Lösung von (P) wende man das Broyden Rang-1-Verfahren an mit

$$x_0 := \begin{pmatrix} 0.75 \\ 0.75 \end{pmatrix}, \qquad B_0 := \begin{pmatrix} 0.8 & -0.6 \\ 0.6 & 0.8 \end{pmatrix}.$$

4. Sei das nichtlineare Gleichungssystem $f(x) = 0$ mit einer Abbildung $f\colon \mathbb{R}^n \longrightarrow \mathbb{R}^n$ gegeben. Auf einer Umgebung eines Punktes $x^* \in \mathbb{R}^n$ mit $f(x^*) = 0$ sei f stetig partiell differenzierbar, es sei $f'(x^*)$ nichtsingulär. Gegeben sei ferner $\eta_{\max} \in [0, 1)$ und eine Folge $\{\eta_k\} \subset [0, \eta_{\max}]$. $\|\cdot\|$ sei eine gegebene Vektornorm bzw. die zugeordnete Matrixnorm. Man betrachte den folgenden Modellalgorithmus (Inexaktes Newton-Verfahren):

i) Gegeben $x_0 \in \mathbb{R}^n$, setze $k := 0$.

ii) Falls $f(x_k) = 0$, dann STOP.

iii) Bestimme $p_k \in \mathbb{R}^n$ mit $\frac{\|f(x_k) + f'(x_k)p_k\|}{\|f(x_k)\|} \le \eta_k$.

iv) Setze $x_{k+1} := x_k + p_k$, $k := k + 1$ und gehe nach ii).

Dann gelten die folgenden Aussagen (siehe R. S. DEMBO, S. C. EISENSTAT, T. STEIHAUG (1982)):

(a) Es sei $q \in (\eta_{\max}, 1)$ beliebig. Dann existiert ein $\delta > 0$ derart, daß das obige inexakte Newton-Verfahren für alle

$$x_0 \in B[x^*; \delta] := \{x \in \mathbb{R}^n : \|x - x^*\| \le \delta\}$$

durchführbar ist und die Folge $\{x_k\}$ bezüglich der durch $\|y\|_* := \|f'(x^*)y\|$ definierten Norm linear konvergiert:

$$\|x_{k+1} - x^*\|_* \le q \|x_k - x^*\|_*, \qquad k = 0, 1, \ldots.$$

(b) Ist zusätzlich $\lim_{k\to\infty} \eta_k = 0$, so ist das obige inexakte Newton-Verfahren lokal superlinear konvergent.

Hinweis: Man definiere $\mu := \max(\|f'(x^*)\|, \|f'(x^*)^{-1}\|)$. Wegen $\eta_{\max} < q$ existiert ein hinreichend kleines $\epsilon > 0$ mit $(1 + \epsilon\mu)[2\mu\epsilon + \eta_{\max}(1 + \mu\epsilon)] \le q$. Nun wähle man $\delta > 0$ so klein, daß f in $B[x^*; \mu^2\delta] := \{x \in \mathbb{R}^n : \|x - x^*\| \le \mu^2\delta\}$ stetig differenzierbar und $f'(\cdot)$ nichtsingulär ist, und für alle $x \in B[x^*; \mu^2\delta]$ gilt:

(i) $\|f'(x) - f'(x^*)\| \le \epsilon$,

(ii) $\|f'(x)^{-1} - f'(x^*)^{-1}\| \le \epsilon$,

(iii) $\|f(x) - f(x^*) - f'(x^*)(x - x^*)\| \le \epsilon \|x - x^*\|$,

was wegen der Stetigkeit von $f'(\cdot)$, $f'(\cdot)^{-1}$ sowie der stetigen Differenzierbarkeit von f in x^* möglich ist. Mit dem so gefundenen $\delta > 0$ ist die Aussage (a) der Aufgabe richtig! Um dies nachzuweisen, sei ein $x_0 \in B[x^*; \delta]$ vorgegeben. Nach Definition der transformierten Norm $\|\cdot\|_*$ und von μ ist dann $\|x_0 - x^*\|_* \le \mu\delta$. Für den k-ten Schritt nehme man an, es sei $\|x_k - x^*\|_* \le \mu\delta$ und damit $\|x_k - x^*\| \le \mu^2\delta$. Mit $r_k := f(x_k) + f'(x_k)p_k$ ist dann

$$\begin{aligned} f'(x^*)(x_{k+1} - x^*) &= \{I + f'(x^*)[f'(x_k)^{-1} - f'(x^*)^{-1}]\} \{[f'(x_k) - f'(x^*)](x_k - x^*) \\ &\quad - [f(x_k) - f(x^*) - f'(x^*)(x_k - x^*)] + r_k\} \end{aligned}$$

und daher wegen der Definition der transformierten Norm $\|\cdot\|_*$, der Gültigkeit von (i)–(iii) für $x = x_k$, der Ungleichungen $\|r_k\| \le \eta_k \|f(x_k)\|$ und $\|f'(x^*)\| \le \mu$ sowie der Dreiecksungleichung:

$$\|x_{k+1} - x^*\|_* = \|f'(x^*)(x_{k+1} - x^*)\| \le (1 + \mu\epsilon)(2\epsilon \|x_k - x^*\| + \eta_k \|f(x_k)\|).$$

Aus

$$f(x_k) = f'(x^*)(x_k - x^*) + f(x_k) - f(x^*) - f'(x^*)(x_k - x^*)$$

folgt mit der Dreiecksungleichung und (iii):

$$\|f(x_k)\| \le \|x_k - x^*\|_* + \epsilon \|x_k - x^*\| \le (1 + \mu\epsilon) \|x_k - x^*\|_*.$$

Berücksichtigt man nun noch $\eta_k \le \eta_{\max}$, so erhält man insgesamt

$$\|x_{k+1} - x^*\|_* \le (1 + \mu\epsilon)[(2\mu\epsilon + \eta_{\max}(1 + \mu\epsilon)] \, \|x_k - x^*\|_* \le q \, \|x_k - x^*\|_*.$$

Damit ist gezeigt, daß $\|x_{k+1}-x^*\|_* \le q\,\|x_k-x^*\|_* \le \mu\delta$, $k = 0, 1, \ldots$, falls $x_0 \in B[x^*;\delta]$, so daß (a) bewiesen ist. Hierauf aufbauend beweise man Teil (b) der Aufgabe.

5. Seien $B \in \mathbb{R}^{n\times n}$, $y \in \mathbb{R}^n$ und $s \in \mathbb{R}^n \setminus \{0\}$ gegeben. $B_+ \in \mathbb{R}^{n\times n}$ sei definiert durch

$$B_+ := B + \frac{(y - Bs)\, s^T}{s^T s}.$$

Dann ist B_+ die eindeutige Lösung der Aufgabe

(P) Minimiere $\|\hat{B} - B\|_F$ unter der Nebenbedingung $\hat{B}s = y$.

Hinweis: Auf $\mathbb{R}^{n\times n}$ definiere man das innere Produkt $(\cdot,\cdot)$ durch

$$(U, V) := \operatorname{Spur}(UV^T) = \sum_{i,j=1}^{n} u_{ij} v_{ij},$$

so daß die Frobenius-Norm $\|U\|_F = (U, U)^{1/2}$ die von dem inneren Produkt $(\cdot,\cdot)$ erzeugte Norm ist. Ferner sei $K := \{\hat{B} \in \mathbb{R}^{n\times n} : \hat{B}s = y\}$ des $\mathbb{R}^{n\times n}$. Das Problem (P) kann dann als die Aufgabe interpretiert werden, die Matrix B auf den affin linearen Teilraum $K \subset \mathbb{R}^{n\times n}$ zu projizieren. Diese Aufgabe besitzt bekanntlich genau eine Lösung, außerdem ist $B_+ \in K$ genau dann die Lösung von (P), wenn $B_+ - B$ bezüglich des inneren Produktes $(\cdot,\cdot)$ senkrecht auf dem zu K parallelen linearen Teilraum $L := \{A \in \mathbb{R}^{n\times n} : As = 0\}$ steht. Für $A \in L$ ist aber

$$(A, B_+ - B) = \operatorname{Spur}[A, (B_+ - B)^T] = \frac{1}{s^T s} \operatorname{Spur}[(As)(y - Bs)^T] = 0,$$

womit gezeigt ist, daß B_+ die Lösung von (P) ist.

6. Sei $f\colon \mathbb{R}^n \longrightarrow \mathbb{R}^n$ stetig differenzierbar und $I \subset \{1, \ldots, n\} \times \{1, \ldots, n\}$ eine Indexmenge mit $f'(x)_{ij} = 0$ für alle $x \in \mathbb{R}^n$, $(i, j) \in I$. Weiter seien $x \in \mathbb{R}^n$ mit $f(x) \ne 0$ und eine nichtsinguläre Matrix $B \in \mathbb{R}^{n\times n}$ mit $b_{ij} = 0$ für alle $(i, j) \in I$ gegeben. Hiermit sei

$$x_+ := x - B^{-1} f(x), \qquad s := x_+ - x, \qquad y := f(x_+) - f(x).$$

Man betrachte die Aufgabe

$$\text{(P)} \qquad \begin{cases} \text{Minimiere} \quad \|\hat{B} - B\|_F \quad \text{auf} \\ K := \{\hat{B} \in \mathbb{R}^{n\times n} : \hat{B}s = y, \quad \hat{b}_{ij} = 0 \ \text{ für alle } \ (i, j) \in I\} \end{cases}$$

und zeige:

(a) K ist ein nichtleerer, affiner Teilraum des $\mathbb{R}^{n\times n}$. Daher besitzt (P) eine eindeutige Lösung $B_+ \in K$, welche durch $\operatorname{Spur}[A(B_+ - B)^T] = 0$ für alle $A \in L$ charakterisiert ist, wobei $L := \{A \in \mathbb{R}^{n\times n} : As = 0, \quad a_{ij} = 0$ für alle $(i, j) \in I\}$ der zu K parallele lineare Teilraum ist.

(b) Für $i = 1, \ldots, n$ definiere man $s(i) \in \mathbb{R}^n$ durch

$$s(i)_j := \begin{cases} s_j & \text{für } (i,j) \notin I, \\ 0 & \text{für } (i,j) \in I \end{cases} \qquad (i = 1, \ldots, n).$$

Dann ist die Lösung B_+ von (P) gegeben durch

$$B_+ := B + \sum_{\substack{i=1 \\ s(i) \neq 0}}^{n} e_i e_i^T \frac{(y - Bs)\, s(i)^T}{s(i)^T s(i)},$$

wobei $e_i \in \mathbb{R}^n$ wieder den i-ten Einheitsvektor im $\mathbb{R}^n$ bezeichnet.

Hinweis: Wegen

$$\underbrace{f(x_+) - f(x)}_{=y} = \int_0^1 f'(x + t(x_+ - x))\, dt\, \underbrace{(x_+ - x)}_{=s}$$

ist $K \neq \emptyset$, womit (a) bewiesen ist. Für (b) zeige man zunächst $B_+ \in K$ und anschließend $(A, B_+ - B) = 0$ für alle $A \in L$, wobei das innere Produkt $(\cdot, \cdot)$ auf $\mathbb{R}^{n \times n}$ wie in Aufgabe 5 durch $(U, V) := \operatorname{Spur}(UV^T)$ definiert ist. Mit etwas anderen Bezeichnungen findet man die Aussagen (a) und (b) (sowie lokale Konvergenzsätze zum zugehörigen Quasi-Newton-Verfahren) bei E. S. Marwil (1979).

7. Ist (u^*, v^*) ein quadratischer Faktor des reellen Polynoms p_n vom Grade n mit der Eigenschaft, daß die beiden Nullstellen von $x^2 - u^*x - v^*$ einfache Nullstellen von p_n sind, so ist das Bairstow-Verfahren lokal von mindestens zweiter Ordnung konvergent.

   Hinweis: Man mache den Ansatz

   $$p_n(x) = (x^2 - ux - v)\, p_{n-2}(u,v)(x) + b_{n-1}(u,v)\,(x - u) + b_n(u,v).$$

   Dann differenziere man diese Gleichung partiell nach u und v, setze anschließend $(u, v) = (u^*, v^*)$ und $x = z_1^*, z_2^*$, wobei z_1^* und z_2^* die beiden Nullstellen des quadratischen Faktors $x^2 - u^*x - v^*$ sind, und berechne dadurch die Funktionalmatrix von $\begin{pmatrix} b_{n-1}(u,v) \\ b_n(u,v) \end{pmatrix}$ an der Stelle (u^*, v^*), danach deren Determinante.

8. Man schreibe ein Programm für das Bairstow-Verfahren und teste dieses an den Polynomen

   $$\begin{aligned} p_4(x) &:= x^4 + 20\,x^3 + 160\,x^2 + 600\,x + 899, \\ p_4(x) &:= x^4 - 10\,x^3 + 24\,x^2 + 10\,x - 25. \end{aligned}$$

   An dem letzten Beispiel mache man sich klar, daß das Bairstow-Verfahren auch bei doppelten Nullstellen lokal quadratisch konvergent sein kann. Man modifiziere dann die Aussage der vorigen Aufgabe.

2.4 Iterationsverfahren bei linearen Gleichungssystemen

Die Diskretisierung linearer Randwertaufgaben bei partiellen Differentialgleichungen führt auf große, schwach besetzte lineare Gleichungssysteme (siehe das Beispiel in Abschnitt 1.1). Hier kann der Einsatz von Iterationsverfahren sinnvoll sein, da sie die spezielle Struktur der Koeffizientenmatrix besser ausnützen als die in Kapitel 1 vorgestellten direkten Verfahren (zumindestens dann, wenn diese „naiv" eingesetzt werden). Wir werden uns in diesem Abschnitt sehr kurz fassen und nur die wesentlichen Ideen und Verfahren angeben. Für weiterführende Literatur verweisen wir auf R. S. VARGA (1962), E. L. WACHSPRESS (1966), D. M. YOUNG (1971), L. A. HAGEMAN, D. M. YOUNG (1981) und J. STOER, R. BULIRSCH (1990, S. 255 ff.).

2.4.1 Ein allgemeiner Konvergenzsatz

Gegeben sei das lineare Gleichungssystem $Ax = b$ mit der nichtsingulären Koeffizientenmatrix $A \in \mathbb{C}^{n\times n}$ und $b \in \mathbb{C}^n$. Die hier betrachteten Iterationsverfahren beruhen auf einer *Zerlegung* von A in der Form $A = B + (A - B)$ mit nichtsingulärem $B \in \mathbb{C}^{n\times n}$. Das lineare Gleichungssystem $Ax = b$ ist dann äquivalent der Fixpunktaufgabe $x = (I - B^{-1}A)x + B^{-1}b$ und es liegt nahe, das Iterationsverfahren

$$x_{k+1} := (I - B^{-1}A)x_k + B^{-1}b \qquad \text{bzw.} \qquad Bx_{k+1} = (B - A)x_k + b$$

zu betrachten. Die Matrix $I - B^{-1}A$ werden wir die zugehörige *Iterationsmatrix* nennen. Man erhält also die neue Näherung x_{k+1} durch Lösen eines linearen Gleichungssystems mit der Koeffizientenmatrix B. Das auf der Zerlegung $A = B+(A-B)$ beruhende Iterationsverfahren ist daher nur dann sinnvoll einsetzbar, wenn lineare Gleichungssysteme mit B als Koeffizientenmatrix „einfach" lösbar sind.

Die Wahl geeigneter Zerlegungen werden wir zurückstellen und zunächst einen allgemeinen Konvergenzsatz formulieren und beweisen.

Satz 4.1 *Gegeben sei das lineare Gleichungssystem $Ax = b$ mit nichtsingulärer Koeffizientenmatrix $A \in \mathbb{C}^{n\times n}$ und $b \in \mathbb{C}^n$. Hierzu betrachte man das Iterationsverfahren*

$$Bx_{k+1} = (B - A)x_k + b$$

mit nichtsingulärem $B \in \mathbb{C}^{n\times n}$. Dann gilt:

1. *Die Folge $\{x_k\}$ konvergiert genau dann für jedes Startelement $x_0 \in \mathbb{C}^n$ gegen die Lösung x^* von $Ax = b$, wenn $\rho(I - B^{-1}A) < 1$.*
2. *Ist $\|\cdot\|$ eine Norm auf $\mathbb{C}^n$ bzw. die zugeordnete Matrixnorm auf $\mathbb{C}^{n\times n}$ und ist $L := \|I - B^{-1}A\| < 1$, so konvergiert die Folge $\{x_k\}$ für jedes Startelement $x_0 \in \mathbb{C}^n$ gegen die Lösung x^* von $Ax = b$. Ferner gelten die Fehlerabschätzungen*

$$\|x_k - x^*\| \le \frac{L^k}{1-L}\,\|x_1 - x_0\|, \qquad k = 0, 1, \ldots,$$

und

$$\|x_k - x^*\| \le \frac{L}{1-L}\|x_k - x_{k-1}\|, \qquad k = 1, 2, \ldots.$$

Beweis: Bezeichnet man mit $f_k := x_k - x^*$ den Fehler der k-ten Näherung x_k, so ist

$$f_{k+1} = x_{k+1} - x^* = (I - B^{-1}A)x_k + B^{-1}b - x^* = (I - B^{-1}A)f_k = (I - B^{-1}A)^{k+1}f_0.$$

Wir nehmen zunächst an, die Folge $\{x_k\}$ konvergiere für jedes $x_0 \in \mathbb{C}^n$ gegen x^* und folgern hieraus $\rho(I - B^{-1}A) < 1$. Sei hierzu λ ein betragsgrößter Eigenwert von $I - B^{-1}A$ und f_0 ein zugehöriger Eigenvektor. Startet man das Iterationsverfahren mit $x_0 := x^* + f_0$, so ist

$$x_{k+1} - x^* = (I - B^{-1}A)^{k+1}f_0 = \lambda^{k+1}f_0.$$

Aus der Konvergenz von $\{x_k\}$ gegen x^* folgt $|\lambda| = \rho(I - B^{-1}A) < 1$.

Sei nun $\rho(I - B^{-1}A) < 1$. Man wähle $\epsilon > 0$ mit $q := \rho(I - B^{-1}A) + \epsilon < 1$. Nach Satz 2.9 in Abschnitt 1.2 existiert eine natürliche Matrixnorm $\|\cdot\|$ mit $\|I - B^{-1}A\| \le q$. Für beliebiges $x_0 \in \mathbb{C}^n$ ist dann

$$\|x_{k+1} - x^*\| = \|(I - B^{-1}A)^{k+1}(x_0 - x^*)\| \le q^{k+1}\,\|x_0 - x^*\|,$$

wegen $0 < q < 1$ folgt die Konvergenz der Folge $\{x_k\}$ gegen x^*.

Sei nun $\|I - B^{-1}A\| < 1$. Wegen $\rho(I - B^{-1}A) \le \|I - B^{-1}A\| < 1$ (siehe Satz 2.9 in Abschnitt 1.2) folgt die Konvergenz der Folge $\{x_k\}$ für jedes $x_0 \in \mathbb{C}^n$ aus dem ersten Teil dieses Satzes. Eine andere Möglichkeit, dies einzusehen und gleichzeitig die behaupteten Fehlerabschätzungen nachzuweisen, besteht darin, den Banachschen Fixpunktsatz 2.2 anzuwenden. Sei hierzu die Iterationsfunktion $F: \mathbb{C}^n \longrightarrow \mathbb{C}^n$ durch $F(x) := (I - B^{-1}A)x + B^{-1}b$ definiert. Auf $D := \mathbb{C}^n$ ist F wegen

$$\|F(x) - F(y)\| = \|(I - B^{-1}A)(x - y)\| \le \underbrace{\|I - B^{-1}A\|}_{<1}\,\|x - y\| \quad \text{für alle } x, y \in \mathbb{C}^n$$

kontrahierend, der Banachsche Fixpunktsatz liefert den Rest der Behauptungen. □

Zusammenfassend kann man sagen, daß die Zerlegung $A = B + (A - B)$ bzw. die Iterationsfunktion $F(x) := (I - B^{-1}A)x + B^{-1}b$ des resultierenden Iterationsverfahrens die beiden folgenden Eigenschaften haben sollten:

- $B \in \mathbb{C}^{n\times n}$ ist nichtsingulär und ein lineares Gleichungssystem mit B als Koeffizientenmatrix ist „einfach" lösbar.

- Es ist $\rho(I - B^{-1}A) < 1$. Diese Bedingung impliziert offenbar, daß A nichtsingulär ist. Ferner sollte $\rho(I - B^{-1}A)$ „möglichst klein" sein, da der Spektralradius der Iterationsmatrix $I - B^{-1}A$ die Konvergenzgeschwindigkeit bestimmt. (Eine Präzisierung dieser Aussage findet man bei J. STOER, R. BULIRSCH (1990, S. 261).)

2.4.2 Das Gesamt- und das Einzelschrittverfahren, Relaxationsverfahren

Nun geben wir konkrete Zerlegungen einer nichtsingulären Matrix $A = (a_{ij}) \in \mathbb{C}^{n\times n}$ an und untersuchen die hieraus resultierenden wichtigsten Iterationsverfahren[5] bei linearen Gleichungssystemen. Hierfür zerlegen wir zunächst A, indem wir der Diagonale und dem unteren und oberen Anteil von A einen Namen geben. Es sei

$$A_D := \operatorname{diag}(a_{11}, \ldots, a_{nn})$$

sowie

$$A_L := \begin{pmatrix} 0 & \cdots & 0 & 0 \\ a_{21} & \ddots & 0 & 0 \\ \vdots & \ddots & \ddots & \vdots \\ a_{n1} & \cdots & a_{n,n-1} & 0 \end{pmatrix}, \qquad A_R := \begin{pmatrix} 0 & a_{12} & \cdots & a_{1n} \\ 0 & 0 & \ddots & \vdots \\ \vdots & \vdots & \ddots & a_{n-1,n} \\ 0 & 0 & \cdots & 0 \end{pmatrix}.$$

Dann ist $A = A_D + A_L + A_R$. Im folgenden setzen wir voraus, daß A_D nichtsingulär ist, die Diagonalelemente von A also sämtlich von Null verschieden sind.

Gesamtschrittverfahren (GSV, Jacobi-Verfahren).
Setze $B := A_D$. Die Iterationsmatrix des GSV ist dann

$$I - B^{-1}A = I - A_D^{-1}(A_D + A_L + A_R) = -A_D^{-1}(A_L + A_R) =: G.$$

Aus $(A_D x^{k+1})_i = -[(A_L + A_R)x^k]_i + b_i$ erhält man komponentenweise die Iterationsvorschrift

$$\boxed{x_i^{k+1} = \frac{1}{a_{ii}}\Big(b_i - \sum_{\substack{j=1\\ j\neq i}}^{n} a_{ij}x_j^k\Big) \quad (i = 1, \ldots, n).}$$

Einzelschrittverfahren (ESV, Gauß-Seidel-Verfahren).
Setze $B := A_D + A_L$. Die Iterationsmatrix des ESV ist

$$I - B^{-1}A = I - (A_D + A_L)^{-1}(A_D + A_L + A_R) = -(A_D + A_L)^{-1}A_R =: E.$$

Aus $[(A_D + A_L)x^{k+1}]_i = -(A_R x^k)_i + b_i$ erhält man komponentenweise die Iterationsvorschrift

$$\boxed{x_i^{k+1} = \frac{1}{a_{ii}}\Big(b_i - \sum_{j=1}^{i-1} a_{ij}x_j^{k+1} - \sum_{j=i+1}^{n} a_{ij}x_j^k\Big) \quad (i = 1, \ldots, n).}$$

[5] Iterationsindizes bei Vektoren schreiben wir in diesem Unterabschnitt grundsätzlich als obere Indizes, da häufig gleichzeitig auf Komponenten zugegriffen wird.

Im Gegensatz zum GSV werden beim ESV bei der Berechnung von x_i^{k+1} die schon erhaltenen Werte $x_1^{k+1}, \ldots, x_{i-1}^{k+1}$ (in der Hoffnung, daß sie besser als $x_1^k, \ldots, x_{i-1}^k$ sind) sofort in die Iterationsvorschrift eingesetzt.

Es kann sich als günstig erweisen, die Iterationsmatrix von einem Parameter ω, dem *Relaxationsparameter*, abhängen zu lassen. Diesen Relaxationsparameter wird man versuchen so zu bestimmen, daß der Spektralradius der Iterationsmatrix möglichst klein ist.

Relaxation des GSV.

x^k sei bekannt. Bei gegebenem $\omega \neq 0$ gewinnt man die neue Näherung x^{k+1} durch die folgende Vorschrift:

- Für $i = 1, \ldots, n$:

$$z_i^{k+1} := \frac{1}{a_{ii}}\Big(b_i - \sum_{\substack{j=1\\ j\neq i}}^{n} a_{ij}x_j^k\Big),$$

$$x_i^{k+1} := (1-\omega)x_i^k + \omega z_i^{k+1}.$$

In Matrix-Vektor-Schreibweise erhalten wir die Iterationsvorschrift

$$\begin{aligned} z^{k+1} &:= -A_D^{-1}(A_L + A_R)x^k + A_D^{-1}b, \\ x^{k+1} &:= (1-\omega)x^k + \omega z^{k+1} \\ &= \underbrace{[(1-\omega)I - \omega A_D^{-1}(A_L + A_R)]}_{=:G(\omega)}x^k + \omega A_D^{-1}b. \end{aligned}$$

Mit

$$B(\omega) := \frac{1}{\omega}A_D$$

ist

$$I - B(\omega)^{-1}A = I - \omega A_D^{-1}(A_D + A_L + A_R) = (1-\omega)I - \omega A_D^{-1}(A_L + A_R) =: G(\omega).$$

Nach Konstruktion erhält man für $\omega = 1$ das GSV. Komponentenweise geschrieben lautet die Iterationsvorschrift

$$x_i^{k+1} = (1-\omega)x_i^k + \frac{\omega}{a_{ii}}\Big(b_i - \sum_{\substack{j=1\\ j\neq i}}^{n} a_{ij}x_j^k\Big) \qquad (i = 1, \ldots, n)$$

bzw.

$$\boxed{\begin{gathered} x_i^{k+1} = x_i^k + \frac{\omega}{a_{ii}}\Big(b_i - \sum_{j=1}^{n} a_{ij}x_j^k\Big) \\ (i = 1, \ldots, n). \end{gathered}}$$

Relaxation des ESV (Successive Overrelaxation, SOR).

Hier geht man ganz entsprechend vor wie bei der Relaxation des GSV. Bei bekanntem x^k und gegebenem $\omega \neq 0$ gewinnt man die neue Näherung x^{k+1} durch die folgende Vorschrift:

- Für $i = 1, \ldots, n$:

$$z_i^{k+1} := \frac{1}{a_{ii}} \Big(b_i - \sum_{j=1}^{i-1} a_{ij} x_j^{k+1} - \sum_{j=i+1}^{n} a_{ij} x_j^k \Big),$$
$$x_i^{k+1} := (1-\omega) x_i^k + \omega z_i^{k+1}.$$

In Matrix-Vektor-Schreibweise erhalten wir die Iterationsvorschrift

$$\begin{aligned} A_D z^{k+1} &= -A_L x^{k+1} - A_R x^k + b, \\ x^{k+1} &= (1-\omega) x^k + \omega z^{k+1} \end{aligned}$$

bzw.

$$x^{k+1} = \underbrace{(A_D + \omega A_L)^{-1}[(1-\omega)A_D - \omega A_R]}_{=:E(\omega)} x^k + \omega (A_D + \omega A_L)^{-1} b.$$

Mit

$$B(\omega) := \frac{1}{\omega} A_D + A_L$$

ist nach einfacher Rechnung

$$I - B(\omega)^{-1} A = (A_D + \omega A_L)^{-1}[(1-\omega)A_D - \omega A_R] =: E(\omega).$$

Nach Konstruktion erhält man für $\omega = 1$ das ESV. Komponentenweise lautet die Iterationsvorschrift:

$$\begin{aligned} [B(\omega) x^{k+1}]_i &= [(B(\omega) - A) x^k]_i + b_i \qquad \text{bzw.} \\ \frac{1}{\omega} a_{ii} x_i^{k+1} + \sum_{j=1}^{i-1} a_{ij} x_j^{k+1} &= \Big(\frac{1}{\omega} - 1 \Big) a_{ii} x_i^k - \sum_{j=i+1}^{n} a_{ij} x_j^k + b_i \end{aligned}$$

oder

$$\boxed{\begin{gathered} x_i^{k+1} = x_i^k + \frac{\omega}{a_{ii}} \Big(b_i - \sum_{j=1}^{i-1} a_{ij} x_j^{k+1} - \sum_{j=i}^{n} a_{ij} x_j^k \Big) \\ (i = 1, \ldots, n). \end{gathered}}$$

Statt von einer Relaxation des ESV spricht man meistens von dem **S**uccessive **O**ver-**r**elaxation-Verfahren oder kürzer dem *SOR-Verfahren* (was eigentlich nur für $\omega > 1$ gerechtfertigt, aber auch für beliebiges $\omega \neq 0$ gebräuchlich ist).

Nun kommen wir zu einigen einfachen Konvergenzaussagen für GSV, ESV und SOR. In den Aufgaben am Schluß dieses Abschnittes findet man einige weitere Ergebnisse. Wegen Satz 4.1 wird es stets darum gehen, hinreichende Bedingungen dafür anzugeben, daß der Spektralradius der Iterationsmatrix G, E bzw. $E(\omega)$ des GSV, ESV bzw. des SOR-Verfahrens kleiner als Eins ist oder eine natürliche Matrixnorm $\|\cdot\|$ mit $\|G\| < 1$, $\|E\| < 1$ bzw. $\|E(\omega)\| < 1$ anzugeben. Letzteres impliziert stets die Anwendbarkeit des Banachschen Fixpunktsatzes und damit die Gültigkeit von a priori und a posteriori Fehlerabschätzungen, was wir jeweils nicht extra vermerken werden.

Im Zusammenhang mit Konvergenzaussagen für Iterationsverfahren bei linearen Gleichungssystemen spielen sehr häufig die in der folgenden Definition angegebenen Begriffe eine wichtige Rolle.

Definition 4.2 Eine Matrix $A \in \mathbb{C}^{n\times n}$ genügt dem *starken Zeilensummenkriterium*, falls

$$\sum_{\substack{j=1\\ j\neq i}}^{n} |a_{ij}| < |a_{ii}| \qquad \text{für } i = 1,\dots,n.$$

Man sagt dann auch, A sei *diagonal dominant*. $A \in \mathbb{C}^{n\times n}$ genügt dem *schwachen Zeilensummenkriterium*, falls

$$\sum_{\substack{j=1\\ j\neq i}}^{n} |a_{ij}| \begin{cases} \leq |a_{ii}| & \text{für } i = 1,\dots,n, \\ < |a_{ii}| & \text{für mindestens ein } i = i_0. \end{cases}$$

$A \in \mathbb{C}^{n\times n}$ heißt *zerlegbar* (oder auch *zerfallend*, *reduzibel*), wenn es nichtleere Teilmengen N_1, N_2 von $N := \{1,\dots,n\}$ mit $N_1 \cap N_2 = \emptyset$, $N_1 \cup N_2 = N$ sowie $a_{ij} = 0$ für alle $(i,j) \in N_1 \times N_2$ gibt. Die Matrix $A \in \mathbb{C}^{n\times n}$ heißt *unzerlegbar* (oder auch *nichtzerfallend*, *irreduzibel*), wenn A nicht zerlegbar ist[6].

Ein erster einfacher Konvergenzsatz ist:

Satz 4.3 *Genügt die Matrix $A \in \mathbb{C}^{n\times n}$ dem starken Zeilensummenkriterium, so ist $\|G\|_\infty < 1$, wobei G die Iterationsmatrix des GSV bezeichnet. Ist dagegen $A \in \mathbb{C}^{n\times n}$ unzerlegbar und das schwache Zeilensummenkriterium erfüllt, so ist $\rho(G) < 1$. In beiden Fällen konvergiert das GSV für jeden Startwert.*

Beweis: Genügt A dem starken Zeilensummenkriterium, so sind die Diagonalelemente von A trivialerweise von Null verschieden. Dies gilt auch, wenn A dem schwachen Zeilensummenkriterium genügt und unzerlegbar ist. Denn andernfalls wäre durch

$$N_1 := \{i \in N : a_{ii} = 0\}, \qquad N_2 := \{j \in N : a_{jj} \neq 0\}$$

eine nichttriviale Zerlegung von $N := \{1,\dots,n\}$ gegeben. Ist $i \in N_1$, so ist $a_{ij} = 0$ für $j = 1,\dots,n$, da A dem schwachen Zeilensummenkriterium genügt. Insbesondere ist $a_{ij} = 0$ für $(i,j) \in N_1 \times N_2$, ein Widerspruch dazu, daß A unzerlegbar ist. Daher ist die Iterationsmatrix

$$G = -A_D^{-1}(A_L + A_R) = \left(-\frac{1}{a_{ii}}\, a_{ij}(1 - \delta_{ij})\right)$$

des GSV definiert und es gilt

$$\|G\|_\infty = \max_{i=1,\dots,n}\left(\frac{1}{a_{ii}} \sum_{\substack{j=1\\ j\neq i}}^{n} |a_{ij}|\right).$$

Erfüllt A das starke Zeilensummenkriterium, so ist trivialerweise $\|G\|_\infty < 1$. Zum Beweis des zweiten Teiles nehmen wir an, A genüge dem schwachen Zeilensummenkriterium und sei unzerlegbar. Wegen $\rho(G) \leq \|G\|_\infty \leq 1$ führen wir die Annahme zum Widerspruch, es würde einen Eigenwert λ von G mit $|\lambda| = 1$ geben. Sei x

[6] Zu einer solch tiefsinnigen Definition sind nur Mathematiker fähig.

ein durch $\|x\|_\infty = 1$ normierter Eigenvektor zu λ. Definiere die nichtleere Menge $N_1 := \{i \in N : |x_i| = 1\}$. Wegen

$$|x_i| = \underbrace{|\lambda|}_{=1} |x_i| = |(Gx)_i| = \frac{1}{|a_{ii}|} \Big| \sum_{\substack{j=1 \\ j \neq i}}^{n} a_{ij} x_j \Big| \leq \frac{1}{|a_{ii}|} \sum_{\substack{j=1 \\ j \neq i}}^{n} |a_{ij}| \leq 1$$

ist

$$\sum_{\substack{j=1 \\ j \neq i}}^{n} |a_{ij}| = |a_{ii}| \qquad \text{für alle } i \in N_1.$$

Daher ist $N_2 := N \setminus N_1 \neq \emptyset$, da ein Index i_0, für den beim schwachen Zeilensummenkriterium das strikte Ungleichheitszeichen gilt, nicht zu N_1 gehören kann. Da A unzerlegbar ist, existiert ein Indexpaar $(k, l) \in N_1 \times N_2$ mit $a_{kl} \neq 0$. Dann ist aber

$$1 = |\lambda| \, |x_k| = |(Gx)_k| \leq \frac{1}{|a_{kk}|} \sum_{\substack{j=1 \\ j \neq k}}^{n} |a_{kj}| \, |x_j| < \frac{1}{|a_{kk}|} \sum_{\substack{j=1 \\ j \neq k}}^{n} |a_{kj}| \leq 1$$

wegen $|a_{kl}| \, |x_l| < |a_{kl}|$, ein Widerspruch. □

In dem folgenden Satz wird unter speziellen Bedingungen ein optimaler Relaxationsparameter für die Relaxation des GSV angegeben.

Satz 4.4 *Die Iterationsmatrix $G := -A_D^{-1}(A_L + A_R)$ des GSV besitze nur reelle Eigenwerte $\lambda_1 \leq \cdots \leq \lambda_n$, es sei $\lambda_n < 1$. Dann wird der Spektralradius von*

$$G(\omega) := (1 - \omega)I - \omega A_D^{-1}(A_L + A_R)$$

minimal für

$$\omega_{\text{opt}} := \frac{2}{2 - \lambda_1 - \lambda_n}.$$

Beweis: Die Matrix $G(\omega)$ besitzt die Eigenwerte $1 - \omega + \omega\lambda_i$. Daher ist zu zeigen, daß ω_{opt} Lösung der Aufgabe

$$\text{Minimiere } \rho(G(\omega)) := \max_{i=1,\ldots,n} |1 - \omega + \omega\lambda_i|$$

ist. Zur Abkürzung setze man $f_i(\omega) := |1 - \omega + \omega\lambda_i|$. Wegen $\lambda_1 \leq \cdots \leq \lambda_n < 1$ ist

$$0 < \frac{1}{1 - \lambda_1} \leq \cdots \leq \frac{1}{1 - \lambda_n}.$$

In Abbildung 2.6 sind $f_1(\cdot)$, $f_i(\cdot)$, $f_n(\cdot)$ und $\rho(G(\omega)) = \max_{i=1,\ldots,n} |f_i(\omega)|$ skizziert.

Hieran erkennt man sehr deutlich (und dieses anschauliche Argument läßt sich natürlich leicht präzisieren): $\rho(G(\omega))$ wird minimal für denjenigen Punkt

$$\omega_{\text{opt}} \in \left[\frac{1}{1 - \lambda_1}, \frac{1}{1 - \lambda_n}\right],$$

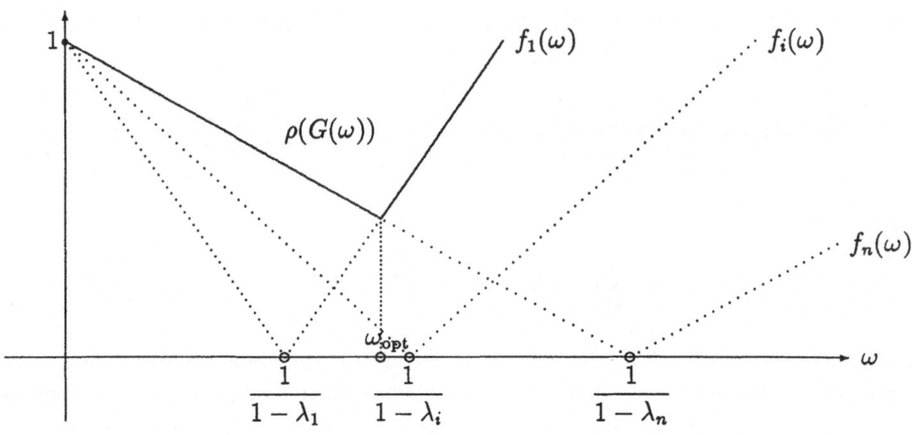

Abbildung 2.6: Optimaler Relaxationsparameter bei der Relaxation des GSV

für den $f_1(\omega_{\text{opt}}) = f_n(\omega_{\text{opt}})$ bzw. $1 - \omega_{\text{opt}} + \omega_{\text{opt}}\lambda_1 = -1 + \omega_{\text{opt}} - \omega_{\text{opt}}\lambda_n$, also für

$$\omega_{\text{opt}} := \frac{2}{2 - \lambda_1 - \lambda_n}.$$

Das war zu zeigen. □

Jetzt beschäftigen wir uns mit dem ESV und dem SOR-Verfahren. Hierbei wollen wir möglichst beide Verfahren zusammen behandeln, da man ja das ESV aus dem SOR-Verfahren erhält, indem man den Relaxationsparameter ω gleich Eins wählt. Ein erstes Ergebnis von Kahan (1958) zeigt, daß man Konvergenz des SOR-Verfahrens mit dem Relaxationsparameter ω nur dann erwarten kann, wenn $\omega \in (0, 2)$.

Satz 4.5 *Die Diagonalelemente von $A \in \mathbb{C}^{n \times n}$ seien von Null verschieden. Dann ist $\rho(E(\omega)) \geq |\omega - 1|$, wobei*

$$E(\omega) := (A_D + \omega A_L)^{-1}[(1 - \omega)A_D - \omega A_R]$$

die Iterationsmatrix des SOR-Verfahrens ist. Daher kann das SOR-Verfahren für jeden Startwert nur dann konvergieren, wenn $\omega \in (0, 2)$.

Beweis: Es ist $E(\omega) = (I + \omega A_D^{-1} A_L)^{-1}[(1 - \omega)I - \omega A_D^{-1} A_R]$. Bekanntlich ist die Determinante einer Matrix gleich dem Produkt ihrer Eigenwerte. Daher ist

$$|1 - \omega|^n = |\det E(\omega)| \leq \rho(E(\omega))^n,$$

woraus die Behauptung folgt. □

Im nächsten Satz wird eine hinreichende Bedingung dafür angegeben, daß das SOR-Verfahren mit dem Relaxationsparameter $\omega \in (0, 2)$ für einen beliebigen Startwert konvergent ist.

Satz 4.6 *Die Diagonalelemente von $A \in \mathbb{C}^{n\times n}$ mögen nicht verschwinden. Mit einem $\omega \in (0,2)$ sei*

$$\begin{aligned} p_1(\omega) &:= |1-\omega| + \frac{\omega}{|a_{11}|}\sum_{j=2}^{n}|a_{1j}|, \\ p_i(\omega) &:= |1-\omega| + \frac{\omega}{|a_{ii}|}\Big(\sum_{j=1}^{i-1}|a_{ij}|\,p_j(\omega) + \sum_{j=i+1}^{n}|a_{ij}|\Big), \qquad i=2,\ldots,n, \end{aligned}$$

sowie $p(\omega) := \max_{i=1,\ldots,n} p_i(\omega) < 1$. Für die Iterationsmatrix $E(\omega)$ des SOR-Verfahrens gilt dann $\|E(\omega)\|_\infty \le p(\omega) < 1$, das SOR-Verfahren ist also für jedes Startelement konvergent.

Insbesondere gilt: Ist $\omega \in (0,1]$ und erfüllt A das starke Zeilensummenkriterium, so ist $\|E(\omega)\|_\infty \le 1-\omega+\omega\,\|G\|_\infty < 1$ und daher $\|E(1)\|_\infty = \|E\|_\infty \le \|G\|_\infty < 1$.

Beweis: Sei $x \in \mathbb{C}^n$ mit $\|x\|_\infty = 1$ beliebig vorgegeben und $z := E(\omega)x$ gesetzt. Dann ist

$$(I + \omega A_D^{-1}A_L)z = [(1-\omega)I - \omega A_D^{-1}A_R]x$$

bzw. komponentenweise

$$z_i = (1-\omega)x_i - \frac{\omega}{a_{ii}}\Big(\sum_{j=1}^{i-1}a_{ij}z_j + \sum_{j=i+1}^{n}a_{ij}x_j\Big), \qquad i=1,\ldots,n.$$

Wegen $\|x\|_\infty = 1$ folgt

$$|z_i| \le |1-\omega| + \frac{\omega}{|a_{ii}|}\Big(\sum_{j=1}^{i-1}|a_{ij}|\,|z_j| + \sum_{j=i+1}^{n}|a_{ij}|\Big), \qquad i=1,\ldots,n.$$

Hieraus liest man $\|z\|_\infty \le p(\omega)$ und damit $\|E(\omega)\|_\infty \le p(\omega)$ ab, womit der erste Teil des Satzes bewiesen ist.

Ist $\omega \in (0,1]$ und ist das starke Zeilensummenkriterium erfüllt, so ist $\|G\|_\infty < 1$ wegen Satz 4.3 und daher nach leichter Argumentation

$$p_i(\omega) \le 1-\omega+\omega\,\|G\|_\infty < 1, \qquad i=1,\ldots,n.$$

Hieraus folgt die Aussage des Zusatzes. □

Ein weiteres Konvergenzergebnis für das SOR-Verfahren soll diesen Abschnitt beschließen. Ein alternativer Beweis wird in Aufgabe 7 angedeutet.

Satz 4.7 *Sei $A \in \mathbb{C}^{n\times n}$ (hermitesch und) positiv definit. Dann konvergiert das SOR-Verfahren für alle $\omega \in (0,2)$, speziell also das ESV.*

Beweis: Das SOR-Verfahren wird von der Aufspaltung $A = B(\omega) + [A - B(\omega)]$ mit

$$B(\omega) := \frac{1}{\omega}A_D + A_L$$

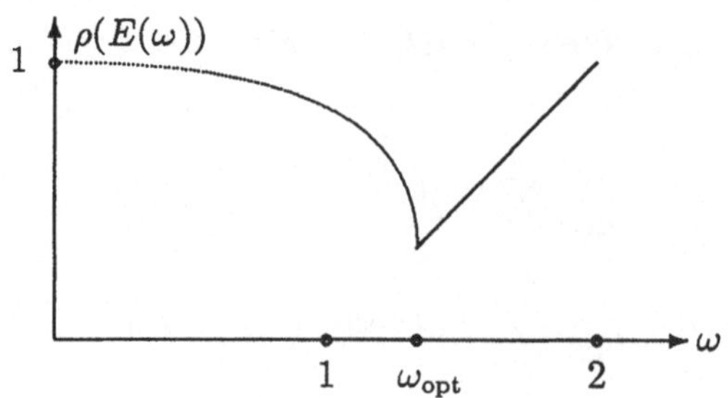

Abbildung 2.7: Qualitativer Verlauf von $\rho(E(\omega))$

erzeugt. Mit A ist auch die Diagonalmatrix A_D positiv definit. Wir wollen zeigen, daß $\rho(E(\omega)) = \rho(I - B(\omega)^{-1}A) < 1$. Sei hierzu λ ein Eigenwert von $E(\omega)$ und $x \in \mathbb{C}^n$ ein zugehöriger Eigenvektor. Dann ist

$$[I - B(\omega)^{-1}A]x = \lambda x \qquad \text{bzw.} \qquad Ax = (1-\lambda)B(\omega)x.$$

Da A als positiv definite Matrix nichtsingulär ist, ist $\lambda \neq 1$. Aus

$$\frac{1}{1-\lambda} = \frac{x^H B(\omega)x}{x^H Ax}$$

folgt

$$2\,\mathrm{Re}\left(\frac{1}{1-\lambda}\right) = \frac{1}{1-\lambda} + \frac{1}{1-\bar{\lambda}} = \frac{x^H[B(\omega)+B(\omega)^H]x}{x^H Ax} = 1 + \underbrace{\left(\frac{2}{\omega} - 1\right)}_{>0} \underbrace{\frac{x^H A_D x}{x^H Ax}}_{>0} > 1.$$

Ist $\lambda = \alpha + i\,\beta$, so ist also

$$1 < 2\,\mathrm{Re}\left(\frac{1}{1-\lambda}\right) = 2\,\mathrm{Re}\left(\frac{1}{1-\alpha-i\,\beta}\right) = \frac{2(1-\alpha)}{(1-\alpha)^2+\beta^2}$$

und daher $|\lambda|^2 = \alpha^2 + \beta^2 < 1$. Folglich ist $\rho(E(\omega)) < 1$, die Behauptung folgt aus Satz 4.1. □

Bemerkung: Auf die Berechnung eines optimalen Relaxationsparameters beim SOR-Verfahren, die nur unter speziellen Voraussetzungen möglich ist, soll hier nicht mehr eingegangen werden. Qualitativ erhält man für den Spektralradius $\rho(E(\omega))$ der Iterationsmatrix $E(\omega)$ des SOR-Verfahrens oft das in Abbildung 2.7 angegebene Bild. Hier hat $\rho(E(\cdot))$ rechts von ω_{opt} die Steigung 1, während die linksseitige Ableitung von $\rho(E(\cdot))$ in ω_{opt} gleich $-\infty$ ist. Daher ist es i. allg. besser, den optimalen Relaxationsparameter ω_{opt} zu überschätzen als zu unterschätzen. □

Aufgaben

1. Die Matrix $A \in \mathbb{R}^{3\times3}$ sei durch

$$A := \begin{pmatrix} 1 & -2 & 2 \\ -1 & 1 & -1 \\ -2 & -2 & 1 \end{pmatrix} \qquad \text{bzw.} \qquad A := \begin{pmatrix} 2 & 1 & 1 \\ -2 & 2 & -2 \\ -1 & 1 & 2 \end{pmatrix}$$

gegeben. Man bestimme jeweils die Iterationsmatrizen des GSV und des ESV und untersuche diese Verfahren auf Konvergenz.

2. Sei $A = (a_{ij}) \in \mathbb{R}^{n\times n}$ eine *nichtnegative* Matrix, d.h. $a_{ij} \geq 0$ für $1 \leq i,j \leq n$. Dann gilt: Ist $\rho(A) < 1$, so ist $I - A$ nichtsingulär und $(I - A)^{-1}$ nichtnegativ.

3. Ist $A \in \mathbb{C}^{n\times n}$ zerlegbar, so existiert eine Permutationsmatrix $P \in \mathbb{R}^{n\times n}$ mit

$$P^T AP = \left(\begin{array}{c|c} \tilde{A}_{11} & 0 \\ \hline \tilde{A}_{21} & \tilde{A}_{22} \end{array}\right),$$

wobei $\tilde{A}_{11} \in \mathbb{C}^{k\times k}$, $\tilde{A}_{22} \in \mathbb{C}^{(n-k)\times(n-k)}$ mit $1 \leq k \leq n-1$.

4. Sei $A = (a_{ij}) \in \mathbb{R}^{n\times n}$ eine unzerlegbare Matrix, deren Außerdiagonalelemente nicht positiv sind (d.h. $a_{ij} \leq 0$ für $i \neq j$), und zu der es einen positiven Vektor $y > 0$ (d.h. $y_j > 0$ für $j = 1,\ldots,n$) gibt mit $Ay \geq 0$ (d.h. $(Ay)_i \geq 0$ für $i = 1,\ldots,n$) und $Ay \neq 0$. Dann ist A nichtsingulär und A^{-1} eine nichtnegative Matrix.

   Hinweis: Definiert man $B := A\,\mathrm{diag}\,(y_1,\ldots,y_n)$, so ist B unzerlegbar, ferner genügt B dem schwachen Zeilensummenkriterium.

5. $A \in \mathbb{C}^{n\times n}$ genüge dem schwachen Zeilensummenkriterium und sei unzerlegbar. Dann konvergiert das SOR-Verfahren für alle $\omega \in (0,1]$, insbesondere also das ESV.

   Hierzu überlege man sich der Reihe nach:

   (a) A_D ist nichtsingulär (siehe Beweis zu Satz 4.3).

   (b) $\rho(E(\omega)) \leq \|E(\omega)\|_\infty \leq 1 - \omega + \omega \underbrace{\|G\|_\infty}_{\leq 1} \leq 1$ (siehe Satz 4.6).

   (c) Ist $\lambda \in \mathbb{C}$ ein Eigenwert von $E(\omega)$ mit $|\lambda| = 1$, so ist

   $$A_D x = \left(-\frac{\omega\lambda}{\lambda+\omega-1} A_L - \frac{\omega}{\lambda+\omega-1} A_R\right) x$$

   mit

   $$\left|\frac{\omega}{\lambda+\omega-1}\right| = \left|\frac{\omega\lambda}{\lambda+\omega-1}\right| \leq 1.$$

   Dann definiere man $\tilde{A} := \tilde{A}_D + \tilde{A}_L + \tilde{A}_R$ mit

   $$\tilde{A}_D := A_D, \qquad \tilde{A}_L := \frac{\omega\lambda}{\lambda+\omega-1} A_L, \qquad \tilde{A}_R := \frac{\omega}{\lambda+\omega-1} A_R,$$

   zeige, daß $\tilde{A}$ unzerlegbar ist und dem schwachen Zeilensummenkriterium genügt, und schließe hieraus wie im Beweis von Satz 4.3 auf einen Widerspruch.

6. Bei der Diskretisierung der Dirichletschen Randwertaufgabe auf dem Einheitsquadrat (siehe das Beispiel in 1.1) erhält man als Koeffizientenmatrix des resultierenden linearen Gleichungssystems die Blocktridiagonalmatrix

$$A := \begin{pmatrix} A_n & -I_n & \cdots & 0 \\ -I_n & A_n & \ddots & \vdots \\ \vdots & \ddots & \ddots & -I_n \\ 0 & \cdots & -I_n & A_n \end{pmatrix} \quad \text{mit} \quad A_n := \begin{pmatrix} 4 & -1 & \cdots & 0 \\ -1 & 4 & \ddots & \vdots \\ \vdots & \ddots & \ddots & -1 \\ 0 & \cdots & -1 & 4 \end{pmatrix}$$

und der $n \times n$-Einheitsmatrix I_n. Man zeige:

(a) A ist unzerlegbar und genügt dem schwachen Zeilensummenkriterium.

(b) A ist positiv definit.

(c) A^{-1} ist eine nichtnegative Matrix.

(d) Die Iterationsmatrix $G = -A_D^{-1}(A_L + A_R)$ des GSV besitzt die Eigenwerte

$$\lambda_{pq} := \frac{1}{2}\left(\cos\frac{p\pi}{n+1} + \cos\frac{q\pi}{n+1}\right) \qquad (p, q = 1, \ldots, n)$$

mit zugehörigen Eigenvektoren $u^{pq} = (u_{i,j}^{pq})$, wobei

$$u_{i,j}^{pq} := \sin\frac{ip\pi}{n+1}\sin\frac{jq\pi}{n+1} \qquad (i, j = 1, \ldots, n).$$

Hinweis: Hierzu ist zu zeigen, daß die Vektoren $\{u^{pq}\}_{1 \le p,q \le n}$ linear unabhängig sind und

$$\frac{1}{4}\left(u_{i-1,j}^{pq} + u_{i+1,j}^{pq} + u_{i,j-1}^{pq} + u_{i,j+1}^{pq}\right) = \lambda_{pq}\, u_{i,j}^{pq}$$

gilt.

(e) Man begründe, weshalb eine Relaxation des GSV keine Verbesserung des GSV bringt.

7. Sei $A \in \mathbb{C}^{n \times n}$ positiv definit und $A^{1/2}$ die positiv definite Quadratwurzel aus A. Hiermit definiere man die transformierte Vektornorm $\|\cdot\|$ durch $\|x\| := \|A^{1/2}x\|_2$, mit $\|\cdot\|$ werde auch die zugeordnete Matrixnorm bezeichnet. Man zeige: Ist

$$E(\omega) := I - B(\omega)^{-1}A \qquad \text{mit} \qquad B(\omega) := \frac{1}{\omega}A_D + A_L$$

die Iterationsmatrix des SOR-Verfahrens, so ist $\|E(\omega)\| < 1$ für alle $\omega \in (0, 2)$.

Hinweis: Es ist $\|E(\omega)\| = \|A^{1/2}E(\omega)A^{-1/2}\|_2 = \rho(A^{-1/2}E(\omega)^H AE(\omega)A^{-1/2})^{1/2}$. Anschließend zeige man, daß

$$\underbrace{A^{-1/2}E(\omega)^H AE(\omega)A^{-1/2}}_{\text{positiv semidefinit}} = I - \underbrace{\left(\frac{2}{\omega} - 1\right)}_{>0}\underbrace{A^{1/2}B(\omega)^{-H}A_D B(\omega)^{-1}A^{1/2}}_{\text{positiv definit}}$$

und schließe hieraus auf die Behauptung.

Kapitel 3

Interpolation

Eine Interpolationsaufgabe besteht darin, aus einer Klasse von Funktionen eine zu bestimmen, die an vorgegebenen Punkten gewissen Bedingungen genügt, z. B. an diesen Punkten jeweils einen gegebenen Funktionswert annimmt.

Wir werden uns in diesem Abschnitt darauf beschränken, *lineare* Interpolationsaufgaben mit Funktionen *einer* Variablen zu betrachten. Hier wird stets ein linearer, endlich dimensionaler Teilraum L des Raumes stetiger (reell- oder komplexwertiger) Funktionen auf einem kompakten Intervall $[a, b]$ gegeben sein. Die Aufgabe wird darin bestehen, ein Element aus L zu bestimmen, das $\dim(L)$ Zusatzbedingungen genügt, etwa an vorgegebenen *Stützstellen* aus $[a, b]$ gegebene *Stützwerte* annimmt.

In Abschnitt 3.1 wird L die Menge Π_n der *Polynome* vom Grade $\leq n$ sein, also die Interpolation durch Polynome betrachtet. Im einfachsten Fall der *Lagrangeschen Interpolationsaufgabe* sind $n+1$ paarweise verschiedene Stützstellen $x_0, \ldots, x_n \in [a, b]$ und zugehörige Stützwerte $f_0, \ldots, f_n$ gegeben, gesucht ist ein $p \in \Pi_n$ mit $p(x_i) = f_i$, $i = 0, \ldots, n$. Früher wurde diese Art der Interpolation vor allem benutzt, um in Tafelwerken diskret gegebene Funktionen an Zwischenwerten zu interpolieren. Seit der Einführung von Computern hat diese Bedeutung der Interpolation durch Polynome wesentlich nachgelassen. Sie spielt aber eine wichtige Hilfsrolle in anderen Bereichen der numerischen Mathematik, etwa der numerischen Integration.

Dagegen ist L in Abschnitt 3.2 die Menge der (reell- oder komplexwertigen) 2π-periodischen *trigonometrischen Polynome* von einem bestimmten Höchstgrad. Wir werden sehen, daß bei äquidistanten Stützstellen $x_k := 2\pi k/n$, $k = 0, \ldots, n-1$, und vorgegebenen Stützwerten f_k, $k = 0, \ldots, n-1$, die Koeffizienten des zugehörigen trigonometrischen Interpolationspolynoms geschlossen angegeben werden können (siehe Unterabschnitt 3.2.2). In 3.2.3 wird gezeigt, daß sich diese Koeffizienten sehr effizient mit der für die Praxis so außerordentlich wichtigen *schnellen Fourier-Transformation* berechnen lassen.

Anschließend wird in Abschnitt 3.3 eine Einführung in die Interpolation durch *Splines* gegeben. Die Idee besteht hier darin, von einer Zerlegung Δ_n des Intervalles $[a, b]$ aus n Teilintervallen $[x_j, x_{j+1}]$, $j = 0, \ldots, n-1$, auszugehen. Der lineare Raum $S_m(\Delta_n)$ der Splines vom Grade m zur Zerlegung Δ_n ist dann die Menge der $(m-1)$-mal auf $[a, b]$ stetig differenzierbaren Funktionen, deren Restriktionen auf die Teilintervalle $[x_j, x_{j+1}]$, $j = 0, \ldots, n-1$, in Π_m liegen, also Polynome vom Grad $\leq m$

sind. Auf eine für viele Anwendungen besonders geeignete Basis von $S_m(\Delta_n)$, die aus sogenannten *B-Splines* besteht, werden wir in Unterabschnitt 3.3.5 eingehen.

Der letzte Abschnitt 3.4 in diesem Kapitel fällt etwas aus dem Rahmen. In ihm wird etwas zur *Darstellung von Kurven* ausgesagt, wodurch eine kleine Einführung in das Gebiet des CAGD (Computer Aided Geometric Design) gegeben werden soll.

3.1 Interpolation durch Polynome

3.1.1 Existenz, Eindeutigkeit und Darstellung des Interpolationspolynoms

Mit Π_n wird im folgenden der $(n+1)$-dimensionale lineare Raum der Polynome vom Grad $\leq n$ mit reellen oder komplexen Koeffizienten bezeichnet. Im folgenden sei wieder $\mathbb{K}$ der Körper $\mathbb{R}$ der reellen Zahlen bzw. der Körper $\mathbb{C}$ der komplexen Zahlen. Die *Lagrangesche Interpolationsaufgabe* besteht darin, zu vorgegebenen $n+1$ paarweise verschiedenen *Stützstellen* $x_0, \dots, x_n \in \mathbb{R}$ und *Stützwerten* $f_0, \dots, f_n \in \mathbb{K}$ ein Polynom $p \in \Pi_n$ mit $p(x_i) = f_i$ für $i = 0, \dots, n$ zu bestimmen.

Der folgende Satz sagt aus, daß die Lagrangesche Interpolationsaufgabe eindeutig lösbar ist, ferner wird eine Darstellung der Lösung, nämlich die sogenannte *Lagrange-Darstellung*, angegeben.

Satz 1.1 *Zu vorgegebenen paarweise verschiedenen Stützstellen $x_0, \dots, x_n \in \mathbb{R}$ und Stützwerten $f_0, \dots, f_n \in \mathbb{K}$ existiert genau ein Polynom $p \in \Pi_n$ mit Koeffizienten aus $\mathbb{K}$ und $p(x_i) = f_i$ für $i = 0, \dots, n$. Dieses Polynom p besitzt die Lagrange-Darstellung*

$$p(x) = \sum_{j=0}^{n} f_j L_j(x) \qquad \text{mit} \qquad L_j(x) := \prod_{\substack{k=0 \\ k \neq j}}^{n} \frac{x - x_k}{x_j - x_k}, \qquad j = 0, \dots, n.$$

Beweis: Das Polynom $p(x) = \sum_{j=0}^{n} a_j x^j$ ist genau dann eine Lösung der gestellten Interpolationsaufgabe, wenn der Vektor $a = (a_0, \dots, a_n)^T$ der Koeffizienten Lösung des linearen Gleichungssystems

$$\sum_{j=0}^{n} x_i^j \, a_j = f_i, \qquad i = 0, \dots, n, \qquad \text{bzw.} \qquad Xa = f$$

ist, wobei $X := (x_i^j)_{0 \leq i,j \leq n}$ und $f := (f_0, \dots, f_n)^T$. Die Koeffizientenmatrix X ist nichtsingulär, denn andernfalls hätte $Xa = 0$ eine nichttriviale Lösung bzw. es existierte ein nichttriviales Polynom in Π_n mit den $n+1$ paarweise verschiedenen Nullstellen $x_0, \dots, x_n$. Daher ist die Lagrangesche Interpolationsaufgabe eindeutig lösbar.

Zu zeigen bleibt, daß durch das angegebene Polynom p die Lösung der Interpolationsaufgabe gegeben ist. Dies ist aber klar, denn einerseits ist $L_j \in \Pi_n$ für $j = 0, \dots, n$, andererseits ist $L_j(x_i) = \delta_{ij}$ für $0 \leq i, j \leq n$, so daß p ein Polynom aus Π_n ist, welches den Interpolatonsbedingungen genügt. □

Der „Trick" bei der Lagrange-Darstellung des Interpolationspolynoms besteht darin, daß man eine Basis $\{L_0, \dots, L_n\}$ von Π_n mit $L_j(x_i) = \delta_{ij}$ findet. Ein Nachteil der

Lagrange-Darstellung des Interpolationspolynoms ist dadurch gegeben, daß alle Arbeit umsonst war, wenn nachträglich eine weitere Stützstelle x_{n+1} hinzugenommen wird. Diesen Nachteil hat die *Newton-Darstellung* des Interpolationspolynoms nicht. Die Idee hierbei besteht darin, $\{N_0, \ldots, N_n\}$ mit $N_j(x) := \prod_{k=0}^{j-1}(x - x_k)$ als Basis von Π_n zu nehmen, also den Ansatz

$$p(x) = \sum_{j=0}^{n} a_j N_j(x) = a_0 + a_1(x - x_0) + a_2(x - x_0)(x - x_1) + \cdots + a_n \prod_{k=0}^{n-1}(x - x_k)$$

zu machen. Wegen $N_j(x_i) = 0$ für $j > i$ und $N_j(x_j) \neq 0$ ist im Gleichungssystem

$$\sum_{j=0}^{n} N_j(x_i)\, a_j = f_i, \qquad i = 0, \ldots, n,$$

die Koeffizientenmatrix eine untere Dreiecksmatrix mit nichtverschwindenden Diagonalelementen. Daher lassen sich die Koeffizienten $a_0, a_1, \ldots, a_n$ sukzessive durch Vorwärtseinsetzen berechnen. Eine systematische Beschreibung dieser Vorgehensweise ist mit Hilfe der folgenden Definition möglich.

Definition 1.2 Seien $(x_i, f_i) \in \mathbb{R} \times \mathbb{K}$ für $i = 0, \ldots, n$ mit paarweise verschiedenen x_i gegeben. Die *k-te dividierte Differenz* $f[x_i, \ldots, x_{i+k}]$ wird rekursiv definiert durch

1. $f[x_i] := f_i, \quad i = 0, \ldots, n,$
2. $f[x_i, \ldots, x_{i+k}] := \dfrac{f[x_{i+1}, \ldots, x_{i+k}] - f[x_i, \ldots, x_{i+k-1}]}{x_{i+k} - x_i}.$

Die dividierten Differenzen berechnet man durch ein Differenzenschema, das wir für $n = 3$ angeben.

	$k = 0$	1	2	3
x_0	$f_0 = f[x_0]$			
		$f[x_0, x_1]$		
x_1	$f_1 = f[x_1]$		$f[x_0, x_1, x_2]$	
		$f[x_1, x_2]$		$f[x_0, x_1, x_2, x_3]$
x_2	$f_2 = f[x_2]$		$f[x_1, x_2, x_3]$	
		$f[x_2, x_3]$		
x_3	$f_3 = f[x_3]$			

Sind $(x_i, f_i) \in \mathbb{R} \times \mathbb{K}$ für $i = 0, \ldots, n$ mit paarweise verschiedenen x_i gegeben und ist $\{i_0, \ldots, i_k\} \subset \{0, \ldots, n\}$, so sei im folgenden mit $P_{i_0 \cdots i_k} \in \Pi_k$ das eindeutig bestimmte Interpolationspolynom vom Grade $\leq k$ mit $P_{i_0 \cdots i_k}(x_{i_j}) = f_{i_j}$ für $j = 0, \ldots, k$ bezeichnet.

Den Zusammenhang zwischen dem Differenzenschema bzw. den dividierten Differenzen und der gestellten Interpolationsaufgabe gibt der folgende Satz an.

Satz 1.3 *Seien* $(x_i, f_i) \in \mathbb{R} \times \mathbb{K}$ *für* $i = 0, \ldots, n$ *mit paarweise verschiedenen* x_i *gegeben. Dann ist*

$$P_{i \cdots i+k}(x) = f[x_i] + f[x_i, x_{i+1}](x - x_i) + \cdots + f[x_i, \ldots, x_{i+k}] \prod_{j=i}^{i+k-1}(x - x_j)$$

und daher

$$P_{0\cdots n}(x) = \sum_{j=0}^{n} f[x_0,\ldots,x_j] \prod_{k=0}^{j-1}(x - x_k)$$

das Polynom aus Π_n*, das für* $i = 0,\ldots,n$ *in den Punkten* x_i *den Wert* f_i *annimmt (Newton-Darstellung des Interpolationspolynoms).*

Beweis: Die Behauptung wird durch vollständige Induktion nach k bewiesen. Wegen $P_i(x) = f_i = f[x_i]$ ist die Aussage für den Induktionsanfang $k = 0$ richtig. Wir nehmen an, die Behauptung sei für $k-1$ richtig.

Das Polynom $P_{i\cdots i+k}$ läßt sich in der Form

$$P_{i\cdots i+k}(x) = P_{i\cdots i+k-1}(x) + a\,(x - x_i)\cdots(x - x_{i+k-1})$$

schreiben. Wegen der Induktionsannahme bleibt zu zeigen, daß $a = f[x_i,\ldots,x_{i+k}]$. Hierzu beachten wir, daß $P_{i\cdots i+k}$ als

$$(*) \qquad P_{i\cdots i+k}(x) = \frac{(x - x_i)\,P_{i+1\cdots i+k}(x) - (x - x_{i+k})\,P_{i\cdots i+k-1}(x)}{x_{i+k} - x_i}$$

dargestellt werden kann, denn in dieser Gleichung stehen links und rechts Polynome aus Π_k, die für $j = i,\ldots,i+k$ in x_j den Wert f_j annehmen. a ist höchster Koeffizient (bzw. Koeffizient von x^k) des Polynoms $P_{i\cdots i+k}$, während nach Induktionsannahme $f[x_{i+1},\ldots,x_{i+k}]$ bzw. $f[x_i,\ldots,x_{i+k-1}]$ höchste Koeffizienten (bzw. Koeffizienten von x^{k-1}) der Polynome $P_{i+1\cdots i+k}$ bzw. $P_{i\cdots i+k-1}$ sind. Durch einen Vergleich der Koeffizienten von x^k in $(*)$ erhält man damit

$$a = \frac{f[x_{i+1},\ldots,x_{i+k}] - f[x_i,\ldots,x_{i+k-1}]}{x_{i+k} - x_i} = f[x_i,\ldots,x_{i+k}],$$

genau das war zu zeigen. □

Um das zu den Daten (x_i, f_i) mit $i = 0,\ldots,n$ gehörende Interpolationspolynom an mehreren Stellen $\xi \in \mathbb{R}$ auszuwerten, berechnet man zunächst die dividierten Differenzen $a_i := f[x_0,\ldots,x_i]$. In einem Programm könnte das folgendermaßen aussehen:

- Für $i = 0,\ldots,n$:

  $a_i := f_i$

  Für $k = 1,\ldots,n$:

  Für $i = n, n-1,\ldots,k$:

  $a_i := (a_i - a_{i-1})/(x_i - x_{i-k})$

Zunächst wird $a_0,\ldots,a_n$ mit den 0-ten dividierten Differenzen belegt. Dies ist sozusagen die 0-te Spalte im Differenzenschema. Für $k = 1,\ldots,n$ berechnet man die k-ten dividierten Differenzen, also die k-te Spalte im Differenzenschema, wobei man aber von unten anfängt, um ein vorzeitiges Überspeichern zu vermeiden. Anschließend berechnet man

$$P_{0\ldots n}(\xi) = \sum_{i=0}^{n} a_i \prod_{k=0}^{i-1}(\xi - x_k)$$

durch eine Klammerung, die der beim Horner-Schema ähnelt:

$$P_{0\cdots n}(\xi) = (\cdots (a_n(\xi - x_{n-1}) + a_{n-1})(\xi - x_{n-2}) + \cdots + a_1)(\xi - x_0) + a_0.$$

In einem Programm kann das folgendermaßen realisiert werden:

- $p := a_n$
  Für $k = n-1, n-2, \ldots, 0$:
  $\quad p := a_k + (\xi - x_k)p$

Die Berechnung der dividierten Differenzen $a_0, \ldots, a_n$ erfordert $n(n+1)/2$ Divisionen und $n(n+1)$ Additionen bzw. Subtraktionen, die anschließende Auswertung mit dem modifizierten Horner-Schema benötigt noch einmal n Multiplikationen und $2n$ Additionen bzw. Subtraktionen.

Will man den Wert des Interpolationspolynoms $P_{0\cdots n}$ an nur *einer* Stelle berechnen, so wird man den *Neville-Algorithmus* anwenden. Dieser Algorithmus beruht auf der Identität

$$\begin{aligned} P_{i\cdots i+k}(x) &= \frac{(x - x_i)\,P_{i+1\cdots i+k}(x) - (x - x_{i+k})\,P_{i\cdots i+k-1}(x)}{x_{i+k} - x_i} \\ &= P_{i\cdots i+k-1}(x) + \frac{(x - x_i)\,[P_{i+1\cdots i+k}(x) - P_{i\cdots i+k-1}(x)]}{x_{i+k} - x_i} \end{aligned}$$

(siehe Beweis von Satz 1.3). Hiermit kann man ein dem Differenzenschema ähnliches Schema aufbauen, das wir für $n = 3$ angeben.

	$k = 0$	1	2	3
x_0	$f_0 = P_0(\xi)$			
		$P_{01}(\xi)$		
x_1	$f_1 = P_1(\xi)$		$P_{012}(\xi)$	
		$P_{12}(\xi)$		$P_{0123}(\xi)$
x_2	$f_2 = P_2(\xi)$		$P_{123}(\xi)$	
		$P_{23}(\xi)$		
x_3	$f_3 = P_3(\xi)$			

In einem Programm könnte die Berechnung von $P_{0\cdots n}(\xi)$ mit Hilfe des Neville-Algorithmus folgendermaßen aussehen:

- Für $i = 0, \ldots, n$:
  $\quad p_i := f_i$
  Für $k = 1, \ldots, n$:
  $\quad$ Für $i = n, n-1, \ldots, k$:
  $\quad\quad p_i := p_i + (\xi - x_i)(p_i - p_{i-1})/(x_i - x_{i-k})$

Das Programm beruht auf derselben Idee wie das entsprechende zur Berechnung der dividierten Differenzen.

3.1.2 Der Interpolationsfehler

Ist $[a, b] \subset \mathbb{R}$ ein kompaktes Intervall, $f\colon [a, b] \longrightarrow \mathbb{R}$ eine gegebene reellwertige Funktion und sind $x_0, \ldots, x_n \in [a, b]$ paarweise verschiedene Stützstellen, so gibt es hierzu nach Satz 1.1 genau ein Polynom $p_n(f) \in \Pi_n$, welches den $n+1$ Interpolationsbedingungen $p_n(f)(x_i) = f(x_i)$, $i = 0, \ldots, n$, genügt. Naheliegenderweise stellen sich dann die folgenden Fragen:

1. Was kann über den *Interpolationsfehler* bzw. das *Restglied* $f - p_n(f)$ bei der Polynominterpolation ausgesagt werden?

2. Für *jedes* $n \in \mathbb{N}$ seien $n+1$ Stützstellen $a = x_0^{(n)} < x_1^{(n)} < \cdots < x_n^{(n)} = b$ gegeben und es gelte $\lim_{n\to\infty} \max_{i=0,\ldots,n-1} (x_{i+1}^{(n)} - x_i^{(n)}) = 0$, d. h. die Feinheit der Intervalleinteilung konvergiere gegen Null. Bei einer äquidistanten Intervalleinteilung wäre z. B. $x_i^{(n)} := a + i\,(b-a)/n$, $i = 0, \ldots, n$. Mit $p_n(f) \in \Pi_n$ werde das Interpolationspolynom für f zu den Stützstellen $x_0^{(n)}, \ldots, x_n^{(n)}$ bezeichnet. Liegt dann (punktweise, gleichmäßige) Konvergenz der Folge $\{p_n(f)\}$ gegen f vor?

Die erste Frage wird zum Teil durch den folgenden Satz beantwortet, auf die (i. allg. negativen und nur aus theoretischen Gründen interessanten) Antworten zur zweiten Frage wollen wir nicht eingehen (siehe z. B. B. Brosowski, R. Kress (1976, S. 229 ff.) und G. Hämmerlin, K.-H. Hoffmann (1991, S. 223 ff.)).

Satz 1.4 *Sei $f \in C^{n+1}[a, b]$, also f eine auf dem kompakten Intervall $[a, b]$ definierte, reellwertige und $(n+1)$-mal stetig differenzierbare Funktion. Die Stützstellen $x_0, \ldots, x_n \in [a, b]$ seien paarweise verschieden, $f_i := f(x_i)$ und $p_n(f) \in \Pi_n$ das zu (x_i, f_i), $i = 0, \ldots, n$, gehörende Interpolationspolynom. Dann existiert zu jedem $x \in [a, b]$ ein $\xi \in \big(\min(x_0, \ldots, x_n, x), \max(x_0, \ldots, x_n, x)\big)$ mit*

$$f(x) - p_n(f)(x) = \frac{f^{(n+1)}(\xi)}{(n+1)!} \prod_{k=0}^{n} (x - x_k).$$

Beweis: Ist $x \in \{x_0, \ldots, x_n\}$, so ist die Behauptung trivial. Daher nehmen wir nun an, daß der Punkt x von den vorgegebenen $n+1$ Stützstellen x_i verschieden ist, setzen zur Abkürzung $\omega_n(t) := \prod_{k=0}^{n}(t - x_k)$ und definieren die Funktion $g\colon [a, b] \longrightarrow \mathbb{R}$ durch

$$g(t) := f(t) - p_n(f)(t) - \frac{f(x) - p_n(f)(x)}{\omega_n(x)}\,\omega_n(t).$$

Die Funktion $g \in C^{n+1}[a, b]$ verschwindet in $n+2$ verschiedenen Punkten in $[a, b]$, nämlich in den vorgegebenen Stützstellen $x_0, \ldots, x_n$ und in x. Daher gibt es $n+1$ aneinandergrenzende Teilintervalle von $[a, b]$, in deren Endpunkten g verschwindet. Nach dem Satz von Rolle (siehe z. B. O. Forster (1983, S. 110)) besitzt g' im Innern dieser Intervalle jeweils mindestens eine Nullstelle, d. h. g' besitzt in $[a, b]$ mindestens $n+1$ paarweise verschiedene Nullstellen. Eine wiederholte Anwendung des Satzes von Rolle liefert die Existenz von $\xi \in \big(\min(x_0, \ldots, x_n, x), \max(x_0, \ldots, x_n, x)\big)$ mit

$$g^{(n+1)}(\xi) = f^{(n+1)}(\xi) - (n+1)!\,\frac{f(x) - p_n(f)(x)}{\omega_n(x)} = 0,$$

und daraus folgt die Behauptung. □

Bemerkung: In Satz 1.4 wurde gezeigt: Ist $f \in C^{n+1}[a,b]$, so ist

$$|f(x) - p_n(f)(x)| \le \frac{\|f^{(n+1)}\|_\infty}{(n+1)!} \left|\prod_{k=0}^{n}(x - x_k)\right| \qquad \text{für alle } x \in [a,b],$$

wobei

$$\|f^{(n+1)}\|_\infty := \max_{t\in[a,b]} |f^{(n+1)}(t)|.$$

Hat man daher die Wahl der Stützstellen $x_0, \ldots, x_n \in [a,b]$ in der Hand, so wird man diese so wählen, daß $\max_{t\in[a,b]} |\prod_{k=0}^{n}(t - x_k)|$ minimal ist. In der Approximationstheorie (siehe z. B. G. Maess (1988, S. 96 und S. 170) und G. Schmeisser, H. Schirmeier (1976, S. 163 ff.)) wird gezeigt, daß diese Forderung auf die Stützstellen

$$x_i^* := \frac{a+b}{2} + \frac{b-a}{2}\cos\Big(\frac{2(n-i)+1}{2(n+1)}\pi\Big), \qquad i = 0, \ldots, n,$$

führt. Wählt man eine äquidistante Verteilung der Stützstellen im Intervall $[a,b]$, so zeigen Beispiele (siehe Aufgabe 5), daß der Interpolationsfehler $f - p_n(f)$ für große n in der Nähe der Intervallenden sehr stark oszillieren kann. Dieser Effekt wird durch obige Wahl der Stützstellen gemildert, da diese zu den Intervallenden hin dichter liegen. □

3.1.3 Hermite-Interpolation

Bei der Hermite-Interpolation ist ein Polynom gesucht, das an paarweise verschiedenen Stützstellen vorgegebene Werte annimmt, für welches ferner gewisse Ableitungen an gewissen Stützstellen gegebene Werte annehmen.

Im folgenden Satz wird die betrachtete Aufgabenstellung genauer formuliert sowie eine Existenz- und Eindeutigkeitsaussage gemacht.

Satz 1.5 *Die $m+1$ paarweise verschiedene Stützstellen $x_0, \ldots, x_m \in \mathbb{R}$ seien gegeben. Seien $n_0, \ldots, n_m \in \mathbb{N}$ und $f_i^{(k)} \in \mathbb{R}$ für $k = 0, \ldots, n_i - 1$ und $i = 0, \ldots, m$ gegeben. Mit $n := \sum_{i=0}^{m} n_i - 1$ gibt es dann genau ein Polynom $p \in \Pi_n$ mit $p^{(k)}(x_i) = f_i^{(k)}$ für $k = 0, \ldots, n_i - 1$ und $i = 0, \ldots, m$.*

Beweis: Insgesamt hat man $\sum_{i=0}^{m} n_i = n+1$ Interpolationsbedingungen für die $n+1$ Koeffizienten des gesuchten Polynoms. Diese Interpolationsbedingungen führen auf ein lineares Gleichungssystem von $n+1$ Gleichungen für ebenso viele Unbekannte. Wenn wir uns daher überlegen, daß das homogene Problem nur die triviale Lösung besitzt, so ist die $(n+1)\times(n+1)$-Koeffizientenmatrix nichtsingulär, und die Existenz- und Eindeutigkeitsaussage des Satzes folgt.

Ist $p \in \Pi_n$ ein Polynom mit $p^{(k)}(x_i) = 0$ für $k = 0, \ldots, n_i - 1$ und $i = 0, \ldots, m$, so besitzt p für $i = 0, \ldots, m$ die Stützstelle x_i als n_i-fache Nullstellen. Mit den entsprechenden Vielfachheiten gezählt besitzt p also mindestens $\sum_{i=0}^{m} n_i = n+1$ Nullstellen, daher ist p das Nullpolynom und der Satz ist bewiesen. □

Im folgenden betrachten wir nur noch den einfachsten Fall der Hermite-Interpolation, daß nämlich an *jeder* der $m+1$ paarweise veschiedenen Stützstellen $x_0, \ldots, x_m$ sowohl der Funktionswert als auch der Wert der ersten Ableitung vorgegeben sind. Gegeben seien also Stützwerte f_i und f_i' für $i = 0, \ldots, m$, gesucht ist ein Polynom $p \in \Pi_{2m+1}$ mit

$$p(x_i) = f_i, \quad p'(x_i) = f_i' \qquad (i = 0, \ldots, m).$$

Für das gesuchte Hermite-Interpolationspolynom p machen wir den Ansatz

$$p(x) = \sum_{j=0}^{m} [f_j\, g_j(x) + f_j'\, h_j(x)],$$

wobei wir versuchen, Polynome g_j, $h_j \in \Pi_{2m+1}$, $j = 0, \ldots, m$, so zu bestimmen, daß

$$g_j(x_i) = \delta_{ij}, \quad g_j'(x_i) = 0, \quad h_j(x_i) = 0, \quad h_j'(x_i) = \delta_{ij} \qquad (i, j = 0, \ldots, m).$$

Gelingt uns dies, so haben wir offenbar die gewünschte Darstellung erhalten. Genau wie bei der Lagrange-Interpolation definiere man $L_j \in \Pi_m$ durch

$$L_j(x) := \prod_{\substack{k=0 \\ k \neq j}}^{m} \frac{x - x_k}{x_j - x_k}, \qquad j = 0, \ldots, m,$$

und anschließend $h_j \in \Pi_{2m+1}$ durch

$$h_j(x) := L_j^2(x)\,(x - x_j), \qquad j = 0, \ldots, m.$$

Für $i, j = 0, \ldots, m$ ist dann $h_j(x_i) = 0$ und

$$h_j'(x_i) = 2L_j(x_i)\, L_j'(x_i)\,(x_i - x_j) + L_j^2(x_i) = 0 + \delta_{ij}^2 = \delta_{ij}.$$

Damit hat h_j schon die gewünschten Eigenschaften. Für g_j mache man den Ansatz

$$g_j(x) := L_j^2(x)\,(c_j x + d_j), \qquad j = 0, \ldots, m$$

mit noch zu bestimmenden Konstanten c_j und d_j. Dann ist $g_j \in \Pi_{2m+1}$ und

$$g_j(x_i) = 0, \quad g_j'(x_i) = 2L_j(x_i)\, L_j'(x_i)\,(c_j x_i + d_j) + c_j\, L_j^2(x_i) = 0 \quad \text{für } i \neq j.$$

Daher hat man die noch unbekannten Konstanten c_j und d_j aus den beiden Gleichungen $g_j(x_j) = 1$ und $g_j'(x_j) = 0$ zu bestimmen, was auf

$$c_j := -2 \sum_{\substack{k=0 \\ k \neq j}}^{m} \frac{1}{x_j - x_k}, \qquad d_j := 1 - c_j x_j$$

führt.

Aufgaben

1. Sei $(x_0, x_1, x_2, x_3) := (-1, 0, 2, 3)$, $(f_0, f_1, f_2, f_3) := (-1, 3, 11, 27)$ und p_3 das zugehörige Interpolationspolynom.

   (a) Man berechne p_3 in der Lagrangeschen und der Newtonschen Darstellung.

   (b) Man berechne $p_3(1)$ mit dem Neville-Algorithmus.

2. In dieser Aufgabe soll angedeutet werden, wie sich die Newton-Darstellung des Interpolationspolynoms bei äquidistanten Stützstellen vereinfacht.

   Gegeben seien die $n+1$ äquidistanten Stützstellen $x_i := x_0 + i\,h$, $i = 0, \ldots, n$, mit einer Maschenweite $h > 0$. Bei vorgegebenen Stützwerten $f_0, \ldots, f_n$ definiere man für $k = 0, \ldots, n$ und $i = 0, \ldots, n-k$ die *vorwärtsgenommenen* bzw. *aufsteigenden Differenzen* $\Delta^k f_i$ durch

   $$\Delta^0 f_i := f_i, \qquad \Delta^k f_i := \Delta^{k-1} f_{i+1} - \Delta^{k-1} f_i.$$

   (a) Durch vollständige Induktion nach k zeige man

   $$f[x_0, \ldots, x_k] = \frac{1}{k!} \frac{\Delta^k f_0}{h^k} \qquad (k = 0, \ldots, n).$$

   (b) Das zugehörige Interpolationspolynom p_n in der Newton-Darstellung ist

   $$p_n(x) = \sum_{j=0}^{n} \frac{1}{j!} \frac{\Delta^j f_0}{h^j} \prod_{k=0}^{j-1} (x - x_k)$$

   (Interpolationsformel von Newton-Gregory I). Ferner ist

   $$p_n(x) = \sum_{j=0}^{n} \binom{z}{j} \Delta^j f_0$$

   mit

   $$z := \frac{x - x_0}{h}, \qquad \binom{z}{j} := \frac{1}{j!} z(z-1)\cdots(z-j+1).$$

3. Die Funktion $f(x) := \cos x$ soll in den Punkten $x_0 := 0$, $x_1 := \pi/4$ und $x_2 := \pi/2$ durch ein (quadratisches) Polynom $p_2(f)$ interpoliert werden.

   (a) Man berechne $p_2(f)$.

   (b) Man leite eine möglichst gute Abschätzung für den maximalen Interpolationsfehler $\max_{x \in [0, \pi/2]} |f(x) - p_2(f)(x)|$ her.

4. Sei $f(x) := \cos x$. Zu jedem $n \in \mathbb{N}$ seien $n+1$ paarweise verschiedene Stützstellen $x_0^{(n)}, \ldots, x_n^{(n)}$ im Intervall $[0, \pi/2]$ gegeben, $p_n(f) \in \Pi_n$ sei das zugehörige Interpolationspolynom. Man zeige, daß die Folge $\{p_n(f)\}$ gleichmäßig auf dem Intervall $[0, \pi/2]$ gegen f konvergiert, d. h. daß $\lim_{n\to\infty} \max_{x \in [0, \pi/2]} |f(x) - p_n(f)(x)| = 0$.

5. Von Runge (siehe z.B. E. ISAACSON, H. B. KELLER (1966, S. 275 ff.)[1]) wurde gezeigt: Ist $f: [-5,5] \longrightarrow \mathbb{R}$ definiert durch $f(x) := 1/(1+x^2)$, sind $x_i^{(n)} := -5 + i\,10/n$, $i = 0, \ldots, n$, äquidistante Stützstellen und $p_n(f)$ das zugehörige Interpolationspolynom, so existiert ein $\hat{x} \in (-5,5)$ mit $|f(\hat{x}) - p_n(f)(\hat{x})| \to +\infty$ für $n \to \infty$. Man „überprüfe“ das Resultat Runges, indem man für einige n (etwa $n = 5, \ldots, 8$) den Interpolationsfehler an hinreichend vielen Stellen auswertet und über dem Intervall $[-5,5]$ aufträgt. Anschließend mache man die gleiche Rechnung mit den Knoten
$$x_i^{(n)} := 5 \cos\Big(\frac{2(n-i)+1}{2(n+1)}\,\pi\Big) \qquad (i = 0, \ldots, n).$$

6. Seien $m, n \in \mathbb{N}$. Hiermit definiere man
$$\Pi_{m,n} := \Big\{\sum_{i=0}^{m}\sum_{j=0}^{n} a_{ij}\, x^i y^j : a_{ij} \in \mathbb{R} \quad (i = 0, \ldots, m,\ j = 0, \ldots, n)\Big\},$$
also die Menge der reellen Polynome in x und y, die bezüglich x den Grad m, bezüglich y den Grad n haben. Man zeige, daß es zu vorgegebenen paarweise verschiedenen Stützstellen $x_0, \ldots, x_m$ sowie $y_0, \ldots, y_n$ und vorgegebenen Stützwerten $(f_{kl})_{\substack{k=0,\ldots,m\\ l=0,\ldots,n}}$ genau ein Polynom $p \in \Pi_{m,n}$ gibt mit $p(x_k, y_l) = f_{kl}$ für $k = 0, \ldots, m$ und $l = 0, \ldots, n$. Ferner gebe man eine Darstellung des Interpolationspolynoms an, die der Lagrange-Darstellung im eindimensionalen Fall entspricht.

7. Analog zu Satz 1.4 beweise man eine Restglieddarstellung bei der Hermite-Interpolation. Genauer seien $m+1$ paarweise verschiedene Stützstellen $x_0, \ldots, x_m$ und eine Funktion $f \in C^{2m+2}[a,b]$ gegeben. Sei $p_{2m+1} \in \Pi_{2m+1}$ das nach Satz 1.5 eindeutig existierende Polynom vom Grade $\le 2m+1$ mit
$$p_{2m+1}(x_i) = f(x_i), \quad p'_{2m+1}(x_i) = f'(x_i) \qquad (i = 0, \ldots, m).$$
Dann existiert zu jedem $x \in [a,b]$ ein $\xi \in \big(\min(x_0, \ldots, x_n, x), \max(x_0, \ldots, x_n, x)\big)$ mit
$$f(x) - p_{2m+1}(f)(x) = \frac{f^{(2m+2)}(\xi)}{(2m+2)!} \prod_{k=0}^{n} (x - x_k)^2.$$

8. Man berechne das Polynom $p \in \Pi_3$, das den Hermiteschen Interpolationsbedingungen
$$p(0) = f_0, \qquad p'(0) = f'_0, \qquad p(1) = f_1, \qquad p'(1) = f'_1$$
genügt.

9. Gibt es zu beliebigen $f_0, f'_0, f'_1, f_{1.5}$ ein Polynom $p \in \Pi_3$, das den Interpolationsbedingungen
$$p(0) = f_0, \qquad p'(0) = f'_0, \qquad p'(1) = f'_1, \qquad p(1.5) = f_{1.5}$$
genügt?

---

[1] Das lesenswerte Vorwort zum Buch von Isaacson-Keller enthält eine verschlüsselte Botschaft. Um diese zu entdecken, füge man die Anfangsbuchstaben aufeinander folgender Sätze aneinander!

3.2 Trigonometrische Interpolation

3.2.1 Problemstellung, Existenz und Eindeutigkeit des trigonometrischen Interpolationspolynoms

Will man eine Funktion mit einer speziellen Eigenschaft interpolieren, so erscheint es sinnvoll zu sein, wenn die Ansatzfunktionen, mit denen interpoliert werden soll, die entsprechende Eigenschaft haben. Insbesondere sind zur Interpolation periodischer Funktionen bzw. periodischer Daten *trigonometrische Polynome* wesentlich geeigneter als algebraische Polynome.

Im folgenden wird es zweckmäßig sein, die Problemstellung und die anschließenden Aussagen zunächst im Komplexen, also in $\mathbb{C}$, zu formulieren und dann erst, wenn nötig, ins Reelle zu „übersetzen“. Daher ist i in diesem Abschnitt für die imaginäre Einheit $i = \sqrt{-1}$ reserviert.

Als Intervall, auf dem interpoliert wird, nehmen wir $I := [0, 2\pi]$, worauf man sich durch eine (affin lineare) Variablentransformation stets zurückziehen kann.

Bei gegebenem $n \in \mathbb{N}$ nennen wir

$$T_{n-1} := \left\{ \sum_{j=0}^{n-1} c_j \, e^{ijx} : c_j \in \mathbb{C} \quad (j = 0, \ldots, n-1) \right\}$$

die Menge der *komplexen trigonometrischen Polynome* vom Grad $\leq n-1$. Die Aufgabe bei der trigonometrischen Interpolation besteht dann darin, zu den paarweise verschiedenen Stützstellen $x_0, \ldots, x_{n-1} \in [0, 2\pi)$ und zugehörigen Stützwerten $f_0, \ldots, f_{n-1} \in \mathbb{C}$ ein $p \in T_{n-1}$ mit $p(x_k) = f_k$, $k = 0, \ldots, n-1$, zu bestimmen.

In einem ersten Satz wird die Existenz und Eindeutigkeit der Lösung einer trigonometrischen Interpolationsaufgabe bewiesen.

Satz 2.1 *Seien $(x_k, f_k) \in [0, 2\pi) \times \mathbb{C}$, $k = 0, \ldots, n-1$, vorgegeben, wobei die Stützstellen x_k paarweise verschieden sind. Dann existiert genau ein (komplexes) trigonometrisches Polynom $p \in T_{n-1}$ mit $p(x_k) = f_k$ für $k = 0, \ldots, n-1$.*

Beweis: Der Ansatz $p(x) = \sum_{j=0}^{n-1} c_j \, e^{ijx}$ führt auf das quadratische lineare Gleichungssystem

$$\sum_{j=0}^{n-1} c_j \exp(ijx_k) = f_k, \qquad k = 0, \ldots, n-1,$$

das genau dann für eine beliebige rechte Seite eindeutig lösbar ist, wenn das zugehörige homogene System nur die triviale Lösung besitzt. Zu zeigen ist also:

$$\sum_{j=0}^{n-1} c_j \exp(ijx_k) = 0 \quad (k = 0, \ldots, n-1) \Longrightarrow c_j = 0 \quad (j = 0, \ldots, n-1).$$

Hierzu setze man $z_k := \exp(ix_k)$. Da $x_k \in [0, 2\pi)$ und $x_0, \ldots, x_{n-1}$ paarweise verschieden sind, sind $z_0, \ldots, z_{n-1}$ paarweise verschiedene Punkte des Einheitskreises in der komplexen Zahlenebene. Ferner ist

$$\sum_{j=0}^{n-1} c_j \exp(ijx_k) = \sum_{j=0}^{n-1} c_j \, z_k^j = 0, \qquad k = 0, \ldots, n-1.$$

Daher verschwindet das algebraische Polynom $q(z) := \sum_{j=0}^{n-1} c_j z^j$ in n paarweise verschiedenen Punkten und damit identisch, so daß $c_j = 0$ für $j = 0, \dots, n-1$ gilt. Die behauptete Existenz- und Eindeutigkeitsaussage ist bewiesen. □

Bemerkung: Oben hatten wir die Menge T_{n-1} der komplexen trigonometrischen Polynome vom Grade $\le n-1$ definiert. Offenbar ist T_{n-1} ein n-dimensionaler linearer Raum über $\mathbb{C}$. Der Beweis der Existenz- und Eindeutigkeitsaussage von Satz 2.1 basierte entscheidend darauf, daß ein Element von T_{n-1}, das in n paarweise verschiedenen Punkten in $[0, 2\pi)$ verschwindet, notwendig identisch verschwindet. Allgemeiner nennt man einen n-dimensionalen linearen Teilraum V der auf einer Menge D definierten (reell- oder komplexwertigen) Funktionen ein n-dimensionales *Haarsches System* (oder auch *Tschebyscheff-System*) auf D, wenn ein Element aus V, das in n paarweise verschiedenen Punkten aus D verschwindet, notwendig identisch auf D verschwindet bzw. das Nullelement von V ist. Z. B. ist T_{n-1} ein n-dimensionales Haarsches System auf $[0, 2\pi)$, dagegen ist Π_n ein $(n+1)$-dimensionales Haarsches System auf $\mathbb{C}$. □

Wir sagten am Anfang, daß wir bei der trigonometrischen Interpolation im wesentlichen im Komplexen arbeiten werden. Trotzdem sollte man den reellen Fall nicht vernachlässigen. Daher definieren wir nun bei vorgegebenem $m \in \mathbb{N} \cup \{0\}$ die Menge

$$T_m^{\mathbb{R}} := \left\{ \frac{a_0}{2} + \sum_{j=1}^{m} (a_j \cos jx + b_j \sin jx) : a_0, a_1, \dots, a_m, b_1, \dots, b_m \in \mathbb{R} \right\}$$

der *reellen trigonometrischen Polynome* vom Grad $\le m$. Es ist einfach, die Interpolation einer ungeraden Zahl reeller Daten durch ein reelles trigonometrisches Polynom auf die Interpolation komplexer Daten durch ein komplexes trigonometrisches Polynom zurückzuführen. Das entsprechende Ergebnis formulieren wir im folgenden Satz.

Satz 2.2 *Seien $(x_k, g_k) \in [0, 2\pi) \times \mathbb{R}$, $k = 0, \dots, 2m$, vorgegeben, wobei die Stützstellen x_k paarweise verschieden sind. Sei*

$$p(x) = \sum_{j=0}^{2m} c_j e^{ijx}$$

das nach Satz 2.1 eindeutig existierende komplexe trigonometrische Polynom vom Grad $\le 2m$ mit $p(x_k) = \exp(imx_k) g_k$, $k = 0, \dots, 2m$. Dann existiert genau ein (reelles) trigonometrisches Polynom $q \in T_m^{\mathbb{R}}$ mit $q(x_k) = g_k$ für $k = 0, \dots, 2m$. Dieses ist gegeben durch

$$q(x) := \frac{a_0}{2} + \sum_{j=1}^{m} (a_j \cos jx + b_j \sin jx)$$

mit

$$(*) \qquad a_0 := 2c_m, \quad a_j := 2 \operatorname{Re} c_{m-j}, \quad b_j := 2 \operatorname{Im} c_{m-j} \qquad (j = 1, \dots, m).$$

Beweis: Wir zeigen, daß das angegebene reelle trigonometrische Polynom $q \in T_m^{\mathbb{R}}$ den Interpolationsbedingungen $q(x_k) = g_k$, $k = 0, \ldots, 2m$, genügt, zeigen also für beliebige Stützwerte $g_0, \ldots, g_{2m}$ die *Existenz* des zu den Daten (x_k, g_k), $k = 0, \ldots, 2m$, gehörenden reellen trigonometrischen Interpolationspolynoms aus $T_m^{\mathbb{R}}$. Da aus der Existenz auch die *Eindeutigkeit* folgt (bisher haben wir immer umgekehrt geschlossen!), wird der Satz dann bewiesen sein.

Definiert man $\tilde{p} \in T_{2m}$ durch

$$\tilde{p}(x) := e^{2imx}\,\overline{p(x)} = \sum_{j=0}^{2m} \overline{c_j}\, e^{i(2m-j)x} = \sum_{j=0}^{2m} \overline{c_{2m-j}}\, e^{ijx},$$

so genügt $\tilde{p}$ denselben Interpolationsbedingungen wie p. Aus der Eindeutigkeit von p folgt $c_j = \overline{c_{2m-j}}$, $j = 0, \ldots, 2m$, bzw. $c_{m+j} = \overline{c_{m-j}}$, $j = 0, \ldots, m$. Insbesondere ist c_m reell. Mit den in $(*)$ definierten reellen $a_0, \ldots, a_m, b_1, \ldots, b_m$ ist daher

$$e^{-imx}\,p(x) = \frac{a_0}{2} + \sum_{j=1}^{m} (a_j \cos jx + b_j \sin jx) = q(x)$$

ein reelles trigonometrisches Polynom vom Grad $\leq m$ mit

$$q(x_k) = \exp(-imx_k)\,p(x_k) = \exp(-imx_k)\exp(imx_k)\,g_k = g_k, \qquad k = 0, \ldots, 2m,$$

womit der Satz bewiesen ist. □

Insbesondere folgt aus Satz 2.2, daß die Menge $T_m^{\mathbb{R}}$ der reellen trigonometrischen Polynome vom Grad $\leq m$ ein $(2m+1)$-dimensionales Haarsches System auf $[0, 2\pi)$ ist.

3.2.2 Das trigonometrische Interpolationspolynom bei äquidistanten Stützstellen

Bei der trigonometrischen Interpolation wird mit periodischen Ansatzfunktionen interpoliert, wobei wir uns auf das Periodenintervall $[0, 2\pi]$ (notfalls nach einer Variablentransformation) zurückziehen. Es ist hier oft sinnvoll, mit *äquidistanten* Stützstellen in $[0, 2\pi)$ zu arbeiten. Wie wir im folgenden Satz gleich sehen werden, lassen sich in diesem Fall die Koeffizienten des trigonometrischen Interpolationspolynoms geschlossen angeben.

Als kleines Lemma beweisen wir zunächst:

Lemma 2.3 *Sei $n \in \mathbb{N}$ und $w_n := e^{2\pi i/n}$. Dann ist*

$$\frac{1}{n} \sum_{j=0}^{n-1} \left(w_n^{k-l}\right)^j = \delta_{kl} \qquad (0 \leq k, l \leq n-1).$$

Beweis: Die Aussage ist für $0 \leq k = l \leq n-1$ wegen $w_n^0 = 1$ trivial. Für $0 \leq k \neq l \leq n-1$ ist $w_n^{k-l} \neq 1$ und daher

$$\sum_{j=0}^{n-1} \left(w_n^{k-l}\right)^j = \frac{1 - w_n^{(k-l)n}}{1 - w_n^{k-l}} = 0$$

wegen

$$w_n^{(k-l)n} = e^{2\pi i(k-l)n/n} = e^{2\pi i(k-l)} = 1.$$

Damit ist das Lemma schon bewiesen. □

Satz 2.4 *Mit $n \in \mathbb{N}$ seien die äquidistanten Stützstellen $x_k := 2\pi k/n$ und zugehörige Stützwerte $f_k \in \mathbb{C}$, $k = 0, \ldots, n-1$, gegeben. Das eindeutig existierende komplexe trigonometrische Interpolationspolynom $p \in T_{n-1}$ mit $p(x_k) = f_k$ für $k = 0, \ldots, n-1$ ist dann durch*

$$p(x) := \sum_{j=0}^{n-1} c_j e^{ijx} \qquad \text{mit} \qquad c_j := \frac{1}{n}\sum_{k=0}^{n-1} w_n^{-jk} f_k \qquad (j = 0, \ldots, n-1)$$

gegeben, wobei zur Abkürzung $w_n := e^{2\pi i/n}$ gesetzt ist.

Beweis: Wir beweisen die Behauptung durch Nachrechnen, indem wir zeigen, daß das angegebene $p \in T_{n-1}$ den Interpolationsbedingungen genügt. Durch Einsetzen der Definition von c_j, Vertauschen der Summationsreihenfolge und Anwendung von Lemma 2.3 erhält man

$$p(x_k) = \sum_{j=0}^{n-1} \underbrace{\left(\frac{1}{n}\sum_{l=0}^{n-1} w_n^{-jl} f_l\right)}_{= c_j} w_n^{jk} = \sum_{l=0}^{n-1} \underbrace{\left(\frac{1}{n}\sum_{j=0}^{n-1} \left(w_n^{k-l}\right)^j\right)}_{= \delta_{kl}} f_l = f_k, \qquad k = 0, \ldots, n-1.$$

Damit ist der Satz bewiesen. □

Es liegt nun nahe, den letzten Satz, der eine explizite Darstellung der Koeffizienten des komplexen trigonometrischen Interpolationspolynoms zu komplexen Daten gab, auf den reellen Fall zu übertragen. Als Ergebnis erhalten wir:

Satz 2.5 *Sei $n \in \mathbb{N}$ und*

$$m := \begin{cases} \frac{1}{2}(n-1) & \text{falls } n \text{ ungerade,} \\ \frac{1}{2}n & \text{falls } n \text{ gerade.} \end{cases}$$

Die äquidistanten Stützstellen $x_k := 2\pi k/n$ und zugehörige Stützwerte $g_k \in \mathbb{R}$, $k = 0, \ldots, n-1$, seien gegeben. Sei

$$\begin{aligned} a_j &:= \frac{2}{n}\sum_{k=0}^{n-1} g_k \cos jx_k \qquad (j = 0, \ldots, m), \\ b_j &:= \frac{2}{n}\sum_{k=0}^{n-1} g_k \sin jx_k \qquad (j = 1, \ldots, m). \end{aligned}$$

Definiert man dann das reelle trigonometrische Polynom q vom Grad $\leq m$ durch

$$q(x) := \begin{cases} \dfrac{a_0}{2} + \displaystyle\sum_{j=1}^{m}(a_j \cos jx + b_j \sin jx) & (n = 2m+1), \\ \dfrac{a_0}{2} + \displaystyle\sum_{j=1}^{m-1}(a_j \cos jx + b_j \sin jx) + \dfrac{a_m}{2}\cos mx & (n = 2m), \end{cases}$$

so ist $q(x_k) = g_k$ für $k = 0, \ldots, n-1$.

Beweis: Zunächst betrachten wir den Fall, daß die Anzahl der vorgegebenen Stützstellen und Stützwerte ungerade ist, daß also $n = 2m+1$. Sei $p(x) := \sum_{j=0}^{2m} c_j\, e^{ijx}$ das komplexe trigonometrische Polynom vom Grad $\leq 2m$, das den Interpolationsbedingungen $p(x_k) = \exp(imx_k)\, g_k$, $k = 0, \ldots, 2m$, genügt. Mit $w_n := e^{2\pi i/n}$ ist nach Satz 2.4

$$c_{m-j} = \frac{1}{n}\sum_{k=0}^{n-1} w_n^{-(m-j)k} w_n^{mk} g_k = \frac{1}{n}\sum_{k=0}^{n-1} g_k\,(\cos jx_k + i\,\sin jx_k) = \frac{1}{2}\,(a_j + i\,b_j),$$

woraus die Behauptung aus Satz 2.2 für $n = 2m+1$ folgt.

Nun sei $n = 2m$ gerade. Sei $p(x) := \sum_{j=0}^{2m-1} c_j\, e^{ijx}$ das komplexe trigonometrische Polynom vom Grad $\leq 2m-1$ mit $p(x_k) = \exp(imx_k)\, g_k$ für $k = 0, \ldots, 2m-1$. Dann ist durch $\tilde{q}(x) := \text{Re}\,[e^{-imx}p(x)]$ ein reelles trigonometrisches Polynom vom Grad $\leq m$ gegeben, das den Interpolationsbedingungen $\tilde{q}(x_k) = g_k$, $k = 0, \ldots, 2m-1$, genügt. Es ist

$$\tilde{q}(x) = \frac{1}{2}\left\{c_m + \overline{c_m} + \sum_{j=1}^{m-1}[(c_{m-j} + \overline{c_{m+j}})e^{-ijx} + (c_{m+j} + \overline{c_{m-j}})e^{ijx}] + c_0 e^{-imx} + \overline{c_0} e^{imx}\right\}.$$

Wieder nutzen wir aus, daß wir wegen Satz 2.4 eine explizite Darstellung der Koeffizienten c_j von p kennen. Mit $w_n := e^{2\pi i/n}$ ist $\exp(imx_k) = w_n^{mk} = (-1)^k$ reell. Daher sind auch $c_m = a_0/2$ und $c_0 = a_m/2$ reell. Für $j = 1, \ldots, m-1$ ist ferner

$$c_{m-j} + \overline{c_{m+j}} = \frac{1}{n}\sum_{k=0}^{n-1}\left(w_n^{-(m-j)k} w_n^{mk} + w_n^{(m+j)k} w_n^{-mk}\right) g_k = \frac{2}{n}\sum_{k=0}^{n-1} w_n^{jk} g_k = a_j + i\,b_j.$$

Einsetzen ergibt

$$\tilde{q}(x) = \frac{a_0}{2} + \sum_{j=1}^{m-1}(a_j\,\cos jx + b_j\,\sin jx) + \frac{a_m}{2}\,\cos mx = q(x).$$

Genau das war zu zeigen. □

3.2.3 Die schnelle Fourier-Transformation (FFT)

Bei gegebenem $n \in \mathbb{N}$ ist die *diskrete Fourier-Transformation der Länge n* (kürzer sprechen wir im folgenden von der DFT) $F_n\colon \mathbb{C}^n \longrightarrow \mathbb{C}^n$ mit $\omega_n := e^{-2\pi i/n}$ definiert durch

$$g := F_n f \qquad \text{mit} \qquad g_j := \sum_{k=0}^{n-1} \omega_n^{jk} f_k \qquad (j = 0, \ldots, n-1).$$

Wegen Satz 2.4 sind durch $c := \frac{1}{n} F_n f$ die Koeffizienten des komplexen trigonometrischen Polynoms vom Grad $\leq n-1$ gegeben, welches an den äquidistanten Stützstellen $x_k := 2\pi k/n$ den Stützwert f_k für $k = 0, \ldots, n-1$ annimmt. Ziel dieses Unterabschnittes ist es, zur effizienten Berechnung der diskreten Fourier-Transformierten eines gegebenen Vektors $f = (f_0, \ldots, f_{n-1})^T \in \mathbb{C}^n$ die *schnelle Fourier-Transformation* (in Zukunft schreiben wir hierfür kürzer FFT für **F**ast **F**ourier **T**ransform) bereitzustellen, wobei wir uns aber auf den Fall beschränken werden, daß $n = 2^p$ eine

Zweierpotenz ist. Die FFT ist von J. W. COOLEY, J. W. TUKEY (1965) angegeben worden und gehört zu den wichtigsten und anwendungsreichsten Verfahren der numerischen Mathematik. Eine naive Berechnung der diskreten Fourier-Transformierten eines gegebenen Vektors $f \in \mathbb{C}^n$ erfordert $n(n-1)$ komplexe Multiplikationen. Mit Hilfe der FFT ist es möglich, jedenfalls für $n = 2^p$, diese Anzahl auf $\frac{1}{2}np = \frac{1}{2}n\log_2 n$ zu drücken, was schon für moderat große n eine wesentliche Verbesserung bedeutet. Bei der Darstellung der FFT folgen wir im wesentlichen H. R. SCHWARZ (1977, 1988) (siehe auch W. NIETHAMMER (1986)).

Die grundlegende Idee der FFT besteht in der Anwendung einer „Teile und Herrsche"-Strategie. Es wird nämlich gezeigt werden, daß man die Berechnung der DFT eines Vektors $f \in \mathbb{C}^n$ in einem ersten Schritt auf die von zwei DFTen der halben Länge zurückführen kann. Ist $n = 2^p$ eine Zweierpotenz, so kann dieser Prozeß fortgesetzt werden, bis man im p-ten Schritt n DFTen der Länge 1 durchführt.

Die DFT $F_n: \mathbb{C}^n \longrightarrow \mathbb{C}^n$ wird durch die Matrix

$$\Omega_n := \left(\omega_n^{jk}\right)_{0\le j,k\le n-1} \in \mathbb{C}^{n\times n} \qquad \text{mit} \quad \omega_n := e^{-2\pi i/n}$$

repräsentiert, es ist also $F_n f = \Omega_n f$ für alle $f = (f_0, \dots, f_{n-1})^T \in \mathbb{C}^n$. Ganz wichtig für die FFT ist nun, daß man eine Matrix, die durch eine gewisse Permutation der Zeilen aus Ω_n hervorgeht, in einfacher Weise faktorisieren kann. Dieses Ergebnis wird in dem folgenden Lemma formuliert.

Lemma 2.6 *Für $n \in \mathbb{N}$ sei $\Omega_n \in \mathbb{C}^{n\times n}$ definiert durch*

$$\Omega_n := \left(\omega_n^{jk}\right)_{0\le j,k\le n-1} \qquad \textit{mit} \quad \omega_n := e^{-2\pi i/n}.$$

Bei gegebenem geraden $n \in \mathbb{N}$ sei $m := \frac{1}{2}n$ und $P_n \in \mathbb{R}^{n\times n}$ die Permutationsmatrix

$$P_n := (\, e_1 \;\; e_3 \;\; \cdots \;\; e_{n-1} \mid e_2 \;\; e_4 \;\; \cdots \;\; e_n \,)^T,$$

wobei e_j der j-te Einheitsvektor im $\mathbb{R}^n$ ist. Dann ist

$$P_n\Omega_n = \left(\begin{array}{c|c} \Omega_m & 0_m \\ \hline 0_m & \Omega_m \end{array}\right)\left(\begin{array}{c|c} I_m & I_m \\ \hline D_m & -D_m \end{array}\right) \qquad \textit{mit} \quad D_m := \operatorname{diag}(\omega_n^0, \omega_n^1, \dots, \omega_n^{m-1}).$$

Hierbei bedeuten I_m bzw. 0_m die $m\times m$-Einheitsmatrix bzw. die $m\times m$-Nullmatrix.

Beweis: Sei $f = (f_0, \dots, f_{n-1})^T \in \mathbb{C}^n$ und $g := \Omega_n f$ die diskrete Fourier-Transformierte von f. Dann ist

$$P_n\Omega_n f = P_n g = (g_0, g_2, \dots, g_{n-2}, g_1, g_3, \dots, g_{n-1})^T.$$

Die Anwendung der Permutationsmatrix P_n auf den Vektor $g = (g_0, \dots, g_{n-1})^T$ bewirkt also eine Permutation der Komponenten von g, indem zunächst die geradzahligen und dann die ungeradzahligen Komponenten aufgeführt werden. In der folgenden Rechnung nutzen wir aus, daß die Exponenten der n-ten Einheitswurzeln ω_n^{jk} modulo n reduziert werden können, so daß

$$\omega_n^{2j(m+k)} = \omega_n^{jn+2jk} = \omega_n^{2jk} = (\omega_n^2)^{jk} = \omega_m^{jk}.$$

Ferner ist $\omega_n^{m+k} = -\omega_n^k$, so daß

$$\omega_n^{(2j+1)(m+k)} = \omega_n^{jn+m+(2j+1)k} = \omega_n^{m+(2j+1)k} = -(\omega_n^2)^{jk}\omega_n^k = -\omega_m^{jk}\omega_n^k.$$

Für $j = 0, \dots, m-1$ ist daher

$$\begin{aligned} g_{2j} &= \sum_{k=0}^{n-1} \omega_n^{2jk} f_k &&= \sum_{k=0}^{m-1} (\omega_n^2)^{jk}(f_k + f_{m+k}) &&= \sum_{k=0}^{m-1} \omega_m^{jk}(f_k + f_{m+k}), \\ g_{2j+1} &= \sum_{k=0}^{n-1} \omega_n^{(2j+1)k} f_k &&= \sum_{k=0}^{m-1} (\omega_n^2)^{jk}(f_k - f_{m+k})\omega_n^k &&= \sum_{k=0}^{m-1} \omega_m^{jk}(f_k - f_{m+k})\omega_n^k. \end{aligned}$$

Diese Gleichungen beweisen die behauptete Faktorisierung von $P_n\Omega_n$. □

Um aufzuzeigen, daß Lemma 2.6 der Kern einer effizienten Methode (nämlich gerade der FFT) zur Berechnung der diskreten Fourier-Transformierten eines Vektors $f \in \mathbb{C}^n$ ist, betrachten wir in den beiden folgenden Beispielen die Spezialfälle $n = 4$ und $n = 8$.

Beispiel: Sei $n = 2^2 = 4$, zu berechnen sei die diskrete Fourier-Transformierte des Vektors $f := (f_0, f_1, f_2, f_3)^T \in \mathbb{C}^4$. Mit $\omega := \omega_4 = e^{-2\pi i/4}$ erhalten wir aus Lemma 2.6:

$$\begin{pmatrix} g_0 \\ g_2 \\ g_1 \\ g_3 \end{pmatrix} = P_4\Omega_4 \begin{pmatrix} f_0 \\ f_1 \\ f_2 \\ f_3 \end{pmatrix} = \left(\begin{array}{c|c} \Omega_2 & 0_2 \\ \hline 0_2 & \Omega_2 \end{array}\right) \left(\begin{array}{cc|cc} 1 & 0 & 1 & 0 \\ 0 & 1 & 0 & 1 \\ \hline \omega^0 & 0 & -\omega^0 & 0 \\ 0 & \omega^1 & 0 & -\omega^1 \end{array}\right) \begin{pmatrix} f_0 \\ f_1 \\ f_2 \\ f_3 \end{pmatrix}.$$

Damit erhält man die in den Komponenten permutierte diskrete Fourier-Transformierte von f in zwei Schritten. Zunächst berechnet man

$$f^1 := \left(\begin{array}{c} f_0^1 \\ f_1^1 \\ \hline f_2^1 \\ f_3^1 \end{array}\right) := \left(\begin{array}{cc|cc} 1 & 0 & 1 & 0 \\ 0 & 1 & 0 & 1 \\ \hline \omega^0 & 0 & -\omega^0 & 0 \\ 0 & \omega^1 & 0 & -\omega^1 \end{array}\right) \begin{pmatrix} f_0 \\ f_1 \\ f_2 \\ f_3 \end{pmatrix} = \left(\begin{array}{c} f_0 + f_2 \\ f_1 + f_3 \\ \hline (f_0 - f_2)\omega^0 \\ (f_1 - f_3)\omega^1 \end{array}\right).$$

Wegen $\Omega_1 = (1)$ besitzt Ω_2 (hier ist keine Permutation der Zeilen mehr nötig) die Faktorisierung

$$\Omega_2 = \begin{pmatrix} \Omega_1 & 0_1 \\ 0_1 & \Omega_1 \end{pmatrix} \begin{pmatrix} I_1 & I_1 \\ D_1 & -D_1 \end{pmatrix} = \begin{pmatrix} 1 & 0 \\ 0 & 1 \end{pmatrix} \begin{pmatrix} 1 & 1 \\ \omega^0 & -\omega^0 \end{pmatrix} = \begin{pmatrix} 1 & 1 \\ \omega^0 & -\omega^0 \end{pmatrix}.$$

Im zweiten Schritt berechnet man

$$\begin{pmatrix} g_0 \\ g_2 \\ g_1 \\ g_3 \end{pmatrix} = \begin{pmatrix} f_0^2 \\ f_1^2 \\ f_2^2 \\ f_3^2 \end{pmatrix} := \left(\begin{array}{cc|cc} 1 & 1 & 0 & 0 \\ \omega^0 & -\omega^0 & 0 & 0 \\ \hline 0 & 0 & 1 & 1 \\ 0 & 0 & \omega^0 & -\omega^0 \end{array}\right) \left(\begin{array}{c} f_0^1 \\ f_1^1 \\ \hline f_2^1 \\ f_3^1 \end{array}\right) = \left(\begin{array}{c} f_0^1 + f_1^1 \\ \hline (f_0^1 - f_1^1)\omega^0 \\ \hline f_2^1 + f_3^1 \\ \hline (f_2^1 - f_3^1)\omega^0 \end{array}\right).$$

Input		1. Schritt		2. Schritt	Output
f_0	0	$f_0^1 := f_0 + f_2$	0	$f_0^2 := f_0^1 + f_1^1$	g_0
f_1	1	$f_1^1 := f_1 + f_3$	2	$f_1^2 := (f_0^1 - f_1^1)\omega^0$	g_2
f_2	2	$f_2^1 := (f_0 - f_2)\omega^0$	1	$f_2^2 := f_2^1 + f_3^1$	g_1
f_3	3	$f_3^1 := (f_1 - f_3)\omega^1$	3	$f_3^2 := (f_2^1 - f_3^1)\omega^0$	g_3

Tabelle 3.1: FFT für $n = 2^2 = 4$

Es werden also die in Tabelle 3.1 angegebenen Rechenschritte durchgeführt. Hieran kann leicht die Anzahl der komplexen Multiplikationen abgezählt werden. Einschließlich der Multiplikation mit $\omega^0 = 1$ werden $4 = \frac{1}{2} 4 \log_2 4$ Multiplikationen durchgeführt. □

Beispiel: Sei $n = 2^3 = 8$. Zur Abkürzung setzen wir $\omega := \omega_8 = e^{-2\pi i/8}$. Zunächst wird die Faktorisierung

$$P_8 \Omega_8 = \left(\begin{array}{c|c} \Omega_4 & 0_4 \\ \hline 0_4 & \Omega_4 \end{array}\right) \left(\begin{array}{c|c} I_4 & I_4 \\ \hline D_4 & -D_4 \end{array}\right) \qquad \text{mit} \quad D_4 = \operatorname{diag}(\omega^0, \omega^1, \omega^2, \omega^3)$$

benutzt und

$$f^1 := \left(\begin{array}{c|c} I_4 & I_4 \\ \hline D_4 & -D_4 \end{array}\right) f = \left(\begin{array}{c} f^{1,0} \\ \hline f^{1,1} \end{array}\right)$$

berechnet, wobei f^1 aus den Blöcken $f^{1,0}$ und $f^{1,1}$ der Länge 4 besteht. Danach ist

$$P_8 g = \left(\begin{array}{c} \Omega_4 f^{1,0} \\ \hline \Omega_4 f^{1,1} \end{array}\right).$$

Anschließend berücksichtigt man die Faktorisierung

$$P_4 \Omega_4 = \left(\begin{array}{c|c} \Omega_2 & 0_2 \\ \hline 0_2 & \Omega_2 \end{array}\right) \left(\begin{array}{c|c} I_2 & I_2 \\ \hline D_2 & -D_2 \end{array}\right) \qquad \text{mit} \quad D_2 := \operatorname{diag}(\omega_4^0, \omega_4^1) = \operatorname{diag}(\omega^0, \omega^2)$$

und erhält

$$\left(\begin{array}{c|c} P_4 & 0_4 \\ \hline 0_4 & P_4 \end{array}\right) P_8 g = \left(\begin{array}{c} P_4 \Omega_4 f^{1,0} \\ \hline P_4 \Omega_4 f^{1,1} \end{array}\right) = \left(\begin{array}{c} \Omega_2 f^{2,0} \\ \hline \Omega_2 f^{2,1} \\ \hline \Omega_2 f^{2,2} \\ \hline \Omega_2 f^{2,3} \end{array}\right)$$

mit

$$f^2 := \left(\begin{array}{c} f^{2,0} \\ \hline f^{2,1} \\ \hline f^{2,2} \\ \hline f^{2,3} \end{array}\right) = \left(\begin{array}{c} \left(\begin{array}{c|c} I_2 & I_2 \\ \hline D_2 & -D_2 \end{array}\right) f^{1,0} \\ \hline \left(\begin{array}{c|c} I_2 & I_2 \\ \hline D_2 & -D_2 \end{array}\right) f^{1,1} \end{array}\right).$$

Der letzte Schritt dürfte nun klar sein. Bis auf eine Permutation der Komponenten steht in f^3 die gesuchte Fourier-Transformierte von f. Die durchzuführenden Rechenschritte entnimmt man Tabelle 3.2. Hierbei werden sukzessive Vektoren f^1 (bestehend aus 2 Blöcken $f^{1,0}, f^{1,1}$ der Länge 4), f^2 (bestehend aus 4 Blöcken $f^{2,0}, \ldots, f^{2,3}$ der Länge 2) und f^3 (bestehend aus 8 „Blöcken" $f_0^3, \ldots, f_7^3$ der Länge 1) berechnet. In f^3 stehen die gesuchten $g_0, \ldots, g_7$ in einer permutierten Reihenfolge. Die Anzahl der benötigten komplexen Multiplikationen (einschließlich derjenigen mit $\omega^0 = 1$) ist offenbar $12 = \frac{1}{2} 8 \log_2 8$. Zumindestens in diesem Spezialfall ist die Gesetzmäßigkeit der Permutation leicht zu erkennen, wenn man sich die Binär-Darstellung der Zahlen in der zweiten und der drittletzten Spalte ansieht (siehe Tabelle 3.3). □

Input		1. Schritt		2. Schritt		3. Schritt	Output
f_0	0	$f_0^1 := f_0 + f_4$	0	$f_0^2 := f_0^1 + f_2^1$	0	$f_0^3 := f_0^2 + f_1^2$	g_0
f_1	1	$f_1^1 := f_1 + f_5$	2	$f_1^2 := f_1^1 + f_3^1$	4	$f_1^3 := (f_0^2 - f_1^2)\omega^0$	g_4
f_2	2	$f_2^1 := f_2 + f_6$	4	$f_2^2 := (f_0^1 - f_2^1)\omega^0$	2	$f_2^3 := f_2^2 + f_3^2$	g_2
f_3	3	$f_3^1 := f_3 + f_7$	6	$f_3^2 := (f_1^1 - f_3^1)\omega^2$	6	$f_3^3 := (f_2^2 - f_3^2)\omega^0$	g_6
f_4	4	$f_4^1 := (f_0 - f_4)\omega^0$	1	$f_4^2 := f_4^1 + f_6^1$	1	$f_4^3 := f_4^2 + f_5^2$	g_1
f_5	5	$f_5^1 := (f_1 - f_5)\omega^1$	3	$f_5^2 := f_5^1 + f_7^1$	5	$f_5^3 := (f_4^2 - f_5^2)\omega^0$	g_5
f_6	6	$f_6^1 := (f_2 - f_6)\omega^2$	5	$f_6^2 := (f_4^1 - f_6^2)\omega^0$	3	$f_6^3 := f_6^2 + f_7^2$	g_3
f_7	7	$f_7^1 := (f_3 - f_7)\omega^3$	7	$f_7^2 := (f_5^1 - f_7^1)\omega^2$	7	$f_7^3 := (f_6^2 - f_7^2)\omega^0$	g_7

Tabelle 3.2: FFT für $n = 2^3 = 8$

Allgemein vermuten wir, daß die Permutation dadurch gegeben ist, daß man die Binärdarstellung von $j \in \{0, \ldots, 2^p - 1\}$ von hinten nach vorne liest: Ist

$$j = \alpha_0 + \alpha_1 2 + \cdots + \alpha_{p-1} 2^{p-1} \qquad \text{mit } \alpha_0, \alpha_1, \ldots, \alpha_{p-1} \in \{0, 1\},$$

0	000	000	0
1	001	100	4
2	010	010	2
3	011	110	6
4	100	001	1
5	101	101	5
6	110	011	3
7	111	111	7

Tabelle 3.3: Bit-Inversion für $n = 8$

so ist

$$k = \alpha_{p-1} + \alpha_{p-2}\, 2 + \cdots + \alpha_0\, 2^{p-1}.$$

Diese Vermutung wird im Anschluß an die nun folgende genaue algorithmische Beschreibung der FFT bewiesen. Eine Umsetzung in ein Programm dürfte einfach sein, wobei man dann allerdings eine dynamische Zuweisung der Variablen benutzen und die Indexrechnung effizienter gestalten sollte. Hierauf verzichten wir, um die Übersichtlichkeit zu erhöhen.

- Als Input seien $n = 2^p$ und $f_0, \ldots, f_{n-1} \in \mathbb{C}$ gegeben.
- Mit $\omega := e^{-2\pi i/n}$ berechne man $\omega_k := \omega^k$ für $k = 0, \ldots, 2^{p-1} - 1$. Dies mache man sukzessive:

  $\omega_0 := 1$

  $\omega_1 := \cos(\pi/2^{p-1}) - i\, \sin(\pi/2^{p-1})$

  Für $k = 2, \ldots, 2^{p-1} - 1$:

  $\quad \omega_k := \omega_{k-1}\, \omega_1.$

- Initialisierung: Setze $f_k^0 := f_k$ für $k = 0, \ldots, n-1$.
- In dem nun folgenden Hauptblock werden p Schritte durchgeführt. Hierbei werden sukzessive $f^1, \ldots, f^p \in \mathbb{C}^n$ berechnet. f^i (eine Verwechslung des Index i mit der imaginären Einheit kann hier eigentlich nicht auftreten!) besteht aus 2^i Blöcken mit jeweils 2^{p-i} Elementen. In f^p stehen die gesuchten Komponenten von $g = F_n f$ in einer permutierten Reihenfolge. In den nun folgenden Schleifen zählt $i = 0, \ldots, p-1$ die Schritte, $j = 0, \ldots, 2^i - 1$ die Blöcke in f^i und $k = 0, \ldots, 2^{p-i-1} - 1$ die Elemente in den Blöcken von f^{i+1}.

  Für $i = 0, \ldots, p-1$:

  $\quad$ Für $j = 0, \ldots, 2^i - 1$:

  $\quad\quad$ Für $k = 0, \ldots, 2^{p-i-1} - 1$:

  $$\begin{aligned} f^{i+1}_{j2^{p-i}+k} &:= f^i_{j2^{p-i}+k} + f^i_{2^{p-i-1}+j2^{p-i}+k}, \\ f^{i+1}_{2^{p-i-1}+j2^{p-i}+k} &:= \left[f^i_{j2^{p-i}+k} - f^i_{2^{p-i-1}+j2^{p-i}+k}\right] \omega_{k2^i}. \end{aligned}$$

- Umnumerierung und Output: Ausgegeben wird die diskrete Fourier-Transformierte $g = F_n f$ von f. Für $j = 0, \ldots, 2^p - 1$ ist $g_j = f_k^p$, wobei k die „Bit-Inverse" von j ist. Ist also $j = \alpha_0 + \cdots + \alpha_{p-1}\, 2^{p-1}$ mit $\alpha_0, \ldots, \alpha_{p-1} \in \{0,1\}$, so ist $k := \alpha_{p-1} + \cdots + \alpha_0\, 2^{p-1}$.

  Die Berechnung von g durch eine Umordnung der Komponenten von f^p kann „am Ort" erfolgen und etwa folgendermaßen realisiert werden:

  Für $j = 0, \ldots, 2^p - 1$:

  $\quad g_j := f_j^p$

  Für $j = 1, \ldots, 2^p - 1$:

  $\quad l := j, \quad k := 0$

Für $i = 0, \ldots, p-1$:

$k := 2k + l \bmod 2, \quad l := l \operatorname{div} 2$

Falls $j < k$ dann: Vertausche g_j und g_k.

Wir müssen uns noch überlegen, daß die Permutation der Indizes in f^p in der Tat durch die "bit-reversal" Abbildung gegeben ist. Die Indizes werden sukzessive permutiert, ein unterer Index gibt den entsprechenden Schritt an. Sei

$$j_0 = \alpha_0 + \alpha_1 2 + \cdots + \alpha_{p-2} 2^{p-2} + \alpha_{p-1} 2^{p-1} \qquad \text{mit} \quad \alpha_0, \ldots, \alpha_{p-1} \in \{0, 1\}.$$

Ist j_0 gerade bzw. $\alpha_0 = 0$, so ist

$$j_1 = \frac{j_0}{2} = \alpha_1 + \alpha_2 2 + \cdots + \alpha_{p-1} 2^{p-2} + \underbrace{\alpha_0}_{=0} 2^{p-1}.$$

Ist dagegen j_0 ungerade bzw. $\alpha_0 = 1$, so ist

$$j_1 = 2^{p-1} + \frac{j_0 - 1}{2} = \alpha_1 + \alpha_2 2 + \cdots + \alpha_{p-1} 2^{p-2} + \underbrace{\alpha_0}_{=1} 2^{p-1}.$$

Es erfolgt eine zyklische Vertauschung der Bits, wobei zu beachten ist, daß im nächsten Schritt das erste Bit α_0 fest bleibt und nur noch die übrigen $p-1$ zyklisch vertauscht werden. In dieser Weise wird fortgefahren und nach $p-1$ Schritten ist

$$j_{p-1} = \alpha_{p-1} + \alpha_{p-2} 2 + \cdots + \alpha_1 2^{p-2} + \alpha_0 2^{p-1}.$$

Bemerkt sei noch, daß bei H. Werner, R. Schaback (1979, S. 55) ein Fortran-Programm zur FFT angegeben ist, das mit einer geschickten Speicherorganisation ohne eine abschließende Bit-Inversion auskommt.

Bemerkung: Die Anzahl der komplexen Multiplikationen bei der FFT (ohne die Berechnung der Einheitswurzeln) ist offenbar durch

$$\sum_{i=0}^{p-1} \sum_{j=0}^{2^i-1} 2^{p-i-1} = \sum_{i=0}^{p-1} 2^{p-1} = \frac{1}{2} p \, 2^p$$

gegeben. Beachtet man noch, daß in der innersten Schleife für $k = 0$ mit 1 multipliziert wird, also bei einer entsprechenden Realisierung keine komplexe Multiplikation durchgeführt wird, so reduziert sich die Anzahl der komplexen Multiplikationen auf

$$\sum_{i=0}^{p-1} \sum_{j=0}^{2^i-1} (2^{p-i-1} - 1) = \frac{1}{2} p \, 2^p - \sum_{i=0}^{p-1} 2^i = \frac{1}{2} p \, 2^p - (2^p - 1) = (p-2) \, 2^{p-1} + 1.$$

In den beiden obigen Beispielen (siehe die Tabellen 3.1 und 3.2) können diese Ergebnisse für $p = 2$ bzw. $p = 3$ überprüft werden. □

Bemerkung: Sind $f_0, \ldots, f_{n-1} \in \mathbb{R}$ reell, so kann man die diskrete Fourier-Transformierte

$$g_j = \sum_{k=0}^{n-1} \omega_n^{jk} f_k = \sum_{k=0}^{n-1} f_k \cos \frac{2\pi j k}{n} - i \sum_{k=0}^{n-1} f_k \sin \frac{2\pi j k}{n} \qquad (j = 0, \ldots, n-1)$$

für $n = 2^p$ natürlich mit der oben angegebenen FFT berechnen und auf diese Weise

$$\alpha_j := \sum_{k=0}^{n-1} f_k \cos\frac{2\pi jk}{n}, \quad \beta_j := \sum_{k=0}^{n-1} f_k \sin\frac{2\pi jk}{n} \qquad (j = 0, \ldots, n-1)$$

erhalten. Hierbei wird allerdings *nicht* ausgenutzt, daß $\alpha_{n-j} = \alpha_j$ und $\beta_{n-j} = -\beta_j$, daß es also genügt, α_j und β_j für $j = 0, \ldots, n/2$ zu berechnen. Wir wollen uns davon überzeugen, daß man α_j und β_j, $j = 0, \ldots, n/2$, durch eine komplexe diskrete Fourier-Transformation der Länge $n/2$ erhalten kann.

Sei $n = 2m$ gerade (z. B. $n = 2^p$). Man definiere

$$u_k := f_{2k} + i\, f_{2k+1} \qquad (k = 0, \ldots, m-1)$$

und berechne die diskrete Fourier-Transformierte $v := F_m u$ der Länge m. Es ist also

$$v_j = \sum_{k=0}^{m-1} \omega_m^{jk} u_k \qquad (j = 0, \ldots, m-1).$$

Dann ist

$$\begin{aligned}
\frac{1}{2}(v_j + \overline{v_{m-j}}) &= \frac{1}{2}\left(\sum_{k=0}^{m-1} [\omega_m^{jk}(f_{2k} + i\, f_{2k+1}) + \overline{\omega_m^{(m-j)k}}(f_{2k} - i\, f_{2k+1})]\right) \\
&= \sum_{k=0}^{m-1} \omega_m^{jk} f_{2k} \qquad (\text{wegen } \overline{\omega_m^{(m-j)k}} = \omega_m^{jk}) \\
&= \sum_{k=0}^{m-1} \omega_n^{j2k} f_{2k}
\end{aligned}$$

und entsprechend

$$\frac{1}{2i}(v_j - \overline{v_{m-j}})\, e^{-\pi i j/m} = \sum_{k=0}^{m-1} \omega_n^{j(2k+1)} f_{2k+1},$$

insgesamt also

$$\sum_{k=0}^{n-1} \omega_n^{jk} f_k = \frac{1}{2}(v_j + \overline{v_{m-j}}) + \frac{1}{2i}(v_j - \overline{v_{m-j}})\, e^{-i\pi j/m}$$
$$(j = 0, \ldots, m \quad \text{mit} \quad v_m := v_0).$$

Daher ist für reelles $f_0, \ldots, f_{n-1}$ und $n = 2m$:

$$\begin{aligned}
\alpha_j &:= \sum_{k=0}^{n-1} f_k \cos\frac{2\pi jk}{n} &&= \operatorname{Re}\left(\frac{1}{2}(v_j + \overline{v_{m-j}}) + \frac{1}{2i}(v_j - \overline{v_{m-j}})\, e^{-i\pi j/m}\right) \\
\beta_j &:= \sum_{k=0}^{n-1} f_k \sin\frac{2\pi jk}{n} &&= -\operatorname{Im}\left(\frac{1}{2}(v_j + \overline{v_{m-j}}) + \frac{1}{2i}(v_j - \overline{v_{m-j}})\, e^{-i\pi j/m}\right)
\end{aligned}$$
$$(j = 0, \ldots, m \quad \text{mit} \quad v_m := v_0).$$

Damit ist das gewünschte Ziel erreicht. □

Aufgaben

1. Man zeige: Sind n paarweise verschiedene Stützstellen $x_0, \ldots, x_{n-1} \in [0, \pi)$ und n Stützwerte $f_0, \ldots, f_{n-1} \in \mathbb{R}$ gegeben, so existiert genau ein
$$p \in C_{n-1}^{\mathbb{R}} := \left\{ \frac{a_0}{2} + \sum_{j=1}^{n-1} a_j \cos jx : a_0, \ldots, a_{n-1} \in \mathbb{R} \right\}$$
mit $p(x_k) = f_k$ für $k = 0, \ldots, n-1$, d. h. $C_{n-1}^{\mathbb{R}}$ ist ein n-dimensionales Haarsches System.

2. Sei $n \in \mathbb{N}$ und
$$\mathcal{P}_n := \left\{ f = \{f_k\}_{k=-\infty}^{+\infty} : f_k \in \mathbb{C},\ f_{k+n} = f_k \quad \text{für alle } k \in \mathbb{Z} \right\}$$
die Menge der n-periodischen komplexen Zahlenfolgen. Auf $\mathcal{P}_n$ seien zwei Multiplikationen definiert durch
$$\begin{aligned} f \cdot g &:= \{f_k g_k\}_{k=-\infty}^{+\infty} && \text{(Hadamard-Produkt)}, \\ f * g &:= \{\textstyle\sum_{l=0}^{n-1} f_l g_{k-l}\}_{k=-\infty}^{+\infty} && \text{(Faltung)}. \end{aligned}$$
Mit $\omega_n := e^{-2\pi i/n}$ sei ferner die diskrete Fourier-Transformation $F_n\colon \mathcal{P}_n \longrightarrow \mathcal{P}_n$ durch
$$g := F_n f \quad \text{mit} \quad g = \{g_j\}_{j=-\infty}^{+\infty}, \quad g_j := \sum_{k=0}^{n-1} \omega_n^{jk} f_k$$
definiert. Man zeige:

   (a) $\mathcal{P}_n$ ist (in kanonischer Weise) ein n-dimensionaler linearer Raum.

   (b) $F_n\colon \mathcal{P}_n \longrightarrow \mathcal{P}_n$ ist linear und bijektiv.

   (c) $F_n^{-1}\colon \mathcal{P}_n \longrightarrow \mathcal{P}_n$ ist gegeben durch $F_n^{-1} = \frac{1}{n} \overline{F_n}$ mit
$$(\overline{F_n} g)_j := \sum_{k=0}^{n-1} \omega_n^{-jk} g_k \qquad \text{(konjugierte DFT)}.$$

   (d) Definiert man den *Reversionsoperator* $R\colon \mathcal{P}_n \longrightarrow \mathcal{P}_n$ durch $(Rf)_j := f_{-j}$, so ist
$$F_n^{-1} = \frac{1}{n} \overline{F_n} = \frac{1}{n} R F_n = \frac{1}{n} F_n R.$$

   (e) Sind $f, g \in \mathcal{P}_n$, so ist
$$F_n(f \cdot g) = \frac{1}{n} F_n f * F_n g, \quad F_n(f * g) = F_n f \cdot F_n g.$$

   (f) Definiert man auf $\mathcal{P}_n$ eine Norm $\|\cdot\|$ durch
$$\|f\| := \left(\sum_{k=0}^{n-1} |f_k|^2 \right)^{1/2} \qquad \text{für } f = \{f_k\}_{k=-\infty}^{+\infty} \in \mathcal{P}_n,$$
so ist $\|F_n f\| = \sqrt{n}\, \|f\|$ für alle $f \in \mathcal{P}_n$.
(Dieses Ergebnis dürfte der Grund dafür sein, daß bei der Definition der DFT F_n häufig noch ein Faktor $1/\sqrt{n}$ eingeführt wird. Denn dann ist F_n eine *Isometrie*, d. h. eine Abbildung von $\mathcal{P}_n$ in sich, die die Norm $\|\cdot\|$ invariant läßt.)

3. Mit Hilfe dieser Aufgabe kann man sich davon überzeugen, daß auch für den Fall, daß n keine Zweierpotenz (und keine Primzahl) ist, eine FFT existiert (siehe P. HENRICI (1976, 1979, 1986)).

   Für $n \in \mathbb{N}$ seien $\mathcal{P}_n$ und die DFT $F_n\colon \longrightarrow \mathcal{P}_n$ wie in Aufgabe 2 definiert. Sei $f \in \mathcal{P}_n$ und $n = pq$ mit $p, q \in \mathbb{N}$.

   (a) Für $m = 0, \ldots, p-1$ definiere man

   $$f^{(m)} = \{f_k^{(m)}\}_{k=-\infty}^{+\infty} := \{f_{m+pk}\}_{k=-\infty}^{+\infty}.$$

   Dann ist $f^{(m)} \in \mathcal{P}_q$, $m = 0, \ldots, p-1$. Ist $g := F_n f$ und $g^{(m)} := F_q f^{(m)}$, $m = 0, \ldots, p-1$, so ist

   $$g_j = \sum_{m=0}^{p-1} \omega_n^{jm} g_j^{(m)}.$$

   Hinweis: Man benutze, daß sich jedes $k \in \{0, \ldots, n-1\}$ eindeutig in der Form

   $$k = m + pl \quad \text{mit} \quad m \in \{0, \ldots, p-1\}, \quad l \in \{0, \ldots, q-1\}$$

   darstellen läßt. Daher ist

   $$g_j = \sum_{k=0}^{n-1} \omega_n^{jk} f_k = \sum_{m=0}^{p-1} \sum_{l=0}^{q-1} \omega_n^{j(m+pl)} f_{m+pl} = \sum_{m=0}^{p-1} \omega_n^{jm} \sum_{l=0}^{q-1} \omega_q^{jl} f_l^{(m)},$$

   woraus die Behauptung folgt. Die Berechnung einer DFT der Länge pq kann also auf die Berechnung von p DFTen der Länge q zuückgeführt werden.

   (b) Bezeichnet man mit $\Phi(n)$ die Anzahl der komplexen Multiplikationen, die zur Berechnung einer DFT der Länge n höchstens nötig ist, so ist

   $$\Phi(pq) \leq pq(p-1) + p\Phi(q).$$

   Hieraus folgere man: Sind $n_1, \ldots, n_r \in \mathbb{N}$ und $n := \prod_{k=1}^{r} n_k$, so ist

   $$\Phi(n) \leq n \sum_{k=1}^{r} (n_k - 1).$$

   Hinweis: Man wende den ersten Teil der Aufgabe an.

4. Man zeige, daß das Produkt komplexer Zahlen $z_1 = x_1 + i\, y_1$ und $z_2 = x_2 + i\, y_2$ mit Hilfe von drei reellen Multiplikationen und fünf reellen Additionen (bzw. Subtraktionen) berechnet werden kann.

   Hinweis: Berechne

   $$u := (x_1 + y_1)\, x_2, \qquad x := u - y_1\,(x_2 + y_2), \qquad y := u - x_1\,(x_2 - y_2).$$

   Dann ist $z_1 z_2 = x + i\, y$. Eine direkte Umsetzung von

   $$z_1 z_2 = (x_1 x_2 - y_1 y_2) + i\,(y_1 x_2 + x_1 y_2)$$

   erfordert dagegen vier reelle Multiplikationen und zwei reelle Additionen.

5. Sei $n \in \mathbb{N}$, $h := 2\pi/n$ und $x_k := kh$ für $k \in \mathbb{Z}$. Es sei

$$\begin{aligned} \mathcal{P}_n &:= \left\{f = \{f_k\}_{k=-\infty}^{+\infty} : f_k \in \mathbb{C},\ f_{k+n} = f_k \quad \text{für alle } k \in \mathbb{Z}\right\}, \\ \mathcal{P} &:= \{\phi: \mathbb{R} \longrightarrow \mathbb{C} : \phi \text{ stetig und } 2\pi\text{-periodisch}\}. \end{aligned}$$

Die Abbildung $T: \mathcal{P}_n \longrightarrow \mathcal{P}$ sei definiert durch

$$(Tf)(x) := f_k + \frac{f_{k+1} - f_k}{h}(x - x_k) \quad \text{für } x \in [x_k, x_{k+1}],\ k \in \mathbb{Z}.$$

Mit $\omega_n := e^{-2\pi i/n}$ ist dann

$$\frac{1}{2\pi}\int_0^{2\pi} (Tf)(x)e^{-ijx}\,dx = \left(\frac{\sin(\pi j/n)}{\pi j/n}\right)^2 \frac{1}{n}\sum_{k=0}^{n-1} \omega_n^{jk} f_k$$
$$\text{für alle } j \in \mathbb{Z},\ f = \{f_k\} \in \mathcal{P}_n.$$

Hinweis: Die Aussage zeigt einen Weg auf, Näherungen für die Fourier-Koeffizienten

$$c_j(\phi) := \frac{1}{2\pi}\int_0^{2\pi} \phi(x)e^{-ijx}\,dx$$

einer Funktion $\phi \in \mathcal{P}$ mit Hilfe der FFT zu gewinnen. Man wähle hierzu $n \in \mathbb{N}$ (z. B. $n = 2^p$), definiere $f_k := \phi(x_k)$ und $f := \{f_k\} \in \mathcal{P}_n$ und berechne (z. B. für $n = 2^p$ mit der FFT) die DFT $g = \{g_j\} := F_n f$. Dann erhält man eine Näherung für den j-ten Fourier-Koeffizienten $c_j(\phi)$, indem man g_j zunächst mit $1/n$ und dann mit dem sogenannten *Abminderungsfaktor*

$$\tau_j := \left(\frac{\sin(\pi j/n)}{\pi j/n}\right)^2$$

multipliziert. Die angegebene Aussage ist ein Spezialfall eines wesentlich allgemeineren Ergebnisses (siehe z. B. P. Henrici (1986, S. 22 ff.) und J. Stoer (1989, S. 76 ff.)).

6. Man programmiere die FFT für $n = 2^p$ und teste das Programm an der Berechnung von $F_n f$, wobei $f \in \mathbb{C}^n$ durch $f_k := k$ für $k = 0, \ldots, n-1$ gegeben ist. Es kann hierbei benutzt werden, daß die f_k reell sind (siehe obige Bemerkung). Man vergleiche das erhaltene Ergebnis mit den exakten Werten

$$g_j := \sum_{k=0}^{n-1} \omega_n^{jk} k = \begin{cases} \dfrac{n(n-1)}{2} & \text{für } j = 0, \\ -\dfrac{n}{2} + i\,\dfrac{n}{2}\cot\dfrac{\pi j}{n} & \text{für } j = 1, \ldots, n-1. \end{cases}$$

7. Mit Hilfe von Aufgabe 5 bestimme man numerisch Näherungen für die Fourier-Koeffizienten der Funktion $\phi \in \mathcal{P}$, die auf $[0, 2\pi]$ durch $\phi(x) := (\pi - x)^2/4$ definiert ist. Man vergleiche das erhaltene Ergebnis mit den exakten Werten

$$c_j(\phi) := \begin{cases} \pi^2/12 & \text{für } j = 0, \\ 1/(2j^2) & \text{für } j \neq 0 \end{cases}$$

(siehe z. B. O. Forster (1983, S. 197)).

3.3 Interpolation durch Splines

3.3.1 Einführung

Selbst bei "glatten" Funktionen $f: [a, b] \longrightarrow \mathbb{R}$ kann der Interpolationsfehler zwischen der Funktion f und dem durch die Stützstellen

$$a = x_0 < x_1 < \cdots < x_{n-1} < x_n = b$$

und die Interpolationsbedingungen $p_n(f)(x_j) = f(x_j)$ für $j = 0, \ldots, n$ festgelegtem Interpolationspolynom $p_n(f) \in \Pi_n$ für große n beliebig groß sein, wie ein Beispiel von Runge (siehe Aufgabe 5 in Abschnitt 3.1) zeigt. Es ist also i. allg. nicht sinnvoll, mit Polynomen hohen Grades zu interpolieren. Besser ist es, auf den Intervallen $[x_j, x_{j+1}]$, $j = 0, \ldots, n-1$, Polynome niedrigen Grades „aneinanderzustückeln" und durch geeignete Übergangsbedingungen in den x_j eine gewisse Glattheitseigenschaft der hierdurch auf dem gesamten Intervall $[a, b]$ definierten Funktion zu garantieren[2]. So erhält man z. B. bei einer gegebenen Zerlegung

$$\Delta: \quad a = x_0 < x_1 < \cdots < x_{n-1} < x_n = b$$

des Intervalls $[a, b]$ und Stützwerten $f_j := f(x_j)$ den zugehörigen interpolierenden *linearen Spline* $s_f: [a, b] \longrightarrow \mathbb{R}$, indem man

$$s_f(x) := f_j + \frac{f_{j+1} - f_j}{x_{j+1} - x_j}(x - x_j) \qquad \text{für} \quad x \in [x_j, x_{j+1}], \quad j = 0, \ldots, n-1,$$

setzt. In Abbildung 3.1 veranschaulichen wir uns den von einem interpolierenden linearen Spline gegebenen Polygonzug. Die Funktion $s_f: [a, b] \longrightarrow \mathbb{R}$ besitzt die

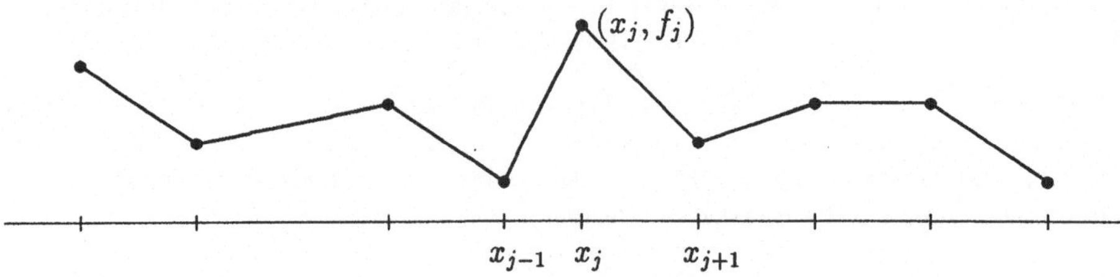

Abbildung 3.1: Ein interpolierender linearer Spline

folgenden Eigenschaften:

1. $s_f \in C[a, b]$,

2. $s_f|_{[x_j, x_{j+1}]} \in \Pi_1$ für $j = 0, \ldots, n-1$, d. h. die Restriktion von s_f auf jedes der Intervalle $[x_j, x_{j+1}]$ ist ein Polynom vom Grade ≤ 1,

[2] I. J. Schoenberg (1964) bemerkt hierzu: „Polynomials are wonderful even after they are cut into pieces, but the cutting must be done with care."

3. $s_f(x_j) = f_j$ für $j = 0, \dots, n$, d. h. die Interpolationsbedingungen sind erfüllt.

Ferner ist s_f offenbar durch diese drei Bedingungen festgelegt. Wir nehmen nun an, es sei $f \in C^2[a,b]$ und schätzen den maximalen Betrag des Fehlers ab. Bei vorgegebenem $x \in [x_j, x_{j+1}]$ gibt es nach Satz 1.4 ein $\xi_j \in (x_j, x_{j+1})$ mit

$$f(x) - s_f(x) = \frac{f''(\xi_j)}{2}(x - x_j)(x - x_{j+1}).$$

Daher ist

$$(*) \qquad \|f - s_f\|_\infty \le \frac{1}{8}\|f''\|_\infty h^2 \qquad \text{mit} \quad h := \max_{j=0,\dots,n-1}(x_{j+1} - x_j).$$

Hierbei ist $\|g\|_\infty$ für $g \in C[a,b]$ definiert durch $\|g\|_\infty := \max_{x\in[a,b]} |g(x)|$. In Analogie zu der entsprechenden Bezeichnung bei Vektornormen nennt man $\|\cdot\|_\infty$ die *Maximum-* oder *Tschebyscheff-Norm* auf $C[a,b]$. Die der Zerlegung

$$\Delta: \quad a = x_0 < x_1 < \cdots < x_{n-1} < x_n = b$$

zugeordnete Zahl $h := \max_{j=0,\dots,n-1}(x_{j+1} - x_j)$ nennen wir die *Feinheit* der Zerlegung Δ. Aus $(*)$ erhalten wir die folgende einfache Konvergenzaussage:

- *Sei $\{\Delta_k\}$ eine Folge von Zerlegungen von $[a,b]$, sei h_k die Feinheit von Δ_k und $\lim_{k\to\infty} h_k = 0$. Ist $f \in C^2[a,b]$ und $s_k(f)$ der zu der Zerlegung Δ_k gehörende interpolierende lineare Spline, so gilt*

$$\|f - s_k(f)\|_\infty \le \frac{h_k^2}{8}\|f''\|_\infty,$$

insbesondere konvergiert $\{s_k(f)\}$ gleichmäßig auf $[a,b]$ gegen f.

Schon in diesem einfachen Fall interpolierender linearer Splines erhält man ein Konvergenzergebnis, das kein Analogon bei der gewöhnlichen Interpolation durch Polynome besitzt. Nun wird man den durch einen interpolierenden linearen Spline gegebenen Polygonzug nicht unbedingt als "glatt" ansehen. Es liegt daher nahe, bei einer gegebenen Zerlegung Δ des Intervalls $[a,b]$ auch Polynome höheren Grades „aneinanderzustückeln" und mehr an Glattheit als lediglich Stetigkeit auf $[a,b]$ zu verlangen. Genau hierin besteht die Idee der Interpolation durch (Polynom-) Splines.

Dem englischen Wort "spline" entspricht im deutschen das (nicht zum üblichen Wortschatz gehörende) Wort "Strak". Hierunter versteht man ein Werkzeug im Schiffsbau, und zwar einen dünnen, biegsamen Stab, den man in den vorgegebenen Punkten (x_j, f_j), etwa durch Auflegen von Gewichten, fest lagert, um hierdurch eine "glatte Kurve" durch (x_j, f_j) zu erhalten. Der Stab wird versuchen, seine Gesamtkrümmung zu minimieren. Wird die Biegelinie des Stabes mit $s = s(x)$ bezeichnet, so ist die Gesamtkrümmung des Stabes in erster Näherung (d.h für $|s'(x)| \ll 1$) proportional zu $\int_a^b [s''(x)]^2\,dx$. Ist $a = x_0 < x_1 < \cdots < x_{n-1} < x_n = b$ eine Zerlegung des Intervalls $[a,b]$ und sind Stützwerte f_j in den Stützstellen x_j vorgegeben, so wird daher der Stab zumindestens näherungsweise versuchen, die Optimierungsaufgabe

$$\begin{cases} \text{Minimiere} \quad \displaystyle\int_a^b [s''(x)]^2\,dx \quad \text{auf} \\ M := \{s \in C^2[a,b] : s(x_j) = f_j \quad \text{für} \quad j = 0,\dots,n\} \end{cases}$$

zu lösen. Wir werden später sehen, daß *interpolierende kubische Splines* diese Optimierungsaufgabe lösen.

Nun ist die folgende Definition nicht mehr überraschend.

Definition 3.1 Sei $\Delta_n : a = x_0 < x_1 < \cdots < x_{n-1} < x_n = b$ eine Zerlegung des Intervalls $[a, b]$ und $m \in \mathbb{N}$. Dann heißt $s: [a, b] \longrightarrow \mathbb{R}$ ein *(Polynom-) Spline vom Grad m zur Zerlegung Δ_n*, wenn

1. $s \in C^{m-1}[a, b]$,
2. $s|_{[x_j,x_{j+1}]} \in \Pi_m$ für $j = 0, \ldots, n-1$, d. h. die Restriktion von s auf jedes der Intervalle $[x_j, x_{j+1}]$ ein Polynom vom Grad $\leq m$ ist.

Mit

$$S_m(\Delta_n) := \{s \in C^{m-1}[a, b] : s|_{[x_j,x_{j+1}]} \in \Pi_m \quad (j = 0, \ldots, n-1)\}$$

bezeichnen wir die Menge der Splines vom Grad m zur Zerlegung Δ_n. Ist f eine auf $[a, b]$ gegebene reellwertige Funktion bzw. sind $f_0, \ldots, f_n \in \mathbb{R}$ gegebene Stützwerte, so heißt ein Spline $s_f \in S_m(\Delta_n)$ ein f bzw. $f_0, \ldots, f_n$ *interpolierender Spline*, falls

$$s_f(x_j) = f(x_j) \quad \text{bzw.} \quad s_f(x_j) = f_j \qquad (j = 0, \ldots, n).$$

Die Menge $S_m(\Delta_n)$ der Splines vom Grad $\leq m$ zur Zerlegung Δ_n ist in kanonischer Weise ein linearer Raum. Im folgenden Satz wird $\dim S_m(\Delta_n) = m + n$ bewiesen, ferner wird eine Basis von $S_m(\Delta_n)$ angegeben. Wir werden hier und später benutzen, daß die m-te Ableitung $s^{(m)}$ eines Splines $s \in S_m(\Delta_n)$ auf $[a, b]$ stückweise konstant ist. Für den rechts- bzw. linksseitigen Wert von $s^{(m)}$ in einer der Stützstellen x_j werden wir die Bezeichnungen $s^{(m)}(x_j+)$ bzw. $s^{(m)}(x_j-)$ benutzen, wobei an den Intervallenden natürlich nur der rechts- bzw. linksseitige Wert einen Sinn macht.

Satz 3.2 *Durch*

$$\{(\cdot - x_0)^0, (\cdot - x_0)^1, \ldots, (\cdot - x_0)^m, (\cdot - x_1)_+^m, \ldots, (\cdot - x_{n-1})_+^m\}$$

ist eine Basis von $S_m(\Delta_n)$ gegeben. Hierbei ist $(\cdot - x_j)_+^m: \mathbb{R} \longrightarrow \mathbb{R}$ definiert durch

$$(x - x_j)_+^m := \begin{cases} (x - x_j)^m & \text{für } x \geq x_j, \\ 0 & \text{für } x < x_j. \end{cases}$$

Jedes $s \in S_m(\Delta_n)$ besitzt die eindeutige Darstellung

$$s(x) = \sum_{i=0}^{m} \frac{s^{(i)}(x_0)}{i!} (x - x_0)^i + \sum_{j=1}^{n-1} \frac{s^{(m)}(x_j+) - s^{(m)}(x_j-)}{m!} (x - x_j)_+^m.$$

Daher ist $\dim S_m(\Delta_n) = m + n$.

Beweis: Offenbar ist

$$\{(\cdot - x_0)^0, (\cdot - x_0)^1, \ldots, (\cdot - x_0)^m, (\cdot - x_1)_+^m, \ldots, (\cdot - x_{n-1})_+^m\} \subset S_m(\Delta_n).$$

Umgekehrt gebe man sich ein beliebiges $s \in S_m(\Delta_n)$ vor und definiere den Spline $t \in S_m(\Delta_n)$ durch

$$t(x) = \sum_{i=0}^{m} \frac{s^{(i)}(x_0)}{i!}(x - x_0)^i + \sum_{j=1}^{n-1} \frac{s^{(m)}(x_j+) - s^{(m)}(x_j-)}{m!}(x - x_j)_+^m.$$

Wegen $(s - t)^{(m)}(x_j+) = (s - t)^{(m)}(x_j-)$, $j = 1, \dots, n-1$, ist $s - t \in \Pi_m$. Da $(s - t)^{(i)}(x_0) = 0$ für $i = 0, \dots, m$, ist $s = t$. Damit ist gezeigt, daß sich jeder Spline $s \in S_m(\Delta_n)$ durch die angegebenen Basiselemente darstellen läßt. Diese Darstellung ist offenbar eindeutig. Der Satz ist bewiesen. □

Bemerkung: In Korollar 3.14 zu Satz 3.13 werden wir eine für numerische Zwecke wesentlich geeignetere Basis von $S_m(\Delta_n)$ aus sogenannten B-Splines kennenlernen. □

Bemerkung: Nach Satz 3.2 ist $\dim S_m(\Delta_n) = m + n$. Man wird daher erwarten, daß man neben den $n + 1$ Interpolationsbedingungen in den Stützstellen $x_0, \dots, x_n$ von Δ_n noch weitere $m - 1$ Bedingungen zu stellen hat, um die eindeutige Lösbarkeit des Interpolationsproblems bezüglich $S_m(\Delta_n)$ zu sichern. Es liegt nahe, diese zusätzlichen Bedingungen sozusagen gleichmäßig auf die beiden Intervallenden a und b zu verteilen. Damit dies möglich ist, werden wir im folgenden (außer in Unterabschnitt 3.3.5) voraussetzen, daß $m = 2r + 1$ ungerade ist. Der Spezialfall *kubischer Splines* ($m = 3$ bzw. $r = 1$) ist für die Praxis besonders wichtig, auf ihn werden wir gesondert eingehen. □

3.3.2 Existenz, Eindeutigkeit und Extremaleigenschaften interpolierender Splines ungeraden Grades

Im folgenden sei

$$\Delta_n: \quad a = x_0 < x_1 < \cdots < x_{n-1} < x_n = b$$

eine gegebene Zerlegung des Intervalls $[a, b]$. Mit $r \in \mathbb{N}$ sei

$$S_{2r+1}(\Delta_n) := \{s \in C^{2r}[a, b] : s|_{[x_j, x_{j+1}]} \in \Pi_{2r+1} \quad (j = 0, \dots, n-1)\}.$$

Gegeben sei ferner eine Funktion $f: [a, b] \longrightarrow \mathbb{R}$. Wir werden drei Typen von Interpolationsaufgaben betrachten.

(H) Interpolation mit Hermite-Randbedingungen.

Sei $f \in C^r[a, b]$, zu bestimmen ist ein f interpolierender Spline $s_f \in S_{2r+1}(\Delta_n)$ mit

$$s_f^{(i)}(a) = f^{(i)}(a), \quad s_f^{(i)}(b) = f^{(i)}(b) \qquad (i = 1, \dots, r).$$

(N) Interpolation mit natürlichen Randbedingungen.

Sei $f \in C[a, b]$, zu bestimmen ist ein f interpolierender Spline $s_f \in S_{2r+1}(\Delta_n)$ mit

$$s_f^{(i)}(a) = 0, \quad s_f^{(i)}(b) = 0 \qquad (i = r + 1, \dots, 2r).$$

Zusätzlich werde hier vorausgesetzt, daß $n \geq r$.

(P) Interpolation mit periodischen Randbedingungen.

Sei $f \in C[a,b]$ mit $f(a) = f(b)$, zu bestimmen ist ein f interpolierender Spline $s_f \in S_{2r+1}(\Delta_n)$ mit

$$s_f^{(i)}(a) = s_f^{(i)}(b) \qquad (i = 1, \ldots, 2r).$$

Offenbar ist in jedem der Fälle (H), (N) und (P) die Anzahl der Bedingungen gleich $2r+1+n$, also gleich der Dimension von $S_{2r+1}(\Delta_n)$, so daß eine gute Chance dafür besteht, daß diese Probleme eindeutig lösbar sind. Um das zu zeigen, würde es genügen nachzuweisen, daß das homogene Problem notwendigerweise nur trivial lösbar ist. So wird z. B. von G. NÜRNBERGER (1989, S. 117 ff.) vorgegangen. Wir folgen dem Weg, der z. B. auch von G. HÄMMERLIN, K.-H. HOFFMANN (1991, S. 250 ff.) oder für kubische Splines von J. STOER (1989, S. 82 ff.) eingeschlagen wird, indem der Beweis der Existenz und Eindeutigkeit von Lösungen der Aufgaben (H), (N) und (P) mit dem Beweis einer Extremaleigenschaft verbunden wird.

In Analogie zur euklidischen Vektornorm definieren wir auf $C[a,b]$ die Norm

$$\|g\|_2 := \left(\int_a^b g^2(x)\,dx\right)^{1/2} \qquad \text{für } g \in C[a,b].$$

Sind nun $g \in C^{r+1}[a,b]$ und $s \in S_{2r+1}(\Delta_n)$, so ist

$$\begin{aligned}
\|g^{(r+1)} - s^{(r+1)}\|_2^2 &= \int_a^b [g^{(r+1)}(x) - s^{(r+1)}(x)]^2\,dx \\
&= \|g^{(r+1)}\|_2^2 - 2\int_a^b g^{(r+1)}(x)s^{(r+1)}(x)\,dx + \|s^{(r+1)}\|_2^2 \\
&= \|g^{(r+1)}\|_2^2 - 2\int_a^b [g^{(r+1)}(x) - s^{(r+1)}(x)]s^{(r+1)}(x)\,dx - \|s^{(r+1)}\|_2^2.
\end{aligned}$$

Durch mehrfache Anwendung partieller Integration auf den mittleren Term erhält man

$$\begin{aligned}
\int_a^b [g^{(r+1)}(x) - s^{(r+1)}(x)]s^{(r+1)}(x)\,dx &= [g^{(r)}(x) - s^{(r)}(x)]s^{(r+1)}(x)\,\Big|_a^b \\
&\quad - \int_a^b [g^{(r)}(x) - s^{(r)}(x)]s^{(r+2)}(x)\,dx \\
&= \sum_{i=0}^{r-1}(-1)^i[g^{(r-i)}(x) - s^{(r-i)}(x)]s^{(r+1+i)}(x)\,\Big|_a^b \\
&\quad + (-1)^r\int_a^b [g'(x) - s'(x)]s^{(2r+1)}(x)\,dx.
\end{aligned}$$

Wegen $s|_{[x_j,x_{j+1}]} \in \Pi_{2r+1}$ ist $s^{(2r+1)}$ stückweise konstant. Damit erhalten wir das folgende Lemma:

Lemma 3.3 *Ist $g \in C^{r+1}[a,b]$ und $s \in S_{2r+1}(\Delta_n)$, so ist*

$$\|g^{(r+1)} - s^{(r+1)}\|_2^2 = \|g^{(r+1)}\|_2^2 - 2I(g,s) - \|s^{(r+1)}\|_2^2$$

mit

$$I(g,s) := \sum_{i=0}^{r-1}(-1)^i[g^{(r-i)}(x) - s^{(r-i)}(x)]s^{(r+1+i)}(x)\Big|_a^b + (-1)^r\sum_{j=0}^{n-1}[g(x) - s(x)]s^{(2r+1)}(x)\Big|_{x_j+}^{x_{j+1}-}.$$

Nun ist es einfach, die Existenz und Eindeutigkeit von Lösungen der Interpolationsaufgaben (H), (N) und (P) nachzuweisen sowie eine Extremaleigenschaft der Lösungen zu beweisen.

Satz 3.4 *Gegeben seien die obigen Interpolationsaufgaben* (H) *(Hermitesche Randbedingungen),* (N) *(natürliche Randbedingungen) und* (P) *(periodische Randbedingungen), die gegebene Funktion* $f\colon [a,b] \longrightarrow \mathbb{R}$ *durch ein Element aus* $S_{2r+1}(\Delta_n)$ *zu interpolieren. Dann gilt:*

1. *Ist* $s_f \in S_{2r+1}(\Delta_n)$ *eine Lösung von* (H) *bzw.* (N) *bzw.* (P) *und* $g \in C^{r+1}[a,b]$ *eine Funktion mit* $g(x_j) = f(x_j)$ *für* $j = 0,\ldots,n$ *sowie*
   (a) $g^{(i)}(a) = f^{(i)}(a)$, $g^{(i)}(b) = f^{(i)}(b)$, $i = 1,\ldots,r$, *für die Aufgabe* (H),
   (b) $g^{(i)}(a) = g^{(i)}(b)$, $i = 0,\ldots,r$, *für die Aufgabe* (P),

   so ist
   $$\|g^{(r+1)} - s_f^{(r+1)}\|_2^2 = \|g^{(r+1)}\|_2^2 - \|s_f^{(r+1)}\|_2^2 \geq 0.$$
   Ist $g \neq s_f$, *so ist* $\|s_f^{(r+1)}\|_2 < \|g^{(r+1)}\|_2$.
2. *Die Aufgaben* (H), (N) *und* (P) *besitzen jeweils eine eindeutige Lösung.*

Beweis: Zum Beweis des ersten Teiles liegt es nahe, Lemma 3.3 anzuwenden. Hiernach ist

$$\|g^{(r+1)} - s_f^{(r+1)}\|_2^2 = \|g^{(r+1)}\|_2^2 - 2I(g,s_f) - \|s_f^{(r+1)}\|_2^2$$

mit

$$\begin{aligned} I(g,s_f) &:= \sum_{i=0}^{r-1}(-1)^i[g^{(r-i)}(x) - s_f^{(r-i)}(x)]s_f^{(r+1+i)}(x)\Big|_a^b \\ &\quad + (-1)^i\sum_{j=0}^{n-1}[g(x) - s_f(x)]s_f^{(2r+1)}(x)\Big|_{x_j+}^{x_{j+1}-} \\ &= \sum_{i=0}^{r-1}(-1)^i[g^{(r-i)}(x) - s_f^{(r-i)}(x)]s_f^{(r+1+i)}(x)\Big|_a^b \end{aligned}$$

(wegen $g(x_j) = f(x_j) = s_f(x_j)$ für $j = 0,\ldots,n$).

Offensichtlich ist $I(g,s_f) = 0$ für jede der drei Aufgaben (H), (N) und (P). Damit ist

$$\|g^{(r+1)} - s_f^{(r+1)}\|_2^2 = \|g^{(r+1)}\|_2^2 - \|s_f^{(r+1)}\|_2^2 \geq 0$$

bewiesen. Ist $\|g^{(r+1)} - s_f^{(r+1)}\|_2 = \|(g-s_f)^{(r+1)}\|_2 = 0$, so ist notwendig $g - s_f \in \Pi_r$. Wir unterscheiden nun nach den drei Aufgaben.

Für (H) ist $(g-s_f)^{(i)}(a) = 0$ für $i = 0, \dots, r$, d. h. a ist eine $(r+1)$-fache Nullstelle von $g - s_f \in \Pi_r$ und damit $g = s_f$.

Für (N) ist $(g - s_f)(x_j) = 0$ für $j = 0, \dots, n$. Da hier $n \geq r$ vorausgesetzt wurde, folgt wieder $g = s_f$.

Für (P) ist $(g - s_f)^{(i)}(a) = (g - s_f)^{(i)}(b)$ für $i = 0, \dots, r$. Wegen $g - s_f \in \Pi_r$ folgt auch hieraus wieder $g = s_f$. Damit ist der erste Teil des Satzes bewiesen.

Offenbar folgt aus dem ersten Teil des Satzes sofort die Eindeutigkeit einer Lösung von (H), (N) bzw. (P). Für g setze man nämlich einfach einen weiteren Lösungskandidaten ein. Aus der Eindeutigkeit einer Lösung folgt aber, da die Anzahl $n + 2r + 1$ der Bedingungen mit der Dimension von $S_{2r+1}(\Delta_n)$ übereinstimmt, auch die Existenz einer Lösung. Damit ist der Satz vollständig bewiesen. □

Bemerkung: Bei der Interpolationsaufgabe (H) sind an den Intervallenden Ableitungen bis zur Ordnung r vorgegeben. Für $r = 1$ (kubische Splines) sind also neben den Stützwerten $f_j = f(x_j)$ in den Stützstellen x_j auch noch die Ableitungen $f'_0 = f'(a)$ und $f'_n = f'(b)$ am Rand des Intervalls zu interpolieren. Daher ist es naheliegend von Hermite-Randbedingungen zu sprechen.

Will man eine $(b-a)$-periodische Funktion durch einen Spline aus $S_{2r+1}(\Delta_n)$ in den Punkten x_j interpolieren, so wird man von diesem ebenfalls verlangen, daß er $(b-a)$-periodisch ist bzw. sich zu einer $(b-a)$-periodischen, $2r$-mal stetig differenzierbaren reellwertigen Funktion auf $\mathbb{R}$ fortsetzen läßt. Nun ist es klar, wie man zu den weiteren Interpolationsbedingungen bei (P) kommt. Ist nämlich $s \in C^{2r}[a, b]$ und genügt s den periodischen Randbedingungen $s^{(i)}(a) = s^{(i)}(b)$ für $i = 0, \dots, 2r$, so läßt sich s zu einer $(b-a)$-periodischen Funktion aus $C^{2r}(\mathbb{R})$ fortsetzen.

Nicht so klar dürfte sein, weshalb die Aufgabe (N) eine Interpolationsaufgabe mit *natürlichen* Randbedingungen genannt wird. Um dies zu begründen, betrachten wir die Optimierungsaufgabe

$$(*) \qquad \begin{cases} \text{Minimiere} \quad \|g^{(r+1)}\|_2^2 \quad \text{auf} \\ M := \{g \in C^{r+1}[a, b] : g(x_j) = f(x_j) \quad (j = 0, \dots, n)\}. \end{cases}$$

Wegen Satz 3.4 ist die Lösung s_f von (N) auch die eindeutige Lösung von $(*)$. Diese genügt also sozusagen automatisch den natürlichen Randbedingungen, was zu der angegebenen Bezeichnung führt. □

3.3.3 Die Berechnung interpolierender kubischer Splines

Gegeben sei die Zerlegung

$$\Delta_n : \quad a = x_0 < x_1 < \cdots < x_{n-1} < x_n = b$$

des Intervalls $[a, b]$. In diesem Unterabschnitt betrachten wir die Interpolation bezüglich kubischer Splines, also

$$S_3(\Delta_n) := \{s \in C^2[a, b] : s|_{[x_j, x_{j+1}]} \in \Pi_3 \quad (j = 0, \dots, n-1)\}.$$

Wir wollen zeigen, daß sich die nach Satz 3.4 eindeutig existierende Lösung der zugehörigen Interpolationsaufgabe mit Hermite-, natürlichen oder periodischen Randbedingungen sehr leicht und effizient berechnen läßt.

Da die zu interpolierende Funktion f nur in diskreten Punkten eingeht, geben wir von ihr auch nur diskrete Werte vor und betrachten die Aufgaben: Bei vorgegebenen Stützwerten $f_0, \ldots, f_n \in \mathbb{R}$ bestimme man den kubischen Spline $s_f \in S_3(\Delta_n)$ zur Zerlegung Δ_n, der den Interpolationsbedingungen $s_f(x_j) = f_j$ für $j = 0, \ldots, n$ und einer der drei folgenden Bedingungen genügt.

(H) $s_f'(a) = f_0'$ und $s_f'(b) = f_n'$ mit gegebenen $f_0', f_n' \in \mathbb{R}$.

(N) $s_f''(a) = s_f''(b) = 0$.

(P) $s_f'(a) = s_f'(b)$ und $s_f''(a) = s_f''(b)$, wobei hier $f_0 = f_n$ vorausgesetzt wird.

Der Trick bei der Berechnung eines durch die Bedingungen (H), (N) oder (P) eindeutig festgelegten interpolierenden kubischen Splines s_f besteht vor allem darin, daß man für die zweiten Ableitungen $M_j := s_f''(x_j)$, die sogenannten *Momente*, ein lineares Gleichungssystem aufstellt, dieses löst und den interpolierenden Spline s_f selbst mit Hilfe des folgenden einfachen Lemmas berechnet. Dieses fällt auf den ersten Blick sozusagen vom Himmel, man erhält die Aussage aber zwangsläufig, wenn man den Ansatz

$$s_f''|_{[x_j,x_{j+1}]}(x) := M_j + \frac{M_{j+1} - M_j}{x_{j+1} - x_j}(x - x_j)$$

macht und zweimal unter Berücksichtigung von $s_f(x_j) = f_j$ und $s_f(x_{j+1}) = f_{j+1}$ integriert. Der Beweis erfolgt durch einfaches Nachrechnen und bleibt dem Leser überlassen.

Lemma 3.5 *Sei* $\Delta_n : a = x_0 < x_1 < \cdots < x_{n-1} < x_n = b$ *eine Zerlegung des Intervalls* $[a, b]$ *und* $h_j := x_{j+1} - x_j$, $j = 0, \ldots, n-1$. *Mit gegebenen* $f_0, \ldots, f_n \in \mathbb{R}$ *und* $M_0, \ldots, M_n \in \mathbb{R}$ *sei* $s_f \colon [a, b] \longrightarrow$ *definiert durch*

$$s_f|_{[x_j,x_{j+1}]}(x) := \alpha_j + \beta_j(x - x_j) + \gamma_j(x - x_j)^2 + \delta_j(x - x_j)^3 \qquad (j = 0, \ldots, n-1)$$

mit

$$\alpha_j := f_j, \quad \beta_j := \frac{f_{j+1} - f_j}{h_j} - \frac{2M_j + M_{j+1}}{6} h_j, \quad \gamma_j := \frac{M_j}{2}, \quad \delta_j := \frac{M_{j+1} - M_j}{6h_j}$$

für $j = 0, \ldots, n-1$. *Dann ist* $s_f(x_j+) = s_f(x_j-) = f_j$ *und* $s_f''(x_j+) = s_f''(x_j-) = M_j$ *für* $j = 0, \ldots, n$. *(Für* $j = 0$ *bzw.* $j = n$ *ist hierbei natürlich* x_j- *durch* x_j+ *bzw.* x_j+ *durch* x_j- *zu ersetzen.)*

Die im obigen Lemma 3.5 konstruierte Funktion $s_f \colon [a, b] \longrightarrow \mathbb{R}$ ist offenbar ein Element von $S_3(\Delta_n)$ mit $s_f(x_j) = f_j$ für $j = 0, \ldots, n$, wenn die sogenannten *Momente* $M_0, \ldots, M_n$ so bestimmt werden, daß

$$s_f'(x_j-) = s_f'(x_j+) \qquad (j = 1, \ldots, n-1).$$

Das sind $n-1$ Gleichungen, zwei weitere erhält man durch die Zusatzbedingungen in (H), (N) bzw. (P). Unser Ziel wird es sein, das resultierende lineare Gleichungssystem für $M_0, \ldots, M_n$ aufzustellen.

Für $j = 1, \ldots, n-1$ ist mit den Bezeichnungen von Lemma 3.5

$$s'_f(x_j+) = \beta_j = \frac{f_{j+1} - f_j}{h_j} - \frac{2M_j + M_{j+1}}{6} h_j$$

und

$$\begin{aligned} s'_f(x_j-) &= \beta_{j-1} + 2\gamma_{j-1}h_{j-1} + 3\delta_{j-1}h_{j-1}^2 \\ &= \frac{f_j - f_{j+1}}{h_{j-1}} - \frac{2M_{j-1} + M_j}{6} h_{j-1} + 2\frac{M_{j-1}}{2} h_{j-1} + 3\frac{M_j - M_{j-1}}{6h_{j-1}} h_{j-1}^2 \\ &= \frac{f_j - f_{j-1}}{h_{j-1}} + \frac{h_{j-1}}{3} M_j + \frac{h_{j-1}}{6} M_{j-1}. \end{aligned}$$

Die Forderung, daß s'_f in den inneren Stützstellen $x_1, \ldots, x_{n-1}$ stetig ist, führt daher auf die Gleichungen

$$\frac{h_{j-1}}{6} M_{j-1} + \frac{h_{j-1} + h_j}{3} M_j + \frac{h_j}{6} M_{j+1} = \frac{f_{j+1} - f_j}{h_j} - \frac{f_j - f_{j-1}}{h_{j-1}} \qquad (j = 1, \ldots, n-1).$$

Eine Multiplikation dieser Gleichungen mit 6 liefert

$$h_{j-1}M_{j-1} + 2(h_{j-1} + h_j)M_j + h_jM_{j+1} = c_j \qquad (j = 1, \ldots, n-1)$$

mit

$$c_j := \frac{6}{h_j}(f_{j+1} - f_j) - \frac{6}{h_{j-1}}(f_j - f_{j-1}) \qquad (j = 1, \ldots, n-1).$$

Hierzu treten die durch (H), (N) bzw. (P) gegebenen weiteren Bedingungen.

Bei Hermite-Randbedingungen (H) ist die Ableitung des interpolierenden Splines an den Intervallenden vorgegeben:

$$\begin{aligned} s'_f(a) &= \frac{f_1 - f_0}{h_0} - \frac{2M_0 + M_1}{6} h_0 &&= f'_0 \\ s'_f(b) &= \frac{f_n - f_{n-1}}{h_{n-1}} + \frac{h_{n-1}}{3} M_n + \frac{h_{n-1}}{6} M_{n-1} &&= f'_n \end{aligned}$$

führt auf die beiden Gleichungen

$$\begin{aligned} 2h_0M_0 + h_0M_1 &= 6\left(\frac{f_1 - f_0}{h_0} - f'_0\right) &&=: c_0, \\ h_{n-1}M_{n-1} + 2h_{n-1}M_n &= 6\left(f'_n - \frac{f_n - f_{n-1}}{h_{n-1}}\right) &&=: c_n. \end{aligned}$$

Damit sind hier $M_0, M_1, \ldots, M_{n-1}, M_n$ zu bestimmen aus

$$\text{(H)} \qquad \begin{pmatrix} 2k_0 & h_0 & & & \\ h_0 & 2k_1 & \ddots & & \\ & \ddots & \ddots & \ddots & \\ & & \ddots & 2k_{n-1} & h_{n-1} \\ & & & h_{n-1} & 2k_n \end{pmatrix} \begin{pmatrix} M_0 \\ M_1 \\ \vdots \\ M_{n-1} \\ M_n \end{pmatrix} = \begin{pmatrix} c_0 \\ c_1 \\ \vdots \\ c_{n-1} \\ c_n \end{pmatrix}$$

mit

$$k_0 := h_0, \quad k_j := h_{j-1} + h_j \qquad (j = 1, \ldots, n-1), \quad k_n := h_{n-1}.$$

Bei natürlichen Randbedingungen (N) ist $s_f''(a) = 0 = M_0$ und $s_f''(b) = 0 = M_n$. Daher sind $M_1, \ldots, M_{n-1}$ zu bestimmen aus dem linearen Gleichungssystem

$$\text{(N)} \qquad \begin{pmatrix} 2k_1 & h_1 & & & \\ h_1 & 2k_2 & \ddots & & \\ & \ddots & \ddots & \ddots & \\ & & \ddots & 2k_{n-2} & h_{n-2} \\ & & & h_{n-2} & 2k_{n-1} \end{pmatrix} \begin{pmatrix} M_1 \\ M_2 \\ \vdots \\ M_{n-2} \\ M_{n-1} \end{pmatrix} = \begin{pmatrix} c_1 \\ c_2 \\ \vdots \\ c_{n-2} \\ c_{n-1} \end{pmatrix}$$

mit

$$k_j := h_{j-1} + h_j \qquad (j = 1, \ldots, n-1).$$

Bei periodischen Randbedingungen (P) wird $f_0 = f_n$ vorausgesetzt. Die beiden Zusatzbedingungen bestehen in $s_f'(a) = s_f'(b)$ und $s_f''(a) = s_f''(b)$. Wegen

$$\begin{aligned} s_f'(a) &= \frac{f_1 - f_0}{h_0} - \frac{2M_0 + M_1}{6} h_0, \\ s_f'(b) &= \frac{f_n - f_{n-1}}{h_{n-1}} + \frac{h_{n-1}}{3} M_n + \frac{h_{n-1}}{6} M_{n-1} \end{aligned}$$

ist $s_f'(a) = s_f'(b)$ äquivalent zu

$$\frac{h_0}{6} M_1 + \frac{h_{n-1}}{6} M_{n-1} + \frac{h_0}{3} M_0 + \frac{h_{n-1}}{3} M_n = \frac{f_1 - f_0}{h_0} - \frac{f_n - f_{n-1}}{h_{n-1}},$$

was wegen $f_0 = f_n$ und $s_f''(a) = M_0 = M_n = s_f''(b)$ nach Multiplikation mit 6 auf

$$h_0 M_1 + h_{n-1} M_{n-1} + 2(h_0 + h_{n-1}) M_n = c_n$$

mit

$$c_n := 6 \left(\frac{f_1 - f_n}{h_0} - \frac{f_n - f_{n-1}}{h_{n-1}} \right)$$

führt. Insgesamt sind $M_0 = M_n, M_1, \ldots, M_n$ zu bestimmen aus dem linearen Gleichungssystem

$$\text{(P)} \qquad \begin{pmatrix} 2k_1 & h_1 & & & h_0 \\ h_1 & 2k_2 & \ddots & & \\ & \ddots & \ddots & \ddots & \\ & & \ddots & 2k_{n-1} & h_{n-1} \\ h_0 & & & h_{n-1} & 2k_n \end{pmatrix} \begin{pmatrix} M_1 \\ M_2 \\ \vdots \\ M_{n-1} \\ M_n \end{pmatrix} = \begin{pmatrix} c_1 \\ c_2 \\ \vdots \\ c_{n-1} \\ c_n \end{pmatrix}$$

mit

$$k_j := h_{j-1} + h_j \qquad (j = 1, \ldots, n-1), \quad k_n := h_0 + h_{n-1}.$$

Jede der Aufgaben (H), (N) oder (P) führt also auf ein lineares Gleichungssystem $AM = c$, wobei die auftretende Koeffizientenmatrix A einige angenehme Eigenschaften besitzt. In jedem Fall ist A symmetrisch und nichtnegativ, die Diagonalelemente von A sogar positiv. Ferner erfüllt A offenbar das starke Zeilensummenkriterium (Definition 4.2 in Abschnitt 2.4). Daher ist A sogar positiv definit und damit nichtsingulär, wie das folgende einfache Lemma zeigt.

Lemma 3.6 *Sei $A = (a_{ij}) \in \mathbb{R}^{n \times n}$ symmetrisch. Die Diagonalelemente von A seien positiv und das starke Zeilensummenkriterium sei erfüllt, d. h. es gelte*

$$\sum_{\substack{j=1\\j\neq i}}^{n} |a_{ij}| < a_{ii} \qquad (i = 1, \ldots, n).$$

Dann ist A positiv definit. Genauer gilt: Ist λ ein Eigenwert von A, so ist

$$\min_{i=1,\ldots,n} \Big(a_{ii} - \sum_{\substack{j=1\\j\neq i}}^{n} |a_{ij}|\Big) \leq \lambda \leq \max_{i=1,\ldots,n} \Big(a_{ii} + \sum_{\substack{j=1\\j\neq i}}^{n} |a_{ij}|\Big).$$

Beweis: Sei $\lambda \in \mathbb{R}$ ein Eigenwert von A und $x = (x_j) \neq 0$ ein zugehöriger Eigenvektor, der durch $\|x\|_\infty = 1$ normiert sei. Nun wähle man $i \in \{1, \ldots, n\}$ mit $|x_i| = 1$. Aus

$$\sum_{j=1}^{n} a_{ij}x_j = \sum_{\substack{j=1\\j\neq i}}^{n} a_{ij}x_j + a_{ii}x_i = \lambda x_i$$

erhält man

$$|\lambda - a_{ii}| \underbrace{|x_i|}_{=1} = \Big|\sum_{\substack{j=1\\j\neq i}}^{n} a_{ij}x_j\Big| \leq \sum_{\substack{j=1\\j\neq i}}^{n} |a_{ij}| \underbrace{|x_j|}_{\leq 1} \leq \sum_{\substack{j=1\\j\neq i}}^{n} |a_{ij}|.$$

Insbesondere ist

$$0 < a_{ii} - \sum_{\substack{j=1\\j\neq i}}^{n} |a_{ij}| \leq \lambda \leq a_{ii} + \sum_{\substack{j=1\\j\neq i}}^{n} |a_{ij}|.$$

Jeder Eigenwert von A ist also positiv und daher A positiv definit. Ferner folgt der Zusatz über die Lage der Eigenwerte von A. □

Für (H) und (N) ist die Koeffizientenmatrix A eine Tridiagonalmatrix, die den Voraussetzungen von Satz 3.5 in Abschnitt 1.3 genügt. Insbesondere kann die LR-Zerlegung von A mit einem zu n proportionalen Aufwand sehr effizient berechnet werden. Die eindeutig existierende Lösung des entsprechenden linearen Gleichungssystemes $AM = c$ erhält man durch Vorwärts- und Rückwärtseinsetzen.

Für periodische Randbedingungen (P) ist die Koeffizientenmatrix $A \in \mathbb{R}^{n \times n}$ des linearen Gleichungssystems $AM = c$ eine (symmetrische und positiv definite) zyklische Tridiagonalmatrix. In der Aufgabe 4 im Abschnitt 1.4 hatten wir ein Verfahren zur Berechnung der Cholesky-Zerlegung positiv definiter, zyklischer Tridiagonalmatrizen angegeben. Hiermit ist eine einfache Berechnung interpolierender kubischer Splines mit periodischen Randbedingungen möglich.

Die Berechnung des durch die Zusatzbedingungen (H), (N) oder (P) festgelegten interpolierenden kubischen Splines $s_f \in S_3(\Delta_n)$ erfolgt also in zwei Schritten.

1. Die sogenannten Momente $M_j = s_f''(x_j)$ werden durch Lösen eines linearen Gleichungssystems $AM = c$ berechnet. Hierbei ist A eine symmetrische und positiv definite, nichtnegative und diagonal dominante Tridiagonalmatrix (für (H) und (N)) bzw. zyklische Tridiagonalmatrix (für (P)). Zur effizienten Lösung des Gleichungssystems ist daher die Anwendung von Varianten des Gaußschen Eliminationsverfahrens bzw. des Cholesky-Verfahrens möglich.

2. Nach der Berechnung der Momente erhält man den interpolierenden kubischen Spline aus Lemma 3.5. Die Auswertung von $s_f(x)$ für ein $x \in [x_j, x_{j+1}]$ erfolgt mit Hilfe des Horner-Schemas:

$$s_f(x) = \{[\delta_j(x - x_j) + \gamma_j](x - x_j) + \beta_j\}(x - x_j) + \alpha_j.$$

Beispiel: In der folgenden Abbildung 3.2 findet man zu den Stützstellen und Stützwerten aus Abbildung 3.1 den zugehörigen kubischen Spline mit natürlichen Randbedingungen. Dieser wird versuchen, sich wie ein in den Punkten (x_j, f_j) festgehaltener

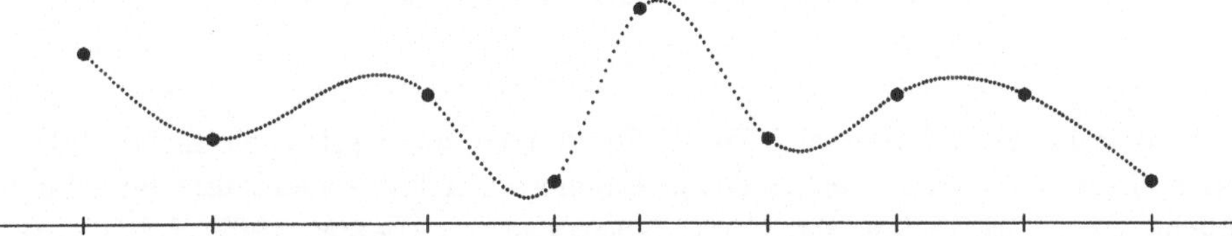

Abbildung 3.2: Interpolierender kubischer Spline mit natürlichen Randbedingungen

„Strak" zu verhalten. □

Bemerkung 3.7 Wir sahen, daß die Momente M_j im wesentlichen (bis auf die Randbedingungen) den Gleichungen

$$h_{j-1}M_{j-1} + 2(h_{j-1} + h_j)M_j + h_jM_{j+1} = c_j \qquad (j = 1, \ldots, n-1)$$

genügen. In der Literatur werden diese Gleichungen häufig noch mit $1/(h_{j-1} + h_j)$ multipliziert (siehe z. B. J. Stoer (1989, S. 88ff.)), entsprechend wird für die Gleichungen, die von den Randbedingungen kommen, vorgegangen. Etwa bei Hermite-Randbedingungen führt dies auf eine Koeffizientenmatrix

$$\hat{A} := \begin{pmatrix} 2 & \lambda_0 & & & \\ \mu_1 & 2 & \ddots & & \\ & \ddots & \ddots & \ddots & \\ & & \ddots & 2 & \lambda_{n-1} \\ & & & \mu_n & 2 \end{pmatrix}$$

mit

$$\lambda_0 := 1, \quad \lambda_j := \frac{h_j}{h_{j-1} + h_j}, \quad \mu_j := 1 - \lambda_j \quad (j = 1, \ldots, n-1), \quad \mu_n := 1.$$

In diesem Falle (und entsprechendes gilt auch für die Aufgaben (N) und (P)) ist $\hat{A} = 2I + \hat{B}$ mit $\|\hat{B}\|_\infty \le 1$. Für beliebiges x ist daher

$$\|\hat{A}x\|_\infty \ge (2 - \|\hat{B}\|_\infty)\,\|x\|_\infty \ge \|x\|_\infty,$$

woraus erneut die Nichtsingularität von $\hat{A}$ sowie $\|\hat{A}^{-1}\|_\infty \le 1$ folgt. Da ferner $\|\hat{A}\|_\infty \le 3$, ist $\mathrm{cond}_\infty(\hat{A}) \le 3$. Ein *Vorteil* des Übergangs von A zu $\hat{A}$ besteht also darin, daß $\hat{A}$ vorzüglich konditioniert ist. Andererseits ist die (symmetrische und positiv definite) Matrix A bei nicht zu großen Schwankungen zwischen den einzelnen Maschenweiten h_j ebenfalls sehr gut konditioniert. Ist z. B. die Aufgabe mit Hermite-Randbedingungen gegeben, so folgt aus Lemma 3.6 sofort

$$\mathrm{cond}_2(A) \le 3\,\frac{\max(h_0 + h_1, \ldots, h_{n-2} + h_{n-1})}{\min(h_0, h_1 + h_2, \ldots, h_{n-3} + h_{n-2}, h_{n-1})}.$$

Bei einer äquidistanten Zerlegung ist daher $\mathrm{cond}_2(A) \le 6$. □

Lediglich bemerkt sei, daß man auch für die Steigungen $m_j := s_f'(x_j)$ ein lineares Gleichungssystem aufstellen und hiermit den interpolierenden kubischen Spline berechnen kann (siehe z. B. J. H. Ahlberg, E. N. Nilson, J. L. Walsh (1967, S. 12ff.), G. Nürnberger (1989, S. 124), G. Meinardus, G. Merz (1979, S. 146ff.) und die Aufgaben 7, 8). Schließlich sei noch auf den Unterabschnitt 3.3.5 hingewiesen, in dem u. a. die Berechnung interpolierender Splines mit Hilfe sogenannter B-Splines untersucht wird.

3.3.4 Fehlerabschätzungen für interpolierende Splines

Sei wieder

$$\Delta_n: \quad a = x_0 < x_1 < \cdots < x_{n-1} < x_n = b$$

eine Zerlegung des Intervalls $[a,b]$ und $f\colon [a,b] \longrightarrow \mathbb{R}$ eine gegebene, hinreichend glatte Funktion. Wir betrachten die Aufgaben

(H) Interpolation mit Hermite-Randbedingungen.

Zu bestimmen ist ein f interpolierender Spline $s_f \in S_{2r+1}(\Delta_n)$ mit

$$s_f^{(i)}(a) = f^{(i)}(a), \quad s_f^{(i)}(b) = f^{(i)}(b) \qquad (i = 1, \ldots, r).$$

(N) Interpolation mit natürlichen Randbedingungen.

Zu bestimmen ist ein f interpolierender Spline $s_f \in S_{2r+1}(\Delta_n)$ mit

$$s_f^{(i)}(a) = 0, \quad s_f^{(i)}(b) = 0 \qquad (i = r+1, \ldots, 2r).$$

(P) Interpolation mit periodischen Randbedingungen.

Zu bestimmen ist ein f interpolierender Spline $s_f \in S_{2r+1}(\Delta_n)$ mit

$$s_f^{(i)}(a) = s_f^{(i)}(b) \qquad (i = 1, \dots, 2r).$$

Grundsätzlich werde im folgenden vorausgesetzt, daß $n \geq r$. Nach Satz 3.4 besitzen die Aufgaben (H), (N) und (P) jeweils eine eindeutige Lösung $s_f \in S_{2r+1}(\Delta_n)$. Unser Ziel ist es, den Fehler $f - s_f$ abzuschätzen und insbesondere hinreichende Bedingungen dafür anzugeben, daß dieser klein ist, wenn die Feinheit von Δ_n bzw. die maximale Maschenweite $h := \max_{j=0,\dots,n-1}(x_{j+1} - x_j)$ klein ist. Wir werden zunächst ein allgemeines Ergebnis (siehe J. H. Ahlberg, E. N. Nilson, J. L. Walsh (1967, S. 166), aber z. B. auch B. Brosowski, E. Kress (1976, S. 249) und G. Hämmerlin, K.-H. Hoffmann (1991, S. 279)) formulieren und beweisen und danach den Fall interpolierender kubischer Splines mit Hermite-Randbedingungen etwas genauer betrachten.

Auf $C[a, b]$, dem linearen Raum der auf dem kompakten Intervall $[a, b]$ stetigen, reellwertigen Funktionen, seien wieder die Normen

$$\|g\|_2 := \left(\int_a^b g^2(x)\,dx\right)^{1/2}, \qquad \|g\|_\infty := \max_{x\in[a,b]} |g(x)|$$

gegeben.

Satz 3.8 *Sei* $f \in C^{r+1}[a, b]$ *und* $s_f \in S_{2r+1}(\Delta_n)$ *die eindeutige Lösung von* (H), (N) *bzw.* (P). *Mit* $h := \max_{j=0,\dots,n-1}(x_{j+1} - x_j)$ *ist dann*

$$\|f^{(i)} - s_f^{(i)}\|_\infty \leq \frac{(r+1)!}{\sqrt{r+1}\,i!}\, h^{r+1/2-i}\, \|f^{(r+1)}\|_2 \qquad (i = 0, \dots, r).$$

Beweis: Der Fehler $f - s_f$ besitzt die $n + 1$ Nullstellen x_j. Der maximale Abstand aufeinanderfolgender Nullstellen von $f - s_f$ ist höchstens h. Wegen des Satzes von Rolle besitzt $(f - s_f)'$ in jedem der Intervalle (x_j, x_{j+1}) mindestens eine Nullstelle, insgesamt also mindesten n Nullstellen. Der maximale Abstand aufeinanderfolgender Nullstellen von $(f - s_f)'$ ist höchstens $2h$. In dieser Weise kann man weiterschließen und erhält, daß $(f - s_f)^{(i)}$ für $i = 0, \dots, r$ mindestens $n + 1 - i$ Nullstellen in $[a, b]$ besitzt, wobei der maximale Abstand aufeinanderfolgen Nullstellen höchstens $(i+1)h$ ist. Bei vorgebenen $t \in [a, b]$ und $i \in \{0, \dots, r\}$ gibt es daher ein

$$t_i \in [t - (i+1)\,h, t + (i+1)\,h] \cap [a, b]$$

mit $(f - s_f)^{(i)}(t_i) = 0$. Dann ist

$$|(f - s_f)^{(i)}(t)| = \left|\int_{t_i}^t (f - s_f)^{(i+1)}(x)\,dx\right| \leq (i+1)\,h\,\|(f - s_f)^{(i+1)}\|_\infty$$

und damit

$$(*) \qquad \|(f - s_f)^{(i)}\|_\infty \leq (i+1)\,h\,\|(f - s_f)^{(i+1)}\|_\infty \qquad (i = 0, \dots, r-1).$$

Zur Abschätzung von $\|(f-s_f)^{(r)}\|_\infty$ gehen wir ein klein wenig anders vor. Zu vorgegebenem $t \in [a,b]$ gibt es (nach obiger Argumentation) ein

$$t_r \in [t-(r+1)\,h, t+(r+1)\,h] \cap [a,b]$$

mit $(f-s_f)^{(r)}(t_r) = 0$. Mit Hilfe der Cauchy-Schwarzschen Ungleichung folgt dann

$$|(f-s_f)^{(r)}(t)| = \left|\int_{t_r}^{t} (f-s_f)^{(r+1)}(x)\,dx\right| \le \sqrt{(r+1)\,h}\,\|(f-s_f)^{(r+1)}\|_2$$

und damit

$$(**) \qquad \|(f-s_f)^{(r)}\|_\infty \le \sqrt{(r+1)\,h}\,\|(f-s_f)^{(r+1)}\|_2.$$

„Aufspulen“ von $(*)$, Anwendung von $(**)$ und der Extremaleigenschaft

$$\|(f-s_f)^{(r+1)}\|_2^2 = \|f^{(r+1)}\|_2^2 - \|s_f^{(r+1)}\|_2^2 \le \|f^{(r+1)}\|_2^2$$

aus Satz 3.4 liefern schließlich

$$\begin{aligned}
\|f^{(i)} - s_f^{(i)}\|_\infty &\le (i+1)\cdots r\,h^{r-i}\,\|f^{(r)} - s_f^{(r)}\|_\infty \\
&\le (i+1)\cdots r\,h^{r-i}\,\sqrt{r+1}\,h^{1/2}\,\|f^{(r+1)} - s_f^{(r+1)}\|_2 \\
&\le (i+1)\cdots r\,h^{r-i}\,\sqrt{r+1}\,h^{1/2}\,\|f^{(r+1)}\|_2 \\
&= \frac{(r+1)!}{\sqrt{r+1}\,i!}\,h^{r+1/2-i}\,\|f^{(r+1)}\|_2 \qquad (i = 0,\ldots,r).
\end{aligned}$$

Damit ist der Satz bewiesen. □

Bemerkung: Aus Satz 3.8 folgt unmittelbar eine Konvergenzaussage für die Folge interpolierender Splines, die man aus einer Folge von Zerlegungen mit gegen Null gehender Feinheit bzw. maximaler Maschenweite erhält. Und zwar erhält man gleichmäßige Konvergenz aller Ableitungen bis zur Ordnung r. Diese Aussage ist so offensichtlich, daß wir sie nicht extra als Satz formulieren. □

Als zweiten Satz in diesem Unterabschnitt formulieren und beweisen wir ein Ergebnis von C. DE BOOR (1978, S. 68) (siehe z. B. auch G. HÄMMERLIN, K.-H. HOFFMANN (1991, S. 278)) zur Fehlerabschätzung eines interpolierenden kubischen Splines mit Hermite-Randbedingungen. Die Abschätzung aus Satz 3.8 wird in diesem speziellen Fall wesentlich verbessert.

Satz 3.9 *Sei $\Delta_n : a = x_0 < x_1 < \cdots < x_{n-1} < x_n = b$ eine Zerlegung des Intervalls $[a,b]$, sei $h_j := x_{j+1} - x_j$, $j = 0,\ldots,n-1$, und $h := \max_{j=0,\ldots,n-1} h_j$. Bei vorgegebenem $f \in C^4[a,b]$ (für die ersten drei Aussagen genügt $f \in C^2[a,b]$) sei $s_f \in S_3(\Delta_n)$ der die Funktion f interpolierende kubische Spline, der den Hermite-Randbedingungen $s_f'(a) = f'(a)$, $s_f'(b) = f'(b)$ genügt. Entsprechend sei $s^f \in S_1(\Delta_n)$ der die Funktion f interpolierende lineare Spline. Dann gilt:*

1. $\|f - s^f\|_\infty \le \frac{1}{8}\,h^2\,\|f''\|_\infty$.

2. $\|s_f''\|_\infty \le 3\,\|f''\|_\infty$.
3. $\|f'' - s_f''\|_\infty \le 4\,\|f'' - s\|_\infty$ *für alle* $s \in S_1(\Delta_n)$.
4. $\|f'' - s_f''\|_\infty \le \frac{1}{2}\,h^2\,\|f^{(4)}\|_\infty$.
5. $\|f' - s_f'\|_\infty \le \frac{1}{2}\,h^3\,\|f^{(4)}\|_\infty$.
6. $\|f - s_f\|_\infty \le \frac{1}{16}\,h^4\,\|f^{(4)}\|_\infty$.

Beweis: Die erste Aussage haben wir schon in der Einführung bewiesen. Sie folgt unmittelbar aus der Restglieddarstellung bei linearer Interpolation.

Zum Beweis der zweiten Aussage erinnern wir daran, wie die Momente der kubischen Spline-Interpolierenden s_f bei Hermite-Randbedingungen berechnet werden. Hier ist es zweckmäßig, das lineare Gleichungsssystem zur Bestimmung der Momente $M_j := s_f''(x_j)$ in der Form

$$\begin{pmatrix} 2 & \lambda_0 & & & \\ \mu_1 & 2 & \ddots & & \\ & \ddots & \ddots & \ddots & \\ & & \ddots & 2 & \lambda_{n-1} \\ & & & \mu_n & 2 \end{pmatrix} \begin{pmatrix} M_0 \\ M_1 \\ \vdots \\ M_{n-1} \\ M_n \end{pmatrix} = \begin{pmatrix} d_0 \\ d_1 \\ \vdots \\ d_{n-1} \\ d_n \end{pmatrix} \quad \text{bzw.} \quad \hat{A}M = d$$

zu schreiben, wobei die Koeffizienten von $\hat{A}$ durch

$$\lambda_0 := 1, \quad \lambda_j := \frac{h_j}{h_{j-1} + h_j}, \quad \mu_j := 1 - \lambda_j \quad (j = 1, \dots, n-1), \quad \mu_n := 1,$$

und die Komponenten der rechten Seite d durch

$$d_0 := \frac{6}{h_0}\left(\frac{f(a+h_0) - f(a)}{h_0} - f'(a)\right), \quad d_n := \frac{6}{h_{n-1}}\left(f'(b) - \frac{f(b) - f(b-h_{n-1})}{h_{n-1}}\right)$$

sowie

$$d_j := \frac{6}{h_{j-1} + h_j}\left(\frac{f(x_j + h_j) - f(x_j)}{h_j} - \frac{f(x_j) - f(x_j - h_{j-1})}{h_{j-1}}\right) \qquad (j = 1, \dots, n-1)$$

gegeben sind (siehe Bemerkung 3.7). Eine Taylor-Entwicklung liefert leicht die Existenz von $\xi_j \in [a, b]$ mit $d_j = 3f''(\xi_j)$ für $j = 0, \dots, n$. Wegen $\|\hat{A}^{-1}\|_\infty \le 1$ (siehe Bemerkung 3.7) folgt

$$\|M\|_\infty = \max_{j=0,\dots,n} |M_j| = \max_{j=0,\dots,n} |s_f''(x_j)| \le 3\,\|f''\|_\infty.$$

Da $s_f'' \in S_1(\Delta_n)$ folgt daraus, wie behauptet, $\|s_f''\|_\infty = \max_{j=0,\dots,n} |s_f''(x_j)| \le 3\,\|f''\|_\infty$.

Die dritte Aussage wird mit einem hübschen Trick bewiesen (siehe C. DE BOOR (1978, S. 68)). Zu dem linearen Spline $s \in S_1(\Delta_n)$ definiere man $u\colon [a, b] \longrightarrow \mathbb{R}$ durch

$$u(x) := \int_a^x (x - t)s(t)\,dt.$$

Dann ist $u'' = s$ und daher $u \in S_3(\Delta_n)$. Natürlich ist $s_u = u$ und $s_{f-u} = s_f - s_u$. Hiermit ergibt sich durch Anwendung des gerade bewiesenen Teiles des Satzes

$$\|f''-s_f''\|_\infty = \|(f-u)''-s_{f-u}''\|_\infty \le \|(f-u)''\|_\infty + \|s_{f-u}''\|_\infty \le 4\,\|f''-u''\|_\infty = 4\,\|f''-s\|_\infty$$

und damit auch der Beweis der dritten Behauptung.

Setzt man in $\|f'' - s_f''\|_\infty \le 4\,\|f'' - s\|_\infty$ für s den f'' interpolierenden linearen Spline $s^{f''}$ ein, berücksichtigt man ferner den ersten Teil des Satzes, so erhält man die vierte Behauptung.

Wegen $(f - s_f)(x_j) = 0$, $j = 0, \ldots, n$, und des Satzes von Rolle existieren $\xi_j \in (x_j, x_{j+1})$ mit $(f - s_f)'(\xi_j) = 0$, $j = 0, \ldots, n-1$. Nach Definition der maximalen Schrittweite h gibt es ferner zu jedem $x \in [a,b]$ ein $\xi_j = \xi_j(x)$ mit $|\xi_j(x) - x| \le h$. Für $x \in [a,b]$ erhält man daher mit dem vierten Teil des Satzes

$$|f'(x) - s_f'(x)| = \left| \int_{\xi_j(x)}^{x} [f''(t) - s_f''(t)]\, dt \right| \le h\,\|f'' - s_f''\|_\infty \le \frac{h^3}{2}\,\|f^{(4)}\|_\infty$$

und hieraus den fünften Teil des Satzes.

Wegen $(f - s_f)(x_j) = 0$, $j = 0, \ldots, n-1$, verschwindet der $f - s_f$ interpolierende lineare Spline natürlich identisch. Aus dem ersten und dem vierten Teil des Satzes erhält man daher mit

$$\|f - s_f\|_\infty \le \frac{h^2}{8}\,\|(f - s_f)''\|_\infty \le \frac{h^4}{16}\,\|f^{(4)}\|_\infty$$

auch den Beweis des letzten Teils des Satzes. □

Insbesondere folgt aus Satz 3.9 für $f \in C^4[a,b]$ eine Konvergenzaussage für die Folge kubischer Spline-Interpolierender mit Hermite-Randbedingungen zu einer Zerlegungsfolge, deren maximale Maschenweite gegen Null geht. Und zwar ergibt sich für die interpolierenden Splines sowie deren erste und zweite Ableitungen gleichmäßige Konvergenz gegen die interpolierte Funktion f bzw. deren erste bzw. zweite Ableitung. Auch die gleichmäßige Konvergenz der dritten Ableitungen kann bewiesen werden, wenn zusätzlich der Quotient aus maximaler und minimaler Maschenweite beschränkt ist, was z. B. trivialerweise bei äquidistanten Zerlegungen der Fall ist (siehe z. B. J. STOER (1989, S. 91 ff.)).

3.3.5 B-Splines

Ein Ziel[3] bei der Einführung sogenannter **B**-Splines besteht darin, in einem linearen Raum von Splines, z. B. dem Raum $S_m(\Delta_n)$ der Splines vom Grade m zu einer Zerlegung Δ_n des Intervalls $[a,b]$ (siehe Definition 3.1), **B**asiselemente mit einem möglichst kleinen Träger zu finden. Unter dem *Träger* einer Funktion $f\colon \mathbb{R} \longrightarrow \mathbb{R}$ versteht man hierbei den Abschluß der Menge derjenigen Punkte $x \in \mathbb{R}$, für die $f(x) \neq 0$. Außerhalb des Trägers von f verschwindet f also. Der Vorteil einer solchen Basis besteht

[3]Bei C. de Boor (1978, S. 109) wird als Ziel, dem wir uns anschließen, formuliert: "In this chapter and the next two, we will record various properties of the B-spline, in hopes of making it thereby as familiar and real an object for the reader as, say, the sine function."

darin, daß die Bestimmung eines Splines, der gewissen Interpolationsbedingungen genügt, auf ein lineares Gleichungssystem mit *Bandstruktur* führen wird, was eine effiziente Lösung ermöglicht.

Beispiel: Als Beispiel betrachten wir den Raum $S_1(\Delta_n)$ linearer Splines zu einer Zerlegung $\Delta_n : a = x_0 < x_1 < \cdots < x_{n-1} < x_n = b$ des Intervalls $[a, b]$. Eine Spezialisierung von Satz 3.2 zeigt, daß $\dim S_1(\Delta_n) = n + 1$ und daß sich jeder lineare Spline $s \in S_1(\Delta_n)$ in eindeutiger Weise darstellen läßt als

$$s(x) = s(x_0) + s'(x_0)(x - x_0) + \sum_{i=1}^{n-1} [s'(x_i+) - s'(x_i-)](x - x_i)_+^1.$$

Hierbei ist allgemeiner die „abgeschnittene Potenz" $(\cdot - x_i)_+^j$ durch

$$(x - x_i)_+^j := \begin{cases} (x - x_i)^j & \text{für } x \geq x_i, \\ 0 & \text{für } x < x_i \end{cases}$$

definiert. Eine weitere Basis zu $S_1(\Delta_n)$ ist naheliegenderweise durch sogenannte „Hutfunktionen" gegeben. In Abbildung 3.3 werden diese skizziert. Die i-te Hutfunktion

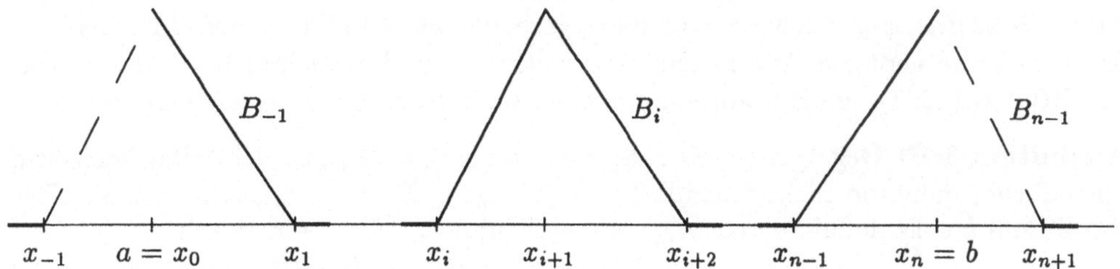

Abbildung 3.3: Die „Hutfunktionen" als Basis von $S_1(\Delta_n)$

B_i ist für $i = 0, \ldots, n-2$ gegeben durch

$$B_i(x) := \begin{cases} \dfrac{x - x_i}{x_{i+1} - x_i} & \text{für } x \in [x_i, x_{i+1}), \\ \dfrac{x_{i+2} - x}{x_{i+2} - x_{i+1}} & \text{für } x \in [x_{i+1}, x_{i+2}), \\ 0 & \text{sonst.} \end{cases}$$

Die erste und die letzte Basisfunktion spielen eine besondere Rolle. So könnte man z. B. B_{-1} durch

$$B_{-1}(x) := \begin{cases} \dfrac{x_1 - x}{x_1 - x_0} & \text{für } x \in [x_0, x_1), \\ 0 & \text{sonst} \end{cases}$$

definieren, entsprechendes würde für B_{n-1} gelten. Da die Basisfunktionen aber sowieso auf das Intervall $[a, b]$ restringiert werden, kann die Sonderrolle von B_{-1} und

B_{n-1} dadurch aufgehoben werden, daß zwei weitere Knoten $x_{-1} \le x_0$ und $x_{n+1} \ge x_n$ beliebig gewählt und auch B_{-1} und B_{n-1} als „Hutfunktionen" über dem Intervall $[x_{-1}, x_1]$ bzw. $[x_{n-1}, x_{n+1}]$ definiert werden. Dann ist

$$S_1(\Delta_n) = \operatorname{span}_{[a,b]}\{B_{-1}, \dots, B_{n-1}\},$$

wobei diese Schreibweise andeuten soll, daß die Basisfunktionen und ihre Linearkombinationen auf das Intervall $[a, b]$ zu restringieren sind. Jeder lineare Spline $s \in S_1(\Delta_n)$ läßt sich in eindeutiger Weise darstellen als

$$s(x) = \sum_{i=-1}^{n-1} s(x_{i+1}) B_i(x), \qquad x \in [a, b],$$

eine offenbar wesentlich natürlichere Darstellung als die mit Hilfe „abgeschnittener Potenzen", die oben angegeben wurde. Das Ziel wird u. a. darin bestehen, eine entsprechende Aussage auch für den Raum $S_m(\Delta_n)$ der Splines vom Grad m zur Zerlegung Δ_n zu erhalten. □

Wir kommen nun zur Definition der B-Splines. Diese werden gewöhnlich mit Hilfe dividierter Differenzen definiert (siehe z. B. C. DE BOOR (1978, S. 108 ff.), L. L. SCHUMAKER (1981, S. 118 ff.), C. DE BOOR (1990, S. 49 ff.), aber auch J. STOER (1989, S. 95 ff.)), anschließend wird dann gezeigt, daß B-Splines einer einfachen Rekursionsformel genügen. Wir folgen im wesentlichen der Darstellung bei C. DE BOOR, K. HÖLLIG (1987), die B-Splines durch eben diese Rekursionsformel definieren.

Definition 3.10 Gegeben sei eine *Knotenfolge* $T := \{t_i\}_{i\in\mathbb{Z}}$, d. h. eine beidseitig unendliche, monoton nicht fallende Folge $\{t_i\}_{i\in\mathbb{Z}} \subset \mathbb{R}$ mit $\lim_{i\to\pm\infty} t_i = \pm\infty$. Für $i \in \mathbb{Z}$ und $k \in \mathbb{N}$ definiere man $B_{i,1}\colon \mathbb{R} \longrightarrow \mathbb{R}$ und $\omega_{i,k}\colon \mathbb{R} \longrightarrow \mathbb{R}$ durch

$$B_{i,1}(x) := \begin{cases} 1 & \text{falls} \quad t_i \le x < t_{i+1}, \\ 0 & \text{sonst}, \end{cases}$$

$$\omega_{i,k}(x) := \begin{cases} \dfrac{x - t_i}{t_{i+k-1} - t_i} & \text{falls} \quad t_i < t_{i+k-1}, \\ 0 & \text{sonst}. \end{cases}$$

Dann heißen die durch

$$B_{i,k} := \omega_{i,k} B_{i,k-1} + (1 - \omega_{i+1,k}) B_{i+1,k-1}$$

rekursiv für $i \in \mathbb{Z}$ und $k \in \mathbb{N}$ definierten Funktionen $B_{i,k}\colon \mathbb{R} \longrightarrow \mathbb{R}$ *(normalisierte) B-Splines der Ordnung k zur Knotenfolge $T = \{t_i\}_{i\in\mathbb{Z}}$.*

Beispiel: Sei $T = \{t_i\}_{i\in\mathbb{Z}}$ eine Knotenfolge. Für ein gewisses festes $i \in \mathbb{Z}$ sei $t_i < t_{i+1} < t_{i+2}$. In Abbildung 3.4 sind die beiden B-Splines $B_{i,1}$ und $B_{i+1,1}$ erster Ordnung angegeben.

Wegen $t_i < t_{i+1}$ und $t_{i+1} < t_{i+2}$ ist

$$B_{i,2}(x) = \frac{x - t_i}{t_{i+1} - t_i} B_{i,1}(x) + \left(1 - \frac{x - t_{i+1}}{t_{i+2} - t_{i+1}}\right) B_{i+1,1}(x)$$

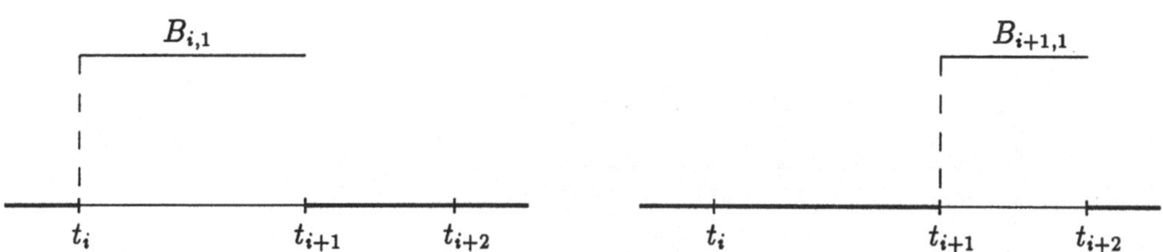

Abbildung 3.4: Die B-Splines erster Ordnung $B_{i,1}$ und $B_{i+1,1}$ für $t_i < t_{i+1} < t_{i+2}$

und daher

$$B_{i,2}(x) = \begin{cases} \dfrac{x - t_i}{t_{i+1} - t_i} & \text{für} \quad x \in [t_i, t_{i+1}), \\ \dfrac{t_{i+2} - x}{t_{i+2} - t_{i+1}} & \text{für} \quad x \in [t_{i+1}, t_{i+2}), \\ 0 & \text{sonst.} \end{cases}$$

In Abbildung 3.5 ist der B-Spline zweiter Ordnung $B_{i,2}$ skizziert. Wir erkennen in ihm die „Hutfunktion" zum Intervall $[t_i, t_{i+2}]$ wieder. Durch Kombination der bei-

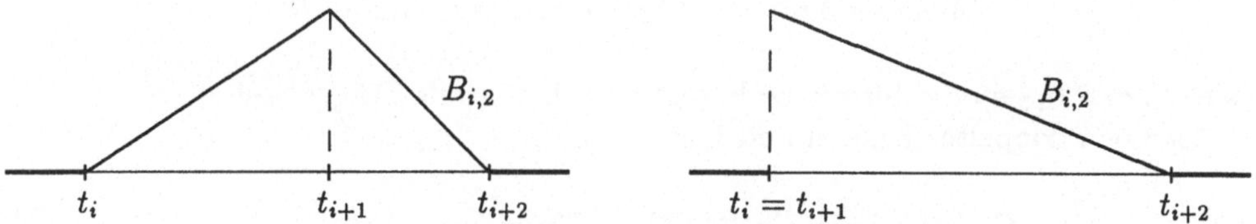

Abbildung 3.5: Der B-Spline zweiter Ordnung $B_{i,2}$

den stückweise konstanten B-Splines erster Ordnung $B_{i,1}$, $B_{i+1,1}$ mit Trägern $[t_i, t_{i+1}]$ bzw. $[t_{i+1}, t_{i+2}]$ hat man also den (wie durch ein Wunder) stetigen B-Spline zweiter Ordnung $B_{i,2}$ mit dem Träger $[t_i, t_{i+2}]$ erhalten. Ist $t_i = t_{i+1} < t_{i+2}$, so ist

$$B_{i,2}(x) = \left(1 - \frac{x - t_i}{t_{i+2} - t_i}\right) B_{i+1,1}(x) = \begin{cases} \dfrac{t_{i+2} - x}{t_{i+2} - t_i} & \text{für} \quad x \in [t_i, t_{i+2}), \\ 0 & \text{sonst.} \end{cases}$$

In dem doppelten Knoten $t_i = t_{i+1}$ ist $B_{i,2}$ nicht stetig, wohl aber in t_{i+2}. In diesem Falle erhält man das rechte Bild in Abbildung 3.5.

Nun wollen wir das Spiel noch etwas weiter treiben, $t_i < t_{i+1} < t_{i+2} < t_{i+3}$ annehmen und den B-Spline dritter Ordnung $B_{i,3}$ berechnen. Nach Definition ist

$$B_{i,3}(x) = \frac{x - t_i}{t_{i+2} - t_i} B_{i,2}(x) + \left(1 - \frac{x - t_{i+1}}{t_{i+3} - t_{i+1}}\right) B_{i+1,2}(x)$$

und daher

$$B_{i,3}(x) = \begin{cases} \dfrac{(x-t_i)^2}{(t_{i+2}-t_i)(t_{i+1}-t_i)} & \text{für } x \in [t_i, t_{i+1}), \\ \dfrac{(x-t_i)(t_{i+2}-x)}{(t_{i+2}-t_i)(t_{i+2}-t_{i+1})} + \dfrac{(t_{i+3}-x)(x-t_{i+1})}{(t_{i+3}-t_{i+1})(t_{i+2}-t_{i+1})} & \text{für } x \in [t_{i+1}, t_{i+2}), \\ \dfrac{(t_{i+3}-x)^2}{(t_{i+3}-t_{i+1})(t_{i+3}-t_{i+2})} & \text{für } x \in [t_{i+2}, t_{i+3}), \\ 0 & \text{sonst.} \end{cases}$$

In Abbildung 3.6 veranschaulichen wir uns den B-Spline dritter Ordnung $B_{i,3}$. Man

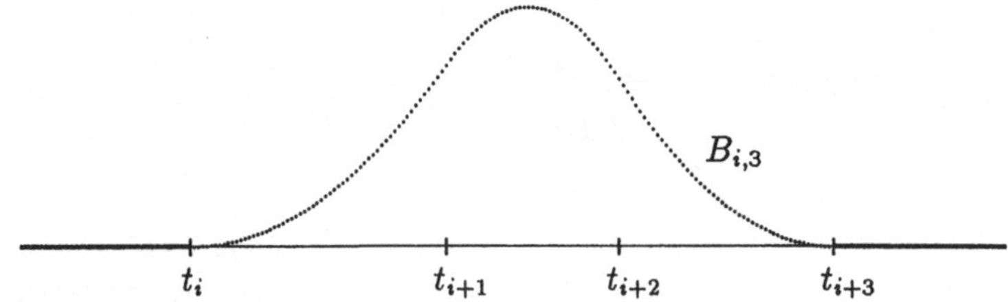

Abbildung 3.6: Der B-Spline dritter Ordnung $B_{i,3}$

„sieht“, daß $B_{i,3}$ stetig differenzierbar ist und $[t_i, t_{i+3}]$ als Träger besitzt.

Ist t_i ein doppelter Knoten und $t_i = t_{i+1} < t_{i+2} < t_{i+3}$, so ist

$$B_{i,3}(x) = \frac{x-t_i}{t_{i+2}-t_i} B_{i,2}(x) + \left(1 - \frac{x-t_i}{t_{i+3}-t_i}\right) B_{i+1,2}(x)$$

und daher

$$B_{i,3}(x) = \begin{cases} \dfrac{(x-t_i)(t_{i+2}-x)}{(t_{i+2}-t_i)^2} + \dfrac{(t_{i+3}-x)(x-t_i)}{(t_{i+3}-t_i)(t_{i+2}-t_i)} & \text{für } x \in [t_i, t_{i+2}), \\ \dfrac{(t_{i+3}-x)^2}{(t_{i+3}-t_i)(t_{i+3}-t_{i+2})} & \text{für } x \in [t_{i+2}, t_{i+3}), \\ 0 & \text{sonst.} \end{cases}$$

In Abbildung 3.7 ist $B_{i,3}$ für den Fall skizziert, daß t_i ein doppelter Knoten ist. Wieder „sieht“ man, daß $B_{i,3}$ in dem doppelten Knoten $t_i = t_{i+1}$ nur stetig, sonst aber stetig differenzierbar ist. □

In dem folgenden Lemma werden einige verhältnismäßig einfach aus der Rekursionsformel folgende Eigenschaften von B-Splines zusammengestellt.

Lemma 3.11 *Für $i \in \mathbb{Z}$ und $k \in \mathbb{N}$ seien $B_{i,k}$ die B-Splines zu der Knotenfolge $T = \{t_i\}_{i\in\mathbb{Z}}$. Dann gilt:*

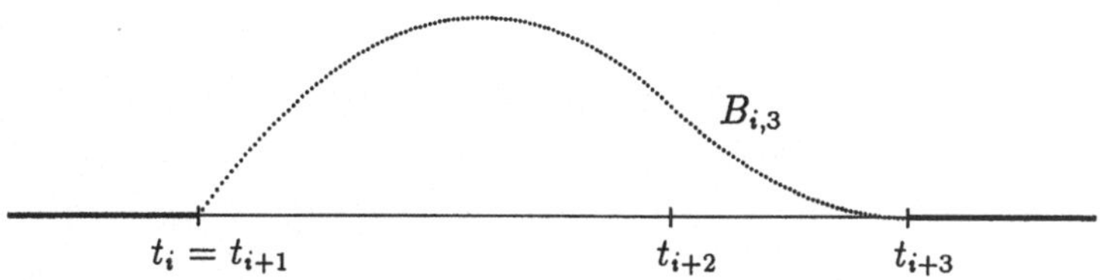

Abbildung 3.7: Der B-Spline dritter Ordnung $B_{i,3}$ für $t_i = t_{i+1} < t_{i+2} < t_{i+3}$

1. *Es ist*

$$B_{i,k} = \sum_{j=i}^{i+k-1} b_{j,k} B_{j,1} \qquad mit \quad b_{j,k} \in \Pi_{k-1}, \quad j = i, \ldots, i+k-1.$$

Daher ist $B_{i,k}$ stückweise polynomial vom Grad $< k$, Unstetigkeiten von $B_{i,k}$ können nur in den Knoten $t_i, \ldots, t_{i+k}$ auftreten. Ferner verschwindet $B_{i,k}$ außerhalb des Intervalls $[t_i, t_{i+k}]$. Insbesondere ist $B_{i,k} = 0$, wenn $t_i = t_{i+k}$.

2. *Ist $t_i < t_{i+k}$, so ist $B_{i,k}(x) > 0$ für alle $x \in (t_i, t_{i+k})$. In diesem Falle ist also $[t_i, t_{i+k}]$ der Träger von $B_{i,k}$.*

3. *Für alle $k \in \mathbb{N}$ und alle $\xi \in \mathbb{R}$ gilt die sogenannte Marsden-Identität*

$$(\cdot - \xi)^{k-1} = \sum_{i=-\infty}^{\infty} \psi_{i,k}(\xi) B_{i,k}(\cdot) \qquad mit \quad \psi_{i,k}(\xi) := \prod_{j=1}^{k-1} (t_{i+j} - \xi).$$

4. *Ist $p \in \Pi_{k-1}$ ein Polynom vom Grad $< k$, so läßt sich p für ein beliebiges $\xi \in \mathbb{R}$ in der Form*

$$p(\cdot) = \sum_{i=-\infty}^{\infty} \lambda_{i,k}(p) B_{i,k}(\cdot) \qquad mit \quad \lambda_{i,k}(p) := \sum_{j=0}^{k-1} (-1)^{k-1-j} \frac{\psi_{i,k}^{(k-1-j)}(\xi)}{(k-1)!} p^{(j)}(\xi)$$

darstellen, wobei wieder $\psi_{i,k}(\xi) := \prod_{j=1}^{k-1}(t_{i+j} - \xi)$.

5. *Für alle $k \in \mathbb{N}$ ist*

$$\sum_{i=-\infty}^{\infty} B_{i,k}(\cdot) \equiv 1,$$

d. h. die B-Splines $\{B_{i,k}\}_{i \in \mathbb{Z}}$ bilden eine Zerlegung der Eins.

Beweis: Die ersten beiden Aussagen erhält man sofort durch Induktion nach k, wobei man bei der zweiten die Rekursionsformel für die B-Splines und die Positivität von $\omega_{i,k}$ und $1 - \omega_{i+1,k}$ auf (t_i, t_{i+k}) berücksichtigt.

Zum Beweis der dritten Aussage beachten wir zunächst, daß $B_{i,k}$ außerhalb von $[t_i, t_{i+k}]$ verschwindet und daher $\sum_{i=-\infty}^{\infty} \psi_{i,k}(\xi) B_{i,k}(x)$ für ein beliebiges $x \in \mathbb{R}$ eine endliche Summe ist. Benutzt man die Rekursionsformel für B-Splines und ersetzt anschließend im zweiten Summanden den Summationsindex i durch $i-1$, so erhält man

$$\begin{aligned}\sum_{i=-\infty}^{\infty} \psi_{i,k}(\xi)B_{i,k}(x) &= \sum_{i=-\infty}^{\infty} \psi_{i,k}(\xi)\{\omega_{ik}(x)B_{i,k-1}(x) + [1-\omega_{i+1,k}(x)]B_{i+1,k-1}(x)\} \\ &= \sum_{i=-\infty}^{\infty} \{\psi_{i,k}(\xi)\omega_{i,k}(x) + \psi_{i-1,k}(\xi)[1-\omega_{i,k}(x)]\}B_{i,k-1}(x).\end{aligned}$$

Summiert wird hier nur über die i, für die $t_i < t_{i+k-1}$ bzw. $B_{i,k-1} \neq 0$, so daß

$$\begin{aligned}\sum_{i=-\infty}^{\infty} \psi_{i,k}(\xi)B_{i,k}(x) &= \sum_{i=-\infty}^{\infty} \left(\psi_{i,k}(\xi)\,\frac{x-t_i}{t_{i+k-1}-t_i} + \psi_{i-1,k}(\xi)\,\frac{t_{i+k-1}-x}{t_{i+k-1}-t_i}\right) B_{i,k-1}(x) \\ &= (x-\xi) \sum_{i=-\infty}^{\infty} \psi_{i,k-1}(\xi)B_{i,k-1}(x) \\ &\qquad \text{(durch Einsetzen der Definition von } \psi_{i,k}(\cdot)) \\ &\;\;\vdots \\ &= (x-\xi)^{k-1} \sum_{i=-\infty}^{\infty} \psi_{i,1}(\xi)B_{i,1}(x) \\ &= (x-\xi)^{k-1},\end{aligned}$$

womit die Marsden-Identität bewiesen ist.

Entwickelt man das Polynom $p \in \Pi_{k-1}$ an der festen Stelle $\xi \in \mathbb{R}$, so erhält man die Darstellung

$$p(\cdot) = \sum_{j=0}^{k-1} p^{(j)}(\xi)\,\frac{(\cdot-\xi)^j}{j!}.$$

Andererseits liefert $(k-1-j)$-maliges Differenzieren nach ξ der gerade eben bewiesenen Identität $(\cdot-\xi)^{k-1} = \sum_{i=-\infty}^{\infty} \psi_{i,k}(\xi)B_{i,k}(\cdot)$ die Gleichung

$$\frac{(\cdot-\xi)^j}{j!} = \sum_{i=-\infty}^{\infty} (-1)^{k-1-j}\,\frac{\psi_{i,k}^{(k-1-j)}(\xi)}{(k-1)!}\,B_{i,k}(\cdot), \qquad j = 0,\ldots,k-1,$$

anschließendes Einsetzen in die Taylor-Darstellung von p beweist die vierte Behauptung.

Setzt man in der gerade eben bewiesenen Aussage $p = 1$, so erhält man

$$1 = \sum_{i=-\infty}^{\infty} \underbrace{(-1)^{k-1}\,\frac{\psi_{i,k}^{(k-1)}(\xi)}{(k-1)!}}_{=1}\,B_{i,k}(\cdot) = \sum_{i=-\infty}^{\infty} B_{i,k}(\cdot),$$

womit auch die letzte Behauptung in dem Lemma bewiesen ist. □

In der folgenden Definition wird dem Raum derjenigen reellwertigen Funktionen, die sich als Linearkombination von B-Splines darstellen lassen, ein Name gegeben.

Definition 3.12 Gegeben sei eine *Knotenfolge* $T = \{t_i\}_{i\in\mathbb{Z}}$, d. h. eine beidseitig unendliche, monoton nicht fallende Folge $\{t_i\}_{i\in\mathbb{Z}} \subset \mathbb{R}$ mit $\lim_{i\to\pm\infty} t_i = \pm\infty$. Für ein

$k \in \mathbb{N}$ heißt dann eine Linearkombination von B-Splines $B_{i,k}$ ein *Spline der Ordnung k zur Knotenfolge T* und daher

$$S_{k,T} := \left\{ \sum_{i=-\infty}^{\infty} a_i B_{i,k} : a_i \in \mathbb{R} \right\}$$

der *Raum der Splines k-ter Ordnung zur Knotenfolge T*. Hierbei ist $\sum_{i=-\infty}^{\infty} a_i B_{i,k}$ punktweise zu verstehen, da sich $\sum_{i=-\infty}^{\infty} a_i B_{i,k}(x)$ für jedes $x \in \mathbb{R}$ auf eine endliche Summe reduziert.

Bei einer gegebenen Knotenfolge $T = \{t_i\}_{i\in\mathbb{Z}}$ bezeichne im folgenden $\#t_i$ die *Vielfachheit* des Knotens t_i, also die Anzahl der j, für die $t_i = t_j$. Ein einfaches Korollar zum folgenden Satz wird es erlauben, eine Basis zu $S_m(\Delta_n)$, dem Raum der Splines vom Grad m zu einer Zerlegung Δ_n des Intervalls $[a, b]$, mit Hilfe von B-Splines zu einer geeigneten Knotenfolge anzugeben.

Satz 3.13 *Sei $T = \{t_i\}_{i\in\mathbb{Z}}$ eine Knotenfolge, $k \in \mathbb{N}$ und $t_i < t_{i+k}$ für alle $i \in \mathbb{Z}$. Gegeben sei ein kompaktes Intervall $[a, b] \subset \mathbb{R}$ und hiermit die (endliche) Indexmenge $I := \{i \in \mathbb{Z} : (t_i, t_{i+k}) \cap [a, b] \neq \emptyset\}$. Seien $t_{i(1)} < \cdots < t_{i(r)}$ die paarweise verschiedenen Knoten der Knotenfolge T im Intervall (a, b), wobei der Index $i(l)$ der Eindeutigkeit wegen stets minimal sei. Mit $S_{[a,b],k,T}$ werde der lineare Raum der Funktionen $s\colon [a, b] \longrightarrow \mathbb{R}$ bezeichnet, deren Restriktion auf die Intervalle $[a, t_{i(1)})$, $[t_{i(1)}, t_{i(2)})$, ..., $[t_{i(r-1)}, t_{i(r)})$ und $[t_{i(r)}, b]$ Polynome vom Grad $< k$ sind, und die in den Knoten $t_{i(l)}$, $l = 1, \ldots, r$, noch $(k - 1 - \#t_{i(l)})$-mal stetig differenzierbar sind. (Für $\#t_{i(l)} = k$ bzw. $\#t_{i(l)} = k - 1$ sind Elemente von $S_{[a,b],k,T}$ im Knoten $t_{i(l)}$ von rechts stetig bzw. stetig.) Dann gilt:*

1. *Es ist $\dim S_{[a,b],k,T} = k + \sum_{l=1}^{r} \#t_{i(l)}$.*
2. *Die Indexmenge I enthält genau $k + \sum_{l=1}^{r} \#t_{i(l)}$ Elemente.*
3. *Bezeichnet man mit $\operatorname{span}_{[a,b]}\{B_{i,k} : i \in I\}$ den linearen Raum der auf das Intervall $[a, b]$ restringierten Linearkombinationen der B-Splines $\{B_{i,k}\}_{i\in I}$, wobei vereinbart wird, daß ein Element $s \in \operatorname{span}_{[a,b]}\{B_{i,k} : i \in I\}$ im rechten Endpunkt b von links stetig ist (also $s(b) = s(b-)$ gilt), so ist*

   $$S_{[a,b],k,T} = \operatorname{span}_{[a,b]}\{B_{i,k} : i \in I\}.$$

   Insbesondere bilden die auf das Intervall $[a, b]$ restringierten B-Splines $\{B_{i,k}\}_{i\in I}$ eine Basis von $S_{[a,b],k,T}$.

Beweis: Wir zeigen, daß durch die $k + \sum_{l=1}^{r} \#t_{i(l)}$ Funktionen

$$(\cdot - a)^j, \quad (j = 0, \ldots, k-1), \quad (\cdot - t_{i(l)})_+^{k-j}, \quad (j = 1, \ldots, \#t_{i(l)}, \quad l = 1, \ldots, r)$$

eine Basis von $S_{[a,b],k,T}$ gegeben ist. Hierbei ist die „abgeschnittene Potenz" $(\cdot - t_{i(l)})_+^{k-j}$ wie in Satz 3.2 durch

$$(x - t_{i(l)})_+^{k-j} := \begin{cases} (x - t_{i(l)})^{k-j} & \text{für } x \geq t_{i(l)}, \\ 0 & \text{für } x < t_{i(l)} \end{cases} \qquad (j = 1, \ldots, \#t_{i(l)})$$

(mit $0^0 := 1$) definiert. Die angegebenen Funktionen liegen offensichtlich in $S_{[a,b],k,T}$. Umgekehrt gebe man sich ein $s \in S_{[a,b],k,T}$ vor und definiere $t \in S_{[a,b],k,T}$ durch

$$t(x) := \sum_{j=0}^{k-1} \frac{s^{(j)}(a)}{j!}(x-a)^j + \sum_{l=1}^{r} \sum_{j=1}^{\#t_{i(l)}} \frac{s^{(k-j)}(t_{i(l)}+) - s^{(k-j)}(t_{i(l)}-)}{(k-j)!}(x - t_{i(l)})_+^{k-j}.$$

Eine einfache Rechnung zeigt

$$s - t \in S_{[a,b],k,T} \cap C^{k-1}[a,b], \qquad (s-t)^{(j)}(a) = 0, \qquad j = 0, \dots, k-1.$$

Daher ist $s - t$ ein Polynom vom Grad $\leq k-1$, welches in a eine k-fache Nullstelle besitzt, und folglich $s = t$. Damit ist gezeigt, daß sich jedes $s \in S_{[a,b],k,T}$ (in offenbar eindeutiger Weise) durch die angegebenen Basiselemente darstellen läßt. Also ist $S_{[a,b],k,T}$ ein $(k + \sum_{l=1}^{r} \#t_{i(l)})$-dimensionaler linearer Raum mit den angegebenen Potenzen und abgeschnittenen Potenzen als Basiselementen.

Knoten zur Indexmenge $I := \{i \in \mathbb{Z} : (t_i, t_{i+k}) \cap [a,b] \neq \emptyset\}$ sind zunächst einmal die in (a,b) enthaltenen Knoten. Unter Berücksichtigung ihrer Vielfachheit ist deren Anzahl durch $\sum_{l=1}^{r} \#t_{i(l)}$ gegeben. Hinzu kommen k weitere Knoten, die kleiner als der erste in (a,b) gelegene Knoten $t_{i(1)}$ sind. Insgesamt ist $\#I = k + \sum_{l=1}^{r} \#t_{i(l)}$ die Anzahl der Elemente von I.

Als nächstes werden wir nachweisen, daß die oben gefundenen Basiselemente von $S_{[a,b],k,T}$ in $\operatorname{span}_{[a,b]}\{B_{i,k} : i \in I\}$ liegen, so daß $S_{[a,b],k,T} \subset \operatorname{span}_{[a,b]}\{B_{i,k} : i \in I\}$. Ist uns das gelungen, so folgt

$$k + \sum_{l=1}^{r} \#t_{i(l)} = \dim S_{[a,b],k,T} \leq \dim \operatorname{span}_{[a,b]}\{B_{i,k} : i \in I\} \leq \#I = k + \sum_{l=1}^{r} \#t_{i(l)},$$

womit insgesamt $S_{[a,b],k,T} = \operatorname{span}_{[a,b]}\{B_{i,k} : i \in I\}$ und die lineare Unabhängigkeit der B-Splines $\{B_{i,k}\}_{i \in I}$ auf $[a,b]$ nachgewiesen sein wird.

Da wir sozusagen zwei Typen von Basiselementen in $S_{[a,b],k,T}$ haben, zerfällt der Rest des Beweises in zwei Teile. Es wird jeweils gezeigt, daß die Basiselemente Splines der Ordnung k zur Knotenfolge T sind, sich also als Linearkombination der B-Splines $\{B_{i,k}\}_{i \in \mathbb{Z}}$ darstellen lassen. Wegen $B_{i,k}(x) = 0$ für $x \in (a,b)$ und $i \notin I$ ist dann die Restriktion jedes Basiselementes auf (a,b) sogar eine Linearkombination der B-Splines $\{B_{i,k}\}_{i \in I}$. Aus Stetigkeitsgründen (B-Splines sind von rechts stetig) wird die Behauptung damit bewiesen sein.

In Teil 4 von Lemma 3.11 ist gezeigt worden, daß jedes Polynom $p \in \Pi_{k-1}$ vom Grad $< k$ ein Spline der Ordnung k zur Knotenfolge T ist, erst recht gilt das für die Potenzen $(\cdot - a)^j$, $j = 0, \dots, k-1$.

Nun zeigen wir, daß auch die abgeschnittenen Potenzen $(\cdot - t_{i(l)})_+^{k-j}$ für $j = 1, \dots, \#t_{i(l)}$ Splines der Ordnung k zur Knotenfolge T sind. Hierzu differenzieren wir die in Teil 3 von Lemma 3.11 bewiesene Marsden-Identität

$$(\cdot - \xi)^{k-1} = \sum_{i=-\infty}^{\infty} \psi_{i,k}(\xi) B_{i,k}(\cdot), \qquad \psi_{i,k}(\xi) := \prod_{p=1}^{k-1} (t_{i+p} - \xi)$$

genau $(j-1)$-mal nach ξ und setzen anschließend $\xi = t_{i(l)}$. Hiermit erhalten wir für alle $x \in \mathbb{R}$ die Gültigkeit von

$$(x - t_{i(l)})^{k-j} = \sum_{i=-\infty}^{\infty} \frac{(-1)^{j-1}}{(k-1)\cdots(k-j+1)} \psi_{i,k}^{(j-1)}(t_{i(l)})\, B_{i,k}(x), \qquad j = 1,\ldots,\#t_{i(l)}.$$

Ist $x > t_{i(l)}$, so ist $B_{i,k}(x) = 0$ für alle $i \in \mathbb{Z}$ mit $i \le i(l) + \#t_{i(l)} - 1 - k$. Ist andererseits $x < t_{i(l)}$, so ist $B_{i,k}(x) = 0$ für alle $i \ge i(l)$. Insgesamt ist daher

$$(\cdot - t_{i(l)})_+^{k-j} = \sum_{i=i(l)}^{\infty} \frac{(-1)^{j-1}}{(k-1)\cdots(k-j+1)} \psi_{i,k}^{(j-1)}(t_{i(l)})\, B_{i,k}(\cdot), \qquad j = 1,\ldots,\#t_{i(l)},$$

und damit $(\cdot - t_{i(l)})_+^{k-j} \in S_{k,T}$, $j = 1,\ldots,\#t_{i(l)}$, wenn wir

$$(*) \qquad \psi_{i,k}^{(j-1)}(t_{i(l)}) = 0, \qquad i = i(l) + \#t_{i(l)} - k,\ldots,i(l)-1, \;\; j = 1,\ldots,\#t_{i(l)}$$

nachweisen können. Zum Beweis von $(*)$ geben wir uns ein entsprechendes i vor, wobei wir $\#t_{i(l)} < k$ annehmen können. Dann ist $i = i(l) - q$ mit $q \in \{1,\ldots,k-\#t_{i(l)}\}$ und daher

$$\psi_{i,k}(\xi) = \prod_{p=1}^{q-1}(t_{i(l)-p} - \xi) \underbrace{\prod_{p=0}^{\#t_{i(l)}-1}(t_{i(l)+p} - \xi)}_{(t_{i(l)} - \xi)^{\#t_{i(l)}}} \prod_{p=\#t_{i(l)}}^{k-1-q}(t_{i(l)+p} - \xi),$$

woraus man abliest, daß $\psi_{i,k}(\cdot)$ im Knoten $t_{i(l)}$ eine $\#t_{i(l)}$-fache Nullstelle besitzt. Damit gilt $(*)$ und es ist bewiesen, daß auch die abgeschnittenen Potenzen $(\cdot - t_{i(l)})_+^{k-j}$ für $j = 1,\ldots,\#t_{i(l)}$ in $S_{k,T}$ liegen, also Splines der Ordnung k zur Knotenfolge T sind.

Die Aussagen des Satzes sind nachgewiesen. □

Korollar 3.14 *Sei $\Delta_n : a = x_0 < x_1 < \cdots < x_{n-1} < x_n = b$ eine Zerlegung des Intervalls $[a,b]$, $m \in \mathbb{N}$ und $S_m(\Delta_n)$ der Raum der Splines vom Grad m zur Zerlegung Δ_n. Sei $T = \{t_i\}_{i\in\mathbb{Z}}$ eine Knotenfolge mit $t_i := x_i$, $i = 0,\ldots,n$, sowie*

$$\cdots < t_{-(m+1)} < t_{-m} \le \cdots \le t_{-1} \le t_0 < \cdots < t_n \le t_{n+1} \le \cdots \le t_{n+m} < t_{n+m+1} < \cdots.$$

Dann sind die B-Splines $\{B_{i,m+1}\}_{i=-m}^{n-1}$ auf $[a,b]$ linear unabhängig, ihre Restriktion auf das Intervall $[a,b]$ bildet eine Basis von $S_m(\Delta_n)$, so daß

$$S_m(\Delta_n) = \operatorname{span}_{[a,b]}\{B_{-m,m+1},\ldots,B_{n-1,m+1}\}.$$

Beweis: Offenbar ist

$$I := \{i \in \mathbb{Z} : (t_i, t_{i+m+1}) \cap [a,b] \ne \emptyset\} = \{-m,\ldots,n-1\}.$$

Da ferner der in Satz 3.13 definierte Raum $S_{[a,b],m+1,T}$ der auf $[a,b]$ definierten, stückweise vom Grad $< m+1$ polynomialen Funktionen, die in den (einfachen) inneren

Knoten t_i, $i = 1, \ldots, n-1$, noch $(m+1-1-\#t_i) = (m-1)$-mal stetig differenzierbar sind, genau mit $S_m(\Delta_n)$ übereinstimmt, folgt die Aussage des Korollars aus Satz 3.13, wenn man noch berücksichtigt, daß $t_i < t_{i+m+1}$ für alle $i \in \mathbb{Z}$ gilt. □

Beispiel: Sei $\Delta_n : a = x_0 < x_1 < \cdots < x_{n-1} < x_n = b$ eine äquidistante Unterteilung des Intervalls $[a, b]$, also $x_i := a+ih$ mit $h := (b-a)/n$. Man definiere eine Knotenfolge $T = \{t_i\}_{i \in \mathbb{Z}}$, indem man $t_i := a+ih$ für $i \in \mathbb{Z}$ setzt. Nach einfacher Rechnung erhält man, daß die zugehörigen B-Splines $B_{i,4}$ der Ordnung vier (bzw. vom Grad drei) durch $B_{i,4}(x) = \psi[(x-t_i)/h]$ mit

$$\psi(t) := \frac{1}{6} \begin{cases} t^3 & \text{für} \quad t \in [0,1), \\ 4 - 12t + 12t^2 - 3t^3 & \text{für} \quad t \in [1,2), \\ -44 + 60t - 24t^2 + 3t^3 & \text{für} \quad t \in [2,3), \\ 64 - 48t + 12t^2 - t^3 & \text{für} \quad t \in [3,4), \\ 0 & \text{sonst} \end{cases}$$

gegeben sind. In Abbildung 3.8 ist der B-Spline $B_{i,4}$ mit dem Träger $[t_i, t_{i+4}]$ skizziert. Nach Korollar 3.14 ist $S_3(\Delta_n) = \text{span}_{[a,b]}\{B_{-3,4}, \ldots, B_{n-1,4}\}$, jeder kubische

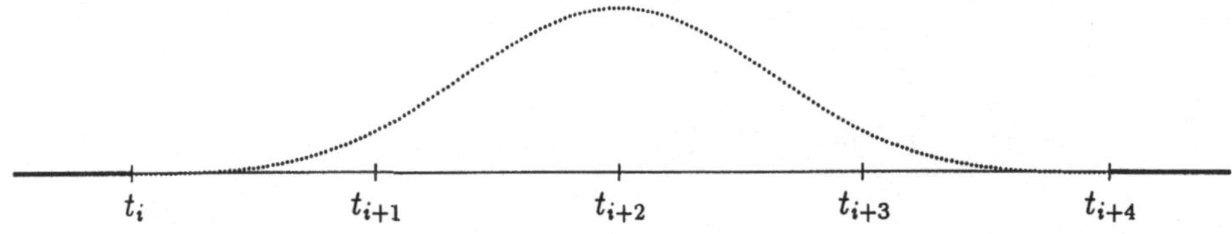

Abbildung 3.8: Der B-Spline $B_{i,4}$

Spline zur Zerlegung Δ_n des Intervalls $[a, b]$ läßt sich also in eindeutiger Weise als Linearkombination der auf $[a, b]$ restringierten B-Splines $\{B_{i,4}\}_{i=-3}^{n-1}$ darstellen. Dies gilt insbesondere z. B. für den nach Satz 3.4 eindeutig existierenden kubischen Spline $s_f \in S_3(\Delta_n)$, der den Interpolationsbedingungen $s_f(x_j) = f_j$, $j = 0, \ldots, n$, sowie den Hermite-Randbedingungen $s_f'(x_0) = f_0'$ und $s_f'(x_n) = f_n'$ bei vorgegebenen Stützwerten f_j und Anfangs- und Endsteigungen f_0' und f_n' genügt. Macht man für s_f den Ansatz

$$s_f(x) = \sum_{i=-3}^{n-1} a_i B_{i,4}(x),$$

berücksichtigt man ferner, daß

$$B_{i,4}(x_j) = \frac{1}{6} \begin{cases} 1 & \text{für} \quad j = i+1, \\ 4 & \text{für} \quad j = i+2, \\ 1 & \text{für} \quad j = i+3, \\ 0 & \text{sonst}, \end{cases} \qquad B_{i,4}'(x_j) = \frac{1}{2h} \begin{cases} 1 & \text{für} \quad j = i+1, \\ 0 & \text{für} \quad j = i+2, \\ -1 & \text{für} \quad j = i+3, \\ 0 & \text{sonst}, \end{cases}$$

so erhält man aus

$$\sum_{i=-3}^{n-1} a_i B_{i,4}'(x_0) = f_0', \quad \sum_{i=-3}^{n-1} a_i B_{i,4}(x_j) = f_j, \quad (j = 0, \ldots, n), \quad \sum_{i=-3}^{n-1} a_i B_{i,4}'(x_n) = f_n'$$

ein (natürlich eindeutig lösbares) lineares Gleichungssystem $Ba = f$ zur Bestimmung des Vektors $a = (a_{-3}, \ldots, a_{n-1})^T$. Die zugehörige Koeffizientenmatrix B hat Bandgestalt, sie und die rechte Seite f sind in Tabelle 3.4 angegeben.

$$B = \begin{pmatrix} -\frac{1}{2h} & 0 & \frac{1}{2h} & & & & & & \\ \frac{1}{6} & \frac{2}{3} & \frac{1}{6} & 0 & & & & & \\ 0 & \frac{1}{6} & \frac{2}{3} & \frac{1}{6} & 0 & & & & \\ & \ddots & \ddots & \ddots & \ddots & \ddots & & & \\ & & \ddots & \ddots & \ddots & \ddots & \ddots & & \\ & & & \ddots & \ddots & \ddots & \ddots & \ddots & \\ & & & & \ddots & \ddots & \ddots & \ddots & 0 \\ & & & & & 0 & \frac{1}{6} & \frac{2}{3} & \frac{1}{6} \\ & & & & & & -\frac{1}{2h} & 0 & \frac{1}{2h} \end{pmatrix}, \qquad f = \begin{pmatrix} f_0' \\ f_0 \\ f_1 \\ \vdots \\ \vdots \\ \vdots \\ f_{n-1} \\ f_n \\ f_n' \end{pmatrix}.$$

Tabelle 3.4: Das Gleichungssystem $Ba = f$ liefert den interpolierenden kubischen Spline $s_f = \sum_{i=-3}^{n-1} a_i B_{i,4}$ mit Hermite-Randbedingungen bei äquidistanten, einfachen Stützstellen.

Eine geeignete Umsetzung des Gaußschen Eliminationsverfahrens ermöglicht die effiziente Berechnung des Koeffizientenvektors a. Ähnlich kann man offenbar auch bei anderen Interpolationsaufgaben mit kubischen Splines vorgehen, siehe z. B. G. HÄMMERLIN, K.-H. HOFFMANN (1991, S. 266). Allerdings besteht der Vorteil, eine äquidistante Zerlegung Δ_n des Intervalls $[a, b]$ zu einer äquidistanten Knotenfolge T zu erweitern, lediglich darin, daß die zugehörigen B-Splines $B_{i,k}$ bei festem $k \in \mathbb{N}$ durch „Verschiebung" ein und desselben B-Splines zu erhalten sind. I. allg. ist es wesentlich ratsamer, die Endpunkte des Intervalls $[a, b]$ als mehrfachen Knoten entsprechender Vielfachheit zu nehmen. Hierauf gehen wir in den nächsten beiden Beispielen ein. □

Beispiel: Wie eben sei $\Delta_n : a = x_0 < x_1 < \cdots < x_{n-1} < x_n = b$ eine äquidistante Unterteilung des Intervalls $[a, b]$, also $x_i := a + ih$ mit $h := (b - a)/n$. Sei wieder $t_i := x_i$, $i = 0, \ldots, n$, gesetzt. Diesmal nehmen wir aber die beiden Endpunkte des Intervalls $[a, b]$ als jeweils vierfachen Knoten, erhalten also eine Knotenfolge der Form

$$\cdots < t_{-4} < t_{-3} = \cdots = t_0 = a < t_1 < \cdots < t_{n-1} < b = t_n = \cdots = t_{n+3} < t_{n+4} < \cdots.$$

Die zugehörigen kubischen B-Splines $\{B_{i,4}\}_{i=-3}^{n-1}$, restringiert auf das Intervall $[a, b]$, bilden nach Korollar 3.14 eine Basis von $S_3(\Delta_n)$. Für $i = 0, \ldots, n-4$ ist der B-Spline $B_{i,4}$ wie im letzten Beispiel gegeben, also durch $B_{i,4}(x) = \psi[(x - t_i)/h]$ mit der dort angegebenen Funktion $\psi(\cdot)$. Die ersten drei B-Splines $B_{-3,4}$, $B_{-2,4}$ und $B_{-1,4}$ sowie die letzten drei B-Splines $B_{n-3,4}$, $B_{n-2,4}$ und $B_{n-1,4}$ spielen eine Sonderrolle. Nach einfacher Rechnung erhält man

$$B_{-3,4}(x) = \psi_1[(x - t_0)/h], \quad B_{-2,4}(x) = \psi_2[(x - t_0)/h], \quad B_{-1,4}(x) = \psi_3[(x - t_0)/h]$$

mit

$$\psi_1(t) := \begin{cases} 1-3t+3t^2-t^3 & \text{für } t \in [0,1), \\ 0 & \text{sonst,} \end{cases}$$

$$\psi_2(t) := \frac{1}{4}\begin{cases} 12t-18t^2+7t^3 & \text{für } t \in [0,1), \\ 8-12t+6t^2-t^3 & \text{für } t \in [1,2), \\ 0 & \text{sonst,} \end{cases}$$

$$\psi_3(t) := \frac{1}{12}\begin{cases} 18t^2-11t^3 & \text{für } t \in [0,1), \\ -18+54t-36t^2+7t^3 & \text{für } t \in [1,2), \\ 54-54t+18t^2-2t^3 & \text{für } t \in [2,3), \\ 0 & \text{sonst.} \end{cases}$$

Die letzten drei B-Splines sind durch

$$B_{n-3,4}(x) = \psi_3[(t_n-x)/h], \quad B_{n-2,4}(x) = \psi_2[(t_n-x)/h], \quad B_{n-1,4}(x) = \psi_1[(t_n-x)/h]$$

gegeben. In Abbildung 3.9 sind für $n = 4$ die sieben B-Splines $B_{i,4}$, $i = -3,\ldots,3$, skizziert.

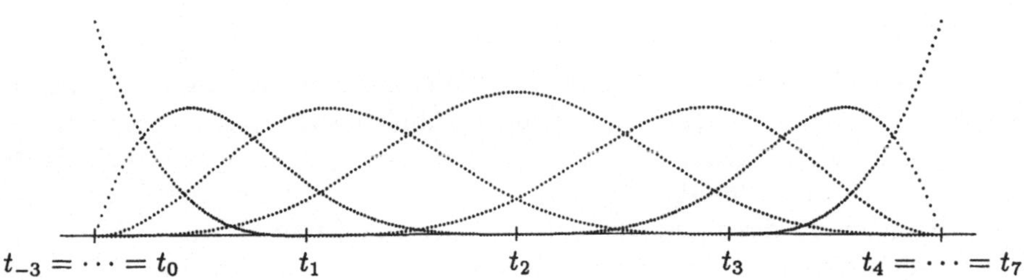

Abbildung 3.9: Kubische B-Splines bei äquidistanter Zerlegung

Exemplarisch wollen wir wieder die Interpolationsaufgabe für kubische Splines zur Zerlegung Δ_n mit Hermite-Randbedingungen betrachten. Für den eindeutig existierenden Spline $s_f \in S_3(\Delta_n)$, der den Interpolationsbedingungen $s_f(x_j) = f_j$, $j = 0,\ldots,n$, sowie den Hermite-Randbedingungen $s_f'(x_0) = f_0'$ und $s_f'(x_n) = f_n'$ genügt, machen wir wieder den Ansatz

$$s_f(x) = \sum_{i=-3}^{n-1} a_i B_{i,4}(x)$$

mit den oben angegebenen B-Splines $B_{i,4}$. Die ersten beiden sowie die letzten beiden Koeffizienten a_{-3}, a_{-2} bzw. a_{n-2}, a_{n-1} ergeben sich sofort:

$$(*) \qquad a_{-3} = f_0, \qquad a_{-2} = f_0 + \frac{h}{3} f_0', \qquad a_{n-2} = f_n - \frac{h}{3} f_n', \qquad a_{n-1} = f_n.$$

Den Vektor $(a_{-1},\ldots,a_{n-3})^T$ der verbleibenden Koeffizienten erhält man aus dem linearen Gleichungssystem

$$
(**)\qquad
\begin{pmatrix}
\frac{7}{12} & \frac{1}{6} & & & & \\
\frac{1}{6} & \frac{2}{3} & \frac{1}{6} & & & \\
& \ddots & \ddots & \ddots & & \\
& & \ddots & \ddots & \ddots & \\
& & & \frac{1}{6} & \frac{2}{3} & \frac{1}{6} \\
& & & & \frac{1}{6} & \frac{7}{12}
\end{pmatrix}
\begin{pmatrix} a_{-1} \\ a_0 \\ \vdots \\ \vdots \\ a_{n-4} \\ a_{n-3} \end{pmatrix}
=
\begin{pmatrix} f_1 - \frac{1}{4} f_0 - \frac{h}{12} f_0' \\ f_2 \\ \vdots \\ \vdots \\ f_{n-2} \\ f_{n-1} - \frac{1}{4} f_n + \frac{h}{12} f_n' \end{pmatrix}.
$$

Die Koeffizientenmatrix dieses linearen Gleichungssystems ist tridiagonal, symmetrisch und diagonal dominant. Da die Diagonalelemente positiv sind, ist sie nach Lemma 3.6 auch positiv definit. Das in Unterabschnitt 1.3.3 beschriebene Verfahren zur Lösung linearer Gleichungssysteme mit einer tridiagonalen Koeffizientenmatrix ist durchführbar (siehe Satz 3.5 in Abschnitt 1.3). Aus $(*)$ und durch Lösen von $(**)$ erhält man daher auf effiziente Weise die gesuchten Koeffizienten $a_{-3},\ldots,a_{n-1}$ der Darstellung des interpolierenden kubischen Splines $s_f \in S_3(\Delta_n)$ mit Hermite-Randbedingungen als Linearkombination der B-Splines $\{B_{i,4}\}_{i=-3}^{n-1}$.

Will man z. B. den Defekt $f - \sum_{i=-3}^{n-1} a_i B_{i,4}$ über dem Intervall $[x_0, x_n]$ graphisch darstellen, so benötigt man eine schnelle, stabile Methode, um Linearkombinationen von B-Splines an einer Stelle $x \in [x_0, x_n]$ auszuwerten. Hierauf werden wir in Unterabschnitt 3.4.3 eingehen und den *de Boor-Algorithmus* schildern. □

B-Splines stellen ein wichtiges, außerordentlich flexibles Hilfsmittel zur Lösung vieler Interpolationsprobleme dar, wie vielleicht die letzten beiden Beispiele schon deutlich gemacht haben. Hierzu geben wir nun ein weiteres Beispiel an, dem sich eine Bemerkung über die Lösbarkeit einer allgemeinen Interpolationsaufgabe anschließen wird.

Beispiel: Gegeben seien n Stützstellen $\xi_1 < \cdots < \xi_n$ und zugehörige Stützwerte $f_1,\ldots,f_n$. Auf die folgende Weise definiere man hierzu Knoten $\{t_i\}_{i=1}^{n+4}$: Zunächst setze man $t_i := \xi_1$ für $i = 1,\ldots,4$, man nehme also die erste Stützstelle ξ_1 als vierfachen Knoten. Anschließend setze man $t_i := \xi_{i-2}$ für $i = 5,\ldots,n$, man lasse also die zweite Stützstelle ξ_2 aus. Zum Schluß nehme man auch die letzte Stützstelle ξ_n als vierfachen Knoten, setze also $t_i := \xi_n$ für $i = n+1,\ldots,n+4$ und lasse daher auch die vorletzte Stützstelle ξ_{n-1} aus. Die Knoten $\{t_i\}_{i=1}^{n+4}$ ergänze man durch weitere einfache Knoten irgendwie zu einer Knotenfolge $T = \{t_i\}_{i\in\mathbb{Z}}$:

$$\cdots < t_0 < t_1 = \cdots = t_4 < t_5 < \cdots < t_n < t_{n+1} = \cdots = t_{n+4} < t_{n+5} < \cdots.$$

Dann ist T eine Knotenfolge mit $t_i < t_{i+4}$ für alle $i \in \mathbb{Z}$. Setzt man $[a,b] := [\xi_1, \xi_n]$, so ist

$$I := \{i \in \mathbb{Z} : (t_i, t_{i+4}) \cap [a,b] \neq \emptyset\} = \{1,\ldots,n\},$$

nach Satz 3.13 sind die zugehörigen B-Splines $\{B_{i,4}\}_{i=1}^{n}$ linear unabhängig auf $[a,b]$. Mit der Zerlegung $\Delta_{n-3} : a = \xi_1 < \xi_3 < \cdots < \xi_{n-2} < \xi_n = b$ des Intervalls $[a,b]$ ist

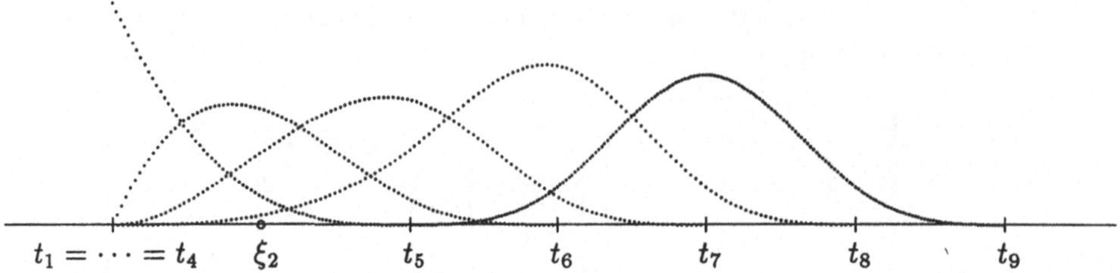

Abbildung 3.10: Die ersten fünf B-Splines $B_{1,4}, \ldots, B_{5,4}$ bei obiger Knotenfolge

ferner $S_3(\Delta_{n-3}) = \text{span}_{[a,b]} \{B_{i,4} : i \in \{1, \ldots, n\}\}$. Bei äquidistanten Stützstellen ξ_i sind die ersten fünf B-Splines $B_{1,4}, \ldots, B_{5,4}$ in Abbildung 3.10 skizziert. Wir stellen uns die Interpolationsaufgabe, einen kubischen Spline $s_f \in S_3(\Delta_{n-3})$ mit $s_f(\xi_j) = f_j$, $j = 1, \ldots, n$, zu bestimmen. Wegen $S_3(\Delta_{n-3}) = \text{span}_{[a,b]} \{B_{i,4} : i \in \{1, \ldots, n\}\}$ führt diese Aufgabe auf das lineare Gleichungssystem

$$(*) \qquad \sum_{i=1}^{n} a_i B_{i,4}(\xi_j) = f_j, \qquad j = 1, \ldots, n.$$

Anders als bei den letzten beiden Beispielen, die kubische Spline-Interpolierende mit Hermite-Randbedingungen zu bestimmen, ist hier durch bisherige Ergebnisse noch nicht gesichert, daß das System $(*)$ bei beliebiger rechter Seite bzw. beliebigen Stützwerten eine eindeutige Lösung besitzt. In dem konkreten Fall, daß die Stützstellen ξ_i äquidistant sind, kann das leicht direkt bewiesen werden, indem man die Koeffizientenmatrix B zum linearen Gleichungssystem $(*)$ berechnet und nachweist, daß sie nichtsingulär ist. Nach einfacher Rechnung erhält man, daß B durch die in Tabelle 3.5 angegebene $n \times n$-Matrix gegeben ist. Man erkennt sofort, daß die Matrix

$$B = \frac{1}{72} \begin{pmatrix} 72 & & & & & & & & & & \\ 9 & 37 & 23 & 3 & & & & & & & \\ & 8 & 40 & 24 & & & & & & & \\ & & 9 & 51 & 12 & & & & & & \\ & & & 12 & 48 & 12 & & & & & \\ & & & & \ddots & \ddots & \ddots & & & & \\ & & & & & \ddots & \ddots & \ddots & & & \\ & & & & & & 12 & 48 & 12 & & \\ & & & & & & & 12 & 51 & 9 & \\ & & & & & & & 24 & 40 & 8 & \\ & & & & & & & 3 & 23 & 37 & 9 \\ & & & & & & & & & & 72 \end{pmatrix}$$

Tabelle 3.5: Koeffizientenmatrix zum obigen linearen Gleichungssystem $(*)$

B dem starken Zeilensummenkriterium (siehe Definition 4.2 in Abschnitt 2.4) genügt und daher nichtsingulär ist, was z. B. aus Satz 4.3 in Abschnitt 2.4 folgt. Also ist das lineare Gleichungssystem (∗) bei beliebig vorgegebenen Stützwerten $f_1, \ldots, f_n$ eindeutig lösbar. Ferner sieht man, daß B fast eine Tridiagonalmatrix ist. Die Tridiagonalgestalt wird nur in der zweiten und der $(n-1)$-ten Zeile gestört, was daran liegt, daß in der zweiten Stützstelle ξ_2 (die nicht zu den Knoten gehört) die ersten vier B-Splines von Null verschieden sind (siehe Abbildung 3.10), entsprechendes gilt für die vorletzte Stützstelle ξ_{n-1}. □

Bemerkung: Seien natürliche Zahlen k und n sowie Knoten $t_1 \le \cdots \le t_{n+k}$ mit $t_i < t_{i+k}$ für $i = 1, \ldots, n$ gegeben. Diese Knoten ergänze man durch weitere einfache Knoten zu einer Knotenfolge $T = \{t_i\}_{i \in \mathbb{Z}}$. Dann ist

$$\{1, \ldots, n\} \subset I := \{i \in \mathbb{Z} : (t_i, t_{i+k}) \cap [t_0, t_{n+k}] \neq \emptyset\}.$$

Nach Satz 3.13 sind die B-Splines $\{B_{i,k}\}_{i \in I}$ linear unabhängig auf $[t_0, t_{n+k}]$, insbesondere gilt das für die B-Splines $\{B_{i,k}\}_{i=1}^n$. Es stellt sich nun die Frage, ob bei vorgegebenen Stützstellen $\xi_1 < \cdots < \xi_n$ und zugehörigen Stützwerten $f_1, \ldots, f_n$ ein Spline $s \in \operatorname{span}\{B_{1,k}, \ldots, B_{n,k}\}$ mit $s(\xi_j) = f_j$ für $j = 1, \ldots, n$ existiert. Der Ansatz $s = \sum_{i=1}^n a_i B_{i,k}$ führt auf das lineare Gleichungssystem

$$(*) \qquad \sum_{i=1}^{n} a_i B_{i,k}(\xi_j) = f_j, \qquad j = 1, \ldots, n.$$

Ein Satz von I. J. SCHOENBERG, A. WHITNEY (1953) (siehe auch C. DE BOOR (1990, S. 92 ff.)) gibt notwendige und hinreichende Bedingungen dafür an, daß die Koeffizientenmatrix des linearen Gleichungssystems (∗) nichtsingulär ist:

- *Bei vorgegebenen Stützstellen $\xi_1 < \cdots < \xi_n$ ist die Matrix*

  $$B := (B_{i,k}(\xi_j))_{1 \le i,j \le n}$$

  genau dann nichtsingulär, wenn $B_{i,k}(\xi_i) \neq 0$ für $i = 1, \ldots, n$, also die Diagonalelemente von B von Null verschieden sind. Insbesondere ist B nichtsingulär, wenn $\xi_i \in (t_i, t_{i+k})$ für $i = 1, \ldots, n$.

Die Koeffizientenmatrix $B = (B_{i,k}(\xi_j))$ hat eine Reihe angenehmer Eigenschaften, die eine effiziente Berechnung der Lösung von (∗) ermöglichen. Hierzu wird lediglich auf C. DE BOOR (1978, S. 199 ff.) verwiesen, wo man auch Fortran-Programme findet. □

Aufgaben

Im folgenden sei

$$\Delta_n : \quad a = x_0 < x_1 < \cdots < x_{n-1} < x_n = b$$

stets eine Zerlegung des Intervalls $[a, b]$ und $h := \max_{j=0,\ldots,n-1} h_j$ mit $h_j := x_{j+1} - x_j$.

1. Sei $f \in C^{r+1}[a, b]$ und $s_f \in S_{2r+1}(\Delta_n)$ der f interpolierende Spline, der den Hermite-Randbedingungen

   $$\text{(H)} \qquad s_f^{(i)}(a) = f^{(i)}(a), \qquad s_f^{(i)}(b) = f^{(i)}(b) \qquad (i = 1, \ldots, r)$$

genügt. Für jeden Spline $s \in S_{2r+1}(\Delta_n)$ ist dann

$$\|f^{(r+1)} - s_f^{(r+1)}\|_2 \le \|f^{(r+1)} - s^{(r+1)}\|_2,$$

wobei das Gleichheitszeichen genau dann gilt, wenn $s - s_f \in \Pi_r$.

Einen Beweis findet man bei G. NÜRNBERGER (1989, S. 118). Ein etwas einfacherer Beweis mit Hilfe von Satz 3.4 kann durch

$$\|f^{(r+1)} - s_f^{(r+1)}\|_2^2 = \|(f-s)^{(r+1)} - s_{f-s}^{(r+1)}\|_2^2 = \|f^{(r+1)} - s^{(r+1)}\|_2^2 - \|(s_f - s)^{(r+1)}\|_2^2$$

begründet werden.

2. Man formuliere und beweise eine zu Aufgabe 1 analoge Aussage für interpolierende Splines, die den natürlichen oder den periodischen Randbedingungen genügen.

   Hinweis: Die entsprechenden Aussagen findet man z. B. bei G. NÜRNBERGER (1989, S. 121 und S. 123). Man versuche auch hier den Hinweis zu Aufgabe 1 anzuwenden.

3. Sei $f \in C^2[a,b]$ und $s_f \in S_3(\Delta_n)$ der f interpolierende kubische Spline, der den Hermite-Randbedingungen

   (H) $$s_f'(a) = f'(b), \qquad s_f'(b) = f'(b)$$

   genügt. Für einen beliebigen linearen Spline $s \in S_1(\Delta_n)$ gilt dann

   $$\|f'' - s_f''\|_2 \le \|f'' - s\|_2.$$

   Hinweis: Der Beweis kann mit Hilfe von Aufgabe 1 erfolgen.

4. Die natürlichen Randbedingungen sind bei der kubischen Spline-Interpolation sicher dann nicht adäquat, wenn die zu interpolierende Funktion f, lax gesagt, zum Rand hin stark gekrümmt ist. Man zeige, daß es bei vorgegebenen M_0, M_n und $f_0, \ldots, f_n$ genau ein $s_f \in S_3(\Delta_n)$ mit

   $$s_f''(x_0) = M_0, \quad s_f''(x_n) = M_n, \quad s_f(x_j) = f_j \qquad (j = 0, \ldots, n)$$

   gibt und stelle ein lineares Gleichungssystem für die $M_j = s_f''(x_j)$, $j = 1, \ldots, n-1$, auf.

   Hinweis: Gegenüber den natürlichen Randbedingungen verändern sich im linearen Gleichungssystem für die Momente nur die erste und die letzte Komponente der rechten Seite.

5. Weiß man bei kubischer Spline-Interpolation nichts über die Ableitungen der zu interpolierenden Funktion f an den Intervallenden, so sollte man die "not-a-knot"-Bedingung von C. DE BOOR (1978, S. 55) anwenden. Die beiden Zusatzbedingungen bestehen hier darin, daß die dritte Ableitung des interpolierenden Splines $s \in S_3(\Delta_n)$ in x_1 und x_{n-1} stetig ist. Man stelle das diesen Zusatzbedingungen entsprechende lineare Gleichungssystem für die Momente auf und analysiere es.

6. Man schreibe ein Programm, das bei einer gegebenen Zerlegung Δ_n des Intervalls $[a,b]$ und vorgegebenen $f_0, \ldots, f_n$ den interpolierenden Spline $s_f \in S_3(\Delta_n)$ mit

   (a) Hermite-Randbedingungen (hier sind noch f_0' und f_n' gegeben),

(b) vorgegebenen Momenten f_0'' und f_n'' am Intervallende (bei natürlichen Randbedingungen ist $f_0'' = f_n'' = 0$)

berechnet. Man teste das Programm an dem Runge-Beispiel, bei dem $[a,b] := [-5,5]$, die Zerlegung Δ_n äquidistant und $f(x) := 1/(1+x^2)$ ist.

7. Es wurde erwähnt, daß man bei kubischer Spline-Interpolation auch ein lineares Gleichungssystem für $m_j = s_f'(x_j)$, $j = 0,\ldots,n$, aufstellen kann. Um das einzusehen, beweise man analog zu Lemma 3.5:

Mit gegebenen $f_0,\ldots,f_n \in \mathbb{R}$ und $m_0,\ldots,m_n \in \mathbb{R}$ sei $s_f\colon [a,b] \longrightarrow$ definiert durch

$$s_f|_{[x_j,x_{j+1}]}(x) := \alpha_j + \beta_j(x-x_j) + \gamma_j(x-x_j)^2 + \delta_j(x-x_j)^3 \qquad (j = 0,\ldots,n-1)$$

mit $\alpha_j := f_j$, $\beta_j := m_j$ und

$$\gamma_j := \frac{1}{h_j}\left(3\,\frac{f_{j+1}-f_j}{h_j} - (m_{j+1}+2m_j)\right), \quad \delta_j := \frac{1}{h_j^2}\left(-2\,\frac{f_{j+1}-f_j}{h_j} + m_{j+1} + m_j\right)$$

für $j = 0,\ldots,n-1$. Dann gilt:

(a) Es ist $s_f(x_j+) = s_f(x_j-) = f_j$ und $s_f'(x_j+) = s_f'(x_j-) = m_j$ für $j = 0,\ldots,n$. (Für $j = 0$ bzw. $j = n$ ist hierbei natürlich x_j- durch x_j+ bzw. x_j+ durch x_j- zu ersetzen.)

(b) Es ist $s_f \in C^2[a,b]$, wenn

$$h_j m_{j-1} + 2(h_{j-1}+h_j)m_j + h_{j-1}m_{j+1} = 3\left(h_{j-1}\,\frac{f_{j+1}-f_j}{h_j} + h_j\,\frac{f_j - f_{j-1}}{h_{j-1}}\right)$$

für $j = 1,\ldots,n-1$.

Für die kubische Spline-Interpolation mit Hermite-Randbedingungen (hier sind $m_0 = f_0'$ und $m_n = f_n'$ vorgegeben) stelle man das zugehörige lineare Gleichungssystem zur Bestimmung von $m_1,\ldots,m_{n-1}$ auf. Entsprechend stelle man das lineare Gleichungssystem für $m_0,\ldots,m_n$ auf, wenn die beiden Zusatzbedingungen darin bestehen, daß die Momente M_0 und M_n vorgegeben sind oder die "not-a-knot"-Bedingung (siehe Aufgabe 5) zu erfüllen ist. Hierauf basierend schreibe man ein Programm zur kubischen Spline-Interpolation und teste es z. B. am Runge-Beispiel.

Hinweis: Man studiere das Fortran-Programm bei C. DE BOOR (1978, S. 57 ff.).

8. Eine elegantere Herleitung des Gleichungssystems für die $m_j = s_f'(x_j)$ in Aufgabe 7 erhält man mit Hilfe der folgenden Aussage, die zu beweisen ist.

Ist $s \in S_3(\Delta_n)$, so gilt

$$\begin{aligned} &h_j s'(x_{j-1}) + 2(h_{j-1}+h_j)s'(x_j) + h_{j-1}s'(x_{j+1}) \\ &\quad = 3\left(h_{j-1}\,\frac{s(x_{j+1})-s(x_j)}{h_j} + h_j\,\frac{s(x_j)-s(x_{j-1})}{h_{j-1}}\right) \qquad (j = 1,\ldots,n-1). \end{aligned}$$

Hinweis: Einen Beweis findet man z. B. bei G. MEINARDUS, G. MERZ (1979, S. 146 ff.) und G. NÜRNBERGER (1989, S. 124).

9. Interpolationsaufgaben mit *quadratischen* Splines sind bisher vernachlässigt worden. Dieses Versäumnis soll durch diese und die folgende Aufgabe etwas gemildert werden.

   Vorgegeben sei eine äquidistante Zerlegung $\Delta_n : a = x_0 < \cdots < x_n = b$ des Intervalls $[a,b]$, es sei also $x_i := a+ih$, $i = 0,\ldots,n$, mit $h := (b-a)/n$. Anschließend definiere man Stützstellen $\xi_0,\ldots,\xi_{n+1}$ durch $\xi_0 := a$, $\xi_i := x_{i-1} + \frac{1}{2}h$ für $i = 1,\ldots,n$ und $\xi_{n+1} := b$, nehme also als Stützstellen die Endpunkte des Intervalls $[a,b]$ und die Mittelpunkte der Intervalle $[x_{i-1},x_i]$, $i = 1,\ldots,n$. Man zeige, daß es bei beliebig vorgegebenen Stützwerten $f_0,\ldots,f_{n+1}$ genau einen quadratischen Spline $s \in S_2(\Delta_n)$ zur Zerlegung Δ_n gibt, der den Interpolationsbedingungen $s(\xi_j) = f_j$, $j = 0,\ldots,n+1$, genügt. Ferner gebe man ein Verfahren an, diesen interpolierenden Spline zu berechnen. Schließlich skizziere man für $[a,b] := [-5.5]$, $n := 10$ und $f_j := 1/(1+\xi_j^2)$, $j = 0,\ldots,n+1$, den zugehörigen interpolierenden, quadratischen Spline.

   Hinweis: Man definiere Knoten $\{t_i\}_{i=-2}^{n+2}$, indem man $t_i := x_i$ für $i = 0,\ldots,n$ setzt und anschließend die Endpunkte des Intervalls $[a,b]$ als jeweils dreifachen Knoten nimmt, also $t_{-2} = t_{-1} = t_0$ und $t_n = t_{n+1} = t_{n+2}$ setzt. Ergänzt man diese Knoten durch weitere einfache Knoten zu einer Knotenfolge $T = \{t_i\}_{i\in\mathbb{Z}}$, sind ferner $\{B_{i,3}\}_{i\in\mathbb{Z}}$ die zugehörigen B-Splines der Ordnung drei (bzw. vom Grad zwei), so ist $S_2(\Delta_n) = \operatorname{span}_{[a,b]}\{B_{-2,3},\ldots,B_{n-1,3}\}$ nach Korollar 3.14. Die gesuchte Lösung $s = \sum_{i=-2}^{n-1} a_i B_{i,3}$ des gestellten Interpolationsproblems erhält man daher durch Lösen des linearen Gleichungssystems

$$(*) \qquad \sum_{i=-2}^{n-1} a_i B_{i,3}(\xi_j) = f_j, \qquad j = 0,\ldots,n+1.$$

   In Abbildung 3.11 sind die ersten drei quadratischen B-Splines $B_{-2,3}$, $B_{-1,3}$ und $B_{0,3}$ zu der obigen Knotenfolge skizziert. Aus dem Gleichungssystem $(*)$ erhält man $a_{-2} = f_0$

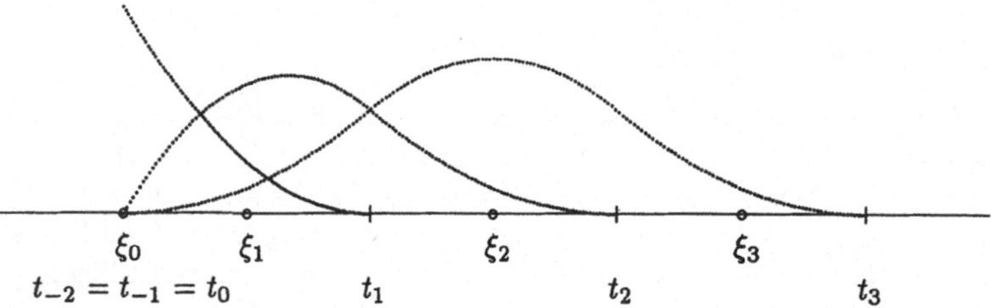

Abbildung 3.11: Die B-Splines $B_{-2,3}$, $B_{-1,2}$ und $B_{0,3}$

und $a_{n-1} = f_{n+1}$. Die Bestimmung der restlichen Koeffizienten $a_{-1},\ldots,a_{n-2}$ führt auf das lineare Gleichungssystem

$$\begin{pmatrix} \frac{5}{8} & \frac{1}{8} & & & & \\ \frac{1}{8} & \frac{3}{4} & \frac{1}{8} & & & \\ & \ddots & \ddots & \ddots & & \\ & & \ddots & \ddots & \ddots & \\ & & & \frac{1}{8} & \frac{3}{4} & \frac{1}{8} \\ & & & & \frac{1}{8} & \frac{5}{8} \end{pmatrix} \begin{pmatrix} a_{-1} \\ a_0 \\ \vdots \\ \vdots \\ a_{n-3} \\ a_{n-2} \end{pmatrix} = \begin{pmatrix} f_1 - \frac{1}{4}f_0 \\ f_2 \\ \vdots \\ \vdots \\ f_{n-1} \\ f_n - \frac{1}{4}f_{n+1} \end{pmatrix},$$

dessen Koeffizientenmatrix alle angenehmen Eigenschaften hat, die man sich nur wünschen kann, insbesondere symmetrisch und positiv definit ist. Welches Gleichungssystem würde man erhalten, wenn man die äquidistante Zerlegung Δ_n zu einer äquidistanten Knotenfolge fortsetzt (siehe G. HÄMMERLIN, K.-H. HOFFMANN (1991, S. 267))?

In Abbildung 3.12 findet man für $[a,b] := [-5,5]$, $n := 10$ und $f_j := 1/(1+\xi_j^2)$, $j = 0,\ldots,n+1$, eine Skizze des zugehörigen quadratischen Splines.

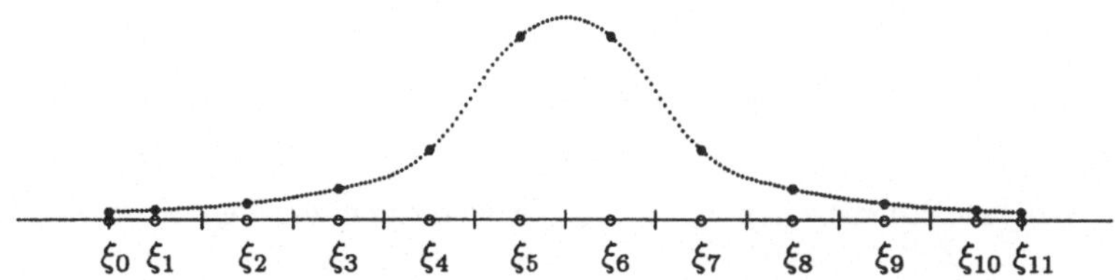

Abbildung 3.12: Interpolierender quadratischer Spline in Aufgabe 9

10. Es seien n äquidistante Stützstellen $a = \xi_0 < \cdots < \xi_{n-1} = b$ gegeben, es sei also $\xi_i := a + ih$, $i = 1,\ldots,n-1$, mit $h := (b-a)/(n-1)$. Auf die folgende Weise definiere man hierzu eine Zerlegung $\Delta_n : a = x_0 < \cdots < x_n = b$ des Intervalls $[a,b]$: Man setze $x_0 := a$ und $x_n := b$ sowie $x_i := \xi_{i-1} + \frac{1}{2}h$, $i = 1,\ldots,n-2$. Man zeige, daß es bei vorgegebenen Stützwerten $f_0,\ldots,f_{n-1}$ sowie Anfangs- und Endsteigungen f_0' und f_{n-1}' genau einen quadratischen Spline $s \in S_2(\Delta_n)$ zur Zerlegung Δ_n gibt, der den Interpolationsbedingungen $s(\xi_j) = f_j$, $j = 0,\ldots,n-1$, sowie den Hermite-Randbedingungen $s'(\xi_0) = f_0'$ und $s'(\xi_{n-1}) = f_{n-1}'$ genügt. Ferner gebe man ein Verfahren an, diesen Spline zu berechnen. Wie in Aufgabe 9 teste man dieses Verfahren an $[a,b] := [-5,5]$, $n := 11$ sowie $f_0' := -2\xi_0/(1+\xi_0^2)^2$, $f_{n-1}' := -2\xi_{n-1}/(1+\xi_{n-1}^2)^2$ und $f_j := 1/(1+\xi_j^2)$, $j = 0,\ldots,n-1$.

Hinweis: Wie in Aufgabe 9 definiere man die Knoten $\{t_i\}_{i=-2}^{n+2}$, indem man $t_i := x_i$ für $i = 0,\ldots,n$ setzt und anschließend die Endpunkte des Intervalls $[a,b]$ als jeweils dreifachen Knoten nimmt, man setze also $t_{-2} = t_{-1} = t_0$ und $t_n = t_{n+1} = t_{n+2}$. Diese Knoten denke man sich durch weitere einfache Knoten zu einer Knotenfolge $T = \{t_i\}_{i\in\mathbb{Z}}$ ergänzt. Sind $\{B_{i,3}\}_{i\in\mathbb{Z}}$ die zugehörigen quadratischen B-Splines, so ist $S_2(\Delta_n) = \text{span}_{[a,b]}\{B_{-2,3},\ldots,B_{n-1,3}\}$ wegen Korollar 3.14. Der gesuchte Spline besitzt daher (wenn er existiert) eine eindeutige Darstellung $s = \sum_{i=-2}^{n-1} a_i B_{i,3}$ mit

$$\sum_{i=-2}^{n-1} a_i B_{i,3}'(\xi_0) = f_0', \qquad \sum_{i=-2}^{n-1} a_i B_{i,3}'(\xi_{n-1}) = f_{n-1}'$$

sowie

$$\sum_{i=-2}^{n-1} a_i B_{i,3}(\xi_j) = f_j, \qquad j = 0,\ldots,n-1.$$

Die ersten vier B-Splines $B_{-2,3}$, $B_{-1,3}$, $B_{0,3}$ und $B_{1,3}$ sind in Abbildung 3.13 skizziert. Man erhält

$$a_{-2} = f_0, \qquad a_{-1} = f_0 + \frac{h}{4} f_0', \qquad a_{n-2} = f_{n-1} - \frac{h}{4} f_{n-1}', \qquad a_{n-1} = f_{n-1}.$$

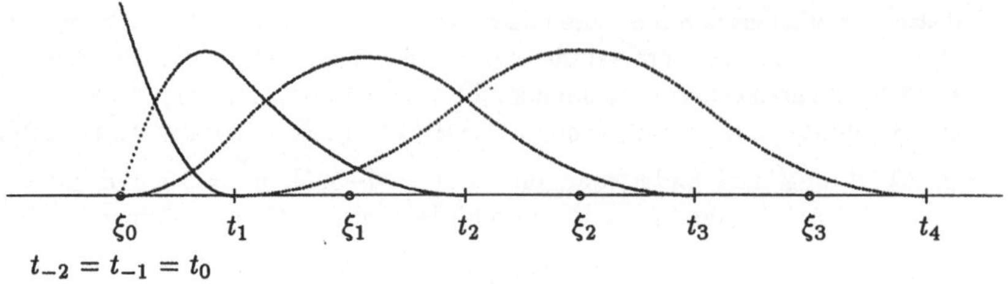

Abbildung 3.13: Die B-Splines $B_{-2,3}, \ldots, B_{1,3}$

Die restlichen Koeffizienten $a_0, \ldots, a_{n-3}$ gewinnt man aus dem linearen Gleichungssystem

$$\begin{pmatrix} \frac{17}{24} & \frac{1}{8} & & & & \\ \frac{1}{8} & \frac{3}{4} & \frac{1}{8} & & & \\ & \ddots & \ddots & \ddots & & \\ & & \ddots & \ddots & \ddots & \\ & & & \frac{1}{8} & \frac{3}{4} & \frac{1}{8} \\ & & & & \frac{1}{8} & \frac{17}{24} \end{pmatrix} \begin{pmatrix} a_0 \\ a_1 \\ \vdots \\ \vdots \\ a_{n-4} \\ a_{n-3} \end{pmatrix} = \begin{pmatrix} f_1 - \frac{1}{6} a_{-1} \\ f_2 \\ \vdots \\ \vdots \\ f_{n-3} \\ f_{n-2} - \frac{1}{6} a_{n-2} \end{pmatrix}.$$

Die Koeffizientenmatrix dieses linearen Gleichungssystems besitzt positive Diagonalelemente, sie ist symmetrisch, diagonal dominant und daher positiv definit (siehe Lemma 3.6), insbesondere also nichtsingulär.

In Abbildung 3.14 findet man für $[a, b] := [-5, 5]$, $n := 11$ sowie $f'_0 := -2\xi_0/(1 + \xi_0^2)^2$, $f'_{n-1} := -2\xi_{n-1}/(1 + \xi_{n-1}^2)^2$ und $f_j := 1/(1 + \xi_j^2)$, $j = 0, \ldots, n - 1$, eine Skizze des zugehörigen quadratischen Splines.

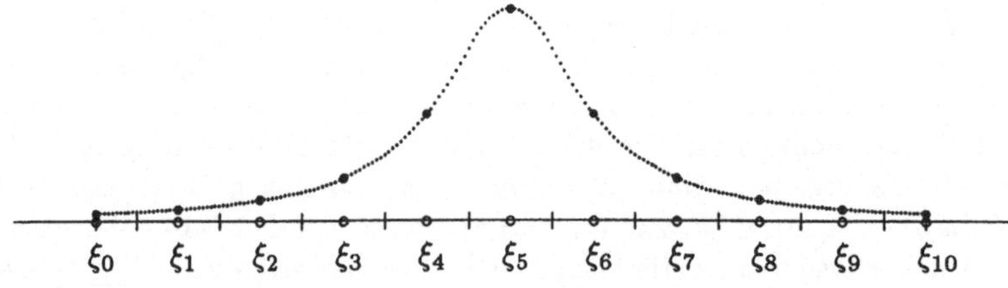

Abbildung 3.14: Interpolierender quadratischer Spline in Aufgabe 10

3.4 Darstellung von Kurven

3.4.1 Einführung

CAGD, die Kurzform für **C**omputer **A**ided **G**eometric **D**esign, beschäftigt sich mit der Approximation und Darstellung von Kurven und Flächen, wie sie bei der Verarbeitung dieser Objekte durch einen Computer auftritt[4].

Wir werden uns in diesem Abschnitt lediglich mit der Darstellung ebener Kurven beschäftigen. Hierbei heißt eine Menge $c \subset \mathbb{R}^2$ eine *ebene Kurve*, wenn $c = \mathbf{x}(I)$ mit einem kompakten Intervall $I \subset \mathbb{R}$ und einer stetigen Abbildung $\mathbf{x}: I \longrightarrow \mathbb{R}^2$. Durch die Abbildung $\mathbf{x}$ ist eine *Darstellung* der Kurve c gegeben[5]. Als Anwendungsbeispiel versetze man sich in die Situation eines „Kurven-Designers", wobei die Kurven so unterschiedliche Dinge wie die Konturen des Tragflügels eines Flugzeuges oder von Einlegesohlen sein könnten. Auf dem Bildschirm soll eine Kurve entworfen werden, von der der Designer eine Vorstellung hat, wie sie *aussehen* sollte. Hierzu wählt er sich eine geeignete, von gewissen Parametern abhängende, stetige Abbildung $\mathbf{x}: I \longrightarrow \mathbb{R}^2$ und erzeugt sich (nach Festlegung der Parameter) die resultierende Kurve $\mathbf{x}(I)$. Wenn er die entworfene Kurve gesehen hat, wird er sie i. allg. verändern wollen. An gewissen Parametern der *Darstellung* der Kurve kann er „drehen". Diese Darstellung sollte nun aber so sein, daß das „Drehen" an einem bestimmten Parameter vorhersehbare bzw. einsehbare Auswirkungen hat. Das ist bei „naiven" Darstellungen nicht der Fall, wie wir gleich erkennen werden.

Es liegt nahe, Kurven (zumindestens lokal) durch Polynome zu approximieren. Für eine globale Approximation wird man Polynome mit geeigneten Übergangsbedingungen „aneinanderstückeln", um eine gewisse Glattheit zu sichern. Dies entspricht einer Zerlegung des Intervalles I, die etwa durch $I: u_0 < \cdots < u_p$ gegeben sei. Einer globalen Variablen $u \in [u_i, u_{i+1}]$ wird dann mittels $u = (1-t)u_i + tu_{i+1}$ eine lokale Variable $t \in [0,1]$ zugeordnet.

Beispiel: Angenommen, man will eine Kurve (lokal) durch ein kubisches Polynom approximieren. Die naivste Darstellung wäre durch

$$\mathbf{x}(t) = \mathbf{a}_0 + \mathbf{a}_1 t + \mathbf{a}_2 t^2 + \mathbf{a}_3 t^3, \qquad t \in [0,1],$$

gegeben. Diese Darstellung kann zwar leicht für ein spezielles t mit Hilfe des Horner-Schemas ausgewertet werden, dafür sagt sie einem geometrisch eigentlich nur, daß die erzeugte Kurve (für $t = 0$) in $\mathbf{a}_0$ beginnt, die übrigen Koeffizienten haben keine unmittelbare geometrische Bedeutung. Eine andere Möglichkeit besteht darin, die Lagrange-Darstellung des Interpolationspolynoms zu betrachten. Soll die Kurve etwa für $t = 0, \frac{1}{3}, \frac{2}{3}$ bzw. 1 durch $\mathbf{x}_0, \mathbf{x}_{1/3}, \mathbf{x}_{2/3}$ bzw. $\mathbf{x}_1$ gehen, so erhält man

$$\begin{aligned}
\mathbf{x}(t) &= \mathbf{x}_0 \underbrace{\left[-\frac{9}{2}(t-1/3)(t-2/3)(t-1)\right]}_{L_0^3(t)} + \mathbf{x}_{1/3} \underbrace{\frac{27}{2}t(t-2/3)(t-1)}_{L_1^3(t)} \\
&\quad + \mathbf{x}_{2/3} \underbrace{\left[-\frac{27}{2}t(t-1/3)(t-1)\right]}_{L_2^3(t)} + \mathbf{x}_1 \underbrace{\frac{9}{2}t(t-1/3)(t-2/3)}_{L_3^3(t)}.
\end{aligned}$$

[4]Dies ist eine Übersetzung des ersten Satzes eines Übersichtsartikels von W. Böhm, G. Farin, J. Kahmann (1984).

[5]In diesem Abschnitt werden wir Abbildungen in den $\mathbb{R}^2$ und Elemente des $\mathbb{R}^2$ **fett** schreiben. Nur angemerkt sei, daß wir ohne wesentliche Änderungen auch *Raumkurven*, d. h. Kurven im $\mathbb{R}^3$ betrachten könnten.

Zwar haben hier die Koeffizienten eine unmittelbare geometrische Bedeutung, dafür ist aber das „glatte Aneinanderstückeln" solcher Darstellungen schwierig (von den auftretenden Oszillationen einmal ganz abgesehen). Besser ist es da schon, von Hermite-Interpolationsbedingungen auszugehen, sich also die Endpunkte $\mathbf{x}_0$, $\mathbf{x}_1$ sowie die Tangentenvektoren $\mathbf{x}_0'$ und $\mathbf{x}_1'$ vorzugeben. Dies führt auf die Darstellung (siehe Unterabschnitt 3.1.3)

$$\mathbf{x}(t) = \mathbf{x}_0 \underbrace{(1-t)^2(1+2t)}_{H_0^3(t)} + \mathbf{x}_0' \underbrace{(1-t)^2 t}_{H_1^3(t)} + \mathbf{x}_1' \underbrace{t^2(t-1)}_{H_2^3(t)} + \mathbf{x}_1 \underbrace{t^2(3-2t)}_{H_3^3(t)}.$$

Bevorzugt wird aber i. allg. eine Darstellung mit Hilfe von *Bernstein-Polynomen* (siehe nächster Unterabschnitt), welche durch

$$(*) \qquad \mathbf{x}(t) = \mathbf{b}_0 \underbrace{(1-t)^3}_{B_0^3(t)} + \mathbf{b}_1 \underbrace{3(1-t)^2 t}_{B_1^3(t)} + \mathbf{b}_2 \underbrace{3(1-t)t^2}_{B_2^3(t)} + \mathbf{b}_3 \underbrace{t^3}_{B_3^3(t)}$$

gegeben ist. In Abbildung 3.15 sind die kubischen Polynome $H_0^3, \ldots, H_3^3$ sowie $B_0^3, \ldots, B_3^3$ skizziert. Zum Vergleich sollte man sich auch die kubischen Lagrange-Polynome $L_0^3, \ldots, L_3^3$ veranschaulichen.

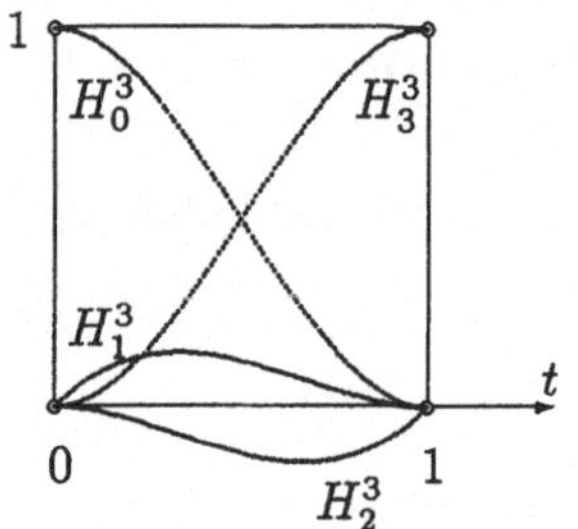

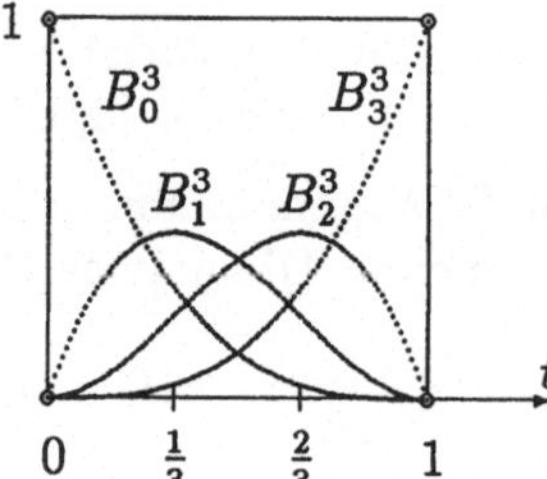

Abbildung 3.15: Die Polynome $H_0^3, \ldots, H_3^3$ sowie $B_0^3, \ldots, B_3^3$

Offenbar ist

$$\mathbf{x}(0) = \mathbf{b}_0, \quad \mathbf{x}'(0) = 3(\mathbf{b}_1 - \mathbf{b}_0), \quad \mathbf{x}'(1) = 3(\mathbf{b}_3 - \mathbf{b}_2), \quad \mathbf{x}(1) = \mathbf{b}_3.$$

Ein Vorteil der Darstellung $(*)$ besteht darin, daß die Koeffizienten $\mathbf{b}_0, \ldots, \mathbf{b}_3$ eine unmittelbare geometrische Bedeutung haben. Denn die erzeugte Kurve beginnt bei $\mathbf{b}_0$, endet bei $\mathbf{b}_3$, und die Tangentenvektoren in den Endpunkten sind bis auf einen Faktor durch $\mathbf{b}_1 - \mathbf{b}_0$ bzw. $\mathbf{b}_3 - \mathbf{b}_2$ gegeben. Die Koeffizienten $\mathbf{b}_0, \ldots, \mathbf{b}_3$ nennt man *Bézier-Punkte* oder *Kontrollpunkte* (das sind die Parameter, an denen „gedreht" werden kann), die aus $(*)$ resultierende Kurve heißt die zugehörige *Bézier-Kurve*. In Abbildung 3.16 wird bei vorgegebenen Bézier-Punkten die zugehörige Bézier-Kurve skizziert. □

Im nächsten Unterabschnitt werden wir auf Bézier-Polynome und Bézier-Kurven eingehen. Durch einen eleganten Algorithmus, den de Casteljau-Algorithmus, ist es

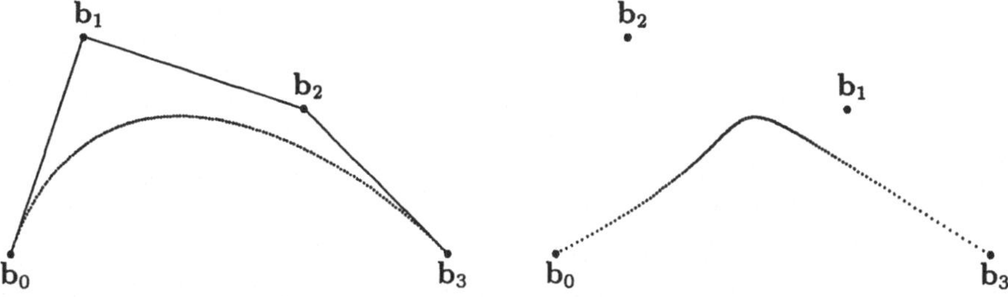

Abbildung 3.16: Bézier-Punkte $\mathbf{b}_0, \ldots, \mathbf{b}_3$ und zugehörige Bézier-Kurven

möglich, ein Bézier-Polynome an einer speziellen Stelle auszuwerten. Will man dagegen die zugehörige Bézier-Kurve zeichnen, das Bézier-Polynom also an vielen Stellen auswerten, so ist es i. allg. besser, das Bézier-Polynom in der Monom-Basis darzustellen und anschließend das Horner-Schema anzuwenden. Hierauf und auf den sogenannten Subdivisions-Algorithmus wird ebenfalls eingegangen. Ferner werden wir uns davon überzeugen, daß es durch geeignete Wahl der Bézier-Punkte verhältnismäßig einfach ist, einen „glatten Übergang" von zwei zusammengesetzten Bézier-Kurven zu gewährleisten. Dabei werden wir uns natürlich überlegen müssen, was eigentlich ein „glatter Übergang" bedeuten könnte. Schließlich werden wir uns im letzten Unterabschnitt mit der Darstellung von Kurven durch B-Splines (siehe Unterabschnitt 3.3.5) beschäftigen. Diese Darstellung hat den großen Vorteil, daß sich die Veränderung eines Kontrollpunktes nur lokal auswirkt. Entsprechend dem de Casteljau-Algorithmus gibt es auch hier einen schnellen Algorithmus zur Auswertung entsprechender Darstellungen, den de Boor-Algorithmus.

Wir können hier wieder nur eine kleine Einführung in dieses neue, stark in der Entwicklung begriffene, reizvolle Gebiet geben. An weiterführender Literatur wird vor allem der Übersichtsartikel von W. Böhm, G. Farin, J. Kahmann (1984) und G. Farin (1990) empfohlen.

3.4.2 Bézier-Kurven

Bei vorgegebenem $n \in \mathbb{N}$ heißen die durch

$$B_i^n(t) := \binom{n}{i} t^i (1-t)^{n-i} \qquad \text{mit} \qquad \binom{n}{i} := \begin{cases} \dfrac{n!}{i!\,(n-i)!} & \text{falls} \quad i \in \{0, \ldots, n\}, \\ 0 & \text{sonst} \end{cases}$$

gegebenen Polynome *Bernstein-Polynome* vom Grad n. Für $i \notin \{0, \ldots, n\}$ ist daher $B_i^n = 0$.

Zunächst sammeln wir einige einfache Eigenschaften von Bernstein-Polynomen. Für $i = 0, \ldots, n$ ist B_i^n ein Polynom vom genauen Grad n, welches auf $(0,1)$ positiv ist, in 0 eine i-fache, in 1 eine $(n-i)$-fache Nullstelle besitzt und auf $[0,1]$ sein Maximum in i/n annimmt. Aus $(a+b)^n = \sum_{i=0}^n \binom{n}{i} a^i b^{n-i}$ erhält man (setze $a := t$ und $b := 1-t$), daß $\sum_{i=0}^n B_i^n(t) \equiv 1$, die Bernstein-Polynome vom Grad n also eine Zerlegung der Eins bilden. Schließlich gilt die Rekursionsformel für Bernstein-Polynome:

$$B_i^n(t) = (1-t)B_i^{n-1}(t) + tB_{i-1}^{n-1}(t), \qquad i = 0,\dots,n-1.$$

Denn es ist

$$(1-t)B_i^{n-1}(t) + tB_{i-1}^{n-1}(t) = \left[\binom{n-1}{i} + \binom{n-1}{i-1}\right] t^i(1-t)^{n-i} = B_i^n(t).$$

Bei vorgegebenen Punkten $\mathbf{b}_0,\dots,\mathbf{b}_n \in \mathbb{R}^2$, den sogenannten *Bézier-Punkten* oder *Kontrollpunkten*, heißt

$$(*) \qquad \mathbf{x}(t) := \sum_{i=0}^{n} \mathbf{b}_i B_i^n(t)$$

das zugehörige *Bézier-Polynom* vom Grad n und $c := \mathbf{x}([0,1])$ die zugehörige *Bézier-Kurve*. Wir stellen einige Eigenschaften von Bézier-Polynomen bzw. -Kurven zusammen. Es ist $\mathbf{x}(0) = \mathbf{b}_0$ und $\mathbf{x}(1) = \mathbf{b}_n$, d. h. die Kurve startet bei $\mathbf{b}_0$ und endet in $\mathbf{b}_n$. Die Bézier-Kurve $c := \mathbf{x}([0,1])$ liegt in der *konvexen Hülle* $\operatorname{co}(\{\mathbf{b}_0,\dots,\mathbf{b}_n\})$ der Bézier-Punkte $\mathbf{b}_0,\dots,\mathbf{b}_n$. Hierbei ist

$$\operatorname{co}(\{\mathbf{b}_0,\dots,\mathbf{b}_n\}) := \left\{\sum_{i=0}^{n} \lambda_i \mathbf{b}_i : \lambda_i \ge 0 \quad (i = 0,\dots,n), \quad \sum_{i=0}^{n} \lambda_i = 1\right\}$$

die kleinste konvexe Menge (bzw. der Durchnitt aller konvexen Mengen), die die Bézier-Punkte $\mathbf{b}_0,\dots,\mathbf{b}_n$ enthält (bzw. enthalten). Dies liegt einfach daran, daß die Bernstein-Polynome B_i^n, $i = 0,\dots,n$, auf $[0,1]$ nichtnegativ sind und eine Zerlegung der Eins bilden. Ferner ist die r-te Ableitung des durch $(*)$ gegebenen Bézier-Polynoms $\mathbf{x}$ für $r = 0,\dots,n$ ein Bézier-Polynom vom Grad $n-r$, welches durch

$$(**) \qquad \mathbf{x}^{(r)}(t) = \frac{n!}{(n-r)!} \sum_{i=0}^{n-r} \Delta^r \mathbf{b}_i B_i^{n-r}(t), \qquad r = 0,\dots,n,$$

gegeben ist. Hierbei sind die *Vorwärts-Differenzen* $\Delta^r \mathbf{b}_i$ rekursiv durch

$$\Delta^0 \mathbf{b}_i := \mathbf{b}_i, \qquad \Delta^1 \mathbf{b}_i := \mathbf{b}_{i+1} - \mathbf{b}_i, \qquad \Delta^r \mathbf{b}_i := \Delta^1(\Delta^{r-1}\mathbf{b}_i)$$

definiert. Für den Nachweis von $(**)$ zeigt man zunächst sehr leicht, daß

$$\frac{d}{dt} B_i^n(t) = n\,[B_{i-1}^{n-1}(t) - B_i^{n-1}(t)].$$

Nun beweist man $(**)$ durch vollständige Induktion nach r. Für $r = 0$ ist die Aussage richtig. Angenommen, das sei auch für r der Fall. Dann ist

$$\begin{aligned}
\mathbf{x}^{(r+1)}(t) &= \frac{d}{dt}\left(\frac{n!}{(n-r)!} \sum_{i=0}^{n-r} \Delta^r \mathbf{b}_i B_i^{n-r}(t)\right) \\
&= \frac{n!}{(n-r)!} \sum_{i=0}^{n-r} \Delta^r \mathbf{b}_i \,(n-r)\,[B_{i-1}^{n-r-1}(t) - B_i^{n-r-1}(t)] \\
&= \frac{n!}{(n-(r+1))!} \sum_{i=0}^{n-r} \Delta^r \mathbf{b}_i \,[B_{i-1}^{n-(r+1)}(t) - B_i^{n-(r+1)}(t)] \\
&= \frac{n!}{(n-(r+1))!} \sum_{i=0}^{n-(r+1)} \Delta^{r+1} \mathbf{b}_i B_i^{n-(r+1)}(t),
\end{aligned}$$

womit (**) bewiesen ist. Insbesondere ist

$$\mathbf{x}^{(r)}(0) = \frac{n!}{(n-r)!}\,\Delta^r \mathbf{b}_0, \qquad \mathbf{x}^{(r)}(1) = \frac{n!}{(n-r)!}\,\Delta^r \mathbf{b}_{n-r}.$$

Daher hängt z. B. $\mathbf{x}^{(r)}(0)$ nur von $\mathbf{b}_0, \ldots, \mathbf{b}_r$ ab. Für $r = 1$ erhalten wir

$$\mathbf{x}'(0) = n(\mathbf{b}_1 - \mathbf{b}_0), \qquad \mathbf{x}'(1) = n(\mathbf{b}_n - \mathbf{b}_{n-1}),$$

so daß die Tangente an die durch die Bézier-Punkte $\mathbf{b}_0, \ldots, \mathbf{b}_n$ gegebene Bézier-Kurve in den Endpunkten $\mathbf{b}_0$ bzw. $\mathbf{b}_n$ die Richtung $\mathbf{b}_1 - \mathbf{b}_0$ bzw. $\mathbf{b}_n - \mathbf{b}_{n-1}$ hat. Ferner folgt die Darstellung

$$\mathbf{x}(t) = \sum_{i=0}^{n} \frac{1}{i!}\,\mathbf{x}^{(i)}(0)t^i = \sum_{i=0}^{n} \binom{n}{i} \Delta^i \mathbf{b}_0 t^i.$$

Zum Schluß der Sammlung eher elementarer Eigenschaften von Bézier-Polynomen und -Kurven zeigen wir, wie das Bézier-Polynom $\mathbf{x} = \sum_{i=0}^{n} \mathbf{b}_i B_i^n$ an einer Stelle $t \in [0,1]$ durch den *Algorithmus von de Casteljau* ausgewertet werden kann:

- Für $i = 0, \ldots, n$:

  $\mathbf{b}_i^0(t) := \mathbf{b}_i$

  Für $r = 1, \ldots, n$:

  Für $i = 0, \ldots, n-r$:

  $\mathbf{b}_i^r(t) := (1-t)\,\mathbf{b}_i^{r-1}(t) + t\,\mathbf{b}_{i+1}^{r-1}(t)$

Dann ist $\mathbf{x}(t) = \mathbf{b}_0^n(t)$. Hierzu zeigen wir durch vollständige Induktion nach r, daß

$$\mathbf{x}(t) = \sum_{i=0}^{n-r} \mathbf{b}_i^r(t) B_i^{n-r}(t), \qquad r = 0, \ldots, n.$$

Für $r = 0$ ist das klar, sei es auch für $r - 1$ richtig. Dann ist unter Benutzung der Rekursionsformel für Bernstein-Polynome:

$$\mathbf{x}(t) = \sum_{i=0}^{n-r+1} \mathbf{b}_i^{r-1}(t)\,[(1-t)B_i^{n-r}(t) + tB_{i-1}^{n-r}(t)] = \sum_{i=0}^{n} \mathbf{b}_i^r(t) B_i^{n-r}(t),$$

womit die Behauptung nachgewiesen ist.

Für $n = 3$ und (der Einfachheit halber) $t = \frac{1}{2}$ machen wir uns in Abbildung 3.17 die geometrische Konstruktion der $\mathbf{b}_i^r$, $r = 0, \ldots, n$, $i = 0, \ldots, n-r$ klar, ferner wird das zugehörige de Casteljau-Schema angegeben. Bei einer Implementation des de Casteljau-Algorithmus wird man natürlich eine dynamische Wertzuweisung benutzen. Das könnte zu folgendem Programm führen:

- Input: Grad n, Bézier-Punkte $\mathbf{b}_0, \ldots, \mathbf{b}_n$ und $t \in [0,1]$.

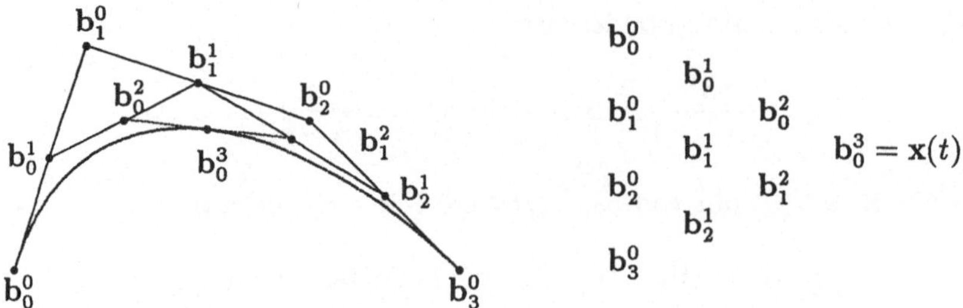

Abbildung 3.17: Der de Casteljau-Algorithmus

- Für $i = 0, \ldots, n$:

  $\mathbf{c}_i := \mathbf{b}_i$

  Für $r = 1, \ldots, n$:

  Für $i = 0, \ldots, n - r$:

  $\mathbf{c}_i := (1 - t)\,\mathbf{c}_i + t\,\mathbf{c}_{i+1}$

- Output: $\mathbf{c}_0 = \sum_{i=0}^n \mathbf{b}_i B_i^n(t)$

Bei G. Farin (1990, S. 33) und B. Eggen, N. Luscher, M.-J. Vogt (1989, S. 60) findet man in C geschriebene Programme zum de Casteljau-Algorithmus.

Bemerkt sei ferner, daß die Auswertung des Bézier-Polynoms $\mathbf{x} = \sum_{i=0}^n \mathbf{b}_i B_i^n$ an einer Stelle $t \in [0,1]$ auch mit Hilfe der Darstellung $\mathbf{x}(t) = \sum_{i=0}^n \binom{n}{i} \Delta^i \mathbf{b}_0 t^i$ sowie des Horner-Schemas erfolgen kann. Hierbei kann man benutzen, daß

$$\binom{n}{0} = 1, \qquad \binom{n}{i} = \frac{n-i+1}{i}\binom{n}{i-1}, \qquad i = 1, \ldots, n.$$

Ein in C geschriebenes Programm zur Auswertung eines Bézier-Polynoms mit Hilfe des Horner-Schemas findet man bei G. Farin (1990, S. 48).

In LaTeX, womit dieses Buch geschrieben ist, gibt es ein optionales Style-File `bezier.sty`. Hierdurch wird ein Befehl `\bezier{N}(AX,AY)(BX,BY)(CX,CY)` bereitgestellt, durch den `N` Punkte der quadratischen Bézier-Kurve durch die drei Bézier-Punkte $\mathbf{b}_0 = (\mathtt{AX}, \mathtt{AY})$, $\mathbf{b}_1 = (\mathtt{BX}, \mathtt{BY})$ und $\mathbf{b}_3 = (\mathtt{CX}, \mathtt{CY})$ geplottet werden. Sieht man sich das File `bezier.doc` an, so erkennt man, daß hier zunächst $\binom{2}{i}\Delta^i \mathbf{b}_0$, $i = 0, 1, 2$, berechnet werden und dann das Horner-Schema benutzt wird.

In Abbildung 3.18 ist zu Bézier-Punkten $\mathbf{b}_0, \ldots, \mathbf{b}_5$ die zugehörige Bézier-Kurve mit den angegebenen Methoden gezeichnet worden.

Nun kommen wir auf den wichtigen Begriff der *Gradanhebung* (siehe G. Farin (1990, S. 51 ff.)) bei Bézier-Polynomen bzw. -Kurven zu sprechen. Die Frage besteht darin, ob eine durch n Bézier-Punkte $\mathbf{b}_0, \ldots, \mathbf{b}_n$ gegebene Bézier-Kurve vom Grad n auch durch $k > n$ Bézier-Punkte $\mathbf{b}_0^k, \ldots, \mathbf{b}_k^k$ erzeugt werden kann, ob sich also z. B. jede quadratische Bézier-Kurve auch als kubische Bézier-Kurve schreiben läßt. In dem folgenden Lemma wird gezeigt, daß diese Frage bejaht werden kann.

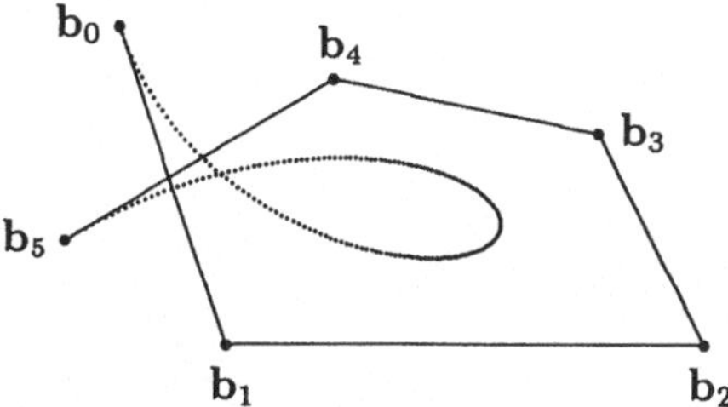

Abbildung 3.18: Eine Bézier-Kurve vom Grad 5

Lemma 4.1 *Gegeben seien n Bézier-Punkte* $\mathbf{b}_0, \ldots, \mathbf{b}_n$. *Für* $k = n, n+1, \ldots$ *und* $i = 0, \ldots, k$ *definiere man* $\mathbf{b}_i^k$ *durch* $\mathbf{b}_i^n := \mathbf{b}_i$, $i = 0, \ldots, n$, *und*

$$\mathbf{b}_0^{k+1} := \mathbf{b}_0^k, \quad \mathbf{b}_i^{k+1} := \frac{i}{k+1}\,\mathbf{b}_{i-1}^k + \left(1 - \frac{i}{k+1}\right)\mathbf{b}_i^k \qquad (i = 1, \ldots, k), \quad \mathbf{b}_{k+1}^{k+1} := \mathbf{b}_k^k.$$

Dann ist

$$\sum_{i=0}^{n} \mathbf{b}_i B_i^n = \sum_{i=0}^{k} \mathbf{b}_i^k B_i^k, \qquad k = n, n+1, \ldots.$$

Beweis: Mit Hilfe der Definition von Bernstein-Polynomen ist die Gültigkeit von

$$B_i^k = \frac{k+1-i}{k+1}\,B_i^{k+1} + \frac{i+1}{k+1} B_{i+1}^{k+1}, \qquad i = 0, \ldots, k,$$

leicht nachzuweisen. Daher ist

$$\begin{aligned}
\sum_{i=0}^{k} \mathbf{b}_i^k B_i^k &= \sum_{i=0}^{k} \mathbf{b}_i^k \left(\frac{k+1-i}{k+1}\,B_i^{k+1} + \frac{i+1}{k+1}\,B_{i+1}^{k+1}\right) \\
&= \sum_{i=0}^{k} \mathbf{b}_i^k \left(1 - \frac{i}{k+1}\right) B_i^{k+1} + \sum_{i=1}^{k+1} \mathbf{b}_{i-1}^k \,\frac{i}{k+1}\, B_i^{k+1} \\
&= \mathbf{b}_0^k B_0^{k+1} + \sum_{i=1}^{k}\left[\frac{i}{k+1}\,\mathbf{b}_{i-1}^k + \left(1 - \frac{i}{k+1}\right)\mathbf{b}_i^k\right] B_i^{k+1} + \mathbf{b}_k^k B_{k+1}^{k+1} \\
&= \sum_{i=0}^{k+1} \mathbf{b}_i^{k+1} B_i^{k+1},
\end{aligned}$$

womit das Lemma bewiesen ist. □

In Abbildung 3.19 ist zu vier Bézier-Punkten $\mathbf{b}_0^3, \ldots, \mathbf{b}_3^3$ die zugehörige Bézier-Kurve gezeichnet. Ferner sind die fünf Bézier-Punkte $\mathbf{b}_0^4, \ldots, \mathbf{b}_4^4$ angegeben, die dieselbe Bézier-Kurve erzeugen.

Bemerkung: Sind die Bézier-Punkte $\mathbf{b}_0, \ldots, \mathbf{b}_n$ gegeben, definiert man ferner $\mathbf{b}_i^k$ für $k = n, n+1, \ldots, i = 0, \ldots, k$, wie in Lemma 4.1 und anschließend die Polygonzüge $[\mathbf{b}_0^k, \ldots, \mathbf{b}_k^k]$, $k = n, n+1, \ldots$, so sagt ein Satz von Farin aus, daß diese Polygonzüge

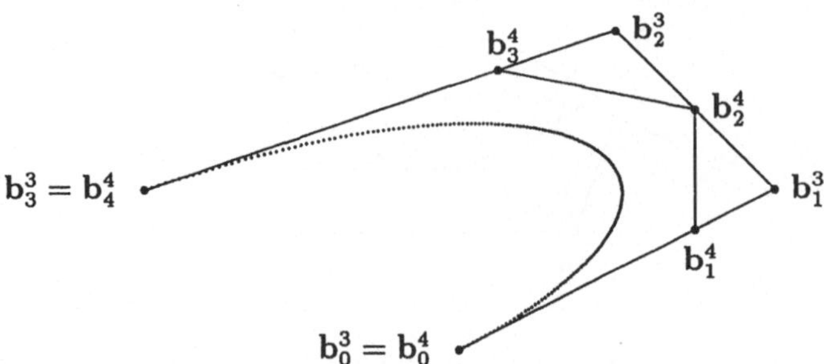

Abbildung 3.19: Gradanhebung bei einer Bézier-Kurve vom Grad 3

für $k \to \infty$ gegen die durch $\mathbf{b}_0, \ldots, \mathbf{b}_n$ erzeugte Bézier-Kurve konvergieren. Genauer sei $t_i^k := i/k$ und

$$[\mathbf{b}_0^k, \ldots, \mathbf{b}_k^k](t) := k\,[(t_{i+1}^k - t)\mathbf{b}_i^k + (t - t_i^k)\mathbf{b}_{i+1}^k], \qquad t \in [t_i^k, t_{i+1}^k], \quad i = 0, \ldots, k.$$

Dann gilt

$$\lim_{k\to\infty} [\mathbf{b}_0^k, \ldots, \mathbf{b}_k^k](t) = \sum_{i=0}^{n} \mathbf{b}_i B_i^n(t) \qquad \text{gleichmäßig auf } [0,1].$$

Ein Beweis ist bei G. FARIN (1990, S. 53) angedeutet. Die Konvergenz ist allerdings schlecht, interessant ist das Ergebnis nur aus theoretischen Gründen. So folgt aus dem Satz von Farin verhältnismäßig einfach, daß Bézier-Kurven *variationsmindernd* sind. Dies bedeutet genauer: Sind $\mathbf{b}_0, \ldots, \mathbf{b}_n$ gegebene Bézier-Punkte, so besitzt jede Gerade $G \subset \mathbb{R}^2$ mit der von $\mathbf{b}_0, \ldots, \mathbf{b}_n$ erzeugten Bézier-Kurve c höchstens soviele Schnittpunkte wie mit dem Polygonzug $P_n := [\mathbf{b}_0, \ldots, \mathbf{b}_n] \subset \mathbb{R}^2$. Dies bedeutet, lax formuliert, daß eine Bézierkurve nicht stärker oszilliert als der aus den Bézier-Punkten gebildete Polygonzug. Die Idee für den Beweis besteht darin, durch Gradanhebung neue Punkte $\mathbf{b}_0^{n+1}, \ldots, \mathbf{b}_{n+1}^{n+1}$ zu gewinnen, die ebenfalls die Bézier-Kurve c erzeugen. Die Gerade G besitzt mit dem Polygonzug $P_{n+1} := [\mathbf{b}_0^{n+1}, \ldots, \mathbf{b}_{n+1}^{n}]$ höchstens soviele Schnittpunkte wie mit P_n. Statt eines genauen Argumentes verweisen wir auf Abbildung 3.20. Man erkennt: Liegen $\mathbf{b}_i^{n+1}$ und $\mathbf{b}_{i+1}^{n+1}$ „auf verschiedenen Seiten" von G, besitzt G also einen Schnittpunkt mit P_{n+1} im Segment $(\mathbf{b}_i^{n+1}, \mathbf{b}_{i+1}^{n+1})$, so können $\mathbf{b}_{i-1}$, $\mathbf{b}_i$ und $\mathbf{b}_{i+1}$ nicht „auf einer Seite" von G liegen, so daß G mit P_n einen Schnittpunkt in $[\mathbf{b}_{i-1}, \mathbf{b}_i]$ oder $[\mathbf{b}_i, \mathbf{b}_{i+1}]$ haben muß. Wiederholte Gradanhebung und eine Anwendung des Satzes von Farin beweisen die variationsmindernde Eigenschaft von Bézier-Kurven[6]. □

Bevor wir zum Schluß dieses Unterabschnittes auf das „glatte Aneinanderstückeln" von Bézier-Polynomen eingehen, soll der *Subdivisions-Algorithmus* geschildert wer-

[6]Das angegebene Argument „zieht" offenbar auch dann, wenn die Bézier-Punkte $\mathbf{b}_0, \ldots, \mathbf{b}_n$ im $\mathbb{R}^3$ liegen, die zugehörige Bézier-Kurve c also eine Raumkurve ist. Dann besitzt jede *Ebene* $E \subset \mathbb{R}^3$ mit c höchstens so viele Schnittpunkte wie mit dem Polygonzug $[\mathbf{b}_0, \ldots, \mathbf{b}_n]$.

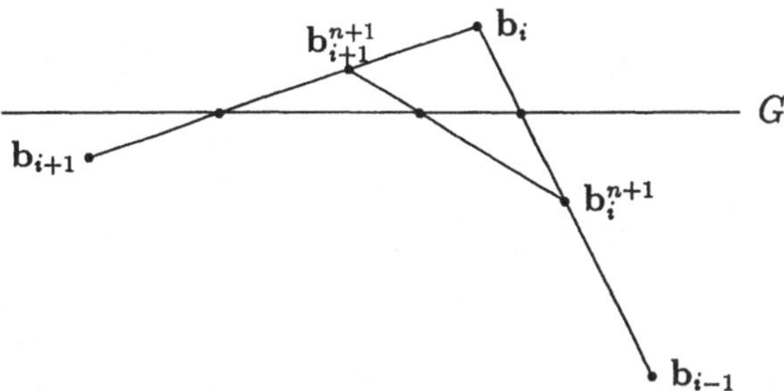

Abbildung 3.20: Variationsminderung bei Gradanhebung

den. Mit diesem ist es möglich, auf sehr schnelle Weise eine Bézier-Kurve, etwa auf dem Bildschirm, darzustellen.

Seien die Bézier-Punkte $\mathbf{b}_0, \ldots, \mathbf{b}_n$ gegeben, und hiermit auch das Bézier-Polynom $\mathbf{x} := \sum_{i=0}^n \mathbf{b}_i B_i^n$ sowie die Bézier-Kurve $c := \mathbf{x}([0,1])$. Gegeben sei außerdem ein $\gamma \in (0,1)$, etwa $\gamma = \frac{1}{2}$. Definiert man $c_1 := \mathbf{x}([0,\gamma])$, $c_2 := \mathbf{x}([\gamma,1])$, so ist die gesamte Kurve c die Vereinigung von c_1 und c_2. Im folgenden Lemma werden wir zeigen, daß auch c_1 und c_2 Bézier-Kurven vom Grad n sind, also von jeweils $n+1$ Bézier-Punkten erzeugt werden. Sieht man sich noch einmal Abbildung 3.17 an, so wird man vermuten, daß diese Punkte durch den de Casteljau-Algorithmus zur Berechnung von $\mathbf{x}(\gamma)$ mitgeliefert werden. Und zwar wird man vermuten, daß die Punkte in der oberen bzw. der unteren Diagonalen des de Casteljau-Schemas die gesuchten Bézier-Punkte sind. Diese Vermutung wird im folgenden Lemma bewiesen.

Lemma 4.2 *Gegeben seien die Bézier-Punkte $\mathbf{b}_0, \ldots, \mathbf{b}_n$, hiermit sei das Bézier-Polynom $\mathbf{x} := \sum_{i=0}^n \mathbf{b}_i B_i^n$ definiert. Für $\gamma \in (0,1)$ seien $\mathbf{b}_i^r(\gamma)$ für $r = 0, \ldots, n$ und $i = 0, \ldots, n-r$ durch den de Casteljau-Algorithmus gegeben. Es sei also*

$$\mathbf{b}_i^0(\gamma) := \mathbf{b}_i, \qquad i = 0, \ldots, n,$$

und

$$\mathbf{b}_i^r(\gamma) := (1-\gamma)\,\mathbf{b}_i^{r-1}(\gamma) + \gamma\,\mathbf{b}_{i+1}^{r-1}(\gamma), \qquad r = 1, \ldots, n, \ i = 0, \ldots, n-r.$$

Dann ist

$$\mathbf{x}(\gamma t) = \sum_{i=0}^n \mathbf{b}_0^i(\gamma) B_i^n(t), \qquad \mathbf{x}(1-(1-\gamma)t) = \sum_{i=0}^n \mathbf{b}_{n-i}^i(\gamma) B_i^n(t).$$

Insbesondere sind $c_1 := \mathbf{x}([0,\gamma])$ und $c_2 := \mathbf{x}([\gamma,1])$ Bézier-Kurven, die von den Bézier-Punkten $\mathbf{b}_0^0(\gamma), \ldots, \mathbf{b}_0^n(\gamma)$ bzw. $\mathbf{b}_n^0(\gamma), \ldots, \mathbf{b}_0^n(\gamma)$ erzeugt werden.

Beweis: Grundlage des Beweises ist die Identität

$$(*) \qquad B_i^n(\gamma t) = \sum_{j=i}^n B_i^j(\gamma) B_j^n(t), \qquad i = 0, \ldots, n.$$

Angenommen, wir hätten (*) schon bewiesen. Dann ist wegen (*) und $B_i^j(\gamma) = 0$ für $j < i$ sowie durch Vertauschen der Summationsreihenfolge

$$\mathbf{x}(\gamma t) = \sum_{i=0}^{n} \mathbf{b}_i B_i^n(\gamma t) = \sum_{j=0}^{n} \left(\sum_{i=0}^{j} \mathbf{b}_i B_i^j(\gamma) \right) B_j^n(t) = \sum_{j=0}^{n} \mathbf{b}_0^j(\gamma) B_j^n(t)$$

dank de Casteljau. Setzt man $\mathbf{c}_i := \mathbf{b}_{n-i}$, $i = 0, \ldots, n$, und bildet man anschließend $\mathbf{c}_i^r(1-\gamma)$ für $r = 0, \ldots, n$ und $i = 0, \ldots, n-r$ nach de Casteljau, so erhält man durch vollständige Induktion nach r, daß $\mathbf{c}_i^r(1-\gamma) = \mathbf{b}_{n-r-i}^r(\gamma)$ für $r = 0, \ldots, n$ und $i = 0, \ldots, n-r$. Benutzt man nun noch $B_i^n(t) = B_{n-i}^n(1-t)$, so folgt

$$\mathbf{x}(1-(1-\gamma)t) = \sum_{i=0}^{n} \mathbf{c}_i B_i^n((1-\gamma)t) = \sum_{i=0}^{n} \mathbf{c}_0^i(1-\gamma) B_i^n(t) = \sum_{i=0}^{n} \mathbf{b}_{n-i}^i(\gamma) B_i^n(t).$$

Zu zeigen bleibt daher die Identität (*). Hierzu gehen wir auf die Definition der Bernstein-Polynome zurück und benutzen am Schluß den binomischen Lehrsatz:

$$\begin{aligned}
\sum_{j=i}^{n} B_i^j(\gamma) B_j^n(t) &= \sum_{j=i}^{n} \binom{j}{i} \gamma^i (1-\gamma)^{j-i} \binom{n}{j} t^j (1-t)^{n-j} \\
&= \sum_{k=0}^{n-i} \binom{i+k}{i} \gamma^i (1-\gamma)^k \binom{n}{i+k} t^{i+k} (1-t)^{n-i-k} \\
&= \binom{n}{i} (\gamma t)^i \sum_{k=0}^{n-i} \binom{n-i}{k} [(1-\gamma)t]^k (1-t)^{n-i-k} \\
&= \binom{n}{i} (\gamma t)^i [(1-\gamma)t + (1-t)]^{n-i} \\
&= B_i^n(\gamma t).
\end{aligned}$$

Damit ist das Lemma bewiesen. □

Beispiel: In Abbildung 3.21 ist zu fünf Bézier-Punkten $\mathbf{b}_0, \ldots, \mathbf{b}_4$ die zugehörige Bézier-Kurve gezeichnet. Ferner ist das Ergebnis der ersten beiden Schritte des Subdivisions-Algorithmus skizziert. Der erste Schritt liefert die Ecken o des eingezeichneten Polygonzuges. Im zweiten Schritt werden die mit • gekennzeichneten Punkte erzeugt. Hierbei ist jeweils eine wiederholte Halbierung ($\gamma = \frac{1}{2}$) benutzt worden. □

Zum Schluß dieses Unterabschnittes wollen wir noch kurz auf das „glatte Aneinanderstückeln" von Bézier-Polynomen bzw. auf Bézier-Splines eingehen.

Sei $u_0 < u_1 < u_2$ und $\mathbf{x}: [u_0, u_2] \longrightarrow \mathbb{R}^2$ (oder $\mathbb{R}^3$) die Darstellung einer Kurve $c := \mathbf{x}([u_0, u_2])$, wobei die Restriktion von $\mathbf{x}$ auf $[u_0, u_1]$ bzw. $[u_1, u_2]$ jeweils ein Bézier-Polynom vom Grad n ist. Es sei also

$$\mathbf{x}(u) = \begin{cases} \sum_{i=0}^{n} \mathbf{b}_i^0 B_i^n(t) & \text{falls} \quad u = (1-t)u_0 + tu_1 \in [u_0, u_1], \\ \sum_{i=0}^{n} \mathbf{b}_i^1 B_i^n(t) & \text{falls} \quad u = (1-t)u_1 + tu_2 \in [u_1, u_2]. \end{cases}$$

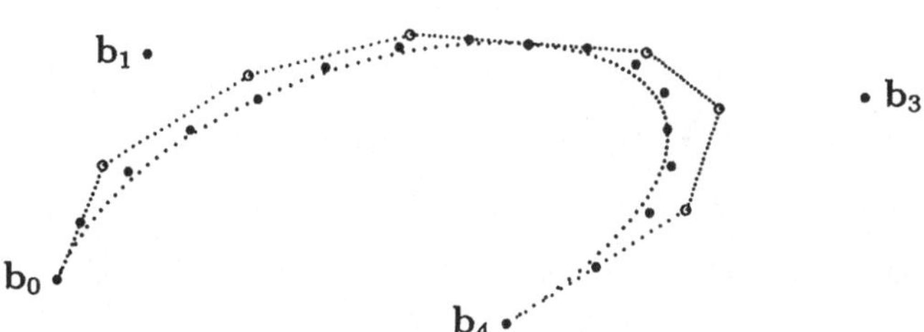

Abbildung 3.21: Die ersten beiden Schritte des Subdivisions-Algorithmus

Zur Abkürzung setzen wir

$$\mathbf{x}_0(t) := \sum_{i=0}^{n} \mathbf{b}_i^0 B_i^n(t), \qquad \mathbf{x}_1(t) := \sum_{i=0}^{n} \mathbf{b}_i^1 B_i^n(t) \qquad (t \in [0,1]).$$

Um einen *stetigen* Übergang bei u_1, d. h. $\mathbf{x}(u_1-) = \mathbf{x}(u_1+)$ zu sichern, muß natürlich $\mathbf{x}_0(1) = \mathbf{x}_1(0)$ bzw. $\mathbf{b}_n^0 = \mathbf{b}_0^1$ gelten, was ab jetzt angenommen wird. Allgemeiner ist

$$\mathbf{x}^{(r)}(u_1-) = \frac{1}{(u_1 - u_0)^r}\, \mathbf{x}_0^{(r)}(1) = \frac{n!}{(n-r)!\,(u_1-u_0)^r}\, \Delta^r \mathbf{b}_{n-r}^0$$

und entsprechend

$$\mathbf{x}^{(r)}(u_1+) = \frac{1}{(u_2 - u_1)^r}\, \mathbf{x}_1^{(r)}(0) = \frac{n!}{(n-r)!\,(u_2-u_1)^r}\, \Delta^r \mathbf{b}_0^1.$$

Daher ist $\mathbf{x}$ stetig differenzierbar oder kürzer C^1, wenn

$$(*) \qquad \Delta^1 \mathbf{b}_{n-1}^0 = \frac{u_1 - u_0}{u_2 - u_1}\, \Delta^1 \mathbf{b}_0^1 \qquad \text{bzw.} \qquad \mathbf{b}_n^0 - \mathbf{b}_{n-1}^0 = \frac{u_1 - u_0}{u_2 - u_1}\,(\mathbf{b}_1^1 - \mathbf{b}_0^1).$$

Man beachte aber: Ist $\mathbf{b}_{n-1}^0 = \mathbf{b}_n^0 = \mathbf{b}_0^1 = \mathbf{b}_1^1$, so kann die Kurve c sehr wohl eine „Spitze“ besitzen, so daß man sie nicht als „glatt“ bezeichnen würde, obwohl ihre Darstellung C^1 ist. Ist neben $\mathbf{b}_n^0 = \mathbf{b}_0^1$ auch $(*)$ erfüllt, so ist $\mathbf{x}$ zweimal stetig differenzierbar oder kürzer C^2, wenn

$$(**) \qquad \mathbf{b}_{n-2}^0 - 2\mathbf{b}_{n-1}^0 + \mathbf{b}_n^0 = \left(\frac{u_1 - u_0}{u_2 - u_1}\right)^2 (\mathbf{b}_0^1 - 2\mathbf{b}_1^1 + \mathbf{b}_2^1).$$

Beispiel: Mit obigen Bezeichnungen seien die u_i der Einfachheit halber äquidistant, sei etwa $u_i := i$, $i = 0, 1, 2$. Gegeben seien die Bézier-Punkte $\mathbf{b}_0^0, \ldots, \mathbf{b}_n^0$ des Bézier-Polynoms $\mathbf{x}_0$. Obige Aussagen zeigen, wie die Koeffizienten $\mathbf{b}_0^1, \ldots, \mathbf{b}_n^1$ eines zweiten Bézier-Polynoms $\mathbf{x}_1$ zu plazieren sind, um für die Darstellung $\mathbf{x}$ der zusammengesetzten *Bézier-Kurve* die Stetigkeit, die stetige Differenzierbarkeit bzw. die zweimalige stetige Differenzierbarkeit zu sichern. Wenn $\mathbf{b}_n^0 = \mathbf{b}_0^1$, so ist $\mathbf{x}$ stetig. Ist

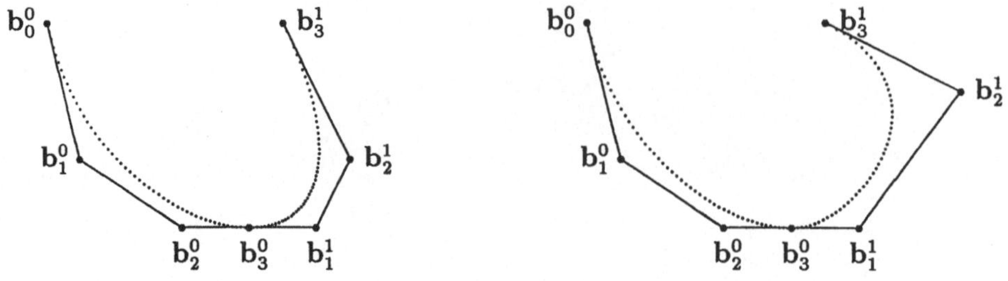

Abbildung 3.22: Zusammengesetzte Bézier-Kurven

darüberhinaus $\mathbf{b}_1^1 = 2\mathbf{b}_n^0 - \mathbf{b}_{n-1}^0$, ist also $\mathbf{b}_n^0 = \mathbf{b}_0^1$ Mittelpunkt der Strecke von $\mathbf{b}_{n-1}^0$ und $\mathbf{b}_1^1$, so ist $\mathbf{x}$ sogar C^1. Ist schließlich auch noch $\mathbf{b}_2^1 = 4(\mathbf{b}_n^0 - \mathbf{b}_{n-1}^0) + \mathbf{b}_{n-2}^0$, so ist $\mathbf{x}$ zweimal stetig differenzierbar. In Abbildung 3.22 sind zwei aus zwei kubischen Bézier-Kurven zusammengesetzte Kurven skizziert. Die Darstellung der linken ist C^2, die der rechten C^1, aber nicht C^2. □

Beispiel: Wir wollen versuchen, (so etwas ähnliches wie) einen Violinschlüssel mit Hilfe zusammengesetzter kubischer Bézier-Kurven zu konstruieren. Das unvollkommene Ergebnis unserer Bemühungen findet man in Abbildung 3.23. Hierbei haben

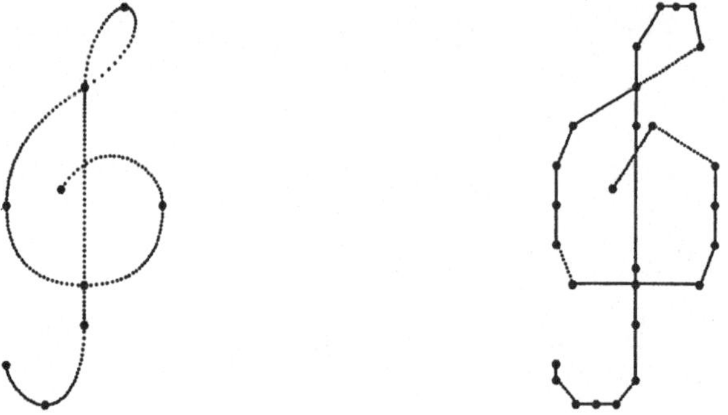

Abbildung 3.23: Zusammengesetzte Bézier-Kurve und zugehöriger Polygonzug

wir neun kubische Bézier-Kurven zusammengesetzt. Deren Anfangs- und Endpunkte sind in Abbildung 3.23 links durch • gekennzeichnet. Rechts sind die benutzten Bézier-Punkte angegeben und durch einen Polygonzug verbunden. Die Darstellung der Kurve ist C^1 und stückweise kubisch. □

Sind umgekehrt $\mathbf{x}_0 = \sum_{i=0}^n \mathbf{b}_i^0 B_i^n$, $\mathbf{x}_1 = \sum_{i=0}^n \mathbf{b}_i^1 B_i^n$ zwei Bézier-Polynome mit $\mathbf{b}_n^0 = \mathbf{b}_0^1$ und $\mathbf{b}_n^0 - \mathbf{b}_{n-1}^0 = \lambda(\mathbf{b}_1^1 - \mathbf{b}_0^1)$ mit einem $\lambda > 0$, so sagen wir, die aus den beiden Bézier-Kurven $c_0 := \mathbf{x}_0([0,1])$ und $c_1 := \mathbf{x}_1([0,1])$ zusammengesetzte Kurve $c := c_1 \cup c_2$ sei *visuell* C^1. Anschaulich bedeutet dies, daß $\mathbf{b}_n^0 = \mathbf{b}_0^1$ auf der Verbindungsstrecke $(\mathbf{b}_{n-1}^0, \mathbf{b}_1^1)$ liegt (jedenfalls für $\mathbf{b}_{n-1}^0 \neq \mathbf{b}_1^1$). Ist dies der Fall, definiert man ferner

$u_1 := \lambda/(1+\lambda)$ und anschließend $\mathbf{x}\colon [0,1] \longrightarrow \mathbb{R}^2$ (oder $\mathbb{R}^3$) durch

$$\mathbf{x}(u) := \begin{cases} \mathbf{x}_0(t) & \text{falls} \quad u = tu_1 \in [0, u_1], \\ \mathbf{x}_1(t) & \text{falls} \quad u = u_1 + t(1-u_1) \in [u_1, 1], \end{cases}$$

so ist durch $\mathbf{x}$ eine C^1-Darstellung von c gegeben. Es kann auch erklärt werden, wann eine aus zwei Bézier-Kurven zusammengesetzte Kurve *visuell* C^2 ist. Hierauf wollen wir aber nicht mehr eingehen und verweisen lediglich auf W. Böhm et al. (1984, S. 11) und G. Farin (1990, S. 185 ff.).

3.4.3 B-Spline-Kurven

B-Splines haben sich in Unterabschnitt 3.3.5 als ein wertvolles Hilfsmittel bei der Untersuchung verschiedener Interpolationsaufgaben herausgestellt. Sehr kurz wollen wir in diesem Unterabschnitt auf die Anwendung von B-Splines bei der Darstellung von Kurven eingehen.

Wie in 3.3.5 sei im folgenden eine *Knotenfolge* $T := \{t_i\}_{i\in\mathbb{Z}} \subset \mathbb{R}$ gegeben. Die Folge $\{t_i\}$ sei also monoton nicht fallend, ferner sei $\lim_{i\to\pm\infty} t_i = \pm\infty$. In Definition 3.10 sind die (normalisierten) B-Splines $B_{i,k}$ der Ordnung k zur Knotenfolge T rekursiv durch

$$B_{i,1}(t) \ := \ \begin{cases} 1 & \text{falls} \quad t_i \le t < t_{i+1}, \\ 0 & \text{sonst,} \end{cases}$$

und

$$B_{i,k} \ := \ \omega_{i,k} B_{i,k-1} + (1-\omega_{i+1,k}) B_{i+1,k-1}$$

mit

$$\omega_{i,k}(t) \ := \ \begin{cases} \dfrac{t-t_i}{t_{i+k-1}-t_i} & \text{falls} \quad t_i < t_{i+k-1}, \\ 0 & \text{sonst.} \end{cases}$$

erklärt worden. In Definition 3.12 waren Linearkombinationen von B-Splines $B_{i,k}$ *Splines der Ordnung k zur Knotenfolge T* genannt worden.

Beispiel: Wir wollen uns überlegen, daß B-Splines eine Verallgemeinerung der Bernstein-Polynome sind und definieren hierzu bei gegebenem $k \in \mathbb{N}$ Knoten t_i, $i = 0, \ldots, 2k-1$, durch $t_i := 0$, $i = 0, \ldots, k-1$, und $t_{i+k} := 1$, $i = 0, \ldots, k-1$. Diese Knoten denke man sich durch weitere einfache Knoten zu einer Knotenfolge T ergänzt:

$$\cdots < t_{-1} < t_0 = \cdots = t_{k-1} < t_k = \cdots = t_{2k-1} < t_{2k} < \cdots.$$

Für $t \in [0,1)$ ist dann

$$B_{i,k}(t) = \binom{k-1}{i} t^i (1-t)^{k-1-i} = B_i^{k-1}(t), \qquad i = 0, \ldots, k-1,$$

wie man leicht durch vollständige Induktion nach k beweist. □

Seien $k \in \mathbb{N}$ und eine Knotenfolge $T = \{t_i\}_{i\in\mathbb{Z}}$ mit $t_i < t_{i+k}$ für alle $i \in \mathbb{Z}$ gegeben. Eine Abbildung $\mathbf{x} = \sum_{i\in\mathbb{Z}} \mathbf{d}_i B_{i,k}$ nennen wir einen *Spline der Ordnung* k (oder vom *Grad* $k-1$), die Koeffizienten $\mathbf{d}_i$ heißen *de Boor-Punkte* oder *Kontrollpunkte*. Da die B-Splines $B_{i,k}$ außerhalb des Intervalles $[t_i, t_{i+k}]$ verschwinden, reduziert sich die Auswertung von $\mathbf{x}(t)$ für jedes $t \in \mathbb{R}$ auf die Berechnung einer *endlichen* Summe. Ist $\mathbf{x}$ ein Spline und $[a,b] \subset \mathbb{R}$ ein kompaktes Intervall, so heißt $c := \mathbf{x}([a,b])$ eine *B-Spline-Kurve*.

Man erkennt die Analogie zu den entsprechenden Begriffen im letzten Unterabschnitt: Splines der Ordnung k entsprechen Bézier-Polynomen vom Grad $k-1$, B-Spline-Kurven entsprechen Bézier-Kurven. Wegen der lokalen Trägereigenschaft von B-Splines haben B-Spline-Kurven gegenüber Bézier-Kurven den Vorteil, daß sich die Änderung eines Kontrollpunktes nur lokal auf die Kurve auswirkt. Genauer gilt: Ändert man im Spline $\mathbf{x} = \sum_{i\in\mathbb{Z}} \mathbf{d}_i B_{i,k}$ nur den Kontrollpunkt $\mathbf{d}_j$ und bezeichnet man den resultierenden Spline mit $\mathbf{x}_j$, so ist $\mathbf{x}(t) = \mathbf{x}_j(t)$ für alle $t \notin [t_j, t_{j+k}]$. Daher wird sich bei Veränderung eines Kontrollpunktes i. allg. nur ein kleiner Teil der zugehörigen B-Spline-Kurve ändern. Da B-Splines eine nichtnegative Zerlegung der Eins bilden (siehe Lemma 3.11), sind ebenso wie Bézier-Kurven auch B-Spline-Kurven in der konvexen Hülle ihrer Kontrollpunkte enthalten.

Dem de Casteljau-Algorithmus zur Auswertung eines Bézier-Polynoms an einer bestimmten Stelle t entspricht der *de Boor-Algorithmus* (siehe C. DE BOOR (1972)) zur Auswertung eines Splines. Unser Ziel wird zunächst darin bestehen, diesen Algorithmus zu beschreiben und zu begründen.

Der de Boor-Algorithmus zur Auswertung des Splines $\mathbf{x} = \sum_{i\in\mathbb{Z}} \mathbf{d}_i B_{i,k}$ an einer Stelle t beruht auf einer wiederholten Anwendung der die B-Splines definierenden Rekursionsformel. Angenommen, für ein $r \in \{1,\ldots,k-1\}$ sei $\mathbf{x} = \sum_{i\in\mathbb{Z}} \mathbf{d}_i^{r-1} B_{i,k-r+1}$. Für $r = 1$ ist dies richtig, wenn man $\mathbf{d}_i^0 := \mathbf{d}_i$ für $i \in \mathbb{Z}$ setzt. Dann ist aber

$$\begin{aligned}
\mathbf{x} &= \sum_{i\in\mathbb{Z}} \mathbf{d}_i^{r-1} B_{i,k-r+1} \\
&= \sum_{i\in\mathbb{Z}} \mathbf{d}_i^{r-1} \left[\omega_{i,k-r+1} B_{i,k-r} + (1-\omega_{i+1,k-r+1}) B_{i+1,k-r}\right] \\
&\qquad \text{(Rekursionsformel für B-Splines)} \\
&= \sum_{i\in\mathbb{Z}} [\omega_{i,k-r+1}\, \mathbf{d}_i^{r-1} + (1-\omega_{i,k-r+1})\, \mathbf{d}_{i-1}^{r-1}] B_{i,k-r} \\
&\qquad \text{(Ersetze im zweiten Summanden } i \text{ durch } i-1) \\
&= \sum_{i\in\mathbb{Z}} \mathbf{d}_i^r B_{i,k-r},
\end{aligned}$$

wenn man

$$\mathbf{d}_i^r := \omega_{i,k-r+1}\, \mathbf{d}_i^{r-1} + (1-\omega_{i,k-r+1})\, \mathbf{d}_{i-1}^{r-1}$$

definiert. Nach $k-1$ Schritten erhält man die Darstellung $\mathbf{x} = \sum_{i\in\mathbb{Z}} \mathbf{d}_i^{k-1} B_{i,1}$. Für $t \in [t_j, t_{j+1})$ ist daher $\mathbf{x}(t) = \mathbf{d}_j^{k-1}(t)$. Es resultiert der folgende einfache Algorithmus zur Auswertung des Splines $\mathbf{x} = \sum_{i\in\mathbb{Z}} \mathbf{d}_i B_{i,k}$ an einer Stelle $t \in [t_j, t_{j+1})$:

- Input: Ordnung $k \in \mathbb{N}$, Knoten $t_{j-k+1} \le \cdots \le t_j < t_{j+1} \le \cdots \le t_{j+k}$, $t \in [t_j, t_{j+1})$ und die de Boor-Punkte $\mathbf{d}_{j-k+1}, \ldots, \mathbf{d}_j$.

- Für $i = j - k + 1, \ldots, j$:

  $\mathbf{d}_i^0(t) := \mathbf{d}_i$

  Für $r = 1, \ldots, k - 1$:

  Für $i = j, \ldots, j - k + r + 1$:

$$\omega_{i,k-r+1}(t) := \begin{cases} \dfrac{t - t_i}{t_{i+k-r} - t_i} & \text{falls} \quad t_i < t_{i+k-r}, \\ 0 & \text{sonst} \end{cases}$$

$$\mathbf{d}_i^r(t) := \omega_{i,k-r+1}(t)\,\mathbf{d}_i^{r-1}(t) + [1 - \omega_{i,k-r+1}(t)]\,\mathbf{d}_{i-1}^{r-1}(t)$$

- Output: $\mathbf{d}_j^{k-1}(t) = \sum_{i=j-k+1}^{j} \mathbf{d}_i B_{i,k}(t)$.

Zu beachten ist: Für $t \in [t_j, t_{j+1})$, $r \in \{1, \ldots, k-1\}$ und $i \in \{j - k + r + 1, \ldots, j\}$, also alle relevanten Indizes, ist $\omega_{i,k-r+1}(t) \in [0, 1]$, so daß man $\mathbf{d}_i^r(t)$ auf stabile Weise als Konvexkombination von $\mathbf{d}_i^{r-1}(t)$ und $\mathbf{d}_{i-1}^{r-1}(t)$ erhält. Bei einer Implementation des gerade eben vorgestellten de Boor-Algorithmus wird man natürlich dynamische Wertzuweisungen benutzen (siehe die entsprechende Bemerkung zum de Casteljau-Algorithmus). Um dies zu erleichtern, zählt der Index i in der innersten Schleife des obigen Programms *abwärts*. Das dem de Casteljau-Schema entsprechende *de Boor-Schema* (siehe nächstes Beispiel für den kubischen Spezialfall) wird also spaltenweise von unten nach oben aufgebaut.

Beispiel: Sei $k \in \mathbb{N}$ gegeben. Die Endpunkte eines Intervalls $[a, b]$ nehme man jeweils als k-fachen Knoten, ferner seien $n - 1$ einfache innere Knoten vorgegeben. Es sei also

$$a = t_0 = \cdots = t_{k-1} < t_k < \cdots < t_{k+n-2} < t_{k+n-1} = \cdots = t_{2k+n-2} = b.$$

Bei vorgegebenen Kontrollpunkten $\mathbf{d}_0, \ldots, \mathbf{d}_{k+n-2}$ kann

$$\mathbf{x}(t) := \sum_{i=0}^{k+n-2} \mathbf{d}_i B_{i,k}(t)$$

für $t \in [t_j, t_{j+1})$, $j = k-1, \ldots, k+n-2$, mit Hilfe des de Boor-Algorithmus ausgewertet werden. Das führt für $k = 4$, also kubische Splines, auf das in Tabelle 3.6 angegebene de Boor-Schema.

In Abbildung 3.24 haben wir $k := 4$ und $n := 5$ gesetzt und zu den acht Kontrollpunkten $\mathbf{d}_0, \ldots, \mathbf{d}_7$ die zugehörige kubische B-Spline-Kurve gezeichnet. Hierbei haben wir eine äquidistante Zerlegung des Intervalls $[0, 1]$ benutzt, also $t_{3+i} := i/5$, $i = 0, \ldots, 5$, gesetzt und die Endpunkte als jeweils vierfachen Knoten genommen. Mit $\mathbf{x} := \sum_{i=0}^{7} \mathbf{d}_i B_{i,4}$ ist also $c := \mathbf{x}([0, 1])$ skizziert. In Abbildung 3.24 ist auch der die de Boor-Punkte verbindende Polygonzug eingetragen, ferner sind die Punkte $\mathbf{x}(t)$ der Kurve c, die man für $t = t_{3+j}$, $j = 0, \ldots, 5$, erhält, durch • markiert. Man erkennt, daß c bei $\mathbf{d}_0$ startet und bei $\mathbf{d}_7$ endet. Das ist auch nicht verwunderlich, denn von den B-Splines $B_{0,4}, \ldots, B_{7,4}$ verschwindet lediglich $B_{0,4}$ nicht für $t = 0$, es ist $B_{0,4}(0) = 1$. Entsprechendes gilt für den rechten Endpunkt. □

$$
\begin{array}{lllllll}
\mathbf{d}_{j-3} & =: & \mathbf{d}^0_{j-3}(t) & & & & \\
 & & & \mathbf{d}^1_{j-2}(t) & & & \\
\mathbf{d}_{j-2} & =: & \mathbf{d}^0_{j-2}(t) & & \mathbf{d}^2_{j-1}(t) & & \\
 & & & \mathbf{d}^1_{j-1}(t) & & \mathbf{d}^3_j(t) = \mathbf{x}(t) & \\
\mathbf{d}_{j-1} & =: & \mathbf{d}^0_{j-1}(t) & & \mathbf{d}^2_j(t) & & \\
 & & & \mathbf{d}^1_j(t) & & & \\
\mathbf{d}_j & =: & \mathbf{d}^0_j(t) & & & &
\end{array}
$$

Tabelle 3.6: Das de Boor-Schema zur Auswertung kubischer Splines

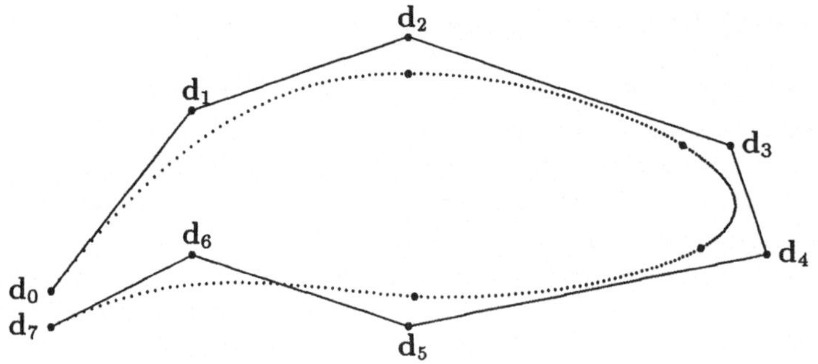

Abbildung 3.24: Eine kubische B-Spline-Kurve

Bisher haben wir nur sogenannte *parametrische Kurven* betrachtet. Mit einem kompakten Intervall $[a,b]$ und einer stetigen Abbildung $\mathbf{x}\colon [a,b] \longrightarrow \mathbb{R}^2$ ist eine ebene parametrische Kurve durch $c = \mathbf{x}([a,b])$ gegeben. Dagegen ist eine *nichtparametrische Kurve* das Bild eines Intervalls $[a,b]$ unter einer Abbildung $\mathbf{x}\colon [a,b] \longrightarrow \mathbb{R}$ mit

$$
\mathbf{x}(t) = \begin{pmatrix} t \\ f(t) \end{pmatrix}, \qquad t \in [a,b],
$$

wobei $f\colon [a,b] \longrightarrow \mathbb{R}$ stetig ist. Eine nützliche Identität bei der Untersuchung nichtparametrischer B-Spline-Kurven wird im folgenden Lemma bewiesen.

Lemma 4.3 *Sei $k \in \mathbb{N}$ mit $k \geq 2$ und $T = \{t_i\}_{i\in\mathbb{Z}}$ eine Knotenfolge mit $t_i < t_{i+k}$ für alle $i \in \mathbb{Z}$. Mit $B_{i,k}$ seien die zugehörigen B-Splines bezeichnet. Für alle $t \in \mathbb{R}$ ist dann*

$$
t = \sum_{i\in\mathbb{Z}} \xi_{i,k} B_{i,k}(t) \qquad \textit{mit} \qquad \xi_{i,k} := \frac{1}{k-1}\sum_{j=1}^{k-1} t_{i+j}.
$$

Beweis: Der Beweis ist naheliegend, wenn man sich an Teil 4 von Lemma 3.11 erinnert. Dort wurde mit Hilfe der Marsden-Identität bewiesen: Ist $p \in \Pi_{k-1}$ ein Polynom vom Grad $< k$, so läßt sich p für ein beliebiges $\xi \in \mathbb{R}$ in der Form

$$
(*) \quad p(\cdot) = \sum_{i=-\infty}^{\infty} \lambda_{i,k}(p) B_{i,k}(\cdot) \qquad \text{mit} \quad \lambda_{i,k}(p) := \sum_{j=0}^{k-1} (-1)^{k-1-j} \frac{\psi_{i,k}^{(k-1-j)}(\xi)}{(k-1)!} p^{(j)}(\xi)
$$

darstellen, wobei $\psi_{i,k}(\xi) := \prod_{j=1}^{k-1}(t_{i+j} - \xi)$. Wir setzen $p(t) := t$ in (*). Nur die ersten beiden Terme in der Darstellung von $\lambda_{i,k}(p)$ verschwinden nicht. Daher ist

$$\lambda_{i,k}(p) = \frac{(-1)^{k-1}}{(k-1)!}[\psi_{i,k}^{(k-1)}(\xi)\xi - \psi_{i,k}^{(k-2)}(\xi)] = \frac{1}{k-1}\sum_{j=1}^{k-1} t_{i+j},$$

wobei wir benutzt haben, daß $\psi_{i,k} \in \Pi_{k-1}$ die Darstellung

$$\psi_{i,k}(\xi) = (-1)^{k-1}\xi^{k-1} + (-1)^{k-2}\left(\sum_{j=1}^{k-1} t_{i+j}\right)\xi^{k-2} + \cdots$$

besitzt. Das Lemma ist damit bewiesen. □

Aus Lemma 4.3 schließen wir: Ist $f := \sum_{i\in\mathbb{Z}} a_i B_{i,k}$ ein (nichtparametrischer) Spline (man beachte, daß a_i nicht fett gedruckt, also ein Skalar ist), so ist

$$\mathbf{x}(t) := \begin{pmatrix} t \\ f(t) \end{pmatrix} = \sum_{i\in\mathbb{Z}} \mathbf{d}_i B_{i,k}(t) \qquad \text{mit} \quad \mathbf{d}_i := \begin{pmatrix} \xi_{i,k} \\ a_i \end{pmatrix}, \quad \xi_{i,k} := \frac{1}{k-1}\sum_{j=1}^{k-1} t_{i+j}.$$

Daher ist es einfach, bei gegebenem Spline f die Kontrollpunkte der zugehörigen nichtparametrischen B-Spline-Kurve zu bestimmen. Aus Aufgabe 2 folgt ein Analogon dieser Aussage für Bézier-Kurven.

Beispiel: In Abbildung 3.25 haben wir eine nichtparametrische, kubische B-Spline-Kurve gezeichnet und die zugehörigen de Boor-Punkte eingetragen. Hierbei sind die Endpunkte des Intervalls als jeweils vierfache Knoten genommen worden, die drei inneren Knoten sind einfach. Markiert sind auf der t-Achse auch die sogenannten

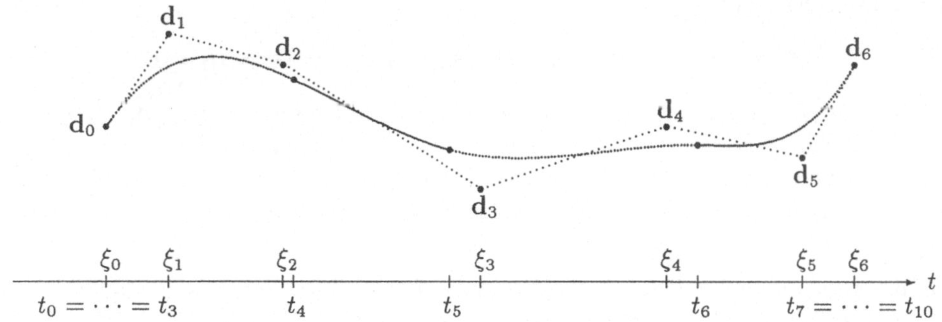

Abbildung 3.25: Eine nichtparametrische, kubische B-Spline-Kurve

Greville-Abszissen (siehe z. B. G. FARIN (1990, S. 150)) $\xi_i := \frac{1}{3}(t_{i+1} + t_{i+2} + t_{i+3})$, $i = 0, \ldots, 6$. Die Kontrollpunkte sind durch $\mathbf{d}_i = (\xi_i, a_i)$, $i = 0, \ldots, 6$, gegeben. □

Bemerkung: Der Gradanhebung bei Bézier-Polynomen entspricht bei Splines die *Knoteneinfügung*. Ein Ergebnis von W. BÖHM (1980) (für einen eleganten Beweis sei auf C. DE BOOR, K. HÖLLIG (1987) verwiesen) besagt:

- *Sei $k \in \mathbb{N}$ und $T = \{t_i\}_{i\in\mathbb{Z}}$ eine Knotenfolge mit $t_i < t_{i+k}$ für alle $i \in \mathbb{Z}$. Mit $B_{i,k}$ seien die zugehörigen B-Splines bezeichnet. Gegeben sei ein $\hat{t} \in [t_j, t_{j+1})$, für $t_{j-k+1} = t_j$ bzw. $\#t_j = k$ sei $\hat{t} \in (t_j, t_{j+1})$. Hiermit definiere man die verfeinerte Knotenfolge $\hat{T} := \{\hat{t}_i\}_{i\in\mathbb{Z}}$ durch*

$$\hat{t}_i := \begin{cases} t_i & \text{für} \quad i \le j, \\ \hat{t} & \text{für} \quad i = j+1, \\ t_{i-1} & \text{für} \quad i \ge j+2. \end{cases}$$

Mit $\hat{B}_{i,k}$ seien die zur Knotenfolge $\hat{T}$ gehörenden B-Splines bezeichnet. Zu einer gegebenen Folge $\{\mathbf{d}_i\}_{i\in\mathbb{Z}}$ definiere man $\{\hat{\mathbf{d}}_i\}_{i\in\mathbb{Z}}$ durch

$$\hat{\mathbf{d}}_i := \begin{cases} \mathbf{d}_i & \text{für} \quad i \le j-k+1, \\ \dfrac{\hat{t}-t_i}{t_{i+k-1}-t_i}\,\mathbf{d}_i + \dfrac{t_{i+k-1}-\hat{t}}{t_{i+k-1}-t_i}\,\mathbf{d}_{i-1} & \text{für} \quad j-k+2 \le i \le j, \\ \mathbf{d}_{i-1} & \text{für} \quad i \ge j+1. \end{cases}$$

Dann ist

$$\sum_{i\in\mathbb{Z}} \mathbf{d}_i B_{i,k} = \sum_{i\in\mathbb{Z}} \hat{\mathbf{d}}_i \hat{B}_{i,k},$$

d. h. jeder Spline zur Knotenfolge T läßt sich in einfacher Weise als Spline zur Knotenfolge $\hat{T}$ schreiben.

Wie von J. LANE, R. RIESENFELD (1983) (und auch von C. DE BOOR, K. HÖLLIG (1987)) gezeigt wurde, folgt hieraus ziemlich einfach die variationsmindernde Eigenschaft von B-Spline-Kurven.

Zur Illustration geben wir uns wie in Abbildung 3.24 Kontrollpunkte $\mathbf{d}_0, \ldots, \mathbf{d}_7$ vor. Zu den Knoten

$$0 = t_0 = \cdots = t_3 < t_4 < t_5 < t_6 < t_7 < t_8 = \cdots = t_{11} = 1$$

mit $t_{3+i} := i/5$, $i = 1, \ldots, 4$, hatten wir den kubischen Spline $\mathbf{x} = \sum_{i=0}^{7} \mathbf{d}_i B_{i,4}$ gebildet und die B-Spline-Kurve $c := \mathbf{x}([0,1])$ gezeichnet. Wir fügen den Knoten $\hat{t} := 1/2$ in die gegebenen Knoten ein. Die neuen Kontrollpunkte $\hat{\mathbf{d}}_i$ sind in Abbildung 3.26 ebenfalls durch • markiert und durch einen Polygonzug verbunden. An der B-Spline-Kurve ändert sich dabei natürlich nichts. □

Auf die Interpolation gegebener Punkte in der Ebene durch eine glatte Kurve werden wir noch etwas in den Aufgaben eingehen (siehe auch G. FARIN (1990, S. 111 ff.)).

Aufgaben

1. Als Wiederholung zu Abschnitt 3.1 zeige man: Zu vorgegebenen $t_0 < \cdots < t_n$ und Punkten $\mathbf{p}_0, \ldots, \mathbf{p}_n$ in der Ebene gibt es genau ein Polynom $\mathbf{x} = \sum_{i=0}^{n} \mathbf{a}_i t^i$ mit $\mathbf{x}(t_j) = \mathbf{p}_j$, $j = 0, \ldots, n$. Anschließend schreibe man ein Programm, mit dem bei gegebenen t_j, $\mathbf{p}_j$, $j = 0, \ldots, n$ die zugehörige, interpolierende (Lagrange-) Kurve gezeichnet wird. Danach teste man das Programm, indem man durch die in Abbildung 3.27 (links) angegebenen sechs Punkte (etwa bei äquidistanten t_j) die zugehörige geschlossene Kurve

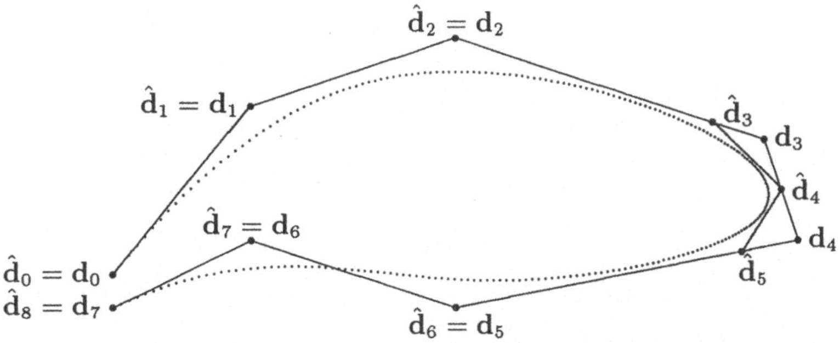

Abbildung 3.26: Knoteneinfügung bei einer kubischen B-Spline-Kurve

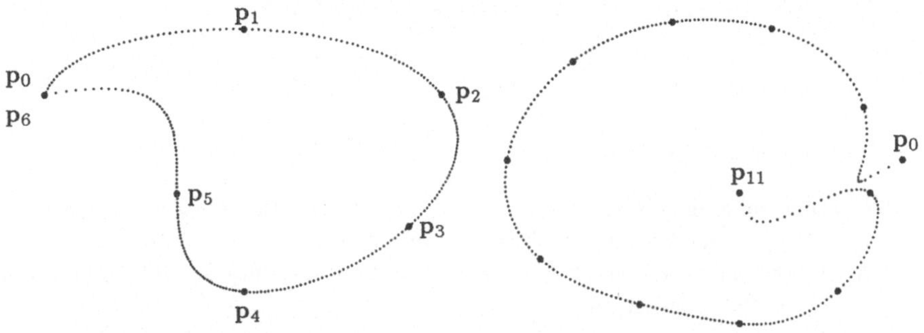

Abbildung 3.27: Zwei interpolierende Lagrange-Kurven

zeichnet. Rechts sind zwölf Punkte $\mathbf{p}_0, \ldots, \mathbf{p}_{11}$ vorgegeben und (bei äquidistanten t_j) die zugehörige interpolierende Lagrange-Kurve gezeichnet. Man erkennt sehr deutlich die Schwankungen zu Beginn und am Schluß der Kurve.

2. Man zeige: Ist $n \in \mathbb{N}$, so ist

$$t = \sum_{i=0}^{n} \frac{i}{n} B_i^n(t), \qquad \frac{n-1}{n} t^2 + \frac{t}{n} = \sum_{i=0}^{n} \left(\frac{i}{n}\right)^2 B_i^n(t).$$

Hinweis: Man differenziere die Identität $\sum_{i=0}^{n} \binom{n}{i} s^i = (s+1)^n$ einmal bzw. zweimal nach s, setze $s := t/(1-t)$ und multipliziere anschließend mit $(1-t)^n$.

3. Der *Satz von Korovkin* (siehe z. B. B. Brosowski, R. Kress (1975, S. 118)) sagt aus:

- *Sei $\{L_n\}$ eine Folge linearer, monotoner Operatoren, die den Raum $C[a,b]$ der auf dem kompakten Intervall $[a,b]$ stetigen, reellwertigen Funktionen in sich abbilden. Für $n \in \mathbb{N}$ sei also $L_n\colon C[a,b] \longrightarrow C[a,b]$ eine Abbildung mit*

$$L_n(\alpha f + \beta g) = \alpha L_n(f) + \beta L_n(g) \qquad \text{für alle } f, g \in C[a,b],\ \alpha, \beta \in \mathbb{R}$$

und

$$f \in C[a,b], \quad f(x) \geq 0 \quad \text{für alle } x \in [a,b] \Longrightarrow L_n(f)(x) \geq 0 \quad \text{für alle } x \in [a,b].$$

Sei $e_k \in C[a,b]$ *durch* $e_k(t) := t^k$, $k = 0,1,2$, *definiert. Ist dann*

$$\lim_{n\to\infty} \|L_n(e_k) - e_k\|_\infty = 0, \qquad k = 0,1,2,$$

so ist

$$\lim_{n\to\infty} \|L_n(f) - f\|_\infty = 0 \qquad \text{für alle } f \in C[a,b].$$

Mit Hilfe des Satzes von Korovkin beweise man den *Approximationssatz von Weierstraß*: Zu jedem $f \in C[a,b]$ existiert eine Folge $\{p_n\}$ von Polynomen, die auf $[a,b]$ gleichmäßig gegen f konvergiert.

Hinweis: Zunächst überlege man sich, daß o. B. d. A. $[a,b] = [0,1]$. Anschließend definiere man $L_n: C[0,1] \longrightarrow \Pi_n \subset C[0,1]$ für $n \in \mathbb{N}$ durch

$$L_n(f) := \sum_{i=0}^{n} f\left(\frac{i}{n}\right) B_i^n$$

und wende Aufgabe 2 an.

4. Gegeben seien eine Zerlegung $I : u_0 < \cdots < u_n$ des Intervalls $[u_0, u_n]$, ferner Punkte $\mathbf{p}_0, \ldots, \mathbf{p}_n$ in der Ebene und Tangentenvektoren $\mathbf{m}_0, \ldots, \mathbf{m}_n$. Man bestimme eine C^1-Abbildung $\mathbf{x}: [u_0, u_n] \longrightarrow \mathbb{R}^2$, deren Restriktion auf jedes der Intervalle $[u_j, u_{j+1}]$ ein kubisches Polynom ist, mit

$$\mathbf{x}(u_j) = \mathbf{p}_j, \qquad \mathbf{x}'(u_j) = \mathbf{m}_j, \qquad j = 0, \ldots, n.$$

Anschließend teste man das Verfahren, indem man durch die in Abbildung 3.27 (links) angegebenen Punkten $\mathbf{p}_0, \ldots, \mathbf{p}_6$ eine glatte, geschlossene Kurve konstruiert.

Hinweis: Für $u = (1-t)u_j + tu_{j+1} \in [u_j, u_{j+1}]$, $j = 0, \ldots, n-1$, mache man den Ansatz

$$\mathbf{x}(u) = \sum_{i=0}^{3} \mathbf{b}_i^j B_i^3(t),$$

d. h. $\mathbf{x}$ wird als stückweises, kubisches Bézier-Polynom angesetzt. Die Bestimmung der Bézier-Punkte $\mathbf{b}_i^j$ ist einfach. Für $j = 0, \ldots, n-1$ setze man nämlich

$$\mathbf{b}_0^j := \mathbf{p}_j, \quad \mathbf{b}_1^j := \mathbf{p}_j + \frac{u_{j+1} - u_j}{3}\mathbf{m}_j, \quad \mathbf{b}_2^j := \mathbf{p}_{j+1} - \frac{u_{j+1} - u_j}{3}\mathbf{m}_{j+1}, \quad \mathbf{b}_3^j := \mathbf{p}_{j+1}.$$

Bei der praktischen Umsetzung stößt man auf einige Schwierigkeiten. Will man nämlich eine glatte Kurve nach der angegebenen Methode durch vorgegebene Punkte legen, so ist z. B. keineswegs klar, wie die Zerlegung $I : u_0 < \cdots < u_n$ gewählt werden sollte. So kann es sinnvoll sein, $u_{j+1} - u_j$ proportional zum Abstand von $\mathbf{p}_{j+1}$ und $\mathbf{p}_j$ zu wählen. Ferner wird man i. allg. nicht die Tangentenvektoren $\mathbf{m}_j$, sondern höchstens Tangentenrichtungen vorgeben wollen. Nähere Informationen hierzu findet man bei G. FARIN (1990, S. 111 ff.). In Abbildung 3.28 haben wir durch die Punkte $\mathbf{p}_0, \ldots, \mathbf{p}_5, \mathbf{p}_6 = \mathbf{p}_0$ aus Abbildung 3.27 (links) eine geschlossene, zusammengesetzte, kubische Bézierkurve gelegt, deren Darstellung C^1 ist. Hierbei haben wir die inneren Bézier-Punkte für

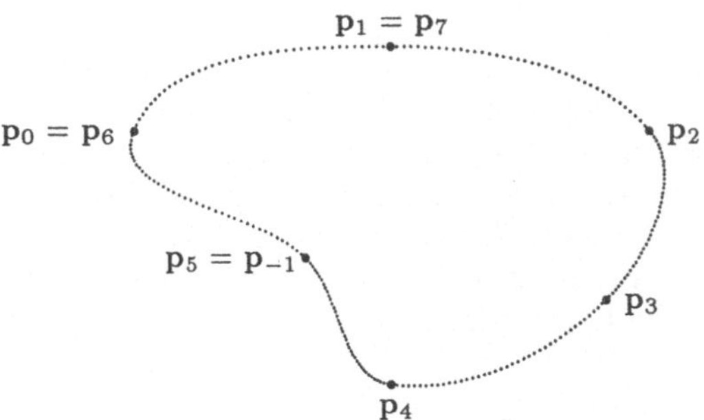

Abbildung 3.28: Eine interpolierende, zusammengesetzte Bézier-Kurve

$j = 0, \ldots, 5$ aus

$$\mathbf{b}_1^j := \mathbf{p}_j + \frac{\|\mathbf{p}_{j+1} - \mathbf{p}_j\|_2}{3} \frac{\mathbf{p}_{j+1} - \mathbf{p}_{j-1}}{\|\mathbf{p}_{j+1} - \mathbf{p}_{j-1}\|_2}, \qquad \mathbf{b}_2^j := \mathbf{p}_{j+1} - \frac{\|\mathbf{p}_{j+1} - \mathbf{p}_j\|_2}{3} \frac{\mathbf{p}_{j+2} - \mathbf{p}_j}{\|\mathbf{p}_{j+2} - \mathbf{p}_j\|_2}$$

berechnet, wobei $\mathbf{p}_{-1} := \mathbf{p}_5$ und $\mathbf{p}_7 := \mathbf{p}_1$ gesetzt ist. Wir gehen also von einer Zerlegung mit $u_0 := 0$, $u_{j+1} := u_j + \|\mathbf{p}_{j+1} - \mathbf{p}_j\|_2$ aus.

5. Man zeige: Ist $0 = t_0 = \cdots = t_{k-1} < t_k = \cdots = t_{2k-1} = 1$, so führt die Auswertung des Splines $\sum_{i=0}^{k-1} \mathbf{c}_i B_{i,k}$ für ein $t \in [t_{k-1}, t_k)$ nach dem de Boor-Schema genau auf die Auswertung des Bézier-Polynoms $\sum_{i=0}^{k-1} \mathbf{c}_i B_i^{k-1}$ durch das de Casteljau-Schema.

6. Zu den vorgegebenen, mit • markierten Kontrollpunkten konstruiere man die in Abbildung 3.29 skizzierten, geschlossenen B-Spline-Kurven der Ordnung vier.

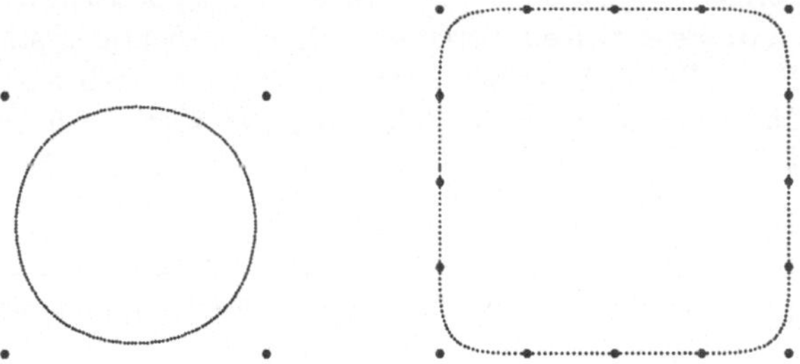

Abbildung 3.29: Geschlossene B-Spline-Kurven der Ordnung vier

Hinweis: Man verwende einfache, äquidistante Knoten.

7. Mit Hilfe von Aufgabe 9 in Abschnitt 3.3 konstruiere man zu vorgegebenen Punkten $\mathbf{p}_0, \ldots, \mathbf{p}_n$ in der Ebene eine interpolierende, quadratische B-Spline-Kurve. Anschließend teste man das Verfahren an den in Abbildung 3.27 (rechts) angegebenen Punkten $\mathbf{p}_0, \ldots, \mathbf{p}_{11}$.

Hinweis: Mit nur geringfügig anderen Bezeichnungen als in Aufgabe 9 in Abschnitt 3.3 definiere man Knoten $t_0, \ldots, t_{n+3}$, indem man $t_0 := t_1 := t_2 := 0$, ferner $t_i := i - 2$ für

$i = 3, \ldots, n$ und $t_{n+1} := t_{n+2} := t_{n+3} := n - 1$ setzt. Anschließend setze man $\xi_0 := 0$, $\xi_j := \frac{1}{2}(2j-1)$ für $j = 1, \ldots, n-1$ und $\xi_n := n-1$. Dann existiert genau ein quadratischer Spline $\mathbf{x} = \sum_{i=0}^{n} \mathbf{d}_i B_{i,3}$ mit $\mathbf{x}(\xi_j) = \mathbf{p}_j$, $j = 0, \ldots, n$. Hierbei ist $\mathbf{d}_0 := \mathbf{p}_0$, $\mathbf{d}_n := \mathbf{p}_n$, die übrigen Kontrollpunkte $\mathbf{d}_1, \ldots, \mathbf{d}_{n-1}$ erhält man durch das Lösen eines linearen Gleichungssystems (mit einer sehr angenehmen Koeffizientenmatrix, siehe den Hinweis zu Aufgabe 9 in Abschnitt 3.3). In Abbildung 3.30 (links) haben wir zu den Punkten $\mathbf{p}_0, \ldots, \mathbf{p}_{11}$ aus Abbildung 3.27 (rechts) die resultierende, interpolierende, quadratische B-Spline-Kurve skizziert.

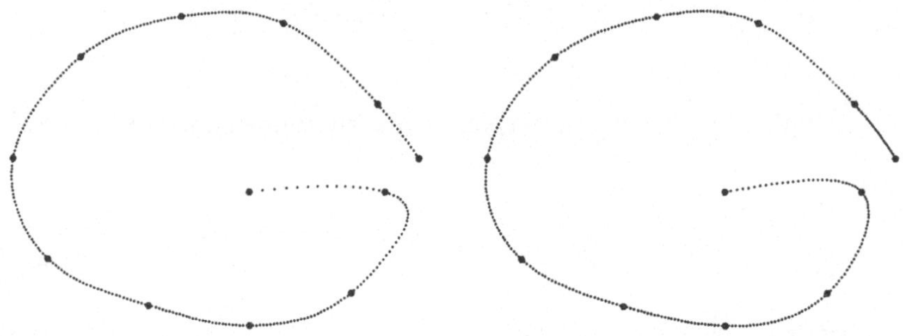

Abbildung 3.30: Interpolierende B-Spline-Kurven der Ordnung drei bzw. vier

8. Sei $\Delta_n : a = t_0 < t_1 < \cdots < t_{n-1} < t_n = b$ eine äquidistante Zerlegung des Intervalls $[a, b]$. Man nehme die Endpunkte als jeweils vierfachen Knoten, setze also $t_{-3} := t_{-2} := t_{-1} := t_0$, $t_{n+3} := t_{n+2} := t_{n+1} := t_n$. Mit $B_{i,4}$, $i = -3, \ldots, n-1$, seien die zugehörigen B-Splines mit dem Träger $[t_i, t_{i+4}]$ bezeichnet. Zu vorgegebenen Punkten $\mathbf{p}_0, \ldots, \mathbf{p}_n$ stelle man ein Verfahren auf, den eindeutig existierenden kubischen Spline $\mathbf{x} = \sum_{i=-3}^{n-1} \mathbf{d}_i B_{i,4}$ zu berechnen, der den Interpolationsbedingungen $\mathbf{x}(t_j) = \mathbf{p}_j$, $j = 0, \ldots, n$, und den natürlichen Randbedingungen $\mathbf{x}''(t_0) = 0$, $\mathbf{x}''(t_n) = 0$ genügt. Anschließend teste man das Verfahren an den in Abbildung 3.27 gegebenen Punkten $\mathbf{p}_0, \ldots, \mathbf{p}_{11}$.

   Hinweis: Offenbar ist $\mathbf{d}_{-3} = \mathbf{p}_0$, $\mathbf{d}_{n-1} = \mathbf{p}_n$. Die restlichen Kontrollpunkte gewinnt man mit $h := (b-a)/n$ durch Lösen des linearen Gleichungssystems

$$\frac{1}{12}\begin{pmatrix} 18 & -6 & & & & & \\ 3 & 7 & 2 & & & & \\ & 2 & 8 & 2 & & & \\ & & \ddots & \ddots & \ddots & & \\ & & & 2 & 8 & 2 & \\ & & & & 2 & 7 & 3 \\ & & & & & -6 & 18 \end{pmatrix}\begin{pmatrix} \mathbf{d}_{-2} \\ \mathbf{d}_{-1} \\ \mathbf{d}_0 \\ \vdots \\ \mathbf{d}_{n-4} \\ \mathbf{d}_{n-3} \\ \mathbf{d}_{n-2} \end{pmatrix} = \begin{pmatrix} h^2\mathbf{p}_0 \\ \mathbf{p}_1 \\ \mathbf{p}_2 \\ \vdots \\ \mathbf{p}_{n-2} \\ \mathbf{p}_{n-1} \\ h^2\mathbf{p}_n \end{pmatrix}.$$

   In Abbildung 3.30 (rechts) ist der natürliche, kubische Spline durch die vorgegebenen Punkte $\mathbf{p}_0, \ldots, \mathbf{p}_{11}$ gezeichnet.

Kapitel 4

Numerische Integration

4.1 Einführung

4.1.1 Übersicht

In diesem Kapitel untersuchen wir die näherungsweise Berechnung bestimmter Integrale der Form

$$I(f) \;:=\; \int_a^b w(x)f(x)\,dx$$

durch sogenannte *Quadraturformeln*

$$Q_n(f) \;:=\; \sum_{j=0}^{n} a_j f(x_j).$$

Hierbei ist $[a,b]$ ein kompaktes Intervall und $w\colon (a,b) \longrightarrow \mathbb{R}$ eine feste *zulässige Gewichtsfunktion*, d. h. w ist nichtnegativ und integrierbar auf (a,b), ferner besitze w höchstens endlich viele Nullstellen in (a,b). Man hofft, bei gegebener Funktion $f \in C[a,b]$ einen Näherungswert $Q_n(f)$ für das i. allg. nicht „geschlossen" angebbare Integral $I(f)$ dadurch zu gewinnen, daß man f an gewissen $n+1$ paarweise verschiedenen *Stützstellen* $x_0, \ldots, x_n \in [a,b]$ auswertet (das ist sozusagen der „teure" Teil der Rechnung, da die Funktion f „kompliziert" sein kann) und eine Linearkombination der Werte $f(x_j)$ mit gewissen (i. allg. nichtnegativen) *Gewichten* a_j bildet.

Beispiel: Im bei weitem wichtigsten Spezialfall ist $w(x) \equiv 1$, hier tritt die Gewichtsfunktion also nicht explizit auf. Auf diesen Fall werden wir immer wieder zurückkommen. Trotzdem ist es zweckmäßig, eine möglicherweise nichttriviale Gewichtsfunktion zu berücksichtigen (zumal es außer geringer zusätzlicher Schreibarbeit nichts kostet). Ist z. B. $[a,b] := [-1,1]$ und $w(x) := 1/\sqrt{1-x^2}$, so ist

$$I(f) = \int_{-1}^{1} \frac{f(x)}{\sqrt{1-x^2}}\,dx = \int_0^{\pi} f(\cos\phi)\,d\phi.$$

In der Quadraturformel $Q_n(f)$ muß nur f, und nicht etwa $w \cdot f$ oder $f \circ \cos$, ausgewertet werden. □

In Abschnitt 4.2 gehen wir davon aus, daß $n+1$ paarweise verschiedene Stützstellen $x_0, \ldots, x_n$ *vorgegeben* sind, bei den sogenannten *Newton-Cotes-Formeln* sind diese sogar äquidistant. Die Gewichte $a_0, \ldots, a_n$ werden aus der Forderung bestimmt, daß Q_n *exakt* auf der Menge Π_n der Polynome vom Grad $\leq n$ ist, daß also

$$Q_n(p) = \sum_{j=0}^{n} a_j p(x_j) = \int_a^b w(x)p(x)\,dx = I(p) \qquad \text{für alle } p \in \Pi_n.$$

Wegen $\Pi_n = \text{span}\,\{1, \ldots, x^n\}$ führt diese Forderung auf das lineare Gleichungssystem

$$\sum_{j=0}^{n} a_j x_j^i = \int_a^b w(x)x^i\,dx, \qquad i = 0, \ldots, n,$$

von $n+1$ Gleichungen für die $n+1$ Gewichte $a_0, \ldots, a_n$. Dieses lineare Gleichungssystem ist eindeutig lösbar, da die Koeffizientenmatrix $X = (x_j^i)_{0 \leq i,j \leq n}$ nichtsingulär ist (ein aus der Interpolation durch Polynome wohlbekannter Schluß: Wäre das nicht der Fall, so wäre auch X^T singulär und es gäbe ein nichttriviales Polynom in Π_n mit den $n+1$ paarweise verschiedenen Nullstellen $x_0, \ldots, x_n$). Im wesentlichen werden wir uns auf die Newton-Cotes-Formeln beschränken und anhand der *Trapezregel* und der *Simpson-Regel* die Idee der *zusammengesetzten Newton-Cotes-Formeln* verdeutlichen.

Bei den in Abschnitt 4.3 untersuchten *Quadraturformeln vom Gaußschen Typ* werden die $n+1$ Gewichte $a_0, \ldots, a_n$ und die $n+1$ Stützstellen $x_0, \ldots, x_n$ aus der Forderung bestimmt, daß Q_n exakt auf Π_{2n+1} ist, daß also

$$Q_n(p) = \sum_{j=0}^{n} a_j p(x_j) = \int_a^b w(x)p(x)\,dx = I(p) \qquad \text{für alle } p \in \Pi_{2n+1}.$$

Da Π_{2n+1} ein $(2n+2)$-dimensionaler linearer Raum ist, führt diese Forderung auf ein nichtlineares Gleichungssystem von $2n+2$ Gleichungen in $2n+2$ Unbekannten, nämlich den $n+1$ Gewichten und den $n+1$ Stützstellen. Um so erstaunlicher ist, daß zu $n \in \mathbb{N} \cup \{0\}$ und der zulässigen Gewichtsfunktion w die eindeutige Existenz einer Quadraturformel vom Gaußschen Typ nachgewiesen werden kann.

Für „glatte" Integranden handelt es sich bei den in Abschnitt 4.4 untersuchten Extrapolationsverfahren, insbesondere dem *Romberg-Verfahren*, wohl um eines der besten Verfahren. Auf die Motivation und Durchführung dieser Verfahren werden wir in 4.4 ausführlich eingehen.

Bemerkung: Nur erwähnt werden soll, daß die numerische Integration nicht nur zur Berechnung eines bestimmten Integrals, sondern auch bei der Lösung von Integralgleichungen (und hierauf lassen sich viele Differentialgleichungen der mathematischen Physik zurückführen, siehe z. B. R. KRESS (1989)) angewandt wird. Im einfachsten Fall ist hier eine lineare Integralgleichung der Form

$$(*) \qquad f(x) = \int_a^b K(x,\xi)f(\xi)\,d\xi + g(x)$$

mit gegebenen $g \in C[a,b]$ und $K \in C([a,b]\times[a,b])$ zu lösen, gesucht ist f. Ist Q_n eine Quadraturformel mit Stützstellen $a \le x_0 < x_1 < \cdots < x_{n-1} < x_n \le b$ und Gewichten $a_0,\ldots,a_n$, ist ferner f eine Lösung von $(*)$, so ist

$$\begin{aligned} f(x_i) &= \int_a^b K(x_i,\xi)f(\xi)\,d\xi + g(x_i) \\ &\approx Q_n[K(x_i,\cdot)f(\cdot)] + g(x_i) \\ &= \sum_{j=0}^n a_j K(x_i,x_j)f(x_j) + g(x_i), \qquad i = 0,\ldots,n. \end{aligned}$$

Näherungswerte $f_j \approx f(x_j)$, $j = 0,\ldots,n$, werden daher bestimmt durch Lösen des linearen Gleichungssystems

$$f_i = \sum_{j=0}^n a_j K(x_i,x_j)f_j + g(x_i), \qquad i = 0,\ldots,n.$$

Ähnlich wie einer (gewöhnlichen oder partiellen) linearen Randwertaufgabe ein lineares Gleichungssystem als diskretes Analogon zugeordnet werden kann, indem Differentialquotienten durch Differenzenquotienten ersetzt werden, kann also durch die Anwendung einer Quadraturformel eine lineare Integralgleichung näherungsweise mit Hilfe eines linearen Gleichungssystems gelöst werden. □

Neben der Konstruktion von Quadraturformeln werden uns vor allem Restglieddarstellungen bzw. Fehlerabschätzungen interessieren. Hier geht es darum,

$$R_n(f) := \int_a^b f(x)\,dx - Q_n(f)$$

„darzustellen“ (ähnlich der Restglieddarstellung bei der Lagrange-Interpolation) oder abzuschätzen (ähnlich der Fehlerabschätzung für interpolierende kubische Splines).

Natürlich kann auch in diesem Kapitel wieder nur über einige Teilaspekte berichtet werden. Für eine wesentlich umfassendere Darstellung sei auf H. Brass (1977), H. Engels (1980), A. H. Stroud (1974) und insbesondere P. J. Davis, P. Rabinowitz (1984) verwiesen.

4.1.2 Restglieddarstellung mit Hilfe des Peano-Kerns

Ziel dieses Unterabschnittes ist der Beweis des folgenden Satzes (der wesentlich allgemeiner gilt, siehe z. B. P. J. Davis, P. Rabinowitz (1984, S. 286)).

Satz 1.1 *Sei w eine zulässige Gewichtsfunktion und $Q(f) := \sum_{j=0}^n a_j f(x_j)$ eine Quadraturformel zur näherungsweisen Berechnung von $I(f) := \int_a^b w(x)f(x)\,dx$. Mit $R(f) := I(f) - Q(f)$ werde der Rest bzw. der Fehler bei der Anwendung der Quadraturformel Q bezeichnet. Q sei exakt für alle Polynome vom Grad $\le d$, es sei also $R(p) = 0$ für alle $p \in \Pi_d$. Mit $0 \le m \le d$ ist dann*

$$R(f) = \int_a^b f^{(m+1)}(t)K_m(t)\,dt \qquad \text{für alle } f \in C^{m+1}[a,b],$$

wobei

$$K_m(t) := \frac{1}{m!} R_x[(x-t)_+^m] \qquad \text{mit} \qquad (x-t)_+^m := \begin{cases} (x-t)^m & \text{für } x \geq t, \\ 0 & \text{für } x < t. \end{cases}$$

Hierbei bedeutet die Bezeichnung $R_x[(x-t)_+^m]$, daß R auf das Argument $(\cdot - t)_+^m$ als Funktion in x anzuwenden ist. Die Funktion K_m heißt *Peano-Kern* von R. Der bei den Anwendungen bei weitem wichtigste Fall ist $m = d$.

Beweis: Sei $f \in C^{m+1}[a,b]$ gegeben. Eine Taylor-Entwicklung von f in a ergibt

$$f(x) = \sum_{i=0}^{m} \frac{1}{i!} f^{(i)}(a)(x-a)^i + r_m(x)$$

mit

$$r_m(x) := \frac{1}{m!} \int_a^x f^{(m+1)}(t)(x-t)^m\, dt = \frac{1}{m!} \int_a^b f^{(m+1)}(t)(x-t)_+^m\, dt.$$

Wegen $R(p) = 0$ für alle $p \in \Pi_d$ und $m \leq d$ ist

$$R(f) = R(r_m) = \frac{1}{m!} R_x\Big[\int_a^b f^{(m+1)}(t)(x-t)_+^m\, dt\Big].$$

Nun ist

$$\begin{aligned} R_x\Big[\int_a^b f^{(m+1)}(t)(x-t)_+^m\, dt\Big] &= \int_a^b w(x)\Big[\int_a^b f^{(m+1)}(t)(x-t)_+^m)\, dt\Big]\, dx \\ &\quad - \sum_{j=0}^{n} a_j \int_a^b f^{(m+1)}(t)(x_j-t)_+^m\, dt \\ &= \int_a^b f^{(m+1)}(t) R_x[(x-t)_+^m]\, dt \end{aligned}$$

durch Vertauschen der Integrationsreihenfolge. Hieraus folgt die Behauptung. □

Mit den Bezeichnungen und Voraussetzungen des letzten Satzes erhalten wir als eine einfache Folgerung:

Korollar 1.2 *Ist $f \in C^{m+1}[a,b]$, so ist*

$$|R(f)| \leq \int_a^b |K_m(t)|\, dt \max_{x \in [a,b]} |f^{(m+1)}(x)|.$$

Wechselt K_d nicht das Vorzeichen auf $[a,b]$ und ist $f \in C^{d+1}[a,b]$, so existiert ein $\xi \in (a,b)$ mit

$$R(f) = \frac{f^{(d+1)}(\xi)}{(d+1)!} R(x^{d+1}).$$

Beweis: Zu zeigen bleibt nur der zweite Teil des Korollars. Da K_d sein Vorzeichen auf $[a,b]$ nicht wechselt, kann der Mittelwertsatz der Integralrechnung angewandt werden. Dieser liefert die Existenz eines $\xi \in (a,b)$ mit

$$R(f) = \int_a^b f^{(d+1)}(t) K_d(t)\, dt = f^{(d+1)}(\xi) \int_a^b K_d(t)\, dt.$$

Setzt man hier $f(x) := x^{d+1}$ ein, so erhält man $R(x^{d+1}) = (d+1)! \int_a^b K_d(t)\,dt$, insgesamt folgt die Behauptung. □

Beispiel: Sei

$$R(f) := \int_a^b f(x)\,dx - \underbrace{\frac{b-a}{2}\,[f(a)+f(b)]}_{=:Q(f)}.$$

Dann ist $R(p) = 0$ für alle $p \in \Pi_1$. Wir rechnen den Peano-Kern K_1 von R aus. Es ist

$$\begin{aligned} K_1(t) &= \int_a^b (x-t)_+^1\,dx - \frac{b-a}{2}\,[(a-t)_+^1 + (b-t)_+^1] \\ &= \int_t^b (x-t)\,dx - \frac{b-a}{2}\,(b-t) \\ &= -\frac{1}{2}\,(t-a)(b-t) \qquad \text{für } t \in [a,b]. \end{aligned}$$

Der Peano-Kern K_1 wechselt sein Vorzeichen nicht auf $[a, b]$. Ferner ist

$$R(x^2) = \int_a^b x^2\,dx - \frac{b-a}{2}\,(a^2+b^2) = -\frac{1}{6}\,(b-a)^3.$$

Daher existiert nach obigem Korollar zu $f \in C^2[a,b]$ ein $\xi \in (a,b)$ mit

$$R(f) = \frac{f''(\xi)}{2!}\,R(x^2) = -\frac{1}{12}\,(b-a)^3\,f''(\xi).$$

□

Aufgaben

1. Zur näherungsweisen Berechnung von $I(f) := \int_a^b f(x)\,dx$ betrachte man die auf Π_0 exakte *Rechteckregel* $Q(f) := (b-a)f(a)$.
   (a) Man berechne den Peano-Kern K_0 zu $R(f) := I(f) - Q(f)$.
   (b) Man zeige: Zu $f \in C^1[a,b]$ existiert ein $\xi \in (a,b)$ mit $R(f) = \frac{1}{2}\,(b-a)^2\,f'(\xi)$.

2. Zur näherungsweisen Berechnung von $I(f) := \int_a^b f(x)\,dx$ betrachte man die *Mittelpunktregel* $Q(f) := (b-a)f(\frac{1}{2}\,(a+b))$.
   (a) Man zeige, daß Q exakt auf Π_1 ist.
   (b) Man berechne die Peano-Kerne K_0 und K_1 zu $R(f) := I(f) - Q(f)$.
   (c) Man zeige $\int_a^b |K_0(t)|\,dt = \frac{1}{4}\,(b-a)^2$ und beweise hiermit die Fehlerabschätzung

   $$|R(f)| \le \frac{(b-a)^2}{4}\,\max_{x\in[a,b]} |f'(x)| \qquad \text{für alle } f \in C^1[a,b].$$

   (d) Man zeige, daß K_1 auf $[a,b]$ nichtnegativ ist und schließe hieraus: Ist $f \in C^2[a,b]$, so existiert ein $\xi \in (a,b)$ mit $R(f) = \frac{1}{24}\,(b-a)^3\,f''(\xi)$.
   Hinweis: Bei der Anwendung von Korollar 1.2 erleichtert man sich die Arbeit, wenn man $R(x^2) = R[(x - \frac{1}{2}\,(a+b))^2]$ ausnutzt.

3. Bei vorgegebenem $n \in \mathbb{N}$ sei $h := (b-a)/n$. Zur näherungsweisen Berechnung von $I(f) := \int_a^b f(x)\,dx$ betrachte man die *zusammengesetzte Mittelpunktregel*
$$Q(f) := h \sum_{j=0}^{n-1} f(a + jh + h/2).$$
Man übertrage die Fehlerabschätzung bzw. Fehlerdarstellung aus Aufgabe 2 auf die zusammengesetzte Mittelpunktregel.
Hinweis: Es ist
$$\int_a^b f(x)\,dx = \sum_{j=0}^{n-1} \int_{a+jh}^{a+(j+1)h} f(x)\,dx.$$

4. Sei $Q_n(f) := \sum_{j=0}^n a_j f(x_j)$ eine symmetrische Quadraturformel zur näherungsweisen Berechnung von $I(f) := \int_a^b w(x)f(x)\,dx$, d. h. es sei $a_j = a_{n-j}$ und $x_j + x_{n-j} = a + b$ für $j = 0, \ldots, n$. Die zulässige Gewichtsfunktion w sei symmetrisch zum Intervallmittelpunkt $(a+b)/2$ (d. h. $w(x) = w(a+b-x)$ für $x \in (a,b)$), ferner sei Q_n exakt auf Π_d. Man zeige: Für $0 \leq m \leq d$ gilt für dem m-ten Peano-Kern von $R_n := I - Q_n$ die Symmetriebeziehung $K_m(t) = (-1)^{m+1} K_m(a+b-t)$ für $t \in [a,b]$.
Hinweis: Es ist $(t-x)_+^m = (-1)^{m+1}(x-t)_+^m + (t-x)^m$ und $Q_n[(t-x)^m] - I[(t-x)^m] = 0$.

4.2 Interpolations-Quadraturformeln

4.2.1 Einfache Grundlagen

Definition 2.1 Eine Quadraturformel $Q_n(f) := \sum_{j=0}^n a_j f(x_j)$ zur näherungsweisen Berechnung von $I(f) := \int_a^b w(x)f(x)\,dx$ (hier ist w eine zulässige Gewichtsfunktion) heißt eine *Interpolations-Quadraturformel*, wenn Q_n auf der Menge der Polynome vom Grad $\leq n$ exakt ist, wenn also $Q_n(p) = I(p)$ für alle $p \in \Pi_n$.

Grundlegend ist der folgende einfache Satz.

Satz 2.2 *Bei vorgegebenen Stützstellen $a \leq x_0 < x_1 < \cdots < x_{n-1} < x_n \leq b$ existiert genau eine Interpolations-Quadraturformel $Q_n(f) = \sum_{j=0}^n a_j f(x_j)$ zur näherungsweisen Berechnung von $I(f) := \int_a^b w(x)f(x)\,dx$. Die Gewichte a_j der Quadraturformel Q_n lassen sich aus*
$$a_j := \int_a^b w(x)L_j(x)\,dx \qquad \text{mit} \quad L_j(x) := \prod_{\substack{k=0\\k\neq j}}^n \frac{x - x_k}{x_j - x_k}, \qquad j = 0, \ldots, n,$$
berechnen.

Beweis: Die Existenz und Eindeutigkeit erhält man ähnlich wie bei dem Beweis der entsprechenden Aussage für das Lagrangesche Interpolationspolynom. Die $n+1$ Gewichte $a_0, \ldots, a_n$ sind wegen $\Pi_n = \operatorname{span}\{1, x, \ldots, x^n\}$ zu bestimmen aus dem linearen Gleichungssysten
$$Q_n(x^i) = \sum_{j=0}^n a_j x_j^i = \int_a^b w(x)x^i\,dx, \qquad i = 0, \ldots, n,$$

dessen Koeffizientenmatrix $(x_j^i)_{1\le i,j\le n}$ nichtsingulär ist. Damit ist die Existenz und Eindeutigkeit einer Quadraturformel mit der geforderten Eigenschaft gesichert. Für $j = 0,\dots,n$ ist $L_j \in \Pi_n$ und $L_j(x_k) = \delta_{jk}$. Daher ist

$$a_j = \sum_{k=0}^{n} a_k L_j(x_k) = Q_n(L_j) = \int_a^b w(x)L_j(x)\,dx,$$

das war zu zeigen. □

Bemerkung: Die zu den Stützstellen $a \le x_0 < x_1 < \cdots < x_{n-1} < x_n \le b$ gehörende Interpolations-Quadraturformel Q_n, deren Existenz und Eindeutigkeit gerade eben bewiesen wurde, ist gegeben durch

$$Q_n(f) = \sum_{j=0}^{n}\Big(\int_a^b w(x)L_j(x)\,dx\Big)\,f(x_j) = \int_a^b w(x)\underbrace{\Big(\sum_{j=0}^{n} L_j(x)f(x_j)\Big)}_{=:\,p_n(f)(x)}\,dx.$$

Man erhält also $Q_n(f)$ dadurch, daß man das Interpolationspolynom $p_n(f) \in \Pi_n$ zu den Stützstellen x_j und den Stützwerten $f(x_j)$ (nach Multiplikation mit der Gewichtsfunktion w) über das Intervall $[a,b]$ integriert. □

Sind die Stützstellen x_j einer Interpolations-Quadraturformel Q_n symmetrisch zum Intervallmittelpunkt $(a+b)/2$ angeordnet, ist ferner die Gewichtsfunktion w ebenfalls symmetrisch zum Intervallmittelpunkt, so ist Q_n für *gerades* n sogar exakt auf Π_{n+1}. Diese Aussage wird im folgenden Satz genau formuliert und bewiesen.

Satz 2.3 *Sei $Q_n(f) := \sum_{j=0}^n a_j f(x_j)$ eine Interpolations-Quadraturformel zur näherungsweisen Berechnung von $I(f) := \int_a^b w(x)f(x)\,dx$ mit der zulässigen Gewichtsfunktion w. Die Stützstelle x_j seien symmetrisch zum Intervallmittelpunkt, d. h. es sei $x_j + x_{n-j} = a + b$ für $j = 0,\dots,n$. Auch die Gewichtsfunktion w sei symmetrisch zu $(a+b)/2$, d. h. es sei $w(x) = w(a+b-x)$ für $x \in (a,b)$. Dann gilt:*

1. *$a_j = a_{n-j}$ für $j = 0,\dots,n$, d. h. Q_n ist eine symmetrische Quadraturformel.*
2. *Ist n gerade, so ist Q_n exakt auf Π_{n+1}.*

Beweis: Man definiere die Quadraturformel $\tilde{Q}_n$ durch $\tilde{Q}_n(f) := \sum_{j=0}^n a_{n-j}f(x_j)$. Wenn wir zeigen können, daß auch $\tilde{Q}_n$ auf Π_n exakt ist, so folgt $a_j = a_{n-j}$ für $j = 0,\dots,n$, für gerades $n = 2m$ ist dann $a_{m+j} = a_{m-j}$ für $j = 0,\dots,m$. Nun ist für $i = 0,\dots,n$:

$$\begin{aligned}
\tilde{Q}_n\Big[\Big(x - \frac{a+b}{2}\Big)^i\Big] &= \sum_{j=0}^{n} a_{n-j}\Big(x_j - \frac{a+b}{2}\Big)^i \\
&= \sum_{j=0}^{n} a_{n-j}\Big(\frac{a+b}{2} - x_{n-j}\Big)^i \\
&= Q_n\Big[\Big(\frac{a+b}{2} - x\Big)^i\Big] \\
&= \int_a^b w(x)\Big(\frac{a+b}{2} - x\Big)^i dx \qquad \text{(da } Q_n \text{ exakt auf } \Pi_n\text{)} \\
&= \int_a^b w(x)\Big(x - \frac{a+b}{2}\Big)^i dx \qquad \text{(da } w \text{ symmetrisch).}
\end{aligned}$$

Also ist auch $\tilde{Q}_n$ auf Π_n exakt und daher $a_j = a_{n-j}$, $j = 0, \dots, n$.

Sei nun $n = 2m$ gerade und $R_n(f) := I(f) - Q_n(f)$. Um die Exaktheit von Q_{2m} auf Π_{2m+1} zu zeigen, genügt es $R_{2m}(x^{2m+1}) = 0$ zu beweisen. Wegen

$$x^{2m+1} = \left(x - \frac{a+b}{2}\right)^{2m+1} + q(x) \qquad \text{mit} \quad q \in \Pi_{2m}$$

ist

$$\begin{aligned}
R_{2m}(x^{2m+1}) &= R_{2m}\left[\left(x - \frac{a+b}{2}\right)^{2m+1}\right] \\
&= \underbrace{\int_a^b w(x)\left(x - \frac{a+b}{2}\right)^{2m+1} dx}_{=0} - \sum_{j=0}^{2m} a_j \left(x_j - \frac{a+b}{2}\right)^{2m+1} \\
&= -\sum_{j=1}^{m}\left[a_{m-j}\left(x_{m-j} - \frac{a+b}{2}\right)^{2m+1} + a_{m+j}\left(x_{m+j} - \frac{a+b}{2}\right)^{2m+1}\right] \\
&= 0 \qquad (\text{wegen } a_{m-j} = a_{m+j} \text{ und } x_{m-j} + x_{m+j} = a + b).
\end{aligned}$$

Damit ist der Satz bewiesen. □

4.2.2 Die Newton-Cotes-Formeln

In diesem Unterabschnitt sei der Einfachheit halber $w(x) \equiv 1$. Die *Newton-Cotes-Formeln* sind Interpolations-Quadraturformeln zu den äquidistanten Stützstellen

$$x_j^{(n)} := a + jh, \qquad j = 0, \dots, n, \qquad \text{mit} \quad h := \frac{b-a}{n}.$$

(Den oberen Index $^{(n)}$ benutzen wir hier für die Stützstellen und gleich auch für die Gewichte, um ihre Abhängigkeit von n deutlich zu machen.)

Die zugehörigen Gewichte berechnen sich aus

$$a_j^{(n)} = \int_a^b \prod_{\substack{k=0 \\ k \neq j}}^{n} \frac{x - x_k}{x_j - x_k}\, dx = \int_a^b \prod_{\substack{k=0 \\ k \neq j}}^{n} \frac{x - (a+kh)}{h(j-k)}\, dx = h \int_0^n \prod_{\substack{k=0 \\ k \neq j}}^{n} \frac{t-k}{j-k}\, dt = h\alpha_j^{(n)}$$

mit

$$\alpha_j^{(n)} := \frac{(-1)^{n-j}}{j!\,(n-j)!} \int_0^n \prod_{\substack{k=0 \\ k \neq j}}^{n} (t-k)\, dt.$$

Beispiel: Für $n = 1$ erhält man die *Trapezregel*. Hier ist

$$\begin{aligned}
\alpha_0^{(1)} &= -\int_0^1 (t-1)\, dt &= \frac{1}{2} \\
\alpha_1^{(1)} &= \int_0^1 t\, dt &= \frac{1}{2}
\end{aligned}$$

und daher

$$Q_1(f) = \frac{b-a}{2}[f(a) + f(b)].$$

Für $n = 2$ nennt man die entsprechende Newton-Cotes-Formel die *Simpson-Regel*. Hier ist

$$\begin{aligned}\alpha_0^{(2)} &= \frac{1}{2}\int_0^2 (t-1)(t-2)\,dt &= \frac{1}{3}\\ \alpha_1^{(2)} &= -\int_0^2 t(t-2)\,dt &= \frac{4}{3}\\ \alpha_2^{(2)} &= \frac{1}{2}\int_0^2 t(t-1)\,dt &= \frac{1}{3}\end{aligned}$$

und daher

$$Q_2(f) = \frac{b-a}{6}\left[f(a) + 4f\left(\frac{a+b}{2}\right) + f(b)\right].$$

In Abb. 4.1 werden die Trapez- und die Simpson-Regel veranschaulicht. Die jeweilige Quadraturformel erhält man, indem man statt f das lineare bzw. quadratische Interpolationspolynom zu f über $[a, b]$ integriert. Für $n = 1, \ldots, 6$ geben wir die

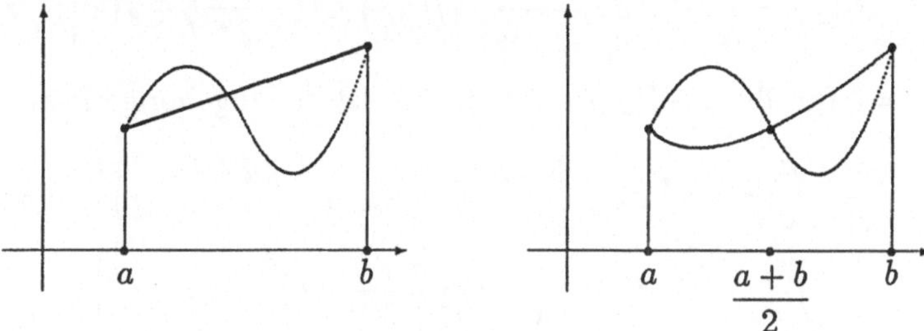

Abbildung 4.1: Die Trapez- bzw. die Simpson-Regel

Gewichte der entsprechenden Newton-Cotes-Formeln in Tabelle 4.1 an. Für $n = 8$

n	$\alpha_j^{(n)}/(b-a)$							Name
1	$\frac{1}{2}$	$\frac{1}{2}$						Trapezregel
2	$\frac{1}{6}$	$\frac{4}{6}$	$\frac{1}{6}$					Simpson-Regel
3	$\frac{1}{8}$	$\frac{3}{8}$	$\frac{3}{8}$	$\frac{1}{8}$				Newtons 3/8-Regel
4	$\frac{7}{90}$	$\frac{32}{90}$	$\frac{12}{90}$	$\frac{32}{90}$	$\frac{7}{90}$			Milne-Regel
5	$\frac{19}{288}$	$\frac{75}{288}$	$\frac{50}{288}$	$\frac{50}{288}$	$\frac{75}{288}$	$\frac{19}{288}$		
6	$\frac{41}{1400}$	$\frac{216}{1400}$	$\frac{27}{1400}$	$\frac{272}{1400}$	$\frac{27}{1400}$	$\frac{216}{1400}$	$\frac{41}{1400}$	Weddle-Regel

Tabelle 4.1: Die Newton-Cotes-Formeln für $n = 1, \ldots, 6$

und $n \geq 10$ ergeben sich negative Gewichte. Eine Quadraturformel sollte, genau wie das Integral, (bis auf eine Konstante) eine „Mittelung" der Stützwerte bzw. des Integranden darstellen. Daher ist klar, daß negative Gewichte bei einer Quadraturformel nicht sinnvoll sind. □

Beispiel: Den Peano-Kern zu

$$R_1(f) := \int_a^b f(x)\,dx - \underbrace{\frac{b-a}{2}\,[f(a)+f(b)]}_{=Q_1(f)},$$

also dem Quadraturfehler der Trapezregel, hatten wir schon im Anschluß an Korollar 1.2 berechnet. Hiermit erhielten wir: Ist $f \in C^2[a,b]$, so existiert ein $\xi \in (a,b)$ mit

$$R_1(f) = -\frac{1}{12}(b-a)^3 f''(\xi) = -\frac{h^3}{12} f''(\xi) \qquad \text{mit} \quad h := \frac{b-a}{1}.$$

Entsprechend wollen wir auch eine Darstellung des Quadraturfehlers der Simpson-Regel angeben. Der Quadraturfehler ist hier

$$R_2(f) = \int_a^b f(x)\,dx - \frac{b-a}{6}\left[f(a) + 4f\Big(\frac{a+b}{2}\Big) + f(b)\right],$$

wegen $R_2(p) = 0$ für alle $p \in \Pi_3$ (siehe Satz 2.3) ist der zugehörige Peano-Kern

$$\begin{aligned} K_3(t) &= \frac{1}{3!}\left\{\int_a^b (x-t)_+^3\,dx - \frac{b-a}{6}\left[(a-t)_+^3 + 4\left(\frac{a+b}{2}-t\right)_+^3 + (b-t)_+^3\right]\right\} \\ &= \frac{1}{3!}\left\{\int_t^b (x-t)^3\,dx - \frac{b-a}{6}\left[4\left(\frac{a+b}{2}-t\right)_+^3 + (b-t)^3\right]\right\}. \end{aligned}$$

Nach leichter Rechnung erhält man

$$K_3(t) = -\begin{cases} \dfrac{(t-a)^3}{72}(a+2b-3t) & \text{für} \quad a \le t \le \dfrac{a+b}{2}, \\ \dfrac{(b-t)^3}{72}(3t-2a-b) & \text{für} \quad \dfrac{a+b}{2} \le t \le b. \end{cases}$$

Offenbar ist K_3 nichtpositiv auf $[a,b]$. Wegen

$$R_2(x^4) = R_2\left[\left(x - \frac{a+b}{2}\right)^4\right] = -\frac{(b-a)^5}{120}$$

erhalten wir aus Korollar 1.2: Ist $f \in C^4[a,b]$, so existiert ein $\xi \in (a,b)$ mit

$$R_2(f) = -\frac{1}{2880}(b-a)^5 f^{(4)}(\xi) = -\frac{h^5}{90} f^{(4)}(\xi) \qquad \text{mit} \quad h := \frac{b-a}{2}.$$

Dadurch ist eine Darstellung des Quadraturfehlers der Simpson-Regel gelungen. □

Newton-Cotes-Formeln höherer Ordnung werden kaum benutzt. Besser ist es, Formeln niedriger Ordnung „zusammenzusetzen“ bzw. auf kleine Intervalle anzuwenden. Diese naheliegende Idee wollen wir anhand der Trapez- und der Simpson-Regel verdeutlichen. Gleichzeitig soll jeweils eine Darstellung des Quadraturfehlers hergeleitet werden.

Sei $n \in \mathbb{N}$, $h := (b-a)/n$ und $x_j := a + jh$, $j = 0, \ldots, n$. Für $f \in C^2[a,b]$ ist dann

$$\begin{aligned}
\int_a^b f(x)\,dx &= \sum_{j=1}^n \int_{x_{j-1}}^{x_j} f(x)\,dx \\
&= \sum_{j=1}^n \Big\{ \frac{h}{2}\,[f(x_{j-1}) + f(x_j)] - \frac{h^3}{12}\,f''(\xi_j) \Big\} \qquad (\text{mit } \xi_j \in (x_{j-1}, x_j)) \\
&= \underbrace{h\left[\frac{1}{2}\,f(x_0) + \sum_{j=1}^{n-1} f(x_j) + \frac{1}{2}\,f(x_n)\right]}_{=:\,T_n(f)} - \frac{h^3}{12}\sum_{j=1}^n f''(\xi_j) \\
&= T_n(f) - \frac{h^2(b-a)}{12}\Big(\frac{1}{n}\sum_{j=1}^n f''(\xi_j)\Big).
\end{aligned}$$

Wendet man nun noch den Zwischenwertsatz an, so erhält für den Quadraturfehler der *zusammengesetzten Trapezregel*

$$T_n(f) := h\left[\frac{1}{2}\,f(x_0) + \sum_{j=1}^{n-1} f(x_j) + \frac{1}{2}\,f(x_n)\right], \qquad h := \frac{b-a}{n}$$

die folgende Aussage: Zu $f \in C^2[a,b]$ existiert ein $\xi \in (a,b)$ mit

$$\int_a^b f(x)\,dx - T_n(f) = -\frac{h^2(b-a)}{12}\,f''(\xi).$$

Sei nun $n = 2m$ gerade, $h := (b-a)/n$ und $x_j := a + jh$ für $j = 0, \ldots, n$. Für $f \in C^4[a,b]$ ist dann

$$\begin{aligned}
\int_a^b f(x)\,dx &= \sum_{j=1}^m \int_{x_{2j-2}}^{x_{2j}} f(x)\,dx \\
&= \sum_{j=1}^m \Big\{ \frac{h}{3}\,[f(x_{2j-2}) + 4f(x_{2j-1}) + f(x_{2j})] - \frac{h^5}{90}\,f^{(4)}(\xi_j) \Big\} \\
&\qquad (\text{mit } \xi_j \in (x_{2j-2}, x_{2j})) \\
&= \underbrace{\frac{h}{3}\left[f(x_0) + 4\sum_{j=1}^m f(x_{2j-1}) + 2\sum_{j=1}^{m-1} f(x_{2j}) + f(x_n)\right]}_{=:\,S_n(f)} - \frac{h^5}{90}\sum_{j=1}^m f^{(4)}(\xi_j) \\
&= S_n(f) - \frac{h^4(b-a)}{180}\Big(\frac{1}{m}\sum_{j=1}^m f^{(4)}(\xi_j)\Big).
\end{aligned}$$

Nach Anwendung des Zwischenwertsatzes erhält man für den Quadraturfehler der *zusammengesetzten Simpson-Regel*

$$S_n(f) := \frac{h}{3}\left[f(x_0) + 4\sum_{j=1}^m f(x_{2j-1}) + 2\sum_{j=1}^{m-1} f(x_{2j}) + f(x_n)\right], \qquad h := \frac{b-a}{n}$$

die Aussage: Zu $f \in C^4[a,b]$ existiert ein $\xi \in (a,b)$ mit

$$\int_a^b f(x)\,dx - S_n(f) = -\frac{h^4(b-a)}{180}\,f^{(4)}(\xi).$$

Aufgaben

1. Mit $h := (b-a)/3$ lautet Newtons 3/8-Regel

$$I(f) := \int_a^b f(x)\,dx \approx Q_3(f) := \frac{3h}{8}[f(a) + 3f(a+h) + 3f(a+2h) + f(b)].$$

   (a) Man zeige, daß der Peano-Kern K_3 zu $I - Q_3$ von einem Vorzeichen auf $[a,b]$ ist und beweise hiermit, daß es zu $f \in C^4[a,b]$ ein $\xi \in (a,b)$ mit

$$I(f) - Q_3(f) = -\frac{3}{80}h^5 f^{(4)}(\xi)$$

   gibt.

   (b) Man leite eine zusammengesetzte 3/8-Regel her und gebe für $f \in C^4[a,b]$ eine Restglieddarstellung an.

2. Die *offenen Newton-Cotes-Formeln* sind definiert als Interpolations-Quadraturformeln zu den Stützstellen

$$x_j := a + (j+1)h, \qquad j = 0,\ldots,n, \qquad \text{mit} \quad h := \frac{b-a}{n+2}.$$

   Für $n = 0, 1, 2$ berechne man die zugehörigen Gewichte.

3. Man berechne $I := \int_0^1 (1+x)^{-1}\,dx$ mit der zusammengesetzten Simpson-Regel $S_n(f)$ für $n = 2^k$, $k = 1,2,3,4$, mache mit Hilfe der Restglieddarstellung eine Fehlerabschätzung und vergleiche die erhaltenen Näherungswerte mit dem exakten Wert von I.

4. Man berechne $I := \int_0^1 \sqrt{x}\,dx$ mit der zusammengesetzten Trapezregel $T_n(f)$ sowie der zusammengesetzten Simpson-Regel $S_n(f)$ für $n = 2^k$, $k = 1,2,3,4$, und vergleiche die erhaltenen Näherungswerte mit dem exakten Wert von I. Worauf sind die verhältnismäßig schlechten Näherungswerte, insbesondere der Simpson-Regel, zurückzuführen?

4.3 Quadraturformeln vom Gaußschen Typ

4.3.1 Existenz und Eindeutigkeit, Fehlerdarstellung

Definition 3.1 Sei $n \in \mathbb{N} \cup \{0\}$ und $w\colon (a,b) \longrightarrow \mathbb{R}$ eine *zulässige Gewichtsfunktion*, d. h. $w\colon (a,b) \longrightarrow \mathbb{R}$ sei auf (a,b) nichtnegativ, integrierbar und besitze nur endlich viele Nullstellen. Eine Quadraturformel $G_n(f) = \sum_{j=0}^n a_j f(x_j)$ mit den $n+1$ paarweise verschiedenen Stützstellen $x_0, \ldots, x_n$ heißt eine *Quadraturformel vom Gaußschen Typ* (oder eine *Gaußsche Quadraturformel*) zur näherungsweisen Berechnung von $I(f) := \int_a^b w(x)f(x)\,dx$, wenn $G_n(p) = I(p)$ für alle $p \in \Pi_{2n+1}$.

Natürlich stellt sich die Frage, ob es Quadraturformeln vom Gaußschen Typ überhaupt gibt, ob sie durch die Forderung nach der Exaktheit auf Π_{2n+1} eindeutig bestimmt sind und wie man die Stützstellen und Gewichte berechnen kann.

Bevor wir auf diese Fragen antworten, wollen wir uns überlegen, daß wir nicht zu bescheiden sind, wenn wir Exaktheit von G_n auf Π_{2n+1} verlangen. Denn ist G_n eine

Quadraturformel mit den $n+1$ paarweise verschiedenen Stützstellen $x_0,\dots,x_n$, so definiere man $p \in \Pi_{2n+2}$ durch $p(x) := \prod_{k=0}^n (x-x_k)^2$. Dann ist $G_n(p) = 0 < I(p)$, womit gezeigt ist, daß G_n nicht exakt auf Π_{2n+2} ist.

Die Konstruktion einer Quadraturformel G_n vom Gaußschen Typ erfolgt in drei Schritten (siehe Satz 3.2). Zunächst führe man auf $C[a,b]$ ein *inneres Produkt* $(\cdot,\cdot)$ ein mittels

$$(f,g) := \int_a^b w(x)f(x)g(x)\,dx \qquad \text{für} \quad f,g \in C[a,b].$$

Anschließend orthonormiere man das System $\{1,x,\dots,x^{n+1}\}$ bezüglich des inneren Produktes $(\cdot,\cdot)$, bestimme also für $i=0,\dots,n+1$ Polynome $p_i \in \Pi_i$ mit

$$\text{span}\,\{p_0,\dots,p_k\} = \Pi_k, \qquad (p_i,p_j) = \delta_{ij} \qquad (i,j,k = 0,\dots,n+1).$$

Dies ist mit Hilfe des E. Schmidtschen Orthonormierungsverfahrens möglich. Im zweiten Schritt zeige man, daß die $n+1$ Nullstellen von p_{n+1} reell und einfach sind sowie sämtlich im Intervall (a,b) liegen. Sind schließlich x_j, $j=0,\dots,n$, die der Größe nach geordneten Nullstellen von p_{n+1}, so definiere man G_n als die zu den Stützstellen x_j gehörende Interpolations-Quadraturformel und zeige anschließend, daß $G_n(p) = I(p)$ für alle $p \in \Pi_{2n+1}$. Hiermit wird die Existenz einer Gaußschen Quadraturformel bewiesen sein.

Danach werden wir auch noch auf die Eindeutigkeit der Gaußschen Quadraturformel eingehen, die Positivität der Gewichte beweisen und eine Fehlerdarstellung herleiten.

Satz 3.2 *Bei vorgegebenem $n \in \mathbb{N} \cup \{0\}$ und zulässiger Gewichtsfunktion w seien $p_i \in \Pi_i$, $i=0,\dots,n+1$, durch Orthonormieren von $\{1,\dots,x^{n+1}\}$ bezüglich des durch*

$$(f,g) := \int_a^b w(x)f(x)g(x)\,dx \qquad \text{für } f,g \in C[a,b]$$

definierten inneren Produktes $(\cdot,\cdot)$ gewonnen. Dann gilt:

1. *Die $n+1$ Nullstellen von p_{n+1} sind paarweise verschieden und liegen in (a,b).*
2. *Seien $x_0 < x_1 < \dots < x_n$ die Nullstellen von p_{n+1}. Mit*

$$L_j(x) := \prod_{\substack{k=0\\k\neq j}}^{n} \frac{x-x_k}{x_j-x_k} \qquad \text{und} \qquad a_j := \int_a^b w(x)L_j(x)\,dx, \qquad j=0,\dots,n,$$

definiere man die Quadraturformel G_n durch $G_n(f) := \sum_{j=0}^n a_j f(x_j)$. Dann ist G_n eine Gaußsche Quadraturformel zur näherungsweisen Berechnung von $I(f) := \int_a^b w(x)f(x)\,dx$.

Beweis: Seien $\xi_1,\dots,\xi_m$ die Nullstellen von p_{n+1} in (a,b) mit ungerader Vielfachheit, in denen p_{n+1} also das Vorzeichen wechselt. Wegen $(1,p_{n+1}) = 0$ ist $m \ge 1$. Man definiere $q_m \in \Pi_m$ durch $q_m(x) := \prod_{i=1}^m (x-\xi_i)$. Dann besitzt $p_{n+1}q_m$ keinen Vorzeichenwechsel in (a,b), folglich ist $(p_{n+1},q_m) \neq 0$. Wir wollen zeigen, daß $m = n+1$. Angenommen, das sei nicht der Fall, es sei also $m < n+1$. Dann ist $q_m \in \Pi_m \subset \Pi_n$.

Wegen $\Pi_n = \operatorname{span}\{p_0, \ldots, p_n\}$ und $(p_{n+1}, p_j) = 0$ für $j = 0, \ldots, n$, ist $(p_{n+1}, q_m) = 0$. Damit hat man den gewünschten Widerspruch erhalten und der erste Teil des Satzes ist bewiesen.

Sei $p \in \Pi_{2n+1}$ gegeben. Man dividiere durch p_{n+1} und erhalte $p = qp_{n+1} + r$ mit $q, r \in \Pi_n$. Wegen $p_{n+1}(x_j) = 0$ ist $p(x_j) = r(x_j)$ für $j = 0, \ldots, n$. Daher ist

$$G_n(p) = \int_a^b w(x) \underbrace{\sum_{j=0}^n r(x_j)L_j(x)}_{=r(x)} \, dx = \underbrace{-(q, p_{n+1})}_{=0} + \int_a^b w(x)p(x)\, dx = \int_a^b w(x)p(x)\, dx.$$

Damit ist der Satz bewiesen. □

Im folgenden Satz wird gezeigt, daß die Gewichte einer Quadraturformel vom Gaußschen Typ notwendig positiv sind.

Satz 3.3 *Ist $G_n(f) := \sum_{j=0}^n a_j f(x_j)$ eine Quadraturformel vom Gaußschen Typ (zur Gewichtsfunktion w), so ist*

$$a_j = \int_a^b w(x)L_j^2(x)\, dx > 0 \quad \text{mit} \quad L_j(x) := \prod_{\substack{k=0\\k\neq j}}^n \frac{x - x_k}{x_j - x_k}, \qquad j = 0, \ldots, n.$$

Beweis: Es ist $L_j^2 \in \Pi_{2n}$ und $L_j^2(x_k) = \delta_{jk}$, woraus die Behauptung folgt. □

Nun ist auch der Beweis für die Eindeutigkeit einer Quadraturformel vom Gaußschen Typ nicht mehr schwierig.

Satz 3.4 *Sei $G_n(f) := \sum_{j=0}^n a_j f(x_j)$ eine Quadraturformel vom Gaußschen Typ (zur Gewichtsfunktion w). Dann sind die Stützstellen $x_0, \ldots, x_n$ von G_n notwendig Nullstellen von $p_{n+1} \in \Pi_{n+1}$, wobei wie in Satz 3.2 die Polynome $p_i \in \Pi_i$, $i = 0, \ldots, n+1$, durch Orthonormieren von $\{1, \ldots, x^{n+1}\}$ bezüglich des inneren Produktes $(\cdot, \cdot)$ gewonnen sind. Daher sind die Stützstellen und damit auch die Gewichte einer Gaußschen Quadraturformel eindeutig bestimmt.*

Beweis: Für $0 \le k \le n$ ist $L_k \in \Pi_n$ und folglich $L_k p_{n+1} \in \Pi_{2n+1}$. Daher ist

$$0 = (L_k, p_{n+1}) = \sum_{j=0}^n a_j L_k(x_j) p_{n+1}(x_j) = a_k p_{n+1}(x_k), \qquad k = 0, \ldots, n.$$

Nach Satz 3.3 sind die Gewichte einer Quadraturformel vom Gaußschen Typ notwendig positiv. Damit ist $p_{n+1}(x_k) = 0$ für $k = 0, \ldots, n$ bewiesen. □

Für die Berechnung der Gewichte einer Gauß-Formel bei bekannten Stützstellen kann der folgende Satz nützlich sein.

Satz 3.5 *Bei vorgegebenem $n \in \mathbb{N} \cup \{0\}$ sei $G_n(f) := \sum_{j=0}^n a_j f(x_j)$ die Quadraturformel vom Gaußschen Typ (zur zulässigen Gewichtsfunktion w). Die Polynome $p_i \in \Pi_i$, $i = 0, \ldots, n+1$, seien durch Orthonormieren von $\{1, \ldots, x^{n+1}\}$ bezüglich des inneren Produktes $(\cdot, \cdot)$ gewonnen. $q_n \in \Pi_n$ sei ein Vielfaches von p_n mit der Eigenschaft, daß 1 der höchste Koeffizient von q_n ist. Entsprechend sei $q_{n+1}(x) := \prod_{k=0}^n (x - x_k)$. Dann ist*

$$a_j = \frac{(q_n, q_n)}{q'_{n+1}(x_j) q_n(x_j)}, \qquad j = 0, \ldots, n.$$

Beweis: Sei $j \in \{0,\dots,n\}$ fest. Wegen

$$L_j(x) = \prod_{\substack{k=0\\k\neq j}}^{n} \frac{x-x_k}{x_j-x_k} = \frac{q_{n+1}(x)}{(x-x_j)q'_{n+1}(x_j)} \qquad \text{und} \qquad a_j = \int_a^b w(x)L_j(x)\,dx$$

ist

$$\begin{aligned}
q'_{n+1}(x_j)q_n(x_j)a_j &= \int_a^b w(x)\frac{q_{n+1}(x)q_n(x_j)}{x-x_j}\,dx \\
&= \int_a^b w(x)q_{n+1}(x)\underbrace{\frac{q_n(x_j)-q_n(x)}{x-x_j}}_{\in \Pi_{n-1}}\,dx \\
&\quad + \int_a^b w(x)q_n(x)\underbrace{\frac{q_{n+1}(x)-q_{n+1}(x_j)}{x-x_j}}_{=q_n(x)+q(x),\ q\in\Pi_{n-1}}\,dx \\
&= (q_n,q_n),
\end{aligned}$$

die Behauptung ist bewiesen. □

Nun kommen wir zu Fehlerdarstellungen für Quadraturformeln $G_n(f) = \sum_{j=0}^n a_j f(x_j)$ vom Gaußschen Typ. Hierzu sei $R_n(f) := \int_a^b w(x)f(x)\,dx - G_n(f)$ und $f \in C^{2n+2}[a,b]$. *Angenommen*, wir wüßten schon, daß der Peano-Kern K_{2n+1} von einem Vorzeichen auf $[a,b]$ ist. Aus Korollar 1.2 folgt die Existenz eines $\xi \in (a,b)$ mit

$$R_n(f) = \frac{f^{(2n+2)}(\xi)}{(2n+2)!}R_n(x^{2n+2}).$$

Nun definiere man $q_{n+1} \in \Pi_{n+1}$ durch $q_{n+1}(x) := \prod_{k=0}^n (x-x_k)$. Man erhält q_{n+1} also dadurch, daß man p_{n+1} durch den Koeffizienten von x^{n+1} dividiert. Dann ist

$$R_n(x^{2n+2}) = R_n(q_{n+1}^2) = \int_a^b w(x)q_{n+1}^2(x)\,dx - \underbrace{G_n(q_{n+1}^2)}_{=0}.$$

Wir erhielten also die Fehlerdarstellung

$$R_n(f) = \frac{f^{(2n+2)}(\xi)}{(2n+2)!}\int_a^b w(x)q_{n+1}^2(x)\,dx.$$

Für eine spezielle zulässige Gewichtsfunktion w kann man hoffen, hierdurch eine explizite Fehlerdarstellung zu erhalten.

Es bleibt nun die Aufgabe, die eben getroffene Annahme zu beweisen, der Peano-Kern K_{2n+1} sei von einem Vorzeichen auf $[a,b]$. Wir folgen hier im wesentlichen A. H. Stroud (1974, S. 178).

Satz 3.6 *Zu $n \in \mathbb{N}\cup\{0\}$ und der zulässigen Gewichtsfunktion w sei $G_n(f) := \sum_{j=0}^n a_j f(x_j)$ die Quadraturformel vom Gaußschen Typ zur näherungsweisen Berechnung von $I(f) := \int_a^b w(x)f(x)\,dx$. Mit $R_n(f) := I(f) - G_n(f)$ sei der Fehler bzw.*

der Rest bei Anwendung von G_n bezeichnet. Für $0 \le m \le 2n+1$ ist der m-te Peano-Kern K_m von R_n (siehe Satz 1.1) definiert durch

$$K_m(t) := \frac{1}{m!}\Big(\int_a^b w(x)(x-t)_+^m\,dx - \sum_{j=0}^n a_j(x_j-t)_+^m\Big).$$

Dann wechselt K_m genau $(2n+1-m)$-mal das Vorzeichen auf $[a,b]$, insbesondere ist K_{2n+1} von einem Vorzeichen auf $[a,b]$.

Beweis: Die Stützstellen $x_0 < \cdots < x_n$ der Quadraturformel G_n vom Gaußschen Typ liegen im offenen Intervall (a,b). Für $m = 0,\ldots,2n+1$ ist daher

$$K_m(a) = \frac{1}{m!}\Big(\int_a^b w(x)(x-a)^m\,dx - \sum_{j=0}^n a_j(x_j-a)^m\Big) = \frac{1}{m!}R_n[(x-a)^m] = 0.$$

Außerdem ist

$$(*) \qquad K_{m+1}(t) = -\int_a^t K_m(s)\,ds, \qquad m = 0,\ldots,2n.$$

Dies folgt sofort aus

$$\frac{d}{dt}K_{m+1}(t) = -K_m(t), \quad K_{m+1}(a) = 0, \qquad m = 0,\ldots,2n.$$

Da ferner trivialerweise $K_{m+1}(b) = 0$, ist

$$(**) \qquad \int_a^b K_m(t)\,dt = 0, \qquad m = 0,\ldots,2n.$$

Wir bezeichnen mit $v(m)$ die Anzahl der Vorzeichenwechsel von K_m und zeigen zunächst $v(0) \le 2n+1$. Für $t \in [a,b]$ ist

$$K_0(t) = \int_a^b w(x)(x-t)_+^0\,dx - \sum_{j=0}^n a_j(x_j-t)_+^0 = \int_t^b w(x)\,dx - \sum_{j=0}^n a_j(x_j-t)_+^0.$$

Damit ist

$$K_0(t) = \begin{cases} \displaystyle\int_t^b w(x)\,dx - \sum_{j=0}^n a_j & \text{für} \quad t \in [a,x_0], \\ \displaystyle\int_t^b w(x)\,dx - \sum_{j=k+1}^n a_j & \text{für} \quad t \in (x_k,x_{k+1}], \qquad k = 0,\ldots,n-1, \\ \displaystyle\int_t^b w(x)\,dx & \text{für} \quad t \in (x_n,b]. \end{cases}$$

Hieran erkennt man, daß K_0 in jedem der Intervalle

$$[a,x_0],\ (x_0,x_1],\ldots,\ (x_{n-1},x_n],\ (x_n,b]$$

strikt monoton fallend ist. Da ferner $K_0(a) = 0 = K_0(b)$, kann K_0 sein Vorzeichen lediglich in den $n+1$ Punkten $x_0,\ldots,x_n$ und für $k = 0,\ldots,n-1$ in je einem Punkt in (x_k,x_{k+1}) wechseln. Daher ist $v(0) \le 2n+1$.

Nun zeigen wir, daß $v(m+1) \le v(m)-1$ für $m = 0, \dots, 2n$. Denn wechselt K_m sein Vorzeichen in den Punkten $t_1, \dots, t_{v(m)}$ mit $a < t_1 < \cdots < t_{v(m)} < b$, so kann K_{m+1} sein Vorzeichen höchstens einmal in jedem der Intervalle $[t_i, t_{i+1}]$, $i = 1, \dots, v(m)-1$, wechseln, wie man aus $(*)$ erkennt. Daher ist

$$v(m+1) \le v(m) - 1, \qquad m = 0, \dots, 2n.$$

Zusammen mit $v(0) \le 2n+1$ erhält man

$$v(m) \le 2n + 1 - m, \qquad m = 0, \dots, 2n+1.$$

Hieraus folgt schon die Aussage, auf die es uns vor allem ankommt, daß nämlich K_{2n+1} sein Vorzeichen auf $[a, b]$ nicht wechselt. In einem letzten Schritt zeigen wir aber noch die Aussage des Satzes, daß $v(m) = 2n+1-m$ für $m = 0, \dots, 2n+1$.

Angenommen, es sei $v(m_0) < 2n+1-m_0$ bzw. $v(m_0) \le 2n - m_0$ für ein $m_0 \in \{0, \dots, 2n\}$. Wegen $v(m+1) \le v(m) - 1$ für $m = m_0, \dots, 2n$ würde hieraus $v(2n) = 0$ folgen, K_{2n} hätte also keinen Vorzeichenwechsel in $[a, b]$. Wegen $(**)$ ist aber insbesondere $\int_a^b K_{2n}(t)\, dt = 0$, beides zusammen ergibt den gewünschten Widerspruch. □

Satz 3.6 wurde hauptsächlich deshalb bewiesen, um in Verbindung mit Korollar 1.2 eine Fehlerdarstellung für Quadraturformeln vom Gaußschen Typ zu erhalten. Wir formulieren das erhaltene Ergebnis im folgenden Satz.

Satz 3.7 *Sei $G_n(f) := \sum_{j=0}^n a_j f(x_j)$ die eindeutige Quadraturformel vom Gaußschen Typ zur näherungsweisen Berechnung von $I(f) := \int_a^b w(x) f(x)\, dx$. Es sei $q_{n+1}(x) := \prod_{k=0}^n (x - x_k)$. Dann gilt: Ist $f \in C^{2n+2}[a, b]$, so existiert ein $\xi \in (a, b)$ mit*

$$I(f) - G_n(f) = \frac{f^{(2n+2)}(\xi)}{(2n+2)!} \int_a^b w(x) q_{n+1}^2(x)\, dx.$$

4.3.2 Orthogonalpolynome zu gegebener Gewichtsfunktion

Unser Ziel in diesem Unterabschnitt ist es, Methoden zur Berechnung eines Systems $\{p_n\}_{n=0}^\infty$ von Polynomen $p_n \in \Pi_n$ mit

$$\operatorname{span}\{p_0, \dots, p_n\} = \Pi_n, \quad (p_i, p_j) = \delta_{ij} \quad (0 \le i, j \le n), \quad n = 0, 1, \dots$$

bereitzustellen. Hierbei ist das innere Produkt $(\cdot, \cdot)$ durch

$$(f, g) := \int_a^b w(x) f(x) g(x)\, dx \qquad \text{für } f, g \in C[a, b]$$

mit der zulässigen Gewichtsfunktion w gegeben. Hierzu definiere man die sogenannten *Momente*

$$\mu_i := \int_a^b w(x) x^i\, dx$$

und anschließend

$$\Delta_{-1} := 1, \qquad \Delta_k := \det \begin{pmatrix} \mu_0 & \cdots & \mu_k \\ \vdots & & \vdots \\ \mu_k & \cdots & \mu_{2k} \end{pmatrix}, \qquad k = 1, \ldots .$$

Die Matrix $((x^i, x^j))_{0 \le i,j \le k} = (\mu_{i+j})_{0 \le i,j \le k}$ ist symmetrisch und positiv definit, daher ist ihre Determinante Δ_k positiv. In den folgenden Sätzen und deren Beweisen werden wir die eben eingeführten Bezeichnungen μ_i und Δ_k benutzen, ohne sie zu wiederholen. Formal setzen wir ferner $\Pi_{-1} := \{0\}$.

Satz 3.8 *Man definiere*

$$p_0(x) := \frac{1}{\sqrt{\Delta_0}}, \quad p_n(x) := \frac{1}{\sqrt{\Delta_{n-1}\Delta_n}} \det \begin{pmatrix} \mu_0 & \cdots & \mu_{n-1} & 1 \\ \vdots & & \vdots & \vdots \\ \mu_n & \cdots & \mu_{2n-1} & x^n \end{pmatrix}, \qquad n = 1, 2, \ldots .$$

Für $n = 0, 1, \ldots$ gilt dann:

1. *Es ist $p_n(x) = \sqrt{\Delta_{n-1}/\Delta_n}\, x^n + p(x)$ mit $p \in \Pi_{n-1}$. Insbesondere hat p_n einen positiven höchsten Koeffizienten.*
2. *Es ist $(p_i, p_j) = \delta_{ij}$ für $0 \le i, j \le n$.*
3. *Ist $\tilde{p}_n \in \Pi_n \setminus \Pi_{n-1}$ ein Polynom vom genauen Grad n, welches orthogonal zu Π_{n-1} ist, für das also $(\tilde{p}_n, p) = 0$ für alle $p \in \Pi_{n-1}$, so existiert ein $\alpha_n \neq 0$ mit $\tilde{p}_n = \alpha_n p_n$.*

Beweis: Der Beweis erfolgt durch vollständige Induktion nach n. Für $n = 0$ ist die Behauptung offenbar wegen

$$(p_0, p_0) = \frac{1}{\Delta_0} \int_a^b w(x)\, dx = \frac{1}{\mu_0} \int_a^b w(x) x^0\, dx = 1$$

richtig. Wir nehmen an, sie sei für $n - 1$ richtig. Durch Entwickeln nach der letzten Spalte erhält man

$$\begin{aligned} p_n(x) &= \frac{1}{\sqrt{\Delta_{n-1}\Delta_n}} \underbrace{\det \begin{pmatrix} \mu_0 & \cdots & \mu_{n-1} \\ \vdots & & \vdots \\ \mu_{n-1} & \cdots & \mu_{2n-2} \end{pmatrix}}_{=\Delta_{n-1}} x^n + p(x) \qquad \text{mit } p \in \Pi_{n-1} \\ &= \sqrt{\frac{\Delta_{n-1}}{\Delta_n}}\, x^n + p(x). \end{aligned}$$

Damit ist die erste Aussage bewiesen. Zum Beweis der zweiten Aussage berücksichtige man, daß

$$(p_n, x^j) = \frac{1}{\sqrt{\Delta_{n-1}\Delta_n}} \det \begin{pmatrix} \mu_0 & \cdots & \mu_{n-1} & \mu_j \\ \vdots & & \vdots & \vdots \\ \mu_n & \cdots & \mu_{2n-1} & \mu_{j+n} \end{pmatrix}.$$

Für $j = 0, \ldots, n-1$ treten in der Determinante zwei gleiche Spalten auf, so daß $(p_n, x^j) = 0$ und damit auch $(p_n, p_j) = 0$ für $j = 0, \ldots, n-1$. Da nach Induktionsvoraussetzung $(p_i, p_j) = \delta_{ij}$ für $0 \le i, j \le n-1$ gilt, bleibt $(p_n, p_n) = 1$ zu zeigen. Wegen der schon bewiesenen ersten Aussage sowie $(p_n, x^j) = 0$ für $j = 0, \ldots, n-1$ ist

$$(p_n, p_n) = \sqrt{\frac{\Delta_{n-1}}{\Delta_n}}\,(p_n, x^n) = \sqrt{\frac{\Delta_{n-1}}{\Delta_n}}\,\frac{1}{\sqrt{\Delta_{n-1}\Delta_n}}\,\Delta_n = 1.$$

Um die dritte Aussage einzusehen, beachte man, daß es eine Konstante $\alpha_n \neq 0$ gibt derart, daß $p := \alpha_n p_n - \tilde{p}_n \in \Pi_{n-1} = \operatorname{span}\{p_0, \ldots, p_{n-1}\}$. Dann ist aber

$$(p,p) = \alpha_n \underbrace{(p_n, p)}_{=0} - \underbrace{(\tilde{p}_n, p)}_{=0} = 0$$

und daher $p = 0$ bzw. $\tilde{p}_n = \alpha_n p_n$. Damit ist der Satz bewiesen. □

Wie wir bei der Fehlerdarstellung für Quadraturformeln vom Gaußschen Typ gesehen haben, spielen neben den Polynomen $p_n \in \Pi_n$ Vielfache von p_n eine Rolle, die dadurch normiert sind, daß ihr höchster Koeffizient (also der von x^n) gleich 1 ist. Mit den Bezeichnungen von Satz 3.8 setzen wir

$$q_{-1}(x) = 0, \qquad q_n(x) := \sqrt{\frac{\Delta_n}{\Delta_{n-1}}}\,p_n(x) = x^n + \cdots, \qquad n = 0, 1, \ldots.$$

Wichtig für die Berechnung der Polynome q_n ist

Satz 3.9 *Mit obigen Bezeichnungen gilt: Die Polynome $q_n \in \Pi_n$ genügen der dreigliedrigen Rekursionsformel*

$$q_{n+1}(x) = (x - \sigma_n)q_n(x) - \tau_n^2 q_{n-1}(x), \qquad n = 0, 1, \ldots,$$

mit

$$\sigma_n := \int_a^b w(x)\,x p_n^2(x)\,dx, \qquad \tau_n := \frac{\sqrt{\Delta_n \Delta_{n-2}}}{\Delta_{n-1}}.$$

Beweis: Sei $q \in \Pi_n$ durch $q(x) := q_{n+1}(x) - xq_n(x)$ definiert. In der Darstellung $q = \sum_{j=0}^n (q, p_j)p_j$ verschwinden die ersten $n-1$ Summanden, denn für $j = 0, \ldots, n-2$ ist $xp_j \in \Pi_{n-1}$ und daher

$$(q, p_j) = (q_{n+1} - xq_n, p_j) = -(xq_n, p_j) = -(q_n, xp_j) = 0.$$

Für die beiden verbleibenden Summanden erhält man

$$\begin{aligned}
(q, p_{n-1})p_{n-1} &= -(q_n, xp_{n-1})\sqrt{\frac{\Delta_{n-2}}{\Delta_{n-1}}}\,q_{n-1} \\
&= -\sqrt{\frac{\Delta_n}{\Delta_{n-1}}}\left(p_n, \frac{\sqrt{\Delta_n\Delta_{n-2}}}{\Delta_{n-1}}\,p_n + p\right)\sqrt{\frac{\Delta_{n-2}}{\Delta_{n-1}}}\,q_{n-1} \qquad \text{mit } p \in \Pi_{n-1} \\
&= -\tau_n^2 q_{n-1}
\end{aligned}$$

und

$$(q, p_n)p_n = -(q_n, xp_n)\sqrt{\frac{\Delta_{n-1}}{\Delta_n}}\, q_n = -(p_n, xp_n)q_n = -\sigma_n q_n.$$

Insgesamt ist $q(x) = q_{n+1}(x) - xq_n(x) = -\tau_n^2 q_{n-1}(x) - \sigma_n q_n(x)$, die Behauptung ist bewiesen. □

Bemerkung: Es ist (nach leichter Rechnung)

$$\sigma_n = \frac{(xq_n, q_n)}{(q_n, q_n)}, \qquad \tau_n^2 = \frac{(q_n, q_n)}{(q_{n-1}, q_{n-1})}.$$

Die Folge $\{q_n\}$ orthogonaler Polynome mit höchstem Koeffizienten 1 zur Gewichtsfunktion w kann daher sukzessive, ohne explizite Kenntnis der Momente μ_k oder der Determinanten Δ_k, folgendermaßen berechnet werden:

$$\begin{aligned}
q_0(x) &:= 1, \\
q_1(x) &:= x - \sigma_0 \qquad \text{mit} \quad \sigma_0 := \frac{\int_a^b w(x)x\,dx}{\int_a^b w(x)\,dx}, \\
q_{n+1}(x) &:= \left(x - \frac{(xq_n, q_n)}{(q_n, q_n)}\right) q_n(x) - \frac{(q_n, q_n)}{(q_{n-1}, q_{n-1})}\, q_{n-1}(x) \qquad (n = 1, 2, \ldots).
\end{aligned}$$

Sehr leicht erhält man aus der Rekursionsformel in Satz 3.9 die Darstellung

$$q_n(x) = \det \begin{pmatrix} x-\sigma_0 & -\tau_1 & & & \\ -\tau_1 & x-\sigma_1 & \ddots & & \\ & \ddots & \ddots & \ddots & \\ & & \ddots & x-\sigma_{n-1} & -\tau_{n-1} \\ & & & -\tau_{n-1} & x-\sigma_{n-1} \end{pmatrix}.$$

Die Nullstellen von q_{n+1} (bzw. von p_{n+1}), also die Stützstellen der Quadraturformel G_n vom Gaußschen Typ zur Gewichtsfunktion w, sind daher genau die Eigenwerte der nichtzerfallenden, symmetrischen Tridiagonalmatrix

$$A_n := \begin{pmatrix} \sigma_0 & \tau_1 & & & \\ \tau_1 & \sigma_1 & \ddots & & \\ & \ddots & \ddots & \ddots & \\ & & \ddots & \sigma_{n-1} & \tau_n \\ & & & \tau_n & \sigma_n \end{pmatrix}.$$

Dieses Ergebnis ist Ausgangspunkt weiterer Aussagen über die Lage der Nullstellen orthogonaler Polynome und ihrer Berechnung (siehe z. B. A. SCHÖNHAGE (1971, S. 57ff.), P. J. DAVIS, P. RABINOWITZ (1984, S. 118ff.)). □

4.3.3 Die Gauß-Legendre- und die Gauß-Tschebyscheff-Formeln

Wegen

$$\int_a^b w(x)f(x)\,dx = \frac{b-a}{2}\int_{-1}^1 w\Big(\frac{a+b}{2}+t\,\frac{b-a}{2}\Big)f\Big(\frac{a+b}{2}+t\,\frac{b-a}{2}\Big)\,dt$$

ziehen wir uns im folgenden auf das Intervall $[a,b] := [-1,1]$ zurück und nehmen an, $w\colon(-1,1) \longrightarrow \mathbb{R}$ sei eine zulässige Gewichtsfunktion. Wir betrachten in diesem Unterabschnitt allerdings nur zwei, für die Praxis besonders wichtige, spezielle Gewichtsfunktionen.

Die zu $w(x) \equiv 1$ gehörenden orthogonalen Polynome nennt man *Legendre-Polynome*, die zugehörige Quadraturformel vom Gaußschen Typ wird *Gauß-Legendre-Formel* genannt. Die orthogonalen Polynome sind bis auf einen Faktor eindeutig bestimmt. In Übereinstimmung mit den Bezeichnungen des letzen Unterabschnittes sei p_n das durch $(p_n,p_n) = \int_{-1}^1 p_n^2(x)\,dx = 1$ und einen positiven höchsten Koeffizienten festgelegte orthogonale Polynom, q_n sei das Vielfache von p_n, das 1 als höchsten Koeffizienten besitzt und schließlich erhalte man P_n als Vielfaches von p_n durch die Normierung $P_n(1) = 1$ (da alle Nullstellen von p_n in $(-1,1)$ liegen, ist dies natürlich möglich)[1]. Mit diesen Bezeichnungen gilt

Lemma 3.10 *Es ist*

$$P_n(x) = \frac{1}{2^n n!}\,\frac{d^n}{dx^n}(x^2-1)^n \qquad \textit{(Formel von Rodrigues).}$$

Ferner ist

$$q_n(x) = \frac{1}{c_n}\,P_n(x) \qquad \text{mit}\quad c_n := \frac{1}{2^n}\binom{2n}{n}, \qquad p_n(x) = \sqrt{\frac{2n+1}{2}}\,P_n(x).$$

Schließlich gilt die Rekursionsformel

$$P_0(x) = 1, \quad P_1(x) := x, \quad P_{n+1}(x) = \frac{2n+1}{n+1}\,x\,P_n(x) - \frac{n}{n+1}\,P_{n-1}(x), \quad n = 1,2,\ldots.$$

Beweis: Durch genaues Hinsehen erkennt man, daß $\frac{1}{2^n n!}\frac{d^n}{dx^n}(x^2-1)^n$ ein Polynom vom Grade n ist, das für $x=1$ den Wert 1 annimmt und dessen höchster Koeffizient $c_n := \frac{1}{2^n}\binom{2n}{n}$ ist. Beachtet man, daß $(x^2-1)^n$ in $x = \pm 1$ eine n-fache Nullstelle besitzt, so erhält man für $j \in \{0,\ldots,n-1\}$ durch j-fache partielle Integration

$$\begin{aligned}\int_{-1}^1 \frac{d^n}{dx^n}(x^2-1)^n\,\frac{d^j}{dx^j}(x^2-1)^j\,dx &= -\int_{-1}^1 \frac{d^{n-1}}{dx^{n-1}}(x^2-1)^n\,\frac{d^{j+1}}{dx^{j+1}}(x^2-1)^j\,dx \\ &= (-1)^j\int_{-1}^1 \frac{d^{n-j}}{dx^{n-j}}(x^2-1)^n\,\frac{d^{2j}}{dx^{2j}}(x^2-1)^j\,dx\end{aligned}$$

[1] I. allg. wird das Polynom P_n als Legendre-Polynom bezeichnet, während p_n das *normierte* Legendre-Polynom genannt wird.

$$\begin{aligned} &= (-1)^j (2j)! \int_{-1}^{1} \frac{d^{n-j}}{dx^{n-j}} (x^2-1)^n \, dx \\ &= (-1)^j (2j)! \frac{d^{n-j-1}}{dx^{n-j-1}} (x^2-1)^n \Big|_{-1}^{1} \\ &= 0. \end{aligned}$$

Damit ist

$$P_n(x) = \frac{1}{2^n n!} \frac{d^n}{dx^n} (x^2-1)^n, \qquad q_n(x) = \frac{1}{c_n} P_n(x)$$

bewiesen. Wegen

$$\begin{aligned} \int_{-1}^{1} \left(\frac{d^n}{dx^n} (x^2-1)^n \right)^2 dx &= (-1)^n (2n)! \int_{-1}^{1} (x-1)^n (x+1)^n \, dx \\ &= (-1)^n (2n)! \Big[(x-1)^n \frac{(x+1)^{n+1}}{n+1} \Big|_{-1}^{1} \\ &\qquad - \frac{n}{n+1} \int_{-1}^{1} (x-1)^{n-1} (x+1)^{n+1} \, dx \Big] \\ &\;\;\vdots \\ &= (-1)^{2n} (2n)! \frac{n(n-1)\cdots 1}{(n+1)(n+2)\cdots(2n)} \int_{-1}^{1} (x+1)^{2n} \, dx \\ &= (n!)^2 \frac{2^{2n+1}}{2n+1} \end{aligned}$$

ist

$$\int_{-1}^{1} P_n^2(x) \, dx = \frac{2}{2n+1}, \qquad p_n(x) = \sqrt{\frac{2n+1}{2}} \, P_n(x).$$

Mit Satz 3.9 bzw. der anschließenden Bemerkung ist

$$\sigma_n = \int_{-1}^{1} x p_n^2(x) \, dx = 0, \qquad \tau_n^2 = \frac{(q_n, q_n)}{(q_{n-1}, q_{n-1})} = \frac{n^2}{4n^2-1}.$$

Daher ist

$$q_0(x) = 1, \quad q_1(x) = x, \quad q_{n+1}(x) = x q_n(x) - \frac{n^2}{4n^2-1} q_{n-1}(x), \qquad n = 1, 2, \ldots.$$

Hieraus erhält man

$$P_{n+1}(x) = \frac{c_{n+1}}{c_n} x P_n(x) - \frac{n^2 c_{n+1}}{(4n^2-1) c_{n-1}} P_{n-1}(x) = \frac{2n+1}{n+1} x P_n(x) - \frac{n}{n+1} P_{n-1}(x).$$

Damit ist das Lemma bewiesen. □

Bemerkung: Sukzessive können die Legendre-Polynome mit der Rekursionsformel berechnet werden:

$$P_0(x) = 1, \quad P_1(x) = x, \quad P_2(x) = \frac{1}{2}(3x^2-1), \quad P_3(x) = \frac{1}{2}(5x^3-3x), \ldots.$$

Bemerkungen zur Berechnung der Nullstellen von Legendre-Polynomen (bzw. der Stützstellen von Gauß-Legendre-Formeln) findet man bei P. J. DAVIS, P. RABINOWITZ (1984, S. 112 ff.). Erinnert sei aber auch daran (siehe Bemerkung im Anschluß an Satz 3.9), daß man die Nullstellen von P_n als Eigenwerte einer symmetrischen $n \times n$-Tridiagonalmatrix mit den Hauptdiagonalelementen $\sigma_k = 0$ und den Nebendiagonalelementen $\tau_k = k/\sqrt{4k^2-1}$ berechnen kann. Bemerkenswert ist, daß man mit Hilfe der Eigenvektoren dieser Matrix auch die Gewichte der Gauß-Legendre-Formel bestimmen kann (siehe G. H. GOLUB, J. A. WELSCH (1969), aber auch J. STOER (1989, S. 141) und H. R. SCHWARZ (1988, S. 354)). Die Stützstellen und Gewichte der Gauß-Legendre-Formel $G_{n-1}(f) = \sum_{j=0}^{n-1} a_j f(x_j)$ zur näherungsweisen Berechnung von $I(f) := \int_{-1}^{1} f(x)\,dx$ sind für $n = 2, \ldots, 16$ z. B. bei G. SCHMEISSER, H. SCHIRMEIER (1976, S. 288 ff.) angegeben. Aus Satz 3.7 erhält man schließlich die Fehleraussage: Ist $f \in C^{2n}[-1,1]$, so existiert ein $\xi \in (-1,1)$ mit

$$\int_{-1}^{1} f(x)\,dx - G_{n-1}(f) = \frac{f^{(2n)}(\xi)}{(2n)!} \int_{-1}^{1} q_n^2(x)\,dx = \frac{2^{2n+1}(n!)^4}{(2n+1)!\,[(2n)!]^2} f^{(2n)}(\xi).$$

□

Die zu $w(x) := 1/\sqrt{1-x^2}$ gehörenden orthogonalen Polynome nennt man *Tschebyscheff-Polynome*, die zugehörige Quadraturformel vom Gaußschen Typ wird *Gauß-Tschebyscheff-Formel* genannt. Wieder sei p_n das durch

$$(p_n, p_n) = \int_{-1}^{1} \frac{p_n^2(x)}{\sqrt{1-x^2}}\,dx = 1$$

und einen positiven höchsten Koeffizienten festgelegte orthogonale Polynom, q_n sei das Vielfache von p_n, das 1 als höchsten Koeffizienten besitzt und schließlich erhalte man T_n als Vielfaches von p_n durch die Normierung $T_n(1) = 1$. Mit diesen Bezeichnungen gilt

Lemma 3.11 *Es ist* $T_n(x) = \cos(n \arccos x)$. *Ferner ist*

$$q_n(x) = \begin{cases} T_0(x) & \text{für } n = 0, \\ \dfrac{1}{2^{n-1}} T_n(x) & \text{für } n \ge 1, \end{cases} \qquad p_n(x) = \begin{cases} \dfrac{1}{\sqrt{\pi}} T_0(x) & \text{für } n = 0, \\ \sqrt{\dfrac{2}{\pi}}\, T_n(x) & \text{für } n \ge 1. \end{cases}$$

Schließlich gilt die Rekursionsformel

$$T_0(x) = 1, \quad T_1(x) = x, \quad T_{n+1}(x) = 2xT_n(x) - T_{n-1}(x), \qquad n = 1, \ldots.$$

Beweis: Offenbar ist $\cos n\phi$ ein Polynom n-ten Grades in $\cos\phi$, wie man z. B. aus

$$\cos(n+1)\phi = 2\cos\phi\cos n\phi - \cos(n-1)\phi$$

abliest. Daher ist $\cos(n \arccos x)$ ein Polynom vom Grade n in x, das für $x = 1$ den Wert 1 annimmt. Der höchste Koeffizient dieses Polynoms ist 1 (für $n = 0$) bzw.

2^{n-1} (für $n \geq 1$). Berücksichtigt man nun noch, daß

$$\begin{aligned} \int_{-1}^{1} \frac{\cos(m \arccos x)\cos(n \arccos x)}{\sqrt{1-x^2}}\, dx &= \int_0^{\pi} \cos m\phi \cos n\phi \, d\phi \\ &= \begin{cases} 0 & \text{für} \quad m \neq n, \\ \pi & \text{für} \quad m = n = 0, \\ \dfrac{\pi}{2} & \text{für} \quad m = n \geq 1, \end{cases} \end{aligned}$$

so erkennt man, daß alle Aussagen des Lemmas bewiesen sind. □

Bemerkung: Die Nullstellen des n-ten Tschebyscheff-Polynoms T_n sind die Stützstellen der Gauß-Tschebyscheff-Formel $G_{n-1}(f) = \sum_{j=0}^{n-1} a_j f(x_j)$ zur näherungsweisen Berechnung von $I(f) := \int_{-1}^{1} f(x)/\sqrt{1-x^2}\, dx$. Offenbar sind sie durch

$$x_j := \cos\left(\frac{2j+1}{2n}\pi\right), \qquad j = 0, \ldots, n-1,$$

gegeben. Die zugehörigen Gewichte berechnet man mit Hilfe von Satz 3.5:

$$a_j = \frac{(q_{n-1}, q_{n-1})}{q_n'(x_j) q_{n-1}(x_j)} = \frac{\pi}{n}, \qquad j = 0, \ldots, n-1.$$

Aus Satz 3.7 folgt die Aussage: Ist $f \in C^{2n}[-1,1]$, so existiert ein $\xi \in (-1,1)$ mit

$$\int_{-1}^{1} \frac{f(x)}{\sqrt{1-x^2}}\, dx - \frac{\pi}{n} \sum_{j=0}^{n-1} f\left[\cos\left(\frac{2j+1}{2n}\pi\right)\right] = \frac{f^{(2n)}(\xi)}{(2n)!} \int_{-1}^{1} \frac{q_n^2(x)}{\sqrt{1-x^2}}\, dx = \frac{\pi\, f^{(2n)}(\xi)}{(2n)!\, 2^{2n-1}}.$$

□

Aufgaben

1. Die Quadraturformel $G_n(f) = \sum_{j=0}^{n} a_j f(x_j)$ mit den $n+1$ paarweise verschiedenen Stützstellen $x_0, \ldots, x_n$ zur näherungsweisen Berechnung von $I(f) := \int_a^b w(x) f(x)\, dx$ (mit der zulässigen Gewichtsfunktion w) ist genau dann vom Gaußschen Typ, wenn mit $q_{n+1}(x) := \prod_{k=0}^{n}(x - x_k)$ gilt:

$$\int_a^b w(x) q_{n+1}(x) p(x)\, dx = 0 \qquad \text{für alle } p \in \Pi_n.$$

2. Die zulässige Gewichtsfunktion $w\colon (a,b) \longrightarrow \mathbb{R}$ sei symmetrisch bezüglich des Intervallmittelpunkte $(a+b)/2$, d. h. es sei $w(x) = w(a+b-x)$ für alle $x \in (a,b)$. Dann ist die zugehörige Quadraturformel vom Gaußschen Typ $G_n(f) = \sum_{j=0}^{n} a_j f(x_j)$ eine symmetrische Quadraturformel, d. h. es ist $a_j = a_{n-j}$ und $x_j + x_{n-j} = a + b$ für $j = 0, \ldots, n$. Insbesondere sind die Gauß-Legendre- und die Gauß-Tschebyscheff-Formeln symmetrisch.

3. Man berechne

$$\int_0^{\pi/2} x \cos x \, dx = \frac{\pi}{2} - 1 \approx 0.5707963268$$

mit Hilfe der Gauß-Legendre-Formel $G_n(f) = \sum_{j=0}^{n} a_j f(x_j)$ für $n = 8$. Die Stützstellen dieser Formel (bezogen auf das Intervall $[-1, 1]$, es ist also noch eine Transformation der Variablen zu machen) entnehme man Tabelle 4.2 (man beachte, daß die Formel symmetrisch ist, so daß nur die Stützstellen in $[0, 1)$ und die zugehörigen Gewichte angegeben werden).

Stützstellen	Gewichte
0.968160239507626	0.081274388361574
0.836031107326636	0.180648160694857
0.613371432700590	0.260610696402935
0.324253423403809	0.312347077040003
0.000000000000000	0.330239355001260

Tabelle 4.2: Stützstellen und Gewichte der Gauß-Legendre-Formel G_8

4. Sei $[a, b] := [-1, 1]$ und $w(x) := \sqrt{1 - x^2}$. Man definiere die *Tschebyscheff-Polynome zweiter Art* $U_n \in \Pi_n$, $n = 0, 1, \ldots$, durch die Rekursionsformel

$$U_0(x) := 1, \quad U_1(x) := 2x, \quad U_{n+1}(x) := 2xU_n(x) - U_{n-1}(x), \qquad n = 1, \ldots.$$

Dann gilt:

(a) Es ist $U_n(1) = n + 1$, ferner besitzt U_n den höchsten Koeffizienten 2^n.

(b) Es ist $U_n(x) = \dfrac{\sin((n + 1) \arccos x)}{\sin(\arccos x)}$.

(c) Es ist $\displaystyle\int_{-1}^{1} \sqrt{1 - x^2} U_m(x) U_n(x)\, dx = \frac{\pi}{2} \delta_{mn}$.

(d) Die Stützstellen x_j und die Gewichte a_j der Gauß-Formel G_{n-1} zur Gewichtsfunktion w sind gegeben durch

$$x_j = \cos\left(\frac{j+1}{n+1}\pi\right), \qquad a_j = \frac{\pi}{n+1} \sin^2\left(\frac{j+1}{n+1}\pi\right), \qquad j = 0, \ldots, n-1.$$

(e) Zu $f \in C^{2n}[-1, 1]$ existiert ein $\xi \in (-1, 1)$ mit

$$\int_{-1}^{1} w(x) f(x)\, dx - G_{n-1}(f) = \frac{\pi}{2^{2n+1}(2n)!} f^{(2n)}(\xi).$$

4.4 Das Romberg-Verfahren

4.4.1 Motivation, Euler-Maclaurinsche Summenformel

Von Archimedes stammt die Methode, durch die Berechnung des Umfanges regelmäßiger Vielecke, die einem Kreis vom Durchmesser 1 einge- bzw. umschrieben sind, eine Einschließung der Zahl π zu erhalten. In seiner Arbeit ΚΥΚΛΟΥ ΜΕΤΡΗΣΙΣ bzw. "Kreismessung" (siehe die Übersetzung bei F. RUDIO (1892, S. 71–81) und G. MIEL (1983)) bewies er mit dieser Methode $3\frac{10}{71} < \pi < 3\frac{1}{7}$ oder:

- Der Umfang eines jeden Kreises ist dreimal so groß als der Durchmesser und noch um etwas größer, nämlich um weniger als ein siebentel, aber um mehr als zehn einundsiebenzigstel des Durchmessers.

Um diesen Satz zu beweisen, bestimmte Archimedes der Reihe nach die Seite des einge- bzw. umschriebenen Sechsecks, des Zwölfecks, des Vierundzwanzigecks, des Achtundvierzigecks und des Sechsundneunzigecks. Diese *archimedische Methode* zur Berechnung von π wurde im Laufe der Zeit weitergetrieben, ohne daß wesentlich neue Ideen hinzukamen. Einen „Höhepunkt" (und zum Glück auch einen Endpunkt) dieser Entwicklung stellen die Rechnungen von Ludolf van Ceulen (geb. zu Hildesheim 1539, gest. als Professor der Mathematik und der Kriegswissenschaften (!) in Leyden 1610) dar. Er soll π auf 35 Dezimalen genau erhalten haben, indem er den Umfang des einge- und des umschriebenen regelmäßigen 2^{62}-Ecks berechnete.

Wir wollen uns davon überzeugen, daß die archimedische Methode, naiv angewandt, nur langsam konvergiert. Hierzu bezeichnen wir mit $E(n)$ bzw. $U(n)$ den Umfang eines einge- bzw. umschriebenen regelmäßigen n-Ecks zu einem Kreis mit dem Durchmesser 1. Mit elementarer Trigonometrie (die Archimedes aber nicht zur Verfügung stand) läßt sich leicht nachweisen, daß

$$E(n) = n \sin \frac{\pi}{n}, \qquad U(n) = n \tan \frac{\pi}{n}.$$

Wegen

$$E(n) = n \sin \frac{\pi}{n} = n \sum_{j=0}^{\infty} (-1)^j \frac{1}{(2j+1)!} \left(\frac{\pi}{n}\right)^{2j+1} = \pi - \frac{\pi^3}{3!}\left(\frac{1}{n}\right)^2 + \frac{\pi^5}{5!}\left(\frac{1}{n}\right)^4 - \cdots$$

konvergiert $E(n)$ so schnell bzw. langsam gegen π wie $1/n^2$ gegen 0. Um so bemerkenswerter ist eine wesentliche Verbesserung der archimedischen Methode, die 1621 von W. Snellius (1580–1626) gefunden und von C. Huygens (1629–1695) bewiesen wurde. Mit geometrischen Methoden zeigte Huygens 1654 in seiner Arbeit "De circuli magnitudine inventa" im Lehrsatz VII:

- Der Umfang eines jeden Kreises ist größer als der Umfang eines ihm eingeschriebenen gleichseitigen Polygones, vermehrt um den dritten Teil des Überschusses, um welchen dieser Umfang den Umfang eines andern eingeschriebenen Polygones von halb so viel Seiten übertrifft.

Im Klartext bedeutet dieser Satz, daß

$$\pi > E(n) + \frac{E(n) - E(n/2)}{3} = \frac{1}{3}\left[4E(n) - E(n/2)\right] =: E^{(1)}(n).$$

Der geometrische Beweis bei Huygens (siehe auch die Übersetzung bei F. RUDIO (1892, S. 85–131)) ist nicht ganz einfach. Ein analytischer Beweis bleibt dem Leser überlassen. Wir wollen uns davon überzeugen, daß $E^{(1)}(n)$ eine wesentlich bessere Näherung für π ist als $E(n)$. Denn es ist

$$E^{(1)}(n) = \frac{1}{3}\left\{4n\left[\frac{1}{1!}\left(\frac{\pi}{n}\right)^1 - \frac{1}{3!}\left(\frac{\pi}{n}\right)^3 + \frac{1}{5!}\left(\frac{\pi}{n}\right)^5 - \cdots\right]\right.$$

$$
\begin{aligned}
& - \frac{n}{2}\left[\frac{1}{1!}\left(\frac{2\pi}{n}\right)^1 - \frac{1}{3!}\left(\frac{2\pi}{n}\right)^3 + \frac{1}{5!}\left(\frac{2\pi}{n}\right)^5 - \cdots\right]\Big\} \\
= \; & \pi - \frac{4}{3}\left[\frac{\pi^5}{5!}(2^2-1)\left(\frac{1}{n}\right)^4 - \frac{\pi^7}{7!}(2^4-1)\left(\frac{1}{n}\right)^6 + \cdots\right].
\end{aligned}
$$

Damit konvergiert $E^{(1)}(n)$ so schnell gegen π wie $1/n^4$ gegen Null, während $E(n)$ so langsam gegen π strebt, wie $1/n^2$ gegen Null konvergiert. Durch Linearkombination von zwei „schlechten“ Werten erhält man also einen wesentlich besseren Wert, eine geniale Idee! Fast noch überraschender als Lehrsatz VII ist der Lehrsatz IX bei Huygens:

- Der Umfang eines jeden Kreises ist kleiner als zwei Drittel des Umfanges eines ihm eingeschriebenen gleichseitigen Polygones, vermehrt um ein Drittel des Umfanges des dazu ähnlichen umgeschriebenen Polygones.

Bezeichnen wir wieder mit $U(n)$ den Umfang des einem Kreis vom Durchmesser 1 umschriebenen regelmäßigen n-Ecks, so sagt dieser Lehrsatz aus, daß

$$\pi < U^{(1)}(n) := \frac{1}{3}\,[2E(n) + U(n)].$$

Wir überlassen es dem Leser, diese Aussage (analytisch) zu beweisen und sich davon zu überzeugen, daß $U^{(1)}(n)$ bessere Werte liefert als $E(n)$ oder $U(n)$. Bemerkenswert ist ferner, daß durch $E^{(1)}(n)$ bzw. $U^{(1)}(n)$ untere bzw. obere Schranken für π gegeben sind. In Tabelle 4.3 geben wir einige Werte an, wobei $E(n)$, $E^{(1)}(n)$ stets nach unten und $U(n)$, $U^{(1)}(n)$ nach oben gerundet sind.

n	$E(n)$	$E^{(1)}(n)$	$U^{(1)}(n)$	$U(n)$
6	3.000000		3.154701	3.464102
12	3.105828	3.141104	3.142350	3.215391
24	3.132628	3.141561	3.141640	3.159660
48	3.139350	3.141590	3.141596	3.146087
96	3.141031	3.141592	3.141593	3.142715

Tabelle 4.3: Verbesserung der archimedischen Methode durch Huygens

Huygens' Idee zur Konvergenzbeschleunigung soll nun von der Berechnung der Zahl π auf die näherungsweise Berechnung des bestimmten Integrals

$$I(f) := \int_a^b f(x)\,dx$$

übertragen werden. Dem Umfang $E(n)$ des eingeschriebenen regelmäßigen n-Ecks wird die zusammengesetzte Trapezregel $T(f;h)$ zu der Maschenweite $h := (b-a)/n$ entsprechen. Es sei also

$$T(f;h) := h\Big[\frac{1}{2}f(a) + \sum_{j=1}^{n-1} f(a+jh) + \frac{1}{2}f(b)\Big], \qquad h := \frac{b-a}{n}.$$

Die Methode von Huygens ist erfolgreich, da eine Darstellung

$$\pi = E(n) + \beta_2\Big(\frac{1}{n}\Big)^2 + \beta_4\Big(\frac{1}{n}\Big)^4 + \cdots$$

mit gewissen von n unabhängigen Koeffizienten β_{2i} Gültigkeit hat. Die gleich folgende Euler-Maclaurinsche Summenformel sagt im wesentlichen aus, daß eine entsprechende Aussage auch für den Fehler $I(f) - T(f;h)$ gilt. Bei der Verbesserung der durch die zusammengesetzte Trapezregel gewonnenen Näherungswerte kann man dann ganz ähnlich wie Huygens vorgehen, der zumindestens nach unserer Interpretation (Huygens benutzte elementargeometrische Methoden) aus

$$\begin{aligned} \pi &= E(n) + \beta_2\Big(\frac{1}{n}\Big)^2 + \beta_4\Big(\frac{1}{n}\Big)^4 + \cdots \\ \pi &= E(n/2) + 4\beta_2\Big(\frac{1}{n}\Big)^2 + 16\beta_4\Big(\frac{1}{n}\Big)^4 + \cdots \end{aligned}$$

durch Multiplikation der ersten Gleichung mit 4, der zweiten mit (-1), anschließende Addition und abschließende Division durch 3 die Darstellung

$$\pi = \underbrace{\frac{4E(n) - E(n/2)}{3}}_{=:\, E^{(1)}(n)} + \beta_4^{(1)}\Big(\frac{1}{n}\Big)^4 + \beta_6^{(1)}\Big(\frac{1}{n}\Big)^6 + \cdots$$

mit gewissen von n unabhängigen Konstanten $\beta_4^{(1)}, \beta_6^{(1)}, \ldots$ erhält.

In der Euler-Maclaurinschen Summenformel treten *Bernoulli-Zahlen*, bei ihrem Beweis *Bernoulli-Polynome* auf. Diese werden nun definiert, anschließend werden einfache Eigenschaften bewiesen.

Definition 4.1 Die *Bernoulli-Polynome* $B_k \in \Pi_k$, $k = 0, 1, \ldots$, sind rekursiv definiert durch

$$B_0(t) := 1, \quad B_k'(t) = B_{k-1}(t) \quad \text{mit} \quad \int_0^1 B_k(t)\,dt = 0, \qquad k = 1, 2, \ldots.$$

Die Zahlen $B_k := k!\,B_k(0)$, $k = 0, 1, \ldots$, heißen *Bernoulli-Zahlen*.

Lemma 4.2 *Es ist* $B_k(0) = B_k(1)$ *für* $k = 2, 3, \ldots$ *und* $B_k(t) = (-1)^k B_k(1-t)$ *für* $k = 0, 1, \ldots$. *Insbesondere ist* $B_{2i+1}(0) = B_{2i+1}(\frac{1}{2}) = B_{2i+1}(1) = 0$ *für* $i = 1, 2, \ldots$.

Beweis: Für $k \in \mathbb{N}$ ist $B_k(t) = \int_0^t B_{k-1}(s)\,ds + B_k(0)$ und daher

$$B_k(1) = \int_0^1 B_{k-1}(s)\,ds + B_k(0) = B_k(0) \quad \text{für } k = 2, 3, \ldots.$$

Zum Beweis der Symmetriebeziehung setze man $C_k(t) := (-1)^k B_k(1-t)$ und weise nach, daß die C_k derselben Rekursionsbeziehung wie die B_k genügen. Zunächst ist $C_0(t) = B_0(t)$. Für $k \in \mathbb{N}$ ist ferner

$$C_k'(t) = (-1)^{k-1} B_k'(1-t) = (-1)^{k-1} B_{k-1}(1-t) = C_{k-1}(t)$$

und

$$\int_0^1 C_k(t)\,dt = (-1)^k \int_0^1 B_k(1-t)\,dt = (-1)^k \int_0^1 B_k(t)\,dt = 0,$$

woraus die behauptete Symmetriebeziehung folgt. □

Satz 4.3 (Euler-Maclaurinsche Summenformel) *Sei $m \in \mathbb{N}$, $f \in C^{2m}[a,b]$ und*

$$T(f;h) := h\Big[\frac{1}{2}f(a) + \sum_{j=1}^{n-1} f(a+jh) + \frac{1}{2}f(b)\Big], \qquad h := \frac{b-a}{n}$$

mit $n \in \mathbb{N}$ die zusammengesetzte Trapezregel. Dann ist

$$\begin{aligned}\int_a^b f(x)\,dx &= T(f;h) - \sum_{i=1}^{m-1} \frac{B_{2i}h^{2i}}{(2i)!}[f^{(2i-1)}(b) - f^{(2i-1)}(a)] \\ &\quad + h^{2m}\int_a^b [\overline{B}_{2m}(x;h) - B_{2m}(0)]f^{(2m)}(x)\,dx.\end{aligned}$$

Hierbei ist $\overline{B}_{2m}(\cdot;h)\colon [a,b] \longrightarrow \mathbb{R}$ definiert durch

$$\overline{B}_{2m}(x;h) := B_{2m}\Big(\frac{x-x_j}{h}\Big) \quad \text{für} \quad x \in [x_j, x_{j+1}], \qquad x_j := a + jh, \qquad j = 0,\ldots,n.$$

Ferner ist $\overline{B}_{2m}(\cdot;h) - B_{2m}(0)$ von einem Vorzeichen auf $[a,b]$ und

$$\int_a^b [\overline{B}_{2m}(x;h) - B_{2m}(0)]\,dx = -(b-a)B_{2m}(0) = -\frac{(b-a)B_{2m}}{(2m)!},$$

so daß ein $\xi \in (a,b)$ existiert mit

$$\int_a^b f(x)\,dx = T(f;h) - \sum_{i=1}^{m-1}\frac{B_{2i}h^{2i}}{(2i)!}[f^{(2i-1)}(b) - f^{(2i-1)}(a)] - \frac{(b-a)B_{2m}h^{2m}}{(2m)!}f^{(2m)}(\xi).$$

Beweis: Für $g \in C^{2m}[0,1]$ erhält man unter Benutzung von

$$B_1(0) = -B_1(1) = -\frac{1}{2}, \quad B_{2i}(0) = B_{2i}(1), \quad B_{2i+1}(0) = B_{2i+1}(1) = 0 \qquad (i \in \mathbb{N})$$

(siehe Lemma 4.2) durch sukzessive partielle Integration:

$$\begin{aligned}\int_0^1 g(t)\,dt &= \int_0^1 B_1'(t)g(t)\,dt \\ &= \frac{1}{2}[g(0)+g(1)] - \int_0^1 B_2'(t)g'(t)\,dt \\ &= \frac{1}{2}[g(0)+g(1)] - B_2(0)[g'(1)-g'(0)] + \int_0^1 B_3'(t)g''(t)\,dt \\ &\;\;\vdots \\ &= \frac{1}{2}[g(0)+g(1)] - \sum_{i=1}^{m-1} B_{2i}(0)[g^{(2i-1)}(1) - g^{(2i-1)}(0)] \\ &\qquad + \int_0^1 B_{2m-1}'(t)g^{(2m-2)}(t)\,dt \\ &= \frac{1}{2}[g(0)+g(1)] - \sum_{i=1}^{m-1} B_{2i}(0)[g^{(2i-1)}(1) - g^{(2i-1)}(0)]\end{aligned}$$

$$
\begin{aligned}
& - \int_0^1 [B_{2m} - B_{2m}(0)]'(t) g^{(2m-1)}(t)\, dt \\
= {} & \frac{1}{2}[g(0) + g(1)] - \sum_{i=1}^{m-1} B_{2i}(0)[g^{(2i-1)}(1) - g^{(2i-1)}(0)] \\
& + \int_0^1 [B_{2m}(t) - B_{2m}(0)] g^{(2m)}(t)\, dt.
\end{aligned}
$$

Für $j = 0, \ldots, n-1$ wende man dieses Ergebnis auf $g_j(t) := f(x_j + th)$ mit $x_j := a + jh$ an. Hiermit erhält man unter Berücksichtigung von $B_{2i} = (2i)!\, B_{2i}(0)$ die folgende Gleichungskette:

$$
\begin{aligned}
\int_a^b f(x)\, dx &= \sum_{j=0}^{n-1} \int_{x_j}^{x_{j+1}} f(x)\, dx \\
&= h \sum_{j=0}^{n-1} \int_0^1 f(x_j + th)\, dt \\
&= T(f;h) - \sum_{i=1}^{m-1} \frac{B_{2i} h^{2i}}{(2i)!} [f^{(2i-1)}(b) - f^{(2i-1)}(a)] \\
&\quad + h^{2m+1} \sum_{j=0}^{n-1} \int_0^1 [B_{2m}(t) - B_{2m}(0)]\, f^{(2m)}(x_j + th)\, dt \\
&= T(f;h) - \sum_{i=1}^{m-1} \frac{B_{2i} h^{2i}}{(2i)!} [f^{(2i-1)}(b) - f^{(2i-1)}(a)] \\
&\quad + h^{2m} \sum_{j=0}^{n-1} \int_{x_j}^{x_{j+1}} \left[B_{2m}\left(\frac{x - x_j}{h}\right) - B_{2m}(0) \right] f^{(2m)}(x)\, dx \\
&= T(f;h) - \sum_{i=1}^{m-1} \frac{B_{2i} h^{2i}}{(2i)!} [f^{(2i-1)}(b) - f^{(2i-1)}(a)] \\
&\quad + h^{2m} \int_a^b [\overline{B}_{2m}(x;h) - B_{2m}(0)]\, f^{(2m)}(x)\, dx.
\end{aligned}
$$

Damit ist der erste Teil des Satzes bewiesen.

Im zweiten Teil zeigen wir durch vollständige Induktion, daß $B_{2m}(\cdot) - B_{2m}(0)$ von einem Vorzeichen auf $[0,1]$ ist. Dann ist auch $\overline{B}_{2m}(\cdot;h) - B_{2m}(0)$ von einem Vorzeichen auf $[a,b]$ und wegen

$$
\int_a^b \overline{B}_{2m}(x;h)\, dx = \sum_{j=0}^{n-1} \int_{x_j}^{x_{j+1}} B_{2m}\left(\frac{x - x_j}{h}\right) dx = (b-a) \int_0^1 B_{2m}(t)\, dt = 0
$$

folgt mit dem Mittelwertsatz der Integralrechnung der Rest des Satzes.

Manchmal ist es bei einem Induktionsbeweis von Vorteil, mehr zu behaupten, als man eigentlich benötigt (es sollte allerdings etwas Richtiges sein!), um beim Induktionsschluß auch mehr benutzen zu können. Wir zeigen daher durch vollständige Induktion nach $m \in \mathbb{N}$:

1. $B_{2m} - B_{2m}(0)$ besitzt genau zwei Nullstellen in $[0,1]$, nämlich 0 und 1. Insbesondere ist $B_{2m} - B_{2m}(0)$ von einem Vorzeichen auf $[0,1]$.

2. B_{2m+1} besitzt genau drei Nullstellen in $[0,1]$, nämlich 0, $\frac{1}{2}$ und 1.

Für $m = 1$ sind diese Aussagen offenbar richtig. Wir nehmen an, sie seien für m richtig und beweisen sie für $m+1$.

Wenn das Polynom $B_{2m+2} - B_{2m+2}(0)$ außer 0 und 1 noch eine Nullstelle in $(0,1)$ hätte, so hätte es wegen der Symmetriebeziehung in Lemma 4.2 auch eine in $(0, \frac{1}{2}]$. Wegen des Satzes von Rolle hätte $B'_{2m+2} = B_{2m+1}$ im Widerspruch zur Induktionsannahme eine Nullstelle in $(0, \frac{1}{2})$.

Angenommen, B_{2m+3} hätte neben 0, $\frac{1}{2}$ und 1 noch eine weitere Nullstelle in $(0,1)$. Wegen der Symmetriebeziehung hätte B_{2m+3} eine Nullstelle in $(0, \frac{1}{2})$. Eine zweimalige Anwendung des Satzes von Rolle liefert, daß $B''_{2m+3} = B_{2m+1}$ eine Nullstelle in $(0, \frac{1}{2})$ hätte, wiederum ein Widerspruch zur Induktionsannahme.

Insgesamt ist die Euler-Maclaurinsche Summenformel bewiesen. □

Bemerkungen: Die Euler-Maclaurinsche Summenformel liefert die Möglichkeit, die zusammengesetzte Trapezregel durch einen Korrekturterm zu verbessern. So existiert z. B. wegen $B_2(0) = \frac{1}{12}$ und $B_4(0) = -\frac{1}{720}$ zu $f \in C^4[a,b]$ ein $\xi \in (a,b)$ mit

$$\int_a^b f(x)\,dx = T(f;h) - \frac{h^2}{12}\,[f'(b) - f'(a)] + \frac{(b-a)h^4}{720}\,f^{(4)}(\xi).$$

Um dies ausnutzen zu können, müßte man allerdings die Ableitungen $f'(a)$ und $f'(b)$ der zu integrierenden Funktion f berechnen können, was oft nicht realistisch ist.

Wichtiger ist die Bemerkung, daß die zusammengesetzte Trapezregel zur Integration glatter periodischer Funktionen über ihr Periodenintervall eine vorzügliche Quadraturformel ist und jeder anderen Quadraturformel vorgezogen werden sollte. Denn ist $f \in C^{2m}(\mathbb{R})$ eine $(b-a)$-periodische Funktion, so ist $f^{(k)}(a) = f^{(k)}(b)$ für $k = 0, \ldots, 2m$, so daß wir aus der Euler-Maclaurinsche Summenformel die Existenz eines $\xi \in (a,b)$ mit

$$\int_a^b f(x)\,dx = h\sum_{j=0}^{n-1} f(a+jh) - \frac{(b-a)B_{2m}h^{2m}}{(2m)!}\,f^{(2m)}(\xi), \qquad h := \frac{b-a}{n}$$

erhalten. □

Ganz analog zu Huygens, der aus $E(n)$ und $E(n/2)$ durch

$$E^{(1)}(n) := E(n) + \frac{E(n) - E(n/2)}{3}$$

eine verbesserte Näherung für π erhielt, bekommen wir wegen der Euler-Maclaurinschen Summenformel eine gegenüber der zusammengesetzten Trapezregel $T(f;h)$ i. allg. verbesserte Quadraturformel $T^{(1)}(f;h/2)$ durch

$$T^{(1)}(f;h/2) := T(f;h/2) + \frac{T(f;h/2) - T(f;h)}{3}.$$

Man stellt leicht fest, daß $T^{(1)}(f;h/2)$ gerade die zusammengesetzte Simpson-Regel zur Schrittweite $h/2$ ist. Für $f \in C^6[a,b]$ erhält man die Fehlerdarstellung

$$\int_a^b f(x)\,dx = T^{(1)}(f;h/2) + \beta_4^{(1)}(f)h^4 + \beta_6^{(1)}(f;h)h^6,$$

wobei $\beta_4^{(1)}(f)$ von h unabhängig und $\beta_6^{(1)}(f;\cdot)$ beschränkt ist. Dieser Prozeß kann offenbar fortgesetzt werden (wobei man allerdings beachten sollte, daß er seine Grundlage verliert, wenn f nicht hinreichend glatt ist), sukzessive erhält man Quadraturformeln immer höherer „Ordnung". So ist z. B. $T^{(1)}(f;h/2)$ exakt auf Π_3. Damit ist die Grundidee des *Romberg-Verfahrens* beschrieben, auf die genaue Durchführung wird im nächsten Unterabschnitt eingegangen.

4.4.2 Extrapolationsverfahren

Die Euler-Maclaurinsche Summenformel zeigt, daß für $f \in C^{2m+2}[a,b]$ die zusammengesetzte Trapezregel $T(h)$ zur Maschenweite $h = (b-a)/n$ (gegenüber Satz 4.3 ersetzen wir jetzt m durch $m+1$ und lassen in $T(f;h)$ das Argument f weg) eine Darstellung der Form

$$T(h) = \alpha_0 + \alpha_1 h^2 + \alpha_2 h^4 + \cdots + \alpha_m h^{2m} + \alpha_{m+1}(h)h^{2m+2} \quad \text{mit} \quad \alpha_0 := \int_a^b f(x)\,dx$$

besitzt, wobei $\alpha_1,\ldots,\alpha_m$ von h unabhängig sind und $\alpha_{m+1}(\cdot)$ beschränkt ist. Für kleine h ist $T(\cdot)$ also näherungsweise gleich einem Polynom vom Grade m in h^2, dessen niedrigsten Koeffizienten α_0 bzw. dessen Wert für $h=0$ man bestimmen möchte.

Um die Idee des Extrapolationsverfahrens ganz deutlich zu machen, betrachten wir zunächst den Fall $m=1$. Dann ist

$$T(h) \approx \underbrace{\int_a^b f(x)\,dx}_{=:\,\alpha_0} + \alpha_1 h^2.$$

Nun gibt man sich zwei Schrittweiten $h_0 := (b-a)/n_0 > (b-a)/n_1 =: h_1$ vor und bestimmt das Polynom $P_{01} \in \Pi_1$, $P_{01}(x) = a_0 + a_1 x$, das den Interpolationsbedingungen

$$P_{01}(h_0^2) = a_0 + a_1 h_0^2 = T(h_0), \qquad P_{01}(h_1^2) = a_0 + a_1 h_1^2 = T(h_1)$$

genügt. Wegen

$$P_{01}(x) = T(h_1) + \frac{T(h_0)-T(h_1)}{h_0^2 - h_1^2}(x - h_1^2) = \underbrace{T(h_1) + \frac{T(h_1)-T(h_0)}{(h_0/h_1)^2 - 1}}_{=\,a_0} + \underbrace{\frac{T(h_0)-T(h_1)}{h_0^2-h_1^2}}_{=\,a_1} x$$

kann man mit einiger Zuversicht

$$a_0 = P_{01}(0) = T(h_1) + \frac{T(h_1)-T(h_0)}{(h_0/h_1)^2 - 1}$$

als eine verbesserte Näherung für $\alpha_0 := \int_a^b f(x)\,dx$ ansehen. Z. B. erhält man für $h_0 = h$ und $h_1 = h/2$ gerade die oben hergeleitete Verbesserung der Trapezregel

$$a_0 = T^{(1)}(h/2) := T(h/2) + \frac{T(h/2)-T(h)}{3}.$$

In Abbildung 4.2 soll diese Motivation verdeutlicht werden.

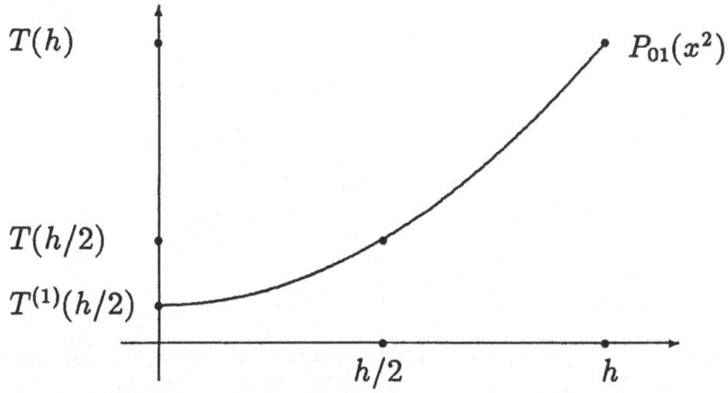

Abbildung 4.2: Motivation des Extrapolationsverfahrens

Allgemein besteht das Extrapolationsverfahren darin, zu Schrittweiten

$$h_i := \frac{b-a}{n_i}, \qquad i = 0, \ldots, m, \quad \text{mit} \quad n_0 < n_1 < \cdots < n_m$$

die Trapezsummen

$$T_i^{(0)} := T(h_i), \qquad i = 0, \ldots, m,$$

zu berechnen, den Wert $T_m^{(m)} := P_{0\cdots m}(0)$ des Polynoms $P_{0\cdots m} \in \Pi_m$ zu bestimmen, das den Interpolationsbedingungen

$$P_{0\cdots m}(h_j^2) = T_j^{(0)}, \qquad j = 0, \ldots, m,$$

genügt, und diesen als eine verbesserte Näherung für $\int_a^b f(x)\,dx$ aufzufassen. Man ist also nicht so sehr an dem Interpolationspolynom $P_{0\cdots m}$, sondern vielmehr an seinem Wert für $h = 0$ interessiert. Daher bietet sich zur Berechnung von $T_m^{(m)}$ der Neville-Algorithmus an. Hierzu sei (in Übereinstimmung mit den Bezeichnungen in Unterabschnitt 3.1.1) $P_{i-k\cdots i} \in \Pi_k$ für $1 \le k \le i \le m$ das Polynom vom Grade k, das durch die Interpolationsbedingungen

$$P_{i-k\cdots i}(h_j^2) = T_j^{(0)}, \qquad j = i-k, \ldots, i,$$

festgelegt ist. Die in Unterabschnitt 3.1.1 nachgewiesene Beziehung

$$P_{i-k\cdots i}(h) = P_{i-k\cdots i-1}(h) + \frac{(h - h_{i-k}^2)[P_{i-k+1\cdots i}(h) - P_{i-k\cdots i-1}(h)]}{h_i^2 - h_{i-k}^2}$$

liefert für $h = 0$ mit $T_i^{(k)} := P_{i-k\cdots i}(0)$ nach einfacher Rechnung die Rekursionsformel

$$T_i^{(k)} = T_i^{(k-1)} + \frac{T_i^{(k-1)} - T_{i-1}^{(k-1)}}{(h_{i-k}/h_i)^2 - 1}.$$

Damit erhält man das folgende Verfahren zur Berechnung von $T_m^{(m)}$:

- Für $i = 0, \ldots, m$:

  $T_i^{(0)} := T(h_i)$

  Für $k = 1, \ldots, m$:

  Für $i = k, \ldots, m$:

$$T_i^{(k)} := T_i^{(k-1)} + \frac{T_i^{(k-1)} - T_{i-1}^{(k-1)}}{(h_{i-k}/h_i)^2 - 1}$$

Der obere Index $^{(k)}$ gibt die Spalte in einem Schema an, das wir für $m = 3$ in Tabelle 4.4 verdeutlichen. Das Element $T_i^{(k)}$ in der k-ten Spalte erhält man aus den beiden Nachbarn $T_i^{(k-1)}$ und $T_{i-1}^{(k-1)}$ der $(k-1)$-ten Spalte. Beim *Romberg-Verfahren* wird

	$k = 0$	1	2	3
h_0^2	$T(h_0) = T_0^{(0)}$			
		$T_1^{(1)}$		
h_1^2	$T(h_1) = T_1^{(0)}$		$T_2^{(2)}$	
		$T_2^{(1)}$		$T_3^{(3)}$
h_2^2	$T(h_2) = T_2^{(0)}$		$T_3^{(2)}$	
		$T_3^{(1)}$		
h_3^2	$T(h_3) = T_3^{(0)}$			

Tabelle 4.4: Extrapolationsverfahren zur numerischen Integration

die Schrittweite sukzessive halbiert, hier ist also $h_i := (b-a)/2^i$ für $i = 0, \ldots, m$. Das Romberg-Verfahren lautet also:

- Für $i = 0, \ldots, m$:

  $T_i^{(0)} := T(h_i)$

  Für $k = 1, \ldots, m$:

  Für $i = k, \ldots, m$:

$$T_i^{(k)} := T_i^{(k-1)} + \frac{T_i^{(k-1)} - T_{i-1}^{(k-1)}}{4^k - 1}$$

Wir haben das Extrapolationsverfahren beschrieben, bei dem zur Interpolation Polynome herangezogen werden, die *außerhalb* des durch die Stützstellen h_i^2 gegebenen Intervalls, nämlich für $h = 0$, ausgewertet werden. Sehr erfolgreich sind in der Praxis auch Extrapolationsverfahren, bei denen zur Interpolation rationale Funktionen benutzt werden. Hierzu sei lediglich auf J. STOER (1989, S. 129 ff.) und die dort angegebene Literatur verwiesen.

Bemerkungen: Die Hauptarbeit bei der Durchführung des Extrapolationsverfahrens besteht in der Berechnung der Trapezsummen $T_i^{(0)} := T(h_i)$, denn hierzu muß die zu integrierende Funktion ausgewertet werden, und das kann kostspielig sein. Beim Romberg-Verfahren ist $h_i := (b-a)/2^i$ und daher

$$T_i^{(0)} = h_i \left[\frac{1}{2} f(a) + \sum_{j=1}^{2^i-1} f(a + j\, h_i) + \frac{1}{2} f(b)\right].$$

Beachtet man, daß

$$T_i^{(0)} = \frac{1}{2} T_{i-1}^{(0)} + h_i \sum_{j=1}^{2^{i-1}} f(a + (2j-1)\, h_i), \qquad i = 1, 2, \ldots,$$

so verhindert man, daß f zweimal an derselben Stelle ausgewertet wird.

Das Romberg-Verfahren hat den Nachteil, daß sich die Anzahl der Stützstellen von Schrittweite zu Schrittweite verdoppelt, also sehr schnell wächst. Daher sind auch andere Schrittweitenfolgen $\{h_i\}$ vorgeschlagen worden, vor allem die *Bulirsch-Folge*

$$h_0 := b - a, \quad h_1 := \frac{h_0}{2}, \quad h_2 := \frac{h_0}{3}, \quad h_3 := \frac{h_0}{4}, \quad h_4 := \frac{h_0}{6}, \quad h_5 := \frac{h_0}{8}, \ldots,$$

bei der die Anzahl der Stützstellen nicht so schnell wächst.

Bei der Umsetzung des Romberg-Verfahrens oder allgemeiner eines Extrapolationsverfahrens mit einer gegebenen Schrittweitenfolge (etwa der Bulirsch-Folge) in ein Computer-Programm muß man eine geeignete Stop-Bedingung einbauen. Hier ist es sinnvoll, sich ein $\epsilon > 0$ als Maß für die gewünschte relative Genauigkeit sowie ein $k_{\max}$ vorzugeben, durch die Trapezsummen einen Näherungswert $S \approx |\int_a^b f(x)\,dx|$ zu gewinnen, und das Verfahren abzubrechen, wenn $|T_k^{(k)} - T_{k+1}^{(k)}| \leq \epsilon S$, bzw. mit einer Fehlermeldung, wenn dies nach $k_{\max}$ Schritten nicht eintritt. □

Im folgenden Satz soll gezeigt werden, daß im Romberg-Schema die k-te Spalte, $k = 0, 1, \ldots$, Polynome aus Π_{2k+1} exakt integriert, und daß für einen hinreichend glatten Integranden Konvergenz in den Spalten vorliegt.

Satz 4.4 *Bei gegebenem $f \in C[a,b]$ sei $T_i^{(k)}$, $0 \leq k \leq i$, eine durch das Romberg-Verfahren berechnete Näherung für $\int_a^b f(x)\,dx$. Dann gilt:*

1. *Ist $f \in \Pi_{2k+1}$, so ist $T_i^{(k)} = \int_a^b f(x)\,dx$ für alle $i \geq k$.*
2. *Ist $f \in C^{2k+2}[a,b]$, so ist $\lim_{i\to\infty} T_i^{(k)} = \int_a^b f(x)\,dx$.*

Beweis: Wir erinnern daran, daß $T_i^{(k)} = P_{i-k\cdots i}(0)$, wobei $P_{i-k\cdots i} \in \Pi_k$ durch die Interpolationsbedingungen

$$P_{i-k\cdots i}(h_j^2) = T(h_j), \qquad j = i-k, \ldots, i$$

festgelegt ist. In der Lagrange-Darstellung ist $P_{i-k\cdots i}$ durch

$$P_{i-k\cdots i}(h) = \sum_{j=i-k}^{i} T(h_j) \prod_{\substack{l=i-k \\ l\neq j}}^{i} \frac{h - h_l^2}{h_j^2 - h_l^2}$$

gegeben, woraus

$$T_i^{(k)} = \sum_{j=i-k}^{i} c_{ij}^{(k)} T(h_j) \qquad \text{mit} \quad c_{ij}^{(k)} := \prod_{\substack{l=i-k \\ l\neq j}}^{i} \frac{h_l^2}{h_l^2 - h_j^2}$$

folgt. Für ein beliebiges Polynom $P \in \Pi_k$ ist

$$P(h) = \sum_{j=i-k}^{i} P(h_j^2) \prod_{\substack{l=i-k \\ l\neq j}}^{i} \frac{h - h_l^2}{h_j^2 - h_l^2}.$$

Setzt man hier der Reihe nach $P(h) \equiv 1, \dots, h^k$ und anschließend $h = 0$, so folgt

$$(*) \qquad \sum_{j=i-k}^{i} c_{ij}^{(k)} h_j^{2l} = \begin{cases} 1 & \text{für} \quad l = 0, \\ 0 & \text{für} \quad l = 1, \dots, k. \end{cases}$$

Wegen der Euler-Maclaurinschen Summenformel ist

$$\int_a^b f(x)\,dx = T(h_j) + \sum_{l=1}^{k} \beta_l h_j^{2l} + h_j^{2k+2} \int_a^b [\overline{B}_{2k+2}(x; h_j) - B_{2k+2}(0)] f^{(2k+2)}(x)\,dx$$

mit gewissen Konstanten $\beta_1, \dots, \beta_k$. Eine Multiplikation dieser Gleichung mit $c_{ij}^{(k)}$ und anschließende Summation von $j = i - k$ bis $j = i$ liefert unter Berücksichtigung von $(*)$ die Darstellung

$$\int_a^b f(x)\,dx = T_i^{(k)} + \int_a^b \Big(\sum_{j=i-k}^{i} c_{ij}^{(k)} h_j^{2k+2} [\overline{B}_{2k+2}(x; h_j) - B_{2k+2}(0)] \Big) f^{(2k+2)}(x)\,dx.$$

Hieraus folgt schon die erste Aussage, daß nämlich $T_i^{(k)} = \int_a^b f(x)\,dx$ für $f \in \Pi_{2k+1}$. Für den Beweis der zweiten Aussage zeigen wir, daß

$$\sum_{j=i-k}^{i} |c_{ij}^{(k)}| \le 3 \qquad \text{für alle } i \ge k \ge 0.$$

Hierzu beachten wir, daß wegen $h_j = (b-a)/2^j$ (hier geht ein, daß wir das Romberg-Verfahren betrachten!) für $0 \le i - k \le j \le i$ gilt:

$$|c_{ij}^{(k)}| = \Big| \prod_{\substack{l=i-k \\ l\neq j}}^{i} \frac{1}{1 - 4^{l-j}} \Big| = \Big(\prod_{l=1}^{j-i+k} \frac{1}{1 - 4^{-l}} \Big) \Big(\prod_{l=j+1}^{i} \frac{1}{4^{l-j} - 1} \Big) \le \Big(\prod_{l=1}^{j-i+k} \frac{1}{1 - 4^{-l}} \Big) \Big(\frac{1}{3} \Big)^{i-j}.$$

Nun ist

$$\prod_{l=1}^{m} \frac{1}{1 - 4^{-l}} \le 2 - 2^{-m} \le 2 \qquad \text{für alle } m \in \mathbb{N} \cup \{0\},$$

wie man sehr leicht durch vollständige Induktion nachweist. Insgesamt ist daher

$$\sum_{j=i-k}^{i} |c_{ij}^{(k)}| \le 2 \sum_{j=i-k}^{i} \Big(\frac{1}{3} \Big)^{i-j} \le 3 \qquad \text{für alle } i \ge k \ge 0.$$

Ist also $f \in C^{2k+2}[a,b]$ und $i \geq k \geq 0$, so ist

$$\begin{aligned} \left|\int_a^b f(x)\,dx - T_i^{(k)}\right| &= \left|\sum_{j=i-k}^{i} c_{ij}^{(k)} h_j^{2k+2} \int_a^b [\overline{B}_{2k+2}(x;h_j) - B_{2k+2}(0)]\, f^{(2k+2)}(x)\,dx\right| \\ &\leq 3\,\frac{(b-a)^{2k+3}\|f^{(2k+2)}\|_\infty}{4^{(i-k)(k+1)}}\,\frac{|B_{2k+2}|}{(2k+2)!}. \end{aligned}$$

Hierbei ist $\|f^{(2k+2}\|_\infty := \max_{x\in[a,b]}|f^{(2k+2)}(x)|$ gesetzt und ausgenutzt worden, daß $\overline{B}_{2k+2}(\cdot;h_j) - B_{2k+2}(0)$ auf $[a,b]$ das Vorzeichen nicht wechselt (siehe Satz 4.3), so daß

$$\int_a^b |\overline{B}_{2k+2}(x;h_j) - B_{2k+2}(0)|\,dx = \left|\int_a^b [B_{2k+2}(x;h_j) - B_{2k+2}(0)]\,dx\right| = \frac{(b-a)|B_{2k+2}|}{(2k+2)!}.$$

Insgesamt folgt $\lim_{i\to\infty} T_i^{(k)} = \int_a^b f(x)\,dx$. □

Bemerkungen: Im ersten Teil von Satz 4.4 wurde offenbar nicht ausgenutzt, daß das Romberg-Verfahren zugrunde gelegt war, so daß die entsprechende Aussage für jedes Extrapolationsverfahren mit paarweise verschiedenen Schrittweiten $h_i = (b-a)/n_i$ gilt.

Im zweiten Teil kann mit einigem zusätzlichen Aufwand nicht nur eine *Fehlerabschätzung*, sondern sogar eine *Fehlerdarstellung* für $\int_a^b f(x)\,dx - T_i^{(k)}$ angegeben werden. Mit den Bezeichnungen des Beweises von Satz 4.4 kann nämlich (für das Romberg-Verfahren!) gezeigt werden, daß

$$S_{2k+2}(x) := \sum_{j=i-k}^{i} c_{ij}^{(k)} h_j^{2k+2} [\overline{B}_{2k+2}(x;h_j) - B_{2k+2}(0)]$$

von einem Vorzeichen auf $[a,b]$ ist (siehe R. Bulirsch (1964)). Ferner ist

$$h^{k+1} = \sum_{j=i-k}^{i} h_j^{2k+2} \prod_{\substack{l=i-k\\ l\neq j}}^{i} \frac{h-h_l^2}{h_j^2-h_l^2} + \prod_{j=i-k}^{i}(h-h_j^2).$$

Denn auf beiden Seiten stehen Polynome vom Grade $k+1$ mit dem höchsten Koeffizienten 1, die in den $k+1$ Punkten $h_{i-k},\ldots,h_i$ übereinstimmen. Setzt man hier $h=0$, so folgt

$$\sum_{j=i-k}^{i} c_{ij}^{(k)} h_j^{2k+2} = (-1)^k \prod_{j=i-k}^{i} h_j^2.$$

Durch Anwendung des Mittelwertsatzes der Integralrechnung erhält man daher die Existenz eines $\xi \in (a,b)$ mit

$$\begin{aligned} \int_a^b f(x)\,dx - T_i^{(k)} &= \int_a^b \Big(\sum_{j=i-k}^{i} c_{ij}^{(k)} h_j^{2k+2} [\overline{B}_{2k+2}(x;h_j) - B_{2k+2}(0)]\Big) f^{(2k+2)}(x)\,dx \\ &= \Big(\sum_{j=i-k}^{i} c_{ij}^{(k)} h_j^{2k+2} \int_a^b [\overline{B}_{2k+2}(x;h_j) - B_{2k+2}(0)]\,dx\Big) f^{(2k+2)}(\xi) \end{aligned}$$

$$
\begin{aligned}
&= (-1)^{k+1}\Big(\prod_{j=i-k}^{i} h_j^2\Big)\frac{(b-a)B_{2k+2}}{(2k+2)!} f^{(2k+2)}(\xi)\\
&= (-1)^{k+1}\frac{(b-a)^{2k+3}2^{k(k+1)}B_{2k+2}}{4^{i(k+1)}(2k+2)!} f^{(2k+2)}(\xi),
\end{aligned}
$$

ein Ergebnis, das von F. L. Bauer, H. Rutishauser, E. Stiefel (1963) gefunden wurde. □

In einem letzten Satz soll gezeigt werden, daß durch das Romberg-Verfahren Quadraturformeln mit *nichtnegativen Gewichten* erzeugt werden.

Satz 4.5 *Sei $T_i^{(0)}$ die Trapezsumme zur Maschenweite $(b-a)/2^i$, ferner sei $T_i^{(k)}$ für $i \geq k \geq 1$ durch das Romberg-Verfahren gewonnen, d. h.*

$$
T_i^{(k)} := T_i^{(k-1)} + \frac{T_i^{(k-1)} - T_{i-1}^{(k-1)}}{4^k - 1}, \qquad k = 1, 2, \ldots, \quad i = k, k+1, \ldots.
$$

Dann ist $T_i^{(k)}$ eine Quadraturformel mit nichtnegativen Gewichten .

Beweis: Durch vollständige Induktion nach $k \in \mathbb{N}$ zeigen wir:

1. Für $i = k-1, k, \ldots$ ist $T_i^{(k-1)}$ eine Quadraturformel mit nichtnegativen Gewichten.
2. Für $i = k, k+1, \ldots$ ist $Q_i^{(k)} := 4^k T_i^{(k-1)} - 2T_{i-1}^{(k-1)}$ eine Quadraturformel mit nichtnegativen Gewichten.

Für $k = 1$ sind die beiden Aussagen richtig, denn $T_i^{(0)}$ ist Trapezsumme und wegen

$$
T_i^{(0)} = \frac{1}{2}T_{i-1}^{(0)} + \frac{b-a}{2^i}\sum_{j=1}^{2^{i-1}} f\Big(a + (2j-1)\frac{b-a}{2^i}\Big)
$$

ist

$$
Q_i^{(1)} = 4T_i^{(0)} - 2T_{i-1}^{(0)} = 4\,\frac{b-a}{2^i}\sum_{j=1}^{2^{i-1}} f\Big(a + (2j-1)\frac{b-a}{2^i}\Big)
$$

für $i = 1, 2, \ldots$ eine Quadraturformel mit nichtnegativen Gewichten.

Wir nehmen nun an, die beiden Aussagen seien für k richtig und beweisen ihre Gültigkeit für $k+1$. Nach Induktionsannahme ist

$$
T_i^{(k)} = \frac{4^k T_i^{(k-1)} - T_{i-1}^{(k-1)}}{4^k - 1} = \frac{T_{i-1}^{(k-1)} + Q_i^{(k)}}{4^k - 1}
$$

für $i = k, k+1, \ldots$ als Summe von zwei nichtnegativen Quadraturformeln eine Quadraturformel mit nichtnegativen Gewichten. Schließlich ist

$$
\begin{aligned}
Q_i^{(k+1)} &= 4^{k+1}T_i^{(k)} - 2T_{i-1}^{(k)}\\
&= 4^{k+1}\frac{T_{i-1}^{(k-1)} + Q_i^{(k)}}{4^k - 1} - 2\,\frac{4^k T_{i-1}^{(k-1)} - T_{i-2}^{(k-1)}}{4^k - 1}\\
&= \frac{2\cdot 4^k T_{i-1}^{(k-1)} + 4^{k+1}Q_i^{(k-1)} + 2T_{i-2}^{(k-1)}}{4^k - 1}
\end{aligned}
$$

ebenfalls nach Induktionsannahme für $i = k+1, k+2, \ldots$ eine Quadraturformel mit nichtnegativen Gewichten. Insgesamt ist der Satz damit bewiesen. □

Bemerkung: Extrapolationsverfahren spielen nicht nur bei der numerischen Integration, sondern z. B. auch bei der numerischen Lösung gewöhnlicher Differentialgleichungen eine wichtige Rolle. Hierauf wiesen schon F. L. BAUER, H. RUTISHAUSER, E. STIEFEL (1963) hin. Ein neuerer Übersichtsaufsatz über diesen Themenkreis stammt von P. DEUFLHARD (1985). □

Aufgaben

1. Man beweise analytisch die von Huygens elementargeometrisch bewiesenen Aussagen: Sind $E(n)$ bzw. $U(n)$ der Umfang eines einem Kreis mit dem Durchmesser 1 einge- bzw. umschriebenen regelmäßigen n-Ecks, so ist

$$E^{(1)}(n) := E(n) + \frac{E(n) - E(n/2)}{3} < \pi < \frac{2E(n) + U(n)}{3} =: U^{(1)}(n).$$

   Wie kann dieses Verfahren fortgesetzt werden?

2. Sei $T(f;h)$ die Trapezsumme zur Maschenweite $h := (b-a)/n$. Man zeige, daß

$$T^{(1)}(f;h/2) := T(f;h/2) + \frac{T(f;h/2) - T(f;h)}{3}$$

   die Simpson-Regel zur Maschenweite $h/2$ ist.

3. Man schreibe ein Computer-Programm zur Berechnung des Integrals $\int_a^b f(x)\,dx$, das auf dem Extrapolationsverfahren mit der Romberg- bzw. der Bulirsch-Schrittweitenfolge basiert. Als Input-Parameter nehme man neben den Intervallgrenzen a und b sowie dem Integranden f ein $\epsilon > 0$ als Maß für die gewünschte relative Genauigkeit und $k_{\max}$ als maximale Anzahl der Spalten im Extrapolations-Schema. Anschließend teste man das Programm an

$$\int_0^{\pi/2} x \cos x\,dx = \frac{\pi}{2} - 1, \qquad \int_0^1 \sqrt{x}\,dx = \frac{2}{3}.$$

   Anhand des zweiten Beispiels mache man sich noch einmal klar, daß eine hinreichende Glattheit des Integranden Voraussetzung für die Effizienz des Extrapolationsverfahrens ist.

4.5 Ergänzungen

Einige wenige Ergänzungen sollen das Kapitel über numerische Integration abschließen. Auf das wichtige praktische Problem der mehrdimensionalen Integration können wir leider nicht mehr eingehen, hierzu verweisen wir lediglich auf die Spezialliteratur, *insbesondere* auf P. J. DAVIS, P. RABINOWITZ (1984), H. ENGELS (1980) und A. H. STROUD (1971).

4.5.1 Konvergenz von Quadraturverfahren

Eine Folge $\{Q_n\}$ von Quadraturformeln nennen wir ein *Quadraturverfahren*. Ist $Q_n(f)$ eine Näherung für $I(f) := \int_a^b w(x)f(x)\,dx$, wobei $w\colon (a,b) \longrightarrow \mathbb{R}$ eine zulässige Gewichtsfunktion ist, so heißt das Quadraturverfahren $\{Q_n\}$ *konvergent* (auf $C[a,b]$), wenn

$$\lim_{n\to\infty} Q_n(f) = I(f) \qquad \text{für alle } f \in C[a,b].$$

Es sollen hinreichende (und auch notwendige) Bedingungen für die Konvergenz eines Quadraturverfahrens angegeben werden.

Im folgenden sei $[a,b]$ ein kompaktes Intervall und

$$\|f\|_\infty := \max_{x\in[a,b]} |f(x)| \qquad \text{für } f \in C[a,b].$$

Mit $\Pi := \bigcup_{n=0}^{\infty} \Pi_n$ wird die Menge der Polynome (mit reellen Koeffizienten) bezeichnet. Ein wesentliches Hilfsmittel wird der *Weierstraßsche Approximationssatz* sein, der nun ohne Beweis[2] angegeben wird. Für einen Beweis verweisen wir z. B. auf B. Brosowski, R. Kress (1975, S. 122).

Satz 5.1 (Weierstraßscher Approximationssatz) *Sei $f \in C[a,b]$. Dann existiert zu jedem $\epsilon > 0$ ein Polynom $p \in \Pi$ mit $\|f-p\|_\infty \le \epsilon$.*

Nun kommt der auf Steklov (1916) zurückgehende

Satz 5.2 *Für $n \in \mathbb{N}$ sei $Q_n(f) = \sum_{j=0}^{\nu(n)} a_j^{(n)} f(x_j^{(n)})$ eine Quadraturformel zur näherungsweisen Berechnung von $I(f) := \int_a^b f(x)\,dx$, wobei w eine zulässige Gewichtsfunktion sei. Es gelte*

1. *$\lim_{n\to\infty} Q_n(p) = I(p)$ für alle $p \in \Pi$.*
2. *Es existiert eine Konstante $K > 0$ mit $\sum_{j=0}^{\nu(n)} |a_j^{(n)}| \le K$ für alle $n \in \mathbb{N}$.*

Dann ist $\{Q_n\}$ ein konvergentes Quadraturverfahren bzw. $\lim_{n\to\infty} Q_n(f) = I(f)$ für alle $f \in C[a,b]$.

Beweis: Seien $f \in C[a,b]$ und $\epsilon > 0$ vorgegeben und $W := \int_a^b w(x)\,dx$. Wegen des Weierstraßschen Approximationssatzes existiert ein $p \in \Pi$ mit

$$\|f-p\|_\infty \le \frac{\epsilon}{2(K+W)}.$$

Wegen der ersten Voraussetzung, also der Konvergenz von $\{Q_n\}$ auf Π, gibt es zu diesem Polynom p ein $N(\epsilon) \in \mathbb{N}$ mit $|Q_n(p) - I(p)| \le \epsilon/2$ für alle $n \ge N(\epsilon)$. Für

[2] Da der Beweis des Weierstraßschen Approximationssatzes bei O. Forster (1983, S. 201) als Aufgabe erscheint, haben wir kein schlechtes Gewissen, einen für das Weitere benötigten Satz einmal ausnahmsweise ohne Beweis anzugeben. Siehe auch Aufgabe 3 in Abschnitt 3.4.

diese n wird dann

$$\begin{aligned} |Q_n(f) - I(f)| &\leq |Q_n(f) - Q_n(p)| + |Q_n(p) - I(p)| + |I(p) - I(f)| \\ &\leq \sum_{j=0}^{\nu(n)} |a_j^{(n)}|\,|f(x_j^{(n)}) - p(x_j^{(n)})| + \frac{\epsilon}{2} + \int_a^b w(x)|p(x) - f(x)|\,dx \\ &\leq K\frac{\epsilon}{2(K+W)} + \frac{\epsilon}{2} + W\frac{\epsilon}{2(K+W)} \\ &= \epsilon, \end{aligned}$$

damit ist der Satz bewiesen. □

Bemerkung: Die beiden Voraussetzungen in Satz 5.2, also die Konvergenz von $\{Q_n\}$ auf Π sowie die gleichmäßige Beschränktheit der Betragssumme der Gewichte, ist nicht nur hinreichend, sondern auch *notwendig* für die Konvergenz des Quadraturverfahrens $\{Q_n\}$. Diese Aussage kann mit funktionalanalytischen Methoden (Satz von Banach-Steinhaus) bewiesen werden, siehe z. B. H. ENGELS (1980, S. 181 ff.). Bemerkt sei schließlich noch, daß die Voraussetzungen an die Gewichtsfunktion w offenbar abgeschwächt werden können. □

Als einfache Folgerung aus Satz 5.2 erhalten wir:

Satz 5.3 *Für $n \in \mathbb{N}$ sei $Q_n(f) = \sum_{j=0}^{\nu(n)} a_j^{(n)} f(x_j^{(n)})$ eine Quadraturformel zur näherungsweisen Berechnung von $I(f) := \int_a^b w(x)f(x)\,dx$, wobei w eine zulässige Gewichtsfunktion sei. Es gelte*

1. *$\lim_{n\to\infty} Q_n(p) = I(p)$ für alle $p \in \Pi$.*
2. *Für alle $n \in \mathbb{N}$ ist $a_j^{(n)} \geq 0$, $j = 0, \ldots, \nu(n)$.*

Dann ist $\{Q_n\}$ ein konvergentes Quadraturverfahren bzw. $\lim_{n\to\infty} Q_n(f) = I(f)$ für alle $f \in C[a, b]$.

Beweis: Da die Gewichte der Quadraturformeln Q_n nichtnegativ sind, ist

$$Q_n(1) = \sum_{j=0}^{\nu(n)} a_j^{(n)} = \sum_{j=0}^{\nu(n)} |a_j^{(n)}|.$$

Wegen der ersten Voraussetzung konvergiert $\{Q_n(1)\}$. Da konvergente Folgen beschränkt sind, existiert eine Konstante $K > 0$ mit $\sum_{j=0}^{\nu(n)} |a_j^{(n)}| \leq K$ für alle $n \in \mathbb{N}$. Aus Satz 5.2 folgt die Behauptung. □

Die zusammengesetzte Trapezregel T_n und die zusammengesetzte Simpson-Regel S_n sind Quadraturformeln mit positiven Gewichten. Aus den entsprechenden Restglieddarstellungen ergibt sich die Konvergenz auf $C^2[a, b]$ bzw. auf $C^4[a, b]$, erst recht also auf Π. Mit Satz 5.3 folgt die Konvergenz von $\{T_n\}$ und $\{S_n\}$.

Die Quadraturformel G_n (mit $n + 1$ Stützstellen und Gewichten) vom Gaußschen Typ ist exakt auf Π_{2n+1}, insbesondere ist $\{G_n\}$ konvergent auf Π. Nach Satz 3.3 sind die Gewichte von G_n positiv. Wiederum aus Satz 5.3 folgt die Konvergenz von $\{G_n\}$ auf $C[a, b]$.

Für $0 \le k \le i$ sei $T_i^{(k)}$ durch das Romberg-Verfahren gewonnen. Nach Satz 4.5 ist $T_i^{(k)}$ eine Quadraturformel mit nichtnegativen Gewichten. Satz 4.4 zeigt, daß $T_i^{(k)}$ für jedes $i \ge k$ auf Π_{2k+1} exakt ist, und daß bei festem k die k-te Spalte $\{T_i^{(k)}\}_{i=k}^{\infty}$ im Romberg-Schema auf $C^{2k+2}[a,b]$ und damit insbesondere auf Π konvergent ist. Aus Satz 5.3 folgt, daß im Romberg-Schema alle Spalten $\{T_i^{(k)}\}_{i=k}^{\infty}$, $k = 0,1,\ldots$, und alle Diagonalen $\{T_{i+k}^{(k)}\}_{k=0}^{\infty}$, $i = 0,1,\ldots$, auf $C[a,b]$ konvergent sind.

Ist Q_n die Interpolations-Quadraturformel zu den auf $[a,b]$ äquidistanten Stützstellen $x_j^{(n)} := a + j(b-a)/n$, also die n-te Newton-Cotes-Formel, so ist das Quadraturverfahren $\{Q_n\}$ *nicht* konvergent auf $C[a,b]$ (siehe z. B. H. ENGELS (1980, S. 273)).

4.5.2 Integrale mit Singularitäten, Integration über ein unendliches Intervall

Wir wollen in diesem kurzen Unterabschnitt einige Ideen zur Berechnung von bestimmten Integralen über ein Intervall (a,b) angeben, bei denen der Integrand in a oder b eine Singularität besitzt oder bei denen (a,b) ein unendliches Intervall ist, und diese an Beispielen verdeutlichen.

Beispiel: Mit $f \in C[0,b]$ sei $I(f) := \int_0^b f(x)/\sqrt{x}\,dx$ zu berechnen. Hier verbietet sich natürlich eine naive Anwendung der (zusammengesetzten) Newton-Cotes-Formeln, da der linke Intervall-Endpunkt 0 nicht zu den Stützstellen gehören sollte. Aber auch die Gauß-Legendre-Formeln sollte man nicht anwenden, da der Integrand $f(x)/\sqrt{x}$ i. allg. nicht glatt sein wird. Dagegen könnte man $w(x) := 1/\sqrt{x}$ als (zulässige) Gewichtsfunktion auffassen und, eventuell auf einem kleineren Intervall $[0,a]$, die zugehörigen Newton-Cotes-Formeln oder Quadraturformeln vom Gaußschen Typ berechnen. Dies wird sich vor allem dann lohnen, wenn abzusehen ist, daß Integrale der Form $I(f)$ für viele verschiedene f zu berechnen sind.

Setzt man z. B. $x_0 := 0$, $x_1 := a/2$ und $x_2 := a$, so sind nach Satz 2.2 die Gewichte der zugehörigen Interpolations-Quadraturformel $Q_2(f)$ durch

$$\begin{aligned} a_0 &:= \int_0^a \frac{L_0(x)}{\sqrt{x}}\,dx = \frac{2}{a^2}\int_0^a \frac{(x-a/2)(x-a)}{\sqrt{x}}\,dx = \frac{4}{5}\sqrt{a} \\ a_1 &:= \int_0^a \frac{L_1(x)}{\sqrt{x}}\,dx = \frac{4}{a^2}\int_0^a \frac{x(a-x)}{\sqrt{x}}\,dx = \frac{16}{15}\sqrt{a} \\ a_2 &:= \int_0^a \frac{L_2(x)}{\sqrt{x}}\,dx = \frac{2}{a^2}\int_0^a \frac{x(x-a/2)}{\sqrt{x}}\,dx = \frac{2}{15}\sqrt{a} \end{aligned}$$

gegeben, es ist also

$$\int_0^a \frac{f(x)}{\sqrt{x}}\,dx \approx Q_2(f) = \frac{2}{15}\sqrt{a}\,[6f(0) + 8f(a/2) + f(a)].$$

Will man die Quadraturformel G_1 vom Gaußschen Typ zur zulässigen Gewichtsfunktion $w(x) := 1/\sqrt{x}$ bestimmen, so berechnet man zunächst die orthogonalen

Polynome q_0, q_1, q_2 mit höchstem Koeffizienten 1 (z. B. mit der in Satz 3.9 bzw. der anschließenden Bemerkung angegebenen Rekursionsformel) und erhält

$$q_0(x) = 1, \qquad q_1(x) = x - \frac{1}{3}a, \qquad q_2(x) = x^2 - \frac{6}{7}ax + \frac{3}{35}a^2.$$

Die Nullstellen von q_2 bzw. die Stützstellen von G_1 sind

$$x_0 := \frac{1}{7}\left(3 - 2\sqrt{\frac{6}{5}}\right)a, \qquad x_1 := \frac{1}{7}\left(3 + 2\sqrt{\frac{6}{5}}\right)a.$$

Als zugehörige Gewichte berechnet man

$$a_0 := \left(1 + \frac{1}{3}\sqrt{\frac{5}{6}}\right)\sqrt{a}, \qquad a_1 := \left(1 - \frac{1}{3}\sqrt{\frac{5}{6}}\right)\sqrt{a}.$$

Eine andere Möglichkeit besteht darin, die Singularität abzuziehen, also

$$\int_0^b \frac{f(x)}{\sqrt{x}}\,dx = \int_0^b \frac{f(x)-f(0)}{\sqrt{x}}\,dx + \int_0^b \frac{f(0)}{\sqrt{x}}\,dx = \int_0^b \frac{f(x)-f(0)}{\sqrt{x}}\,dx + 2\sqrt{b}\,f(0)$$

auszunutzen und auf $\int_0^b [f(x)-f(0)]/\sqrt{x}\,dx$ eines der üblichen Verfahren anzuwenden, da der Integrand hier, bei entsprechenden Voraussetzungen an f, wenigstens stetig ist (was für die Effizienz der „raffinierteren“ Verfahren aber nicht ausreichend ist).

Die bei weitem beste Möglichkeit in diesem Beispiel dürfte aber darin bestehen, durch eine Variablensubstitution die Berechnung von $I(f)$ auf die Berechnung eines Integrals mit einem glatten Integranden zurückzuführen. Mit der Variablentransformation $x = t^2$ erhält man

$$\int_0^b \frac{f(x)}{\sqrt{x}}\,dx = 2\int_0^{\sqrt{b}} f(t^2)\,dt.$$

Auf das rechtsstehende Integral kann ein Standardverfahren angewandt werden. □

Im folgenden Beispiel betrachten wir eine andere, weniger naheliegende Möglichkeit, durch eine Variablentransformation die Singularität „wegzubügeln“.

Beispiel: Zu berechnen sei das Integral $I(f) := \int_{-1}^1 f(x)\,dx$, wobei f möglicherweise an den Intervallenden Singularitäten besitzt, im Innern $(-1, 1)$ aber glatt ist. Sei

$$\phi(t) := \tanh\frac{t}{1-t^2}.$$

Dann ist

$$\phi'(t) = \frac{1}{\cosh^2[t/(1-t^2)]}\,\frac{1+t^2}{(1-t^2)^2}.$$

Das Intervall $[-1, 1]$ wird durch ϕ streng monoton in sich abgebildet. Mit der Variablentransformation $x = \phi(t)$ ist

$$\int_{-1}^1 f(x)\,dx = \int_{-1}^1 f(\phi(t))\phi'(t)\,dt.$$

Nun verschwinden alle Ableitungen von ϕ an den Intervallgrenzen, das gleiche kann von dem Integranden des transformierten Integrals angenommen werden. Die Euler-Maclaurinsche Summenformel sagt uns, daß man auf das rechtsstehende Integral die Trapezregel anwenden sollte. Wir erhalten damit bei gegebenem $n \in \mathbb{N}$ die Quadraturformel

$$\int_{-1}^{1} f(x)\,dx \approx \frac{2}{n} \sum_{j=1}^{n-1} f(\phi(-1+jh))\phi'(-1+jh), \qquad h := \frac{2}{n}.$$

Hierbei hängen die Gewichte $a_j := \phi'(-1+jh)$ und die Stützstellen $x_j := \phi(-1+jh)$ nur von ϕ (und natürlich n) ab, sie können im voraus berechnet werden. Diese Idee scheint auf T. W. Sag, G. Szekeres (1964) zurückzugehen. Bei H. Takahasi, M. Mori (1973) findet man weitere Transformationen (siehe auch P. J. Davis, P. Rabinowitz (1984, S. 142 ff.) und H. R. Schwarz (1988, S. 335 ff.)). So erhält man mit der sogenannten tanh-Transformation $x = \tanh t$ z. B.

$$\int_{-1}^{1} f(x)\,dx = \int_{-\infty}^{\infty} \frac{f(\tanh t)}{\cosh^2 t}\,dt.$$

Von dem rechtsstehenden Integral über $(-\infty, \infty)$ erhofft man sich, daß der Integrand rasch abklingt, so daß es mit der Trapezregel über ein endliches Intervall berechnet werden kann. Nicht verschwiegen werden sollte aber, daß man bei diesen Transformationsmethoden sehr leicht in numerische Schwierigkeiten kommt (siehe H. R. Schwarz (1988, S. 337)).

Eine weitere Quadraturformel, die auf einer Variablentransformation beruht, ist von R. Kress (1990) eingeführt worden. Hierzu sei $\phi_q\colon [-1,1] \longrightarrow [-1,1]$ für $q = 2, 3, \ldots$ definiert durch

$$\phi_q(t) := \frac{v_q(t)^q - v_q(-t)^q}{v_q(t)^q + v_q(-t)^q} \qquad \text{mit} \quad v_q(t) := \Big(\frac{1}{2} - \frac{1}{q}\Big)t^3 + \frac{1}{q}t + \frac{1}{2}.$$

Man weist sehr leicht nach, daß ϕ_q monoton wachsend auf $[-1,1]$ ist und

$$\phi_q(-1) = -1, \quad \phi_q(1) = 1, \quad \phi_q'(0) = 2$$

gilt. Ferner ist $\phi_q^{(i)}(-1) = \phi_q^{(i)}(1) = 0$ für $i = 1, \ldots, q-1$. Wendet man auf das transformierte Integral die Trapezregel an, so erhält man wieder die Quadraturformel

$$\int_{-1}^{1} f(x)\,dx = \int_{-1}^{1} f(\phi_q(t))\phi_q'(t)\,dt \approx \frac{2}{n} \sum_{j=1}^{n-1} f(\phi_q(-1+jh))\phi_q'(-1+jh), \qquad h := \frac{2}{n},$$

wobei

$$\phi_q'(t) = 2q\,\frac{v_q'(t)v_q(t)^{q-1}v_q(-t)^{q-1}}{[v_q(t)^q + v_q(-t)^q]^2}.$$

In Tabelle 4.5 findet man die Ergebnisse eines numerischen Beispiels. □

Durch eine Variablentransformation können Integrale über unendliche Intervalle auf solche über endliche Intervalle zurückgeführt werden. So ist z. B.

$$\int_0^{\infty} f(x)\,dx = \int_0^1 \frac{f(-\ln t)}{t}\,dt$$

n	$q=4$	$q=6$	$q=8$
4	−1.537956744844	−1.789060088829	−1.797313174822
8	−1.390765117061	−1.387199896559	−1.385605701747
16	−1.386633578438	−1.386281449012	−1.386294743621
32	−1.386320498232	−1.386294121799	−1.386294365021
64	−1.386296326412	−1.386294356598	−1.386294361138
128	−1.386294505356	−1.386294361036	−1.386294361120
256	−1.386294371493	−1.386294361118	−1.386294361120
512	−1.386294361858	−1.386294361120	−1.386294361120

Tabelle 4.5: Berechnung von $\int_{-1}^{1} \ln\sin\frac{\pi}{2}(1+x)\,dx = -2\ln 2 \approx -1.386294361120$.

oder

$$\int_a^\infty f(x)\,dx = \int_{-1}^{1} f\Big(a+\frac{1+t}{1-t}\Big)\frac{2}{(1-t)^2}\,dt.$$

Damit können Methoden zur Berechnung von Integralen mit Singularitäten (über endlichen Intervallen) eingesetzt werden. Bei P. J. Davis, P. Rabinowitz (1984, S. 200 ff.) sind weitere Transformationen angegeben. I. allg. wird man hier allerdings nur eine Schwierigkeit gegen eine andere eintauschen bzw. versuchen, den Teufel durch Beelzebub auszutreiben. In sehr günstigen Fällen kann man den Fehler abschätzen, den man macht, wenn man ein Integral über ein unendliches Intervall durch eines über ein endliches Intervall (mit demselben Integranden) ersetzt. Mit $k \in \mathbb{N}$ ist z. B.

$$0 \le \int_0^\infty e^{-x^2}\,dx - \int_0^k e^{-x^2}\,dx = \int_k^\infty e^{-x^2}\,dx \le \int_k^\infty e^{-kx}\,dx = \frac{e^{-k^2}}{k}.$$

In den folgenden beiden Bemerkungen sollen zwei weitere Methoden angegeben werden.

Bemerkung: Zur Berechnung von Integralen der Form

$$I(f) := \int_0^\infty e^{-x} f(x)\,dx \qquad \text{bzw.} \qquad I(f) := \int_{-\infty}^\infty e^{-x^2} f(x)\,dx$$

können Quadraturformeln vom Gaußschen Typ entwickelt und eingesetzt werden. Die Konstruktion erfolgt völlig analog zu der in Abschnitt 4.3 geschilderten Vorgehensweise für kompakte Intervalle. Man hat hier die Gewichtsfunktion $w(x) := e^{-x}$ bzw. $w(x) := e^{-x^2}$ auf $(a,b) := (0,\infty)$ bzw. $(a,b) := (-\infty,\infty)$. Man beachte, daß die sogenannten Momente $\mu_k := \int_a^b w(x)x^k\,dx$ existieren. Wieder wird man die Quadraturformel $G_n(f) := \sum_{j=0}^n a_j f(x_j)$ vom Gaußschen Typ nennen, wenn G_n auf Π_{2n+1} exakt ist. Die Existenz, Eindeutigkeit und Konstruktion mittels orthogonaler Polynome (in diesem Falle der sogenannten *Laguerre-* bzw. *Hermite-Polynome*) ergibt sich wie in 4.3. So erhält man die sogenannten Gauß-Laguerre- bzw. Gauss-Hermite-Formeln. Ihre Stützstellen und Gewichte findet man z. B. bei G. Schmeisser, H. Schirmaier (1976, S. 290 ff.) und A. H. Stroud (1974, S. 322 ff.). □

Bemerkung: Ist das Integral $\int_{-\infty}^{\infty} f(x)\,dx$ zu berechnen, wobei der Integrand f für $x \to \pm\infty$ verhältnismäßig langsam abfällt, so kann man versuchen, durch eine Variablentransformation dieses Verhalten zu verbessern. Hinweise hierfür findet man z. B. bei H. TAKAHASI, M. MORI (1973), P. J. DAVIS, P. RABINOWITZ (1984, S. 212 ff.) und H. R. SCHWARZ (1988, S. 337). Die Idee besteht stets darin, nach einer oder mehreren Transformationen, die dafür sorgen, einen möglichst exponentiell abklingenden Integranden zu erhalten, auf das transformierte Integral die Trapezregel anzuwenden. Bei der sogenannten sinh-Transformation nutzt man z. B. aus, daß

$$\int_{-\infty}^{\infty} f(x)\,dx = \int_{-\infty}^{\infty} f(\sinh t)\cosh t\,dt \approx h \sum_{j=-\infty}^{\infty} f(\sinh jh)\cosh jh$$

mit einer „geeigneten" Maschenweite $h > 0$. So erhält man z. B.

$$\pi = \int_{-\infty}^{\infty} \frac{dx}{1+x^2} = \int_{-\infty}^{\infty} \frac{dt}{\cosh t} \approx h \sum_{j=-\infty}^{\infty} \frac{1}{\cosh jh}.$$

□

4.5.3 Adaptive Quadraturverfahren

Bei den bisher vorgestellten Quadraturformeln erfolgt die Auswahl der Stützstellen unabhängig von der zu integrierenden Funktion. Bei den zusammengesetzten Newton-Cotes-Formeln oder dem Romberg-Verfahren sind diese sogar äquidistant. Etwas lax ausgedrückt ist dies sicher dann nicht adäquat, wenn der Integrand in weiten Teilen des Integrationsintervalls völlig harmlos ist, also z. B. fast konstant oder linear ist, in einem anderen Teil aber stark oszilliert. Daher wäre es wünschenswert, wenn ein Quadraturverfahren selber merkt, wo die Stützstellen dichter zu legen sind und wo eine dünnere Verteilung ausreicht. Ein dieses Ziel realisierendes Quadraturverfahren nennt man *adaptiv*. Es gibt sehr viele Verfahren dieser Art (siehe z. B. P. J. DAVIS, P. RABINOWITZ (1984, S. 427 ff.)), wir wollen eine mögliche Strategie genauer angeben. Grundlage der folgenden Darstellung sind hauptsächlich J. N. LYNESS (1969), G. E. FORSYTHE, M. A. MALCOLM, C. B. MOLER (1977, S. 92 ff.) und W. GANDER (1985, S. 206 ff.).

Ein adaptives Quadraturverfahren zur näherungsweisen Berechnung von

$$I[a,b] := \int_a^b f(x)\,dx$$

basiert i. allg. darauf, daß man das Integral $I[\alpha,\beta] := \int_\alpha^\beta f(x)\,dx$ über ein Teilintervall $[\alpha,\beta] \subset [a,b]$ (am Anfang des Verfahrens ist $[\alpha,\beta] = [a,b]$) auf zwei Arten durch jeweils eine Quadraturformel $S_1[\alpha,\beta]$ bzw. $S_2[\alpha,\beta]$ approximiert und dann entscheidet, ob die voraussichtlich bessere Näherung schon gut genug ist. Ist dies nicht der Fall, so wird das Teilintervall $[\alpha,\beta]$ zerlegt, und auf jedes der neuen Teilintervalle dieselbe Strategie angewandt. Wir wollen hier nur auf den Fall eingehen, daß die Intervalle jeweils halbiert werden (in dem wohl ersten adaptiven Quadraturverfahren von W. M. McKEEMAN (1962) wird stets eine Trisektion durchgeführt). Dann unterscheiden sich die adaptiven Quadraturverfahren in der Wahl der Quadraturformeln sowie in der Entscheidung, ob eine Näherung schon gut genug ist.

Als Quadraturformel wollen wir stets die Simpson-Regel benutzen und berechnen mit

$$m := \frac{\alpha+\beta}{2}, \qquad h := \frac{\beta-\alpha}{4}$$

die Simpson-Summen

$$\begin{aligned} S_1[\alpha,\beta] &:= \frac{2h}{3}\,[f(\alpha)+4f(m)+f(\beta)], \\ S_2[\alpha,\beta] &:= \frac{h}{3}\,\{f(\alpha)+4[f(\alpha+h)+f(\beta-h)]+2f(m)+f(\beta)\}, \end{aligned}$$

die jeweils eine Approximation an $I[\alpha,\beta]$ darstellen. Stellt man sich auf den Standpunkt, daß die Funktionswerte $f_\alpha := f(\alpha)$, $f_m := f(m)$ und $f_\beta := f(\beta)$ bekannt sind, so gewinnt man $S_2[\alpha,\beta]$ durch zwei weitere Funktionsauswertungen. Die Simpson-Summen stehen in der ersten Spalte (in der 0-ten stehen die Trapez-Summen) eines Romberg-Schemas. Daher liegt es nahe, aus $S_1[\alpha,\beta]$ und $S_2[\alpha,\beta]$ durch Extrapolation den i. allg. weiter verbesserten Näherungswert

$$M_2[\alpha,\beta] := S_2[\alpha,\beta] + \frac{S_2[\alpha,\beta]-S_1[\alpha,\beta]}{15}$$

zu berechnen. Damit hat man $S_1[\alpha,\beta]$, $S_2[\alpha,\beta]$ und $M_2[\alpha,\beta]$ als Näherungen für $I[\alpha,\beta]$ gewonnen.

Bei der Entscheidung, ob eine Näherung gut genug ist, gibt es verschiedene Möglichkeiten. Wir beschränken uns darauf, den absoluten Fehler abzuschätzen. Vorgegeben sei ein $\epsilon > 0$, das die gewünschte Genauigkeit steuert. Dann wird $S_2[\alpha,\beta]$ bzw. die (voraussichtlich beste) Näherung $M_2[\alpha,\beta]$ akzeptiert, wenn

$$|I[\alpha,\beta]-S_2[\alpha,\beta]| \le \epsilon\,\frac{\beta-\alpha}{b-a}.$$

Da $I[\alpha,\beta]$ nicht bekannt ist, ist diese Bedingung im strengen Sinne nicht nachprüfbar. Die Idee besteht darin, aus der (bekannten) Differenz $S_2[\alpha,\beta]-S_1[\alpha,\beta]$ auf den (unbekannten) Fehler $I[\alpha,\beta]-S_2[\alpha,\beta]$ zu schließen, dann aber statt $S_2[\alpha,\beta]$ den (hoffentlich) besseren Wert $M_2[\alpha,\beta]$ zu nehmen. Ausgangspunkt sind die Fehlerdarstellungen

$$I[\alpha,\beta]-S_1[\alpha,\beta] = -\frac{(\beta-\alpha)^5}{180\cdot 2^4}\,f^{(4)}(\xi_1), \qquad I[\alpha,\beta]-S_2[\alpha,\beta] = -\frac{(\beta-\alpha)^5}{180\cdot 4^4}\,f^{(4)}(\xi_2)$$

mit $\xi_1,\xi_2 \in (\alpha,\beta)$. Daher ist

$$I[\alpha,\beta]-S_2[\alpha,\beta] \approx \frac{I[\alpha,\beta]-S_1[\alpha,\beta]}{16}$$

bzw.

$$I[\alpha,\beta]-S_2[\alpha,\beta] \approx \frac{S_2[\alpha,\beta]-S_1[\alpha,\beta]}{15}.$$

Folglich wird $S_2[\alpha,\beta]$ (oder der hoffentlich bessere Wert $M_2[\alpha,\beta]$) als Näherung für $I[\alpha,\beta]$ akzeptiert, wenn

$$(*) \qquad \frac{|S_2[\alpha,\beta]-S_1[\alpha,\beta]|}{15} \le \epsilon \frac{\beta-\alpha}{b-a}.$$

Andernfalls wird $[\alpha,\beta] := [\alpha,m]$ und $[\alpha,\beta] := [m,\beta]$ gesetzt und auf beide Intervalle dieselbe Strategie angewandt. Ist $f \in C^4[a,b]$, so existiert eine von α und β unabhängige Konstante $C > 0$ mit $|S_2[\alpha,\beta]-S_1[\alpha,\beta]| \le C(\beta-\alpha)^5$, so daß der Test $(*)$ nach endlich vielen Schritten passiert wird. Am Schluß ist $[a,b]$ eine endliche Vereinigung von Intervallen $[\alpha_1,\beta_1],\ldots,[\alpha_n,\beta_n]$, für die der Test $(*)$ erfüllt ist. Mit $S[a,b] := \sum_{i=1}^n S_2[\alpha_i,\beta_i]$ ist folglich

$$\begin{aligned}
|I[a,b]-S[a,b]| &= \left|\sum_{i=1}^n (I[\alpha_i,\beta_i]-S_2[\alpha_i,\beta_i])\right| \\
&\le \sum_{i=1}^n |I[\alpha_i,\beta_i]-S_2[\alpha_i,\beta_i]| \\
&\approx \sum_{i=1}^n \frac{|S_2[\alpha,\beta]-S_1[\alpha,\beta]|}{15} \\
&\le \frac{\epsilon}{b-a}\sum_{i=1}^n(\beta_i-\alpha_i) \\
&= \epsilon.
\end{aligned}$$

Statt $S[a,b]$ wird die voraussichtlich bessere Näherung $M[a,b] := \sum_{i=1}^n M_2[\alpha_i,\beta_i]$ ausgegeben. An der obigen Beschreibung des adaptiven Quadraturverfahrens erkennt man sehr deutlich, daß eine rekursive Formulierung besonders einfach ist (siehe W. M. McKeeman (1962) für ein Algol-Programm, W. Gander (1985, S. 210 und S. 244) für ein Pascal-Programm). Wir geben die Ergebnisse von zwei numerischen Beispielen in Tabelle 4.6 an. Hierbei wird das obige adaptive Simpson-Verfahren auf die Berechnung von

$$\int_0^1 \frac{dx}{1+e^x} = 1-\ln\frac{1+e}{2} \approx 0.3798854930417225, \qquad \int_0^1 x^{3/2}\,dx = 0.4$$

angewandt. NF ist die Anzahl der benötigten Funktionsauswertungen.

Bemerkung: Bei der Anwendung des obigen sehr einfachen adaptiven Simplex-Verfahrens ist in bestimmten Fällen Vorsicht geboten. Wendet man das Verfahren z. B. auf $\int_0^{2\pi}\cos 4kx\,dx$ mit $k \in \mathbb{N}$ an, so wird man als Ergebnis das völlig falsche Resultat 2π erhalten. Dies liegt natürlich daran, daß $S_2[0,2\pi] = S_1[0,2\pi] = 2\pi$. Der Abbruchtest ist sofort erfüllt, da das Verfahren glaubt, der Integrand sei identisch gleich 1, obwohl er nur in fünf äquidistanten Punkten gleich 1 ist. Es gibt naheliegende Möglichkeiten, einen solchen Irrtum unwahrscheinlicher zu machen.

Bemerkt sei noch, daß man natürlich auch andere Quadraturformeln als die Simpson-Regel zugrunde legen kann. Bei G. E. Forsythe, M. A. Malcolm, C. B. Moler (1977, S. 97 ff.) wird z. B. die Newton-Cotes-Formel Q_8 benutzt (obwohl diese auch negative Gewichte besitzt!). □

ϵ	$f(x) := \frac{1}{1+e^x}$	NF	$f(x) := x^{3/2}$	NF
10^{-2}	0.3798856841467733	5	0.4003027819771757	5
10^{-3}	0.3798856841467733	5	0.4003027819771757	5
10^{-4}	0.3798856841467733	5	0.4000536050074883	9
10^{-5}	0.3798856841467733	5	0.4000017695459402	17
10^{-6}	0.3798854955857843	9	0.4000000710990679	29
10^{-7}	0.3798854940438040	13	0.4000000028196300	49
10^{-8}	0.3798854930567229	25	0.4000000000625814	89
10^{-9}	0.3798854930423175	33	0.4000000000017760	161
10^{-10}	0.3798854930417478	61	0.4000000000000497	293
10^{-11}	0.3798854930417229	121	0.4000000000000018	517
10^{-12}	0.3798854930417225	233	0.4000000000000001	917

Tabelle 4.6: Adaptives Simpson-Verfahren

Aufgaben

1. Zur näherungsweisen Berechnung von Integralen der Form $I(f) := \int_0^b \ln x\, f(x)\, dx$ entwickele man eine zusammengesetzte Trapezregel $T_n(f)$ mit der (nicht zulässigen) „Gewichtsfunktion" $w(x) := \ln x$.

   Hinweis: Mit vorgegebenem $n \in \mathbb{N}$ setze man $h := b/n$ und $x_j := jh$, $j = 0, \ldots, n$. Dann ist

   $$T_n(f) = \sum_{j=1}^{n} \int_{x_{j-1}}^{x_j} \ln x \left[\frac{(x_j - x)f(x_{j-1}) + (x - x_{j-1})f(x_j)}{h}\right] dx = \sum_{j=0}^{n} a_j f(x_j).$$

   Man überlege sich, wie man die Gewichte a_j berechnen kann (siehe K. E. ATKINSON (1978, S. 274 ff.)).

2. Zur näherungsweisen Berechnung von

   $$\int_a^b f(x)\, dx = \frac{b-a}{2} \int_{-1}^{1} g(t)\, dt \quad \text{mit} \quad g(t) := f\Big(\frac{a+b}{2} + t\,\frac{b-a}{2}\Big)$$

   verwende man die Quadraturformel

   $$Q_n(f) := \frac{b-a}{n} \sum_{j=1}^{n-1} g(\phi_q(t_j))\phi_q'(t_j), \qquad t_j := -1 + 2j/n,$$

   wobei $q = 2, 3, \ldots$ und

   $$\phi_q(t) := \frac{v_q(t)^q - v_q(-t)^q}{v_q(t)^q + v_q(-t)^q} \qquad \text{mit} \quad v_q(t) := \Big(\frac{1}{2} - \frac{1}{q}\Big)t^3 + \frac{1}{q}t + \frac{1}{2},$$

   ferner

   $$\phi_q'(t) = 2q\,\frac{v_q'(t)v_q(t)^{q-1}v_q(-t)^{q-1}}{[v_q(t)^q + v_q(-t)^q]^2}.$$

Man benutze diese Quadraturformel (z. B. mit $q = 4, 6, 8$ und $n = 8, 16, \ldots, 128$) zur näherungsweisen Berechnung von

$$\int_0^{\pi/2} \frac{\ln\cos x}{\sin x}\,dx = -\frac{\pi^2}{8}, \quad \int_0^1 (\cos 2x)\ln\sin x\,dx = -\frac{\pi}{4}, \quad \int_0^1 \frac{\ln^2 x}{1+x^2}\,dx = \frac{\pi^3}{16}.$$

3. Zur näherungsweisen Berechnung von

$$\int_0^\infty \frac{x^4}{\sinh^2 x}\,dx = \int_0^\infty e^{-x}\frac{x^4 e^x}{\sinh^2 x}\,dx = \frac{\pi^4}{30}, \qquad \int_0^\infty \frac{x}{\cosh^2 x}\,dx = \ln 2$$

wende man die Gauß-Laguerre-Formel $G_8(f) = \sum_{j=0}^{8} a_j f(x_j)$ an, deren Stützstellen und Gewichte man der Tabelle 4.7 entnehme.

j	x_j	a_j
0	0.152322227732	0.336126421798
1	0.807220022742	0.411213980424
2	2.005135155619	0.199287525371
3	3.783473973331	$0.474605627657 \cdot 10^{-1}$
4	6.204956777877	$0.559962661079 \cdot 10^{-2}$
5	9.372985251688	$0.305249767093 \cdot 10^{-3}$
6	13.466236911092	$0.659212302608 \cdot 10^{-5}$
7	18.833597788992	$0.411076933035 \cdot 10^{-7}$
8	26.374071890927	$0.329087403035 \cdot 10^{-10}$

Tabelle 4.7: Stützstellen und Gewichte der Gauß-Laguerre-Formel G_8

4. Zur näherungsweisen Berechnung von

$$\int_{-\infty}^\infty \frac{dx}{1+x^4} = \frac{\pi}{\sqrt{2}}$$

mache man die Variablentransformation $x = \tan t$, gewinne

$$\int_{-\infty}^\infty \frac{dx}{1+x^4} = \int_{-\pi/2}^{\pi/2} \frac{dt}{\cos^2 t(1+\tan^4 t)} = \int_{-\pi/2}^{\pi/2} \frac{\cos^2 t}{\cos^4 t + \sin^4 t}\,dt$$

und wende auf das rechtsstehende Integral (der Integrand ist π-periodisch!) die Trapezregel an.

5. Durch Abziehen der Singularität berechne man

$$\int_{-1}^1 \frac{\cos\pi x}{\sqrt{1-x}}\,dx = \int_{-1}^1 \frac{\cos\pi x + 1}{\sqrt{1-x}}\,dx - \int_{-1}^1 \frac{dx}{\sqrt{1-x}} = \int_{-1}^1 \frac{\cos\pi x + 1}{\sqrt{1-x}}\,dx - 2\sqrt{2}.$$

Zum Vergleich wende man auch das Verfahren aus Aufgabe 2 an.

6. Man programmiere das obige adaptive Simpson-Verfahren (wenn es die verwendete Programmiersprache erlaubt, gebe man neben der nichtrekursiven Fassung auch eine rekursive Formulierung an) und teste es an den Integralen

$$\int_0^1 \frac{dx}{2+\sin 10\pi x} = \frac{1}{\sqrt{3}}, \qquad \int_0^1 \frac{dx}{1+x+x^2} = \frac{\pi}{3\sqrt{3}}.$$

Literaturverzeichnis

[1] AHLBERG, J. H., E. N. NILSON AND J. L. WALSH (1967) *The Theory of Splines and Their Applications.* Academic Press, New York-London.

[2] ALLGOWER, E. L. AND K. GEORG (1990) *Numerical Continuation Methods. An Introduction.* Springer-Verlag, Berlin-Heidelberg-New York-London-Paris-Tokyo-Hong Kong.

[3] ATKINSON, K. E. (1978) *An Introduction to Numerical Analysis.* John Wiley & Sons, New York.

[4] BAUER, F. L., H. RUTISHAUSER AND E. STIEFEL (1963) "New aspects in numerical quadrature." Proc. of Symposia in Applied Mathematics 15, Amer. Math. Soc., 199–218.

[5] BEN-ISRAEL, A. AND T. N. E. GREVILLE (1974) *Generalized Inverses: Theory and Applications.* John Wiley & Sons, New York.

[6] BÖHM, W. (1980) "Inserting new knots into a B-spline curve." Computer-Aided Design 12, 199-201.

[7] BÖHM, W., G. FARIN AND J. KAHMANN (1984) "A survey of curve and surface methods in CAGD." Computer Aided Geometric Design 1, 1–60.

[8] BÖHMER, K. (1974) *Spline-Funktionen.* B. G. Teubner, Stuttgart.

[9] DE BOOR, C. (1972) "On Calculating with B-splines." Journal of Approximation Theory 6, 50–62.

[10] DE BOOR, C. (1978) *A Practical Guide to Splines.* Springer-Verlag, New York-Heidelberg-Berlin.

[11] DE BOOR, C. AND K. HÖLLIG (1987) "B-Splines without divided differences." In: *Geometric Modeling.* (G. Farin, ed.), 21–27, SIAM, Philadelphia.

[12] DE BOOR, C. (1990) *Splinefunktionen.* Birkhäuser Verlag, Basel-Boston-Berlin.

[13] BORWEIN, J. M. AND P. B. BORWEIN (1987) *PI and the AGM. A Study in Analytic Number Theory and Computational Complexity.* John Wiley & Sons, New York-Chichester-Brisbane-Toronto-Singapore.

[14] BRASS, H. (1979) *Quadraturverfahren.* Vandenhoek & Ruprecht, Göttingen-Zürich.

[15] BROSOWSKI, B. UND R. KRESS (1975) *Einführung in die Numerische Mathematik I.* Bibliographisches Institut, Mannheim-Wien-Zürich.

[16] BROSOWSKI, B. UND R. KRESS (1976) *Einführung in die Numerische Mathematik II.* Bibliographisches Institut, Mannheim-Wien-Zürich.

[17] BROWN, P. N. (1987) "A local convergence theory for combined inexact Newton/finite-difference projection methods." SIAM J. Numer. Anal. 24, 407–434.

[18] BROYDEN, C. G. (1965) "A class of methods for solving nonlinear simultaneous equations." Math. Comp. 19, 577–593.

[19] BROYDEN, C. G. (1970a) "The convergence of single-rank quasi-Newton methods." Math. Comp. 24, 365–382.

[20] BROYDEN, C. G. (1970b) "The convergence of a class of double-rank minimization algorithms. The new algorithm." J. Inst. Maths. Applics. 6, 222–231.

[21] BUNSE, W. UND A. BUNSE-GERSTNER (1985) *Numerische lineare Algebra.* Teubner, Stuttgart.

[22] CALAMAI, P. H. AND J. J. MORÉ (1987) "Quasi-Newton updates with bounds." SIAM J. Numer. Anal. 24, 1434–1441.

[23] COLLATZ, L. (1966) *The Numerical Treatment of Differential Equations.* 3rd Edition. Springer-Verlag, Berlin-Heidelberg-New York.

[24] COLLATZ, L. UND W. WETTERLING (1971) *Optimierungsaufgaben.* Springer-Verlag, Berlin-Heidelberg-New York.

[25] COOLEY, J. W. AND J. W. TUKEY (1965) "An algorithm for the machine calculation of complex Fourier series." Math. Comp. 19, 297–301.

[26] DAVIS, P. J. (1963) *Interpolation and Approximation.* Blaisdell Publishing Company, Waltham-Toronto-London.

[27] DAVIS, P. J. AND P. RABINOWITZ (1984) *Methods of Numerical Integration. Second Edition.* Academic Press, Inc., San Diego et al.

[28] DEMBO, R. S., S. C. EISENSTAT AND T. STEIHAUG (1982) "Inexact Newton methods." SIAM J. Numer. Anal. 19, 400–408.

[29] DENNIS, J. E. AND J. J. MORÉ (1974) "A characterizaton of superlinear convergence and its application to quasi-Newton methods." Math. Comp. 28, 549–560.

[30] DENNIS, J. E. AND J. J. MORÉ (1977) "Quasi-Newton methods, motivation and theory." SIAM Review 19, 46–89.

[31] DENNIS, J. E. AND R. B. SCHNABEL (1983) *Numerical Methods for Unconstrained Optimization and Nonlinear Equations.* Prentice-Hall, Englewood Cliffs.

[32] DENNIS, J. E. AND T. STEIHAUG (1986) "On the successive projections approach to least-squres problems." SIAM J. Numer. Anal. 23, 717–733.

[33] DEUFLHARD, P. (1985) "Recent progress in extrapolation methods for ordinary differential equations." SIAM Review 27, 505–563.

[34] EGGEN, B., N. LUSCHER UND M.-J. VOGT (1989) *Numerische Methoden im CAD.* Friedr. Vieweg & Sohn, Braunschweig-Wiesbaden.

[35] ENGELS, H. (1980) *Numerical Quadrature and Cubature.* Academic Press, London-New York-Toronto-Sydney-San Francisco.

[36] FARIN, G. (1990) *Curves and Surfaces for Computer Aided Geometric Design. A Practical Guide.* Second Edition. Academic Press, Inc., Boston-San Diego-New York-London-Sydney-Tokyo-Toronto.

[37] FETTIS, H. E. AND J. C. CASLIN (1967) "Eigenvalues and eigenvectors of Hilbert matrices of order 3 through 10." Math. Comp. 21, 431–441.

[38] FORSTER, O. (1983) *Analysis 1.* 4., durchgesehene Auflage. Friedr. Vieweg & Sohn, Braunschweig-Wiesbaden.

[39] FORSTER, O. (1984) *Analysis 2.* 5., durchgesehene Auflage. Friedr. Vieweg & Sohn, Braunschweig-Wiesbaden.

[40] FORSYTHE, G. E. AND C. B. MOLER (1967) *Computer Solution of Linear Algebraic Systems.* Prentice-Hall, Inc., Englewood Cliffs, N.J.

[41] FORSYTHE, G. E., M. A. MALCOLM AND C. B. MOLER (1977) *Computer Methods for Mathematical Computations.* Prentice-Hall, Inc., Englewood Cliffs, N. J.

[42] FRANKLIN, J. (1980) *Mathematical Economics.* Springer-Verlag, New York-Heidelberg-Berlin.

[43] GANDER, W. (1985) *Computermathematik.* Birkhäuser Verlag, Basel-Boston-Stuttgart.

[44] GARCIA-PALOMARES, U. M. (1975) "Superlinearly convergent algorithms for linearly constrained optimization problems." In: *Nonlinear Programming 2* (O. L. Mangasarian, R. R. Meyer and S. M. Robinson, eds.), 101–119.

[45] GOLUB, G. H. AND J. A. WELSCH (1969) "Calculation of Gauss quadrature rules." Math. Comp. 23, 221–230.

[46] GOLUB, G. H. AND C. F. VAN LOAN (1989) *Matrix Computations. Second Edition.* The Johns Hopkins University Press, Baltimore.

[47] GREGORY, R. T. AND D. L. KARNEY (1969) *A collection of matrices for testing computational algorithms.* J. Wiley, New York-London-Sydney-Toronto.

[48] HAGEMAN, L. A. AND D. M. YOUNG (1981) *Applied Iterative Methods.* Academic Press, New York-London-Toronto-Sydney-San Francisco.

[49] HAGER, W. W. (1989) "Updating the inverse of a matrix." SIAM Review 31, 221–239.

[50] HÄMMERLIN, G. UND K.-H. HOFFMANN (1991) *Numerische Mathematik. Zweite Auflage.* Springer-Verlag, Berlin-Heidelberg-New York-London-Paris-Tokyo.

[51] HENRICI, P. (1976) "Einige Anwendungen der schnellen Fourier-Transformation." ISNM 32, 111–124.

[52] Henrici, P. (1979) "Fast Fourier methods in computational complex analysis." SIAM Review 21, 481–527.

[53] Henrici, P. (1986) *Applied and Computational Complex Analysis. Vol. III.* John Wiley & Sons, New York-London-Sydney-Toronto.

[54] Higham, N. J. (1987) "A survey of condition number estimation for triangular matrices." SIAM Review 29, 575–596.

[55] Householder, A. S. (1964) *The Theory of Matrices in Numerical Analysis.* Blaisdell, New York.

[56] Isaacson, E. and H. B. Keller (1966) *Analysis of Numerical Mathematics.* John Wiley & Sons, New York-London-Sydney.

[57] Kielbasiński, A. und H. Schwetlick (1988) *Numerische lineare Algebra.* Verlag Harri Deutsch, Thun-Frankfurt am Main.

[58] Knuth. D. E. (1980) "The letter S." The Mathematical Intelligencer 2, 114–122.

[59] Köckler, N. (1990) *Numerische Algorithmen in Softwaresystemen.* B. G. Teubner, Stuttgart.

[60] Koecher, M. (1983) *Lineare Algebra und analytische Geometrie.* Springer-Verlag, Berlin-Heidelberg-New York-Tokyo.

[61] Kosmol, P. (1989) *Methoden zur numerischen Behandlung nichtlinearer Gleichungen und Optimierungsaufgaben.* B. G. Teubner, Stuttgart.

[62] Kress, R. (1989) *Linear Integral Equations.* Springer-Verlag, Berlin-Heidelberg-New York-London-Paris-Tokyo-Hong Kong.

[63] Kress, R. (1990) "A Nyström method for boundary integral equations in domains with corners." Numer. Math. 58, 145–161.

[64] Lancaster, P. and M. Tismonetsky (1985) *The Theory of Matrices. Second Edition with Applications.* Academic Press, New York.

[65] Lane, J. and R. Riesenfeld (1983) "A geometric proof for the variation diminishing property of B-spline approximation." Journal of Approximation Theory 37, 1–4.

[66] Lawson, C. L. and R. J. Hanson (1974) *Solving Least Squares Problems.* Prentice-Hall, Inc., Englewood Cliffs, New Jersey.

[67] Lyness, J. N. (1969) "Notes on the adaptive Simpson quadrature routine."Journal of the ACM 16, 483–495.

[68] Maess, G. (1984) *Vorlesungen über numerische Mathematik I. Lineare Algebra.* Birkhäuser Verlag, Basel-Boston-Stuttgart.

[69] Maess, G. (1988) *Vorlesungen über numerische Mathematik II. Analysis.* Birkhäuser Verlag, Basel-Boston-Stuttgart.

[70] Marwil, E. S. (1979) "Convergence results for Schubert's method for solving sparse nonlinear equations." SIAM J. Numer. Anal. 16, 588–604.

[71] McKEEMAN, W. M. (1962) "Algorithm 145, adaptive numerical integration by Simpson's rule." Comm. ACM 6, 167–168.

[72] MEINARDUS, G. UND G. MERZ (1979) *Praktische Mathematik I.* Bibliographisches Institut, Mannheim-Wien-Zürich.

[73] MEINARDUS, G. UND G. MERZ (1981) *Praktische Mathematik II.* Bibliographisches Institut, Mannheim-Wien-Zürich.

[74] MIEL, G. (1983) "Of Calculations past and present: the archimedean algorithm." The American Mathematical Monthly 90, 17–35.

[75] NASH, J. C. (1979) *Compact Numerical Methods for Computers: Linear Algebra and Function Minimisation.* Adam Hilger Ltd, Bristol.

[76] NASHED, M. Z. (Ed.) (1976) *Generalized Inverses and Appplications.* Academic Press, New York-San Francisco-London.

[77] NIETHAMMER, W. (1986) "Anwendungen der schnellen Fourier-Transformation in der Numerik." In: *Jahrbuch Überblicke Mathematik 1986 Vol. 19.* (Herausgegeben von S. D. Chatterji, I. Fenyö, U. Kulisch, D. Laugwitz, R. Liedl.) B.I. Wissenschaftsverlag, Mannheim-Wien-Zürich.

[78] NOBLE, B. (1976) "Methods for computing the Moore-Penrose generalized inverse, and related matters." In: *Generalized Inverses and Applications* (Ed. by M. Z. Nashed), 245–301. Academic Press, New York-San Francisco-London.

[79] NÜRNBERGER, G. (1989) *Approximation by Spline Functions.* Springer-Verlag, Berlin-Heidelberg-New York-London-Paris-Tokyo-Hong Kong.

[80] ORTEGA, J. M. AND W. C. RHEINBOLDT (1970) *Iterative Solution of Nonlinear Equations in Several Variables.* Academic Press, New York-London.

[81] POWELL, M. J. D. (1970) "A hybrid method for nonlinear equations." In: *Numerical Methods for Nonlinear Algebraic Equations* (P. Rabinowitz, ed.), 87–114. Gordon and Breach Science Publishers, London-New York-Paris.

[82] RICE, J. R. (1983) *Matrix Computations and Mathematical Software.* McGraw-Hill Book Company, Auckland et al.

[83] RUDIO, F. (1892) *Archimedes, Huygens, Lambert, Legendre. Vier Abhandlungen über die Kreismessung.* B. G. Teubner, Leipzig.

[84] SAG, T. W. AND G. SZEKERES (1964) "Numerical evaluations of high-dimensonal integrals." Math. Comp. 18, 245–253.

[85] SCHAER, J. (1965) "The densest packing of 9 circles in a square." Canadian Math. Bull. 8, 273–277.

[86] SCHMEISSER, G. UND H. SCHIRMEIER (1976) *Praktische Mathematik.* Walter de Gruyter, Berlin-New York.

[87] SCHOENBERG, I. J. (1964) "On interpolation by spline functions and its minimal properties." ISNM 5, 109–129.

[88] SCHOENBERG, I. J. AND A. WHITNEY (1953) "On Pólya frequency functions, III: The positivity of translation determinants with application to the interpolation problem by spline curves." Trans. Amer. Math. Soc. 74, 246–259.

[89] SCHÖNHAGE, A. (1971) *Approximationstheorie.* Walter de Gruyter & Co., Berlin-New York.

[90] SCHUBERT, L. K. (1970) "Modification of a quasi-Newton method for nonlinear equtions with a sparse Jacobian." Math. Comp. 24, 27–30.

[91] SCHUMAKER, L. L. (1981) *Spline Functions: Basic Theory.* John Wiley & Sons, New York-Chichester-Brisbane-Toronto.

[92] SCHWARZ, H. R. (1977) "Elementare Darstellung der schnellen Fouriertransformation." Computing 18, 107–116.

[93] SCHWARZ, H. R. (1988) *Numerische Mathematik.* 2., durchgesehene Auflage. B. G. Teubner, Stuttgart.

[94] SCHWETLICK, H. (1979) *Numerische Lösung nichtlinearer Gleichungen.* VEB Deutscher Verlag der Wissenschaften, Berlin.

[95] STEWART, G. W. (1973) *Introduction to Matrix Computations.* Academic Press, Inc., New York.

[96] STEWART, G. W. (1976) "The economical storage of plane rotations." Numer. Math. 25, 137–138.

[97] STEWART, G. W. (1977) "On the perturbation of pseudo-inverses, projections and linear least squares problems." SIAM Review 19, 634–662.

[98] STOER, J. (1989) *Numerische Mathematik 1.* Fünfte, verbesserte Auflage. Springer-Verlag, Berlin-Heidelberg-New York-London-Paris-Tokyo-Hong Kong.

[99] STOER, J. UND R. BULIRSCH (1990) *Numerische Mathematik 2.* Dritte, verbesserte Auflage. Springer-Verlag, Berlin-Heidelberg-New York-London-Paris-Tokyo-Hong Kong.

[100] STRANG, G. (1988) *Linear Algebra and its Applications. Third Edition.* Harcourt Brace Jovanovich, Publishers, San Diego.

[101] STROUD, A. H. (1971) *Approximate Calculation of Multiple Integrals.* Prentice-Hall, Englewood Cliffs, New Jersey.

[102] STROUD, A. H. (1974) *Numerical Quadrature and Solution of Ordinary Differential Equations.* Springer-Verlag, New York-Heidelberg-Berlin.

[103] TAKAHASI, H. AND M. MORI (1973) "Quadrature formulas obtained by variable transformation." Numer. Math. 21, 206–219.

[104] TÖRNIG, W. UND P. SPELLUCCI (1988) *Numerische Mathematik für Ingenieure und Physiker. Band 1: Numerische Methoden der Algebra. Zweite, überarbeitete und ergänzte Auflage.* Springer-Verlag, Berlin-Heidelberg-New York-London-Paris-Tokyo-Hong Kong.

[105] TÖRNIG, W. UND P. SPELLUCCI (1990) *Numerische Mathematik für Ingenieure und Physiker. Band 2: Numerische Methoden der Analysis. Zweite, überarbeitete und ergänzte Auflage.* Springer-Verlag, Berlin-Heidelberg-New York-London-Paris-Tokyo-Hong Kong.

[106] VALETTE, G. (1989) "A better packing of ten equal circles in a square." Discrete Mathematics 76, 57–59.

[107] VARGA, R. S. (1962) *Matrix Iterative Analysis.* Prentice-Hall Inc., Englewood Cliffs.

[108] WACHSPRESS, E. L. (1966) *Iterative Solution of Elliptic Systems and Applications to the Neutron Diffusion Equations of Reactor Physics.* Prentice-Hall Inc., Englewood Cliffs.

[109] WALTER, W. (1990) *Analysis I.* 2. Aufl. Springer-Verlag, Berlin-Heidelberg-New York-Tokyo.

[110] WEDIN, P. A. (1973) "Perturbation theory for pseudoinverses." BIT 13, 217–232.

[111] WERNER, H. UND R. SCHABACK (1979) *Praktische Mathematik II. Methoden der Analysis.* Springer-Verlag, Berlin-Heidelberg-New York.

[112] WILKINSON, J. H. (1969) *Rundungsfehler.* Springer-Verlag, Berlin-Heidelberg-New York.

[113] WILKINSON, J. H. AND C. REINSCH (ed.) (1971) *Handbook for Automatic Computation. Vol. II, Linear Algebra.* Springer-Verlag, Berlin-Heidelberg-New York.

[114] YOUNG, D. M. (1971) *Iterative Solution of Large Linear Systems.* Academic Press, New York.

[115] ZIELKE, G. (1983) "Verallgemeinerte inverse Matrizen." In: *Jahrbuch Überblicke Mathematik 1983 Vol. 16.* (Herausgegeben von S. D. Chatterji, I. Fenyö, U. Kulisch, D. Laugwitz, R. Liedl.) B.I. Wissenschaftsverlag, Mannheim-Wien-Zürich.

Index